嵌入式技术与应用丛书

跟工程师学嵌入式开发
基于STM32和μC/OS-III

谭贵 易确 熊立宇 编著

电子工业出版社
Publishing House of Electronics Industry
北京·BEIJING

内 容 简 介

本书选用的 STM32 芯片基于 ARM Cortex-M3 体系结构,根据基于 MCU 的嵌入式技术实际应用需求,合理地选择了多种常用的重要外设接口,如 USART、SPI、I2C、FSCM、SDIO 总线、以太网等,结合丰富的实例及工程源代码,由浅入深、系统全面地介绍嵌入式系统的底层工作原理。在此过程中,通过穿插多个综合示例的讲解,如命令行外壳程序 Shell、eFat 文件系统、Telnet 远程控制、μC/OS-Ⅲ 实时操作系统的移植过程,无论是嵌入式的初学者,还是有一定开发经验的工程师都能从中获益,使读者既能系统全面地掌握嵌入式开发所需的软硬件知识,又能锻炼他们的综合开发能力,为将来从事嵌入式开发方面的工作奠定坚实的基础。

本书可作为高等学校电子、计算机、自动化控制类等相关专业的教材,也可供工程师、嵌入式爱好者及自学人员阅读。

本书提供视频教程和工程源代码,读者可登录华信教育资源网(www.hxedu.com.cn)免费注册后下载。

未经许可,不得以任何方式复制或抄袭本书之部分或全部内容。
版权所有,侵权必究。

图书在版编目(CIP)数据

跟工程师学嵌入式开发:基于 STM32 和μC/OS-Ⅲ/谭贵,易确,熊立宇编著. —北京:电子工业出版社,2017.10
 (嵌入式技术与应用丛书)
 ISBN 978-7-121-32725-4

Ⅰ. ①跟⋯ Ⅱ. ①谭⋯ ②易⋯ ③熊⋯ Ⅲ. ①微处理器-系统设计 Ⅳ. ①TP332

中国版本图书馆 CIP 数据核字(2017)第 228902 号

责任编辑:田宏峰
印　　刷:北京捷迅佳彩印刷有限公司
装　　订:北京捷迅佳彩印刷有限公司
出版发行:电子工业出版社
　　　　　北京市海淀区万寿路 173 信箱　邮编　100036
开　　本:787×1 092　1/16　印张:28　字数:716 千字
版　　次:2017 年 10 月第 1 版
印　　次:2021 年 1 月第 4 次印刷
定　　价:88.00 元

凡所购买电子工业出版社图书有缺损问题,请向购买书店调换。若书店售缺,请与本社发行部联系,联系及邮购电话:(010)88254888,88258888。
质量投诉请发邮件至 zlts@phei.com.cn,盗版侵权举报请发邮件至 dbqq@phei.com.cn。
本书咨询联系方式:tianhf@phei.com.cn。

FOREWORD 前言

进入 21 世纪以来，随着微电子技术、计算机技术及网络通信等技术的深入发展，整个社会信息化的程度越来越高，不用说智能手机，各种信息设备，如应用于医疗健康领域的智能心电仪、智能血糖仪，工业生产领域的自动测试装置、机器人手臂，安防领域的指纹识别、人脸识别技术，智能家居里的智能空调、冰箱、电表，甚至军事领域中的精确制导武器、红外热成像眼镜、自动跟踪……都无一例外地具有"智慧"的大脑，它们的应用已深入我们生活的每个角落，改变着我们的生活方式。

在上面所提及的应用中，其"智慧"的大脑，实质就是一套套嵌入式系统，它们由不同的硬件和软件组成。这里所说的"不同"，一是指构成嵌入式系统的硬件核心，可能是由基于不同厂商的 SoC 芯片所拓展设计的实用电路，如 ST 公司的 STM8、STM32 系列 SoC、NXP 公司的 LPC 系列 SoC；二是指嵌入式系统的软件构成，除去 SoC 片上外设的必要驱动外，还有管理这些驱动和应用的操作系统，如 Embedded Linux、μC/OS-III 和文件管理系统（如 FatFs）等。

目前，嵌入式应用处理器多采用 ARM 体系结构。ARM 公司为了细分市场，将其芯片按应用领域分为 Cortex-A、Cortex-R、Cortex-M 三个系列。Cortex-A 系列芯片带有 MMU（内存管理单元）、MPU（内存保护单元）部件，主要针对复杂的嵌入式应用，如智能手机、平板电脑及高档成像设备等；Cortex-R 系列面向实时应用领域，如精密机器控制、炉温监控；Cortex-M 系列则面向传统的单片机市场，其子系列 M0～M4 涵盖了从 8 位到 32 位单片机的所有应用，与传统的 C51 系列单片机相比，功能更强大。因此，学习嵌入式开发技术，应本着"循序渐近，由简单到复杂"的原则，首先学习基于 Cortex-M 系列的单片机是最好的入门选择，在此基础上，进阶学习 Cortex-A 系列就显得"自然而游刃有余"。

本书就以基于 CM3 内核架构（Cortex-M3）的芯片 STM32F103ZET6（意法半导体公司 ST，基于 MCU 应用的 32 位芯片系列，简称 STM32）为讲解线索，合理选择实际应用中广泛使用的 USART、I2C、SPI、SDIO、以太网等接口，结合 ST 公司提供的库函数，通过一个个具有实际使用价值的案例代码，详细介绍每种接口的工作原理、驱动配置和综合应用。在学习本书之前，如果读者对 CM3 体系结构有一定的了解，当然最好；如果没有此类的背景知识，也不用担心会影响对本书的学习。笔者在讲解过程中，会在涉及需要 CM3 体系结构知识的地方，自然而然地引入相应知识点的介绍。

本书对章节、知识点的安排有以下三个显著特点，以便读者快速、高效地掌握基于"STM32+μC/OS-III 结构"的嵌入式开发。

在章节的安排上，遵循"先总体，后细节"的原则。第 1 章以一个跑马灯实验作为引子，为读者介绍了嵌入式开发所涉及的基本概念和流程，如 GPIO 配置、事件的轮询和中断处理机制等，以及基于 STM32 库开发所涉及的库文件组织和 CMSIS 标准、开发工具。建立了嵌入式开发的基本过程等轮廓性认识之后，第 2 章自然地切入 STM32 系列芯片的框架结构，包括总线、外设地址空间映射和时钟树。只有清楚了这三者之间的关系，才有可能对后面章节所讲解的外设工作过程和相关操作有深刻的理解。在此基础上，第 3 章开启了嵌入式系统的启动之旅，透彻地分析了基于 CM3 核的芯片系统之启动过程。有了前面三章的基础，随后的章节则以"先简单，后复杂"的原则逐一介绍 GPIO、外部中断线、USART、DMA、I2C、SDIO 等外设的结构原理及相应的驱动代码。

其次，对每一种外设的讲解，除了遵循"先总体，后细节"的原则之外，采用"以实验现象为驱动（每章的第一节首先呈现给读者一个最终的实验结果画面）"的思路，一步步进入外设的内部世界。这样的安排有利于激起读者对未知世界的强烈兴趣，随着对外设"先总后细"的逐层深入，最终使读者彻底理解并掌握每种外设"实验现象"背后的逻辑。

最后，本书除了讲解每种外设的工作原理和驱动代码之外，还穿插了三个有实用价值的综合案例，以拓展读者对外设应用的认识和理解，以及必要的知识面。第一个综合实例是基于 USART 接口的 Shell（俗称"外壳"，类似于 Linux 的 bash）程序，通过它可以将"对外设的操作"封装为一个个 Shell 命令，以随时执行。因此，Shell 程序贯穿本书的始末。第二个综合实例是 Telnet 远程登录服务程序，该程序底层硬件是基于 SPI 总线的以太网芯片 ENC2860，上层使用 uIP 协议栈来完成常用的 TCP/IP 功能，如 ping、ICMP、IP、TCP 等。"麻雀虽小，五脏俱全"，通过实现这样的服务程序，不但可以使读者理解和掌握 Telnet 协议的工作原理及过程，而且有利于进一步学习理解 TCP/IP 协议栈代码实现。最后一个综合示例实现了使用 μC/OS-III 操作系统来管理前面所讲解的硬件，充分利用操作系统的任务通信、消息传递等机制来提升硬件系统的运行效能。μC/OS-III 系统结构紧凑，代码量小，容易理解掌握，通过移植和应用 μC/OS-III，使读者在掌握系统应用场景的同时，加深理解操作系统内部的工作机理，为后续进一步学习基于 Linux 的嵌入式开发打下基础。

由于社会信息化日趋明显，必定导致包括 STM32 在内的 MCU 的应用越来越多。希望本书能为渴望进入嵌入式开发领域的人员提供一个好的入门指引，为后续深入嵌入式开发的高级应用奠定基础。作为学习教材，本书每一章的实验代码都由笔者在 Keil MDK 开发环境中调试通过，读者可以放心学习使用。同时，由于笔者水平有限，书中难免会存在对相关知识点理解不够准确之处，敬请读者批评指正。

参与编写本书的人员还有我的同事易确，他负责本书所有的实验电路设计；熊立宇，负责完成最后三章的初稿编写及全书的校验工作。十分感谢他们的辛勤付出！

在本书的编写过程中，得到了电子工业出版社的田宏峰老师的悉心支持，在此表示衷心感谢，同时感谢他为我提供了一个这样施展自己特长机会；十分感谢我的同事彭丽兰，是她在我工作忙碌的时候，分担了我的工作，使我能够安心写作；最后想表达对我的家人，特别是朋友熊姬珠的谢意，是她们给予我精神上的鼓励，才使我得以完成这"马拉松"式的写作。

谭 贵

2017 年 8 月于深圳

目录

第1章 开发利器：STM32库和MDK Keil ... 1

1.1 学习启航：闪烁的跑马灯 ... 1
- 1.1.1 实验结果呈现 ... 1
- 1.1.2 实验分析 ... 2
- 1.1.3 配置GPIO引脚 ... 5
- 1.1.4 实验控制逻辑 ... 6

1.2 STM32库结构和CMSIS标准 ... 8
- 1.2.1 STM32库层次结构 ... 9
- 1.2.2 CMSIS层次结构 ... 9
- 1.2.3 STM32库结构中的文件关系 ... 10
- 1.2.4 STM32库函数命名规则 ... 13
- 1.2.5 STM32库常见的几个状态类型 ... 13

1.3 工程开发环境设置 ... 14
- 1.3.1 有关MDK ... 14
- 1.3.2 使用MDK建立工程的步骤 ... 15

第2章 STM32体系结构 ... 25

2.1 总线与通信接口 ... 25
- 2.1.1 总线组成 ... 25
- 2.1.2 重要的总线术语 ... 26

2.2 STM32功能框架 ... 27
- 2.2.1 系统组成 ... 27
- 2.2.2 总线单元及挂接设备 ... 28

2.3 STM32存储器映射 ... 29
- 2.3.1 独立编址 ... 30
- 2.3.2 统一编址（存储器映像编址） ... 31
- 2.3.3 CM3外设地址空间映射 ... 32
- 2.3.4 地址空间映射详解 ... 34

2.4 STM32时钟结构 ... 39
- 2.4.1 STM32F103ZET6的时钟树 ... 39

		2.4.2 时钟树二级框架	40
		2.4.3 时钟启用过程	41
	2.5	系统时钟树与地址空间映射的关系	43

第 3 章 STM32 系统启动过程分析 44

	3.1	CM3 的复位序列	44
		3.1.1 堆栈	45
		3.1.2 向量表	47
	3.2	STM32 启动代码分析	49
	3.3	STM32 系统时钟初始化	52
		3.3.1 时钟源的选择	52
		3.3.2 系统时钟设置	56
	3.4	程序运行环境初始化函数__main()	60
		3.4.1 回顾编译和链接过程	60
		3.4.2 映像文件的组成	61
		3.4.3 映像的加载过程	63
		3.4.4 由 MDK 集成环境自动生成的分散加载文件	65
		3.4.5 _main()函数的作用	66

第 4 章 通用 GPIO 操作 68

	4.1	实验结果预览：LED 跑马灯	68
	4.2	GPIO 基本知识	68
		4.2.1 GPIO 分组管理及其引脚	69
		4.2.2 GPIO 工作模式及其配置	69
		4.2.3 GPIO 引脚的写入和读出	71
	4.3	实验代码解析	74
		4.3.1 实验现象原理分析	74
		4.3.2 源代码分析	78
	4.4	创建工程	81
		4.4.1 建立工程目录结构	81
		4.4.2 导入源代码文件	81
		4.4.3 编译执行	82
	4.5	编译调试	82
		4.5.1 调试方法	82
		4.5.2 栈和变量观察窗口	83
		4.5.3 运行程序并调试：一个函数一个断点	84
		4.5.4 运行程序并调试：多个函数多个断点	86

第 5 章 外部中断 EXTI 操作 90

	5.1	实验结果预览：LED 跑马灯_中断控制	90

5.2 异常与中断 ··· 91
　5.2.1 Cortex-M3 的异常向量 ·· 91
　5.2.2 异常向量表 ·· 92
5.3 NVIC 与中断控制 ·· 93
　5.3.1 NVIC 简述 ··· 93
　5.3.2 NVIC 与外部中断 ·· 93
　5.3.3 NVIC 中断的优先级 ·· 94
　5.3.4 NVIC 初始化 ··· 95
5.4 EXTI 基本知识 ·· 97
　5.4.1 EXTI 简介 ·· 97
　5.4.2 EXTI 控制器组成结构 ··· 97
　5.4.3 GPIO 引脚到 EXTI_Line 的映射 ··· 100
　5.4.4 EXTI_Line 到 NVIC 的映射 ··· 102
5.5 实验代码解析 ·· 103
　5.5.1 工程源码的逻辑结构 ··· 103
　5.5.2 实验代码软硬件原理 ··· 104
　5.5.3 实验代码分析 ··· 107
5.6 创建工程 ·· 109
　5.6.1 建立工程目录结构 ··· 109
　5.6.2 导入源代码文件 ··· 109
　5.6.3 编译执行 ··· 110
5.7 编译调试 ·· 111
　5.7.1 打开内存窗口 ··· 111
　5.7.2 设置断点 ··· 111
　5.7.3 运行程序并调试 ··· 112

第 6 章　USART 接口 ·· 115

6.1 实验结果预览 ·· 115
　6.1.1 实验准备工作 ··· 115
　6.1.2 实验现象描述 ··· 116
6.2 USART 基本知识 ·· 117
　6.2.1 串行异步通信协议 ··· 117
　6.2.2 USART 与接口标准 RS-232 ··· 118
6.3 STM32 USART 结构 ··· 119
　6.3.1 USART 工作模式 ··· 119
　6.3.2 精简的 USART 结构 ·· 119
　6.3.3 USART 单字节收发过程 ··· 120
6.4 USART 寄存器位功能定义 ·· 121
　6.4.1 状态寄存器（USART_SR） ··· 121

	6.4.2 数据寄存器（USART_DR）	122
	6.4.3 控制寄存器 1（USART_CR1）	122
	6.4.4 控制寄存器 2（USART_CR2）	123
	6.4.5 控制寄存器 3（USART_CR3）	123
	6.4.6 分数波特率寄存器 USART_BRR	124
	6.4.7 USART 模块寄存器组	125
	6.4.8 USART 模块初始化函数	126
	6.4.9 USART 常用函数功能说明	127
6.5	USART 实验代码分析	128
	6.5.1 实验电路（硬件连接关系）	128
	6.5.2 工程源代码文件层次结构	130
	6.5.3 应用层（主程序控制逻辑）	131
	6.5.4 用户驱动层	133
	6.5.5 函数 printf()重定向	135
6.6	创建工程	135
	6.6.1 建立工程目录结构	135
	6.6.2 创建文件组和导入源文件	136
	6.6.3 编译执行	137

第 7 章 USART 综合应用：命令行外壳程序 Shell ... 138

7.1	实验结果预览	138
7.2	基于 USART 的 I/O 函数	139
	7.2.1 字符及字符串获取函数：xgetc()和 xgets()	139
	7.2.2 字符及字符串打印函数：xputc()和 xputs()	141
7.3	可变参数输出函数 xprintf()	142
	7.3.1 可变参数	142
	7.3.2 可变参数宏的使用与作用	143
	7.3.3 用可变参数宏实现自己的格式化输出函数 xprintf()	144
7.4	Shell 外壳	145
	7.4.1 Shell 命令管理结构	146
	7.4.2 Shell 命令解析过程	147
	7.4.3 命令函数之参数解析	150
7.5	建立工程，编译和运行	151
	7.5.1 创建和配置工程	151
	7.5.2 编译执行	153

第 8 章 I2C 接口 ... 154

8.1	实验结果预览：轮询写入/读出 EEPROM 数据	154
8.2	I2C 总线协议	155

		8.2.1 总线特点	155
		8.2.2 I2C 应用结构	155
		8.2.3 总线信号时序分析	156
	8.3	STM32 I2C 模块	158
		8.3.1 I2C 组成框图	158
		8.3.2 I2C 主模式工作流程	159
		8.3.3 I2C 中断及 DMA 请求	161
	8.4	I2C EEPROM 读写示例及分析	162
		8.4.1 示例电路连接	162
		8.4.2 app.c 文件中的 main() 函数	163
		8.4.3 eeprom.h 文件	166
		8.4.4 eeprom.c 文件	167
		8.4.5 shell.c 文件	174
	8.5	建立工程，编译及运行	175
		8.5.1 创建和配置工程	175
		8.5.2 编译执行	176

第9章 DMA 接口 177

9.1	实验结果预览	177
9.2	通用 DMA 的作用及特征	178
9.3	STM32 DMA 基本知识	178
	9.3.1 DMA 与系统其他模块关系图	178
	9.3.2 STM32 DMA 组成	179
9.4	实验示例分析	183
	9.4.1 main.c 文件中的 main() 函数	184
	9.4.2 USART1 的初始化	184
	9.4.3 DMA 通道中断处理函数	189
	9.4.4 sysTick 中断处理函数	190
	9.4.5 DMA 通道配置的其他寄存器	191
	9.4.6 DMA 用户测试命令及其执行函数	192
9.5	建立工程，编译和执行	193
	9.5.1 建立以下工程文件夹	194
	9.5.2 创建文件组和导入源文件	194
	9.5.3 编译运行	194

第10章 实时时钟 RTC 195

10.1	实验结果预览	195
10.2	STM32 RTC 模块	196
	10.2.1 STM32 后备供电区域	196

		10.2.2 RTC 组成	199
10.3	RTC 实验设计与源码分析		204
	10.3.1	硬件连接和 GPIO 资源	204
	10.3.2	实验源代码逻辑结构	204
	10.3.3	源代码分析	205
10.4	建立工程，编译和执行		212
	10.4.1	建立以下工程文件夹	212
	10.4.2	创建文件组和导入源文件	212
	10.4.3	编译执行	213

第 11 章 系统定时器 SysTick 214

11.1	SysTick 简述		214
11.2	SysTick 工作过程		214
11.3	SysTick 寄存器位功能定义		215
	11.3.1	控制和状态寄存器：STK_CTRL	215
	11.3.2	重载寄存器：STK_LOAD	216
	11.3.3	当前计数值寄存器：STK_VAL	217
	11.3.4	校正寄存器：STK_CALIB	217
	11.3.5	SysTick 模块寄存器组	217
	11.3.6	配置 SysTick 定时器	218
11.4	基于 SysTick 的延时函数代码分析		220
	11.4.1	实现原理	220
	11.4.2	实现代码分析	220
	11.4.3	基于 SysTick 延时的 LED 闪烁命令	223
11.5	建立工程，编译和执行		224
	11.5.1	建立以下工程文件夹	224
	11.5.2	创建文件组和导入源文件	224
	11.5.3	编译运行	226

第 12 章 SPI 接口 227

12.1	实验现象预览：轮询写入/读出 SPI Flash 数据		227
12.2	SPI 总线协议		228
	12.2.1	总线信号及其应用结构	228
	12.2.2	SPI 内部结构与工作原理	229
12.3	STM32 SPI 模块		231
	12.3.1	SPI 组成框图	231
	12.3.2	STM32 SPI 主模式数据收发过程	232
	12.3.3	SPI 中断及 DMA 请求	234
12.4	W25Q128FV 规格说明		234

  12.4.1 W25Q128FV 状态和控制管理 235
  12.4.2 W25Q128FV 常用指令 236
 12.5 程序入口与 SPI 初始化代码 237
  12.5.1 实验硬件资源 237
  12.5.2 工程入口文件 main.c 238
  12.5.3 spiflash.c 文件中的 spiFlash_Init()函数 239
 12.6 SPI Flash 测试代码分析 244
  12.6.1 spiflash.c 文件中的 SPI Flash 测试函数 spiTest() 244
  12.6.2 SPI Flash ID 读取函数 sFLASH_readID() 245
  12.6.3 扇区擦除函数 sFLASH_eraseSector() 246
  12.6.4 Flash 页写函数 sFLASH_writePage() 247
  12.6.5 Flash 读函数 sFLASH_readBuffer() 248
  12.6.6 Flash 字节发送函数 sFLASH_SendByte() 248
 12.7 向 Shell 添加 SPI 测试指令 spitest 249
 12.8 建立工程，编译和执行 250
  12.8.1 建立以下工程文件夹 250
  12.8.2 创建文件组和导入源文件 250
  12.8.3 编译运行 252

第 13 章　网络接口：以太网 253

 13.1 网络体系结构简介 253
  13.1.1 三种网络模型 253
  13.1.2 以太网标准（Ethernet） 256
 13.2 ENC28J60 知识 257
  13.2.1 ENC28J60 概述 257
  13.2.2 控制寄存器 259
  13.2.3 以太网缓冲器 260
  13.2.4 PHY 寄存器 261
  13.2.5 ENC28J60 SPI 指令集 261
  13.2.6 ENC28J60 初始化 263
  13.2.7 使用 ENC28J60 收发数据 268
  13.2.8 ENC28J60 驱动代码总结 272
 13.3 uIP 协议栈简介 274
  13.3.1 uIP 特性 274
  13.3.2 uIP 应用接口 275
  13.3.3 uIP 的初始化及配置函数 277
  13.3.4 uIP 的主程序循环 277
 13.4 uIP 移植分析 279
  13.4.1 下载 uIP1.0 版源码文件 279

13.4.2　理解两个中间层文件与应用层和协议层之间的关系 ················· 280
　　　13.4.3　添加 uIP 协议栈后的工程文件组 ·· 285

第 14 章　综合示例：基于 uIP 的 Telnet 服务 ·· 286
14.1　实验现象预览 ··· 286
14.2　Telnet 远程登录协议 ··· 287
　　　14.2.1　Telnet 概述 ··· 287
　　　14.2.2　Telnet 协议主要技术 ··· 288
　　　14.2.3　Telnet 命令 ··· 288
14.3　Telnetd 服务框架及实现 ·· 290
　　　14.3.1　本实验 Telnetd 服务框架 ·· 290
　　　14.3.2　Telnetd 服务框架的实现 ·· 291
14.4　上层应用与 uIP 协议的接口：telnetd_appcall() ···································· 304
14.5　建立工程，编译和运行 ··· 309
　　　14.5.1　创建和配置工程 ·· 309
　　　14.5.2　编译执行 ··· 311

第 15 章　SDIO 总线协议与 SD 卡操作 ·· 312
15.1　SD 卡简介 ·· 312
　　　15.1.1　SD 卡家族 ·· 312
　　　15.1.2　SD 卡引脚功能定义 ·· 313
　　　15.1.3　SD 卡内部组成 ·· 314
　　　15.1.4　SD 卡容量规格 ·· 315
　　　15.1.5　SDIO 接口规范和总线应用拓扑 ··· 315
15.2　SD 协议 ··· 316
　　　15.2.1　工作模式与状态 ·· 316
　　　15.2.2　命令和响应格式 ·· 316
　　　15.2.3　卡识别模式 ·· 317
　　　15.2.4　数据传输模式 ··· 320
15.3　STM32 SDIO 控制器 ··· 322
　　　15.3.1　控制器总体结构描述 ··· 322
　　　15.3.2　SDIO 适配器模块 ··· 323
　　　15.3.3　SDIO AHB 接口 ·· 325
15.4　工程入口及配置 ·· 326
　　　15.4.1　实验硬件资源 ··· 326
　　　15.4.2　工程入口文件 main.c ··· 327
15.5　SDIO 初始化 ··· 328
　　　15.5.1　SD 卡上电初始化函数 SD_PowerON() ····································· 330
　　　15.5.2　SD 卡规格信息获取函数 SD_InitializeCards() ····························· 336

15.6	SDIO 卡测试代码分析	339
	15.6.1 块擦除	340
	15.6.2 多块写	342
	15.6.3 多块读	345
15.7	建立工程，编译和运行	348
	15.7.1 建立以下工程文件夹	348
	15.7.2 创建文件组和导入源文件	348
	15.7.3 编译执行	349

第 16 章 移植文件系统 FatFs ... 350

16.1	实验现象预览：基于 Shell 的文件系统命令	350
16.2	FatFs 文件系统	351
	16.2.1 FatFs 特点	351
	16.2.2 FatFs 在设备系统中的层次与接口	351
16.3	移植 FatFs 文件系统	352
	16.3.1 FatFs 源代码结构	352
	16.3.2 基于 FatFs 应用的常用数据类型说明	353
	16.3.3 FatFs 的移植	355
16.4	FatFs 文件系统应用示例分析	357
	16.4.1 工程源代码逻辑	357
	16.4.2 工程源代码分析	358
16.5	建立工程，编译和运行	363
	16.5.1 创建和配置工程	363
	16.5.2 编译执行	364

第 17 章 无线接入：Wi-Fi 模块 ESP8266 应用 ... 365

17.1	无线技术标准：IEEE 802.11	365
	17.1.1 IEEE 802.11 简介	365
	17.1.2 无线局域网的组网拓扑	366
	17.1.3 无线接入过程的三个阶段	367
17.2	ESP-WROOM-02 模组	368
	17.2.1 ESP-WROOM-02 性能参数	368
	17.2.2 ESP-WROOM-02 与主机系统的电路连接	369
17.3	ESP-WROOM-02 指令集	370
	17.3.1 ESP8266 AT 常用指令	370
	17.3.2 使用 ESP-WROOM-02 进行真实通信	373
17.4	封装 ESP-WROOM-02 的配置函数	375
	17.4.1 ESP-WROOM-02 的初始化函数	375
	17.4.2 ESP-WROOM-02 的配置函数	377

		17.4.3　优化 USART 接收缓存的数据结构 ································· 379
		17.4.4　ESP-WROOM-02 的 Shell 操作命令 ···························· 381
	17.5　建立工程，编译和运行 ·· 384
		17.5.1　工程程序文件 ··· 384
		17.5.2　创建和配置工程 ·· 384
		17.5.3　编译执行 ·· 385

第 18 章　移植 μC/OS-III 操作系统 ·· 387

	18.1　μC/OS-III 基础 ·· 387
		18.1.1　μC/OS-III 简介 ·· 387
		18.1.2　μC/OS-III 内核组成架构 ·· 388
	18.2　μC/OS-III 任务基础 ·· 390
		18.2.1　任务状态 ·· 390
		18.2.2　任务控制块和就绪任务表 ·· 391
		18.2.3　创建任务 ·· 391
		18.2.4　任务同步与通信 ·· 393
	18.3　μC/OS-III 的信号量 ·· 393
		18.3.1　信号量分类及其应用 ·· 393
		18.3.2　信号量工作方式 ·· 394
		18.3.3　信号量应用操作步骤 ·· 396
	18.4　μC/OS-III 的消息队列 ·· 396
		18.4.1　消息队列工作模型 ·· 397
		18.4.2　消息队列应用操作步骤 ·· 397
	18.5　μC/OS-III 的事件标志组 ·· 398
		18.5.1　事件标志组工作模型 ·· 398
		18.5.2　事件标志组应用操作步骤 ·· 399
	18.6　信号量、消息队列和事件标志组综合示例 ································ 399
		18.6.1　综合示例任务关系图 ·· 400
		18.6.2　任务代码头文件 task.h ·· 400
		18.6.3　任务代码 C 文件 task.c ·· 402
		18.6.4　中断异常处理文件 stm32f10x_it.c ···································· 409
	18.7　μC/OS-III 移植 ·· 410
		18.7.1　μC/OS-III 源码组织架构 ·· 410
		18.7.2　简化 μC/OS-III 源码组织架构 ·· 411
		18.7.3　建立基于 μC/OS-III 的工程 ·· 412
		18.7.4　μC/OS-III 综合示例运行效果 ·· 414

第 19 章　基于 μC/OS-III 的信息系统 ··· 415

	19.1　系统功能描述 ·· 415

  19.1.1 系统任务划分 ·· 415
  19.1.2 系统实际运行效果 ·· 415
 19.2 系统任务设计分析 ·· 417
  19.2.1 Shell 任务 ·· 417
  19.2.2 LED 灯闪烁任务 ·· 420
  19.2.3 事件监测任务 ·· 420
  19.2.4 系统统计任务 ·· 422
  19.2.5 无线通信处理任务 ·· 425
 19.3 工程源代码（文件）整合 ·· 428
  19.3.1 主文件 main.c ··· 428
  19.3.2 任务头文件 task.h ·· 428
  19.3.3 includes.h 文件 ·· 429
  19.3.4 任务实现文件 task.c ·· 430
 19.4 建立工程，编译和运行 ·· 430
  19.4.1 建立工程源代码结构 ·· 430
  19.4.2 建立文件组，导入源文件 ···································· 430
  19.4.3 编译执行 ·· 431

参考文献 ··· 432

第1章
开发利器：STM32 库和 MDK Keil

"工欲善其事，必先利其器"，对于干技术活的工程人员来说，对这句话有比一般人更深刻的理解。尤其是软件开发领域，可供使用的工具众多，选择一个好的开发平台，不但可以有效地管理工程文件、配置工程参数，而且可更快捷有效地发现并解决程序设计中出现的问题。

本章以一个简单有趣的外设实验为线索，为您讲解本书将要使用的"利器"——MDK Keil 开发环境的使用方法，包括工程建立、源文件管理、编译配置等。同时通过这个实验，为读者首先建立一个开发流程的初步印像，为后续学习打下基础，并一步步地进入趣味无穷的嵌入式世界。

1.1 学习启航：闪烁的跑马灯

对于任何刚开始接触嵌入式技术的人来说，对学习对象的直观感受是十分重要的。所谓"第一印象决定了以后的交往"，在技术领域也有这种效应。换句话说，首先得要让他对所学的东西有初步的兴趣。本节内容的目的就是如此，通过对一个四向（上下左右）摇杠不同方向的按钮来控制 4 颗 LED 灯闪烁频率和方向。

1.1.1 实验结果呈现

四向摇杆

4颗LED

实验操作：
- 步骤 A：当将摇杠向上推时，4 颗 LED 灯以顺时针方向间隔 1 s 依次闪烁。
- 步骤 B：将摇杠向下推，4 颗 LED 以逆时针方向间隔 1 s 闪烁。
- 步骤 C：将摇杠向左推，加快 LED 的闪烁频率。
- 步骤 D：将摇杠向右推，降低 LED 的闪烁频率。

1.1.2 实验分析

根据以上实验现象，电路输入有 4 个信号：即摇杠的 4 个方向（对应于图 1-1 所示的 JOY_DOWN、JOY_UP、OY_LEFT、JOY_RIGHT），输出反映在 4 颗 LED 灯（图 1-1 中的 LED1、LED2、LED3、LED4）的闪烁频率和轮转方向上。在这里我们不讨论该电路的设计，而是利用设计好的电路图，如何找出 8 个 I/O 信号所用到 GPIO 引脚，然后依据它们在数据手册上的定义，对相关的寄存器做出配置即可。

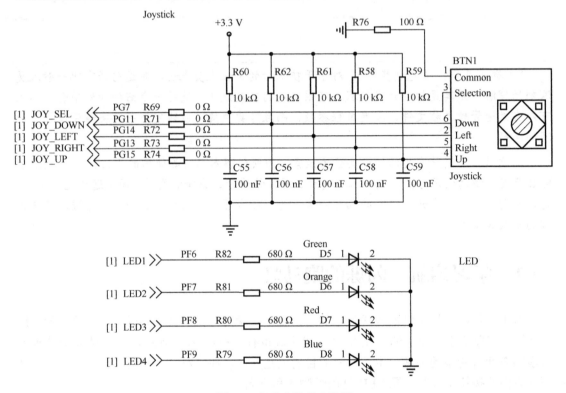

图 1-1 灯控实验的电路图

在编写代码之前，首先查看电路图明确以下几点：

（1）确定硬件的连接关系。摇杠的"上右下左" 4 个方向作为 MCU 的输入信号分别连接到 PG15、PG13、PG11、PG14 引脚；而 4 个 LED 灯分别与 PF6、PF7、PF8、PF9 相连。

说明：对于 STM32F10x 系列芯片，除了电源（VDD）、地（VSS）、时钟（OSC）三类引脚之外，其余的外部引脚被分组管理，将它们命名为 GPIOx（x=A、B、C、D、E、F、G），其中每组包含 0~15 共 16 根引脚（P0~P15），如 GPIOA.P1。

（2）查 MCU（STM31F103ZET6）的数据手册（Datasheet），总结上述 8 个 GPIO 引脚的功能定义，如表 1-1 所示。

第1章 开发利器：STM32 库和 MDK Keil

表 1-1 灯控实验所用 GPIO 引脚功能定义

Pin Number	Pin Name	Type	Main function (after reset)	Alternate functions Default	电路功能		
132	PG15	I/O	PG15		摇杆	上	输入信号
128	PG13	I/O	PG13	FSMC_A24	摇杆	右	输入信号
126	PG11	I/O	PG11	FSMC_NCE4	摇杆	下	输入信号
129	PG14	I/O	PG14	FSMC_A25	摇杆	左	输入信号
18	PF6	I/O	PF6	ADC3_IN4/FSMC_NIORD	LED	LED1	输出信号
19	PF7	I/O	PF7	ADC3_IN5/FSMC_NREG	LED	LED2	输出信号
20	PF8	I/O	PF8	ADC3_IN6/FSMC_NIOWR	LED	LED3	输出信号
21	PF9	I/O	PF9	ADC3_IN7/FSMC_CD	LED	LED4	输出信号

为了减小芯片面积（与功耗、价格密切相关），芯片设计时在保持功能不受影响的前提下都尽可能地减少引脚数量。这样每根引脚不可避免地具有复用（多重）功能，默认情况下都作为普通 I/O 引脚使用（表 1-1 中的 Main function），但可以通过配置来启用它们的其他功能（表 1-1 中的 Alternate functions。关于如何配置，从第 4 章的外设实验开始会详细详解）。

本实验所用到的 8 根引脚中，除 PG15 外，其余的都有复用功能。但本实验是单点控制（即每根引脚对应外接一个外部元件）实验，不涉及复杂的外设协议（如 I2C、SPI、USART 等），因此使用表 1-1 所列 GPIO 引脚的默认功能：输入和输出。

（3）配置引脚。虽然是单点控制，但每个引脚也有"入"和"出"之分，得根据实验要求对这些引脚进行必要的配置，在这之后才可能按软件的逻辑去控制"信号从哪根引脚进入，又从哪根引脚出"。

问题的逻辑是这样的：CPU 怎么知道有输入信号从摇杆那边过来呢？如果不知道，它就不可能去指挥 4 颗 LED 灯按实验的要求闪烁。

办法其实有两种：打个比方，假如你有一个远方的朋友几天前告诉你，他明天会来你家，但具体时间可能多种原因（晚点、汽车抛锚维修等）无法确定，要你等他的电话。

CPU 等待按键输入信号，就如同你等这个电话何时到来一样。你可以将电话放在客厅后就去厨房洗菜，中途由于担心错过电话，可能你会不停地往返厨房和客厅之间，直到你接到朋友的电话为止；或者你换一种等电话的方式，你还是把电话放在客厅，交代你的女儿：要是有人打电话进来，你告诉我。于是你就可以安心地去洗菜、拖地……当女儿告诉你：爸爸，你有电话时，你便可以放下手中的工作，去接听电话，然后驱车去车站接你的朋友。这两种等电话的方式分别对应计算机处理事件的两种方式——轮询和中断。很明显，采用中断的等待方式更有效率。

回到前面的问题"CPU 怎么知道有输入信号从摇杆那边过来呢？"答案很简单：采用中断的机制。

所有基于 CM3 核的处理器芯片，其核内都有一个称为向量中断控制器（NVIC）的部件，负责处理 240 个外部中断输入和 11 个内部异常源。具体到 STM32F10x 系列芯片，有两种中断信号：一种是寄存器位中断（它没有单独的连线与外部 GPIO 引脚相连，而是通过寄存器的中断控制位来传递中断的）；另一种就是与 GPIO 引脚有物理连接的 EXTI（外部中断/事件控制器）。

STM32F103ZET6 提供了 19 个 EXTI，每个 EXTI 都由相应的边沿检测器组成并连接到芯片上的 GPIO 引脚上，如图 1-2 所示。

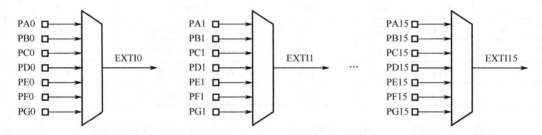

图 1-2　EXTI 与 GPIIO 引脚对应关系

由图 1-2 可知，端口 GPIOx（x=A，B…，G）的第 0 号引脚共享 EXTI0 外部中断/事件线，第 1 号引脚共享 EXTI1 中断/事件线……，第 15 号引脚共享 EXTI15 中断/事件线。

外部摇杠的 4 个方向通过 PG11、PG13、PG14、PG15 分别连接到 CPU 的 EXTI11、EXT13、EXTI14、EXTI15。当摇杠向上推时，电压信号通过 PG15 传入芯片内部的 EXTI15 中断/事件线，EXTI 控制器收到该信号后产生中断，并最终传递到 NVIC，由 NVIC 统一处理：即通知 CPU："你有外部 EXTI15 号事件发生"，CPU 这时就会停止当前的工作，转而去查询系统异常向量表，找到对应的中断/事件服务程序 EXTI15_10_IRQHandler 的入口地址，并跳转到该地址处进行处理，整个流程如图 1-3 所示。

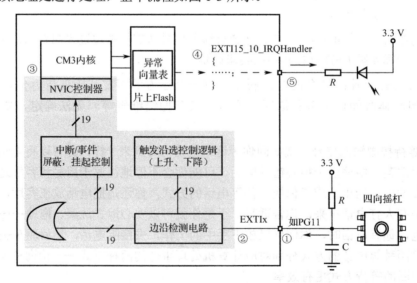

图 1-3　外部中断/事件 EXTIx 的产生及传递过程

以上是一个外部中断事件从产生、传递到处理整个流程的粗略描述。实际上，中断事件信号的传递过程是比较复杂的,但鉴于"由浅入深"的原则,在这里只要求读者有一个整体认识即可,这有利于降低学习的难度,并保持学习的兴趣。

1.1.3 配置 GPIO 引脚

要想使以上中断/事件的传递过程顺利进行,需要对所涉及的 4 个部件进行初始化配置。由于还没有正式学习 STM32 外设及 GPIO 的配置,在这里抽取真实代码的关键部分来说明这 4 个部件配置的大致过程,将问题简单化,先让读者对 STM32 的外设配置有一个基本的映像,为后续章节的学习打下基础。

1. 四向开关按键 GPIOG 引脚初始化配置

```
GPIO_InitTypeDef    GPIO_InitStructure;                    //声明 GPIO 初始化结构体变量
GPIO_InitStructure.GPIO_Pin=GPIO_Pin_11 | ... | GPIO_Pin_15;  //分配按键所需的 4 根引脚
GPIO_InitStructure.GPIO_Mode = GPIO_Mode_IPU;              //将 4 个按键引脚设置为输入模式
GPIO_Init( GPIOG, &GPIO_InitStructure);                    //将上面的引脚配置写入 GPIOG
```

由于按键信号传向 MCU 内部,所以 GPIO 模式设置为 GPIO_MODE_IPU(上拉输入);并且按键是与分组 GPIOG 的引脚相连的,所以将引脚配置写入 GPIOG 寄存器。

2. 4 颗 LED 灯 GPIOG 引脚初始化配置

```
GPIO_InitTypeDef    GPIO_InitStructure;                    //声明 GPIO 初始化结构体变量
GPIO_InitStructure.GPIO_Pin=GPIO_Pin_6 | ... | GPIO_Pin_0;  //分配 LED 灯所需的 4 根引脚
GPIO_InitStructure.GPIO_Mode = GPIO_Mode_OUT;              //将 4 个 LED 引脚设置为输出模式
GPIO_Init( GPIOF, &GPIO_InitStructure);                    //将上面的引脚配置写入 GPIOF
```

由于点亮 LED 的信号来自于 CPU 内部,通过 GPIOF 分组引脚传递到 LED 灯,所以 LED 所连接引脚的 GPIO 模式设置为 GPIO_MODE_OUT(输出),引脚最终的配置参数写入 GPIOF 寄存器。

3. EXTI11 控制线初始化配置

```
EXTI_InitTypeDef EXTI_InitStructure;                                  //声明 EXTI 初始化结构体变量
GPIO_EXTILineConfig( GPIOG, GPIO_PinSource11 | ... | GPIO_PinSource15 ); //关联 GPIO 和 EXTI 线
EXTI_InitStructure.EXTI_Line = EXTI_Line11| ... | EXTI_Line15;         //分配 EXTI 线
EXTI_InitStructure.EXTI_Mode = EXTI_Mode_Interrupt;                   //配置 EXTI 线为中断输入模式
EXTI_InitStructure.EXTI_Trigger = EXTI_Trigger_Falling;               //按键信号的上升沿触发有效
EXTI_Init(&EXTI_InitSturcture);                                       //将刚才的 EXTI 配置写入 EXTI
```

EXTI 控制器主要任务是将摇杆按键所对应的 GPIO 引脚与芯片内部的 EXTI 线关联起来,并且定义好触发 EXTI 中断的信号方式(上升沿或下降沿),最后同样需要将这些配置写入相应的寄存器。

4. NVIC 控制器初始化配置

```
NVIC_InitTypeDef NVIC_InitStructure;                       //声明 NVIC 初始化结构体变量
NVIC_InitStructure.NVIC_IRQChannel = EXTI15_10_IRQn;       //配置 NVIC 中断通道
```

```
NVIC_InitStructure.NVIC_IRQChannelCmd = ENABLE;              //允许 NVIC 中断
NVIC_InitStructure.NVIC_IRQChannelPreemptionPriority =0;     //中断的主优先级
NVIC_Init(&NVIC_InitStructure);                              //将以上 NVIC 配置写入 NVIC
```

在 CM3 体系结构中，所有外设的中断和内部的异常都由 NVIC 统一来管理。上面的代码完成向 NVIC 注册 EXTI10～EXTI15 线的中断服务程序所对应的中断号（通道号 EXTI15_10_IRQn），这样当 EXIT 中断发生时，NVIC 才会调用相应的中断服务程序进行处理。

按以上步骤对所涉及的 4 个部件配置后过后，相当于打通了从按键到中断控制器之间的路径，如果此时有按键的中断信号传递到 NVIC 控制器，以下中断服务函数就会被执行，该中断函数由用户根据应用功能编写。

5．中断服务程序 EXTI15_10_IRQHandler ( )

```
01  extern int direction;
02  extern int speed;                                    //引入其他文件定义的变量 direction 和 speed
03  void EXTI15_10_IRQHandler()
04  {
05      if (EXTI_GetITStatus(EXTI_Line15))
06          direction =1;                                //顺时针方向闪烁
07      if (EXTI_GetITStatus(EXTI_Line11))
08          direction =0;                                //逆时针方向闪烁
09      if (EXTI_GetITStatus(EXTI_Line13))
10          speed =0;                                    //降低闪烁频率
11      if (EXTI_GetITStatus(EXTI_Line14))
12          speed =1;                                    //加快闪烁频率
13  }
```

1.1.4 实验控制逻辑

我们从实验现象（选择 5 向开关不同的方向，获得 LED 灯不同的闪烁方式）出发，一步步深入梳理，最后进入 CPU 内部（EXTIx、NVIC、各寄存器），通过这个过程我们明白了实验现象内部的运作原理。在完成相关外设的配置以后，就可以看到本章开始的实验现象了吗？当然不是，完成配置只能说明信号传输的通路已没有了障碍。真正核心的是信号以什么的方式"流畅"起来，这里"以什么样的方式"就是控制逻辑。也就是说，这些部件到现在为止，在整个系统中都还只是孤立的，它们之间还需要一个统一的"线"贯穿起来，这条线就是主控制逻辑。

从前面的分析也可以得到这么一个结论：一个完整的嵌入式系统应该具有以下几个逻辑模块：主控制逻辑，外设驱动（对 GPIO、EXTI 的配置等），中断服务处理程序。再复杂的应用也不过是在此基础上进行了适当的添加。这几个模块反映在源代码文件上，就分别是 main.c、keyLed.c、stm32f10x_it.c，这三个（模块）文件之间的关系如下：

主程序文件 main.c：是整个系统的"统帅"，由它负责将各个"孤立"模块串在一起，并由它来发起外设初始化配置并提供各模块之间传递信息的全局变量。

LED 驱动文件 keyLed.c：LED 灯功能实现文件，它完成了点亮或熄灭 LED 灯，以及 LED

灯闪烁频率的功能，它根据当前的全局变量值改变闪烁方向和频率，是应用功能的执行者。

中断服务源文件 stm32f10x_it.c：其内部的诸多中断服务函数是控制信号的改变者，改变某些控制 LED 灯闪烁方向和频率的全局变量。

下面列出这三个文件的代码，代码做了简化处理，供读者参阅以便了解整个实验的文件组成及功能实现。

1. 主程序 main.c

代码 1-1　工程入口函数 main.c

```
01 #include "ledKey.h"
02
03    int direction =0, speed =0;              //全局变量，承载 LED 灯闪烁方向和频率的信号
04    int main()
05    {
06        GPIO_EXTI_init();                    //初始化 GPIO 和 EXTI（封装了前面所提到的配置）
07        NVIC_Config();                       //配置中断向量控制器，即向 NVIC 注册中断号
08
09        while (1)  {
10            LED_onOff_inTurn (direction, speed);   //根据 direction 和 speed 改变 LED 灯行为
11        }
12    }
```

2. 外设驱动源文件：keyLed.h / keyLed.c

代码 1-2　外设驱动头文件 keyLed.h

```
01 #ifndef __ledKey_h
02 #define __ledKey_h
03 #include "stm32f10x.h"
04
05 #define ON   0
06 #define OFF  1
07 void GPIO_EXTI_init();                       //函数声明：初始化 GPIO 和 EXTI（封装了前面所提到的配置）
08 void NVIC_Config();                          //函数声明：配置中断向量控制器
09 void LED_onOff_inTurn (int dir, int speed);  //函数声明：LED 灯功能函数
10 #endif

// keyLed.c
11 #include "ledKey.h"
12
13 void GPIO_EXTI_init() { ... }                //函数实现，封装 1.1.3 节所介绍的初始化代码
14 void NVIC_Config() { ... }                   //函数实现，封装 1.1.3 节所介绍的初始化代码
15 void LED_onOff_inTurn (int dir, int speed)  { ... }    //LED 灯功能函数
```

3. 异常/中断服务程序文件：stm32f10x_it.c

代码 1-3　外设中断处理函数 EXTI15_10_IRQHandler()

```
01 #include "stm32f10x_it.h"
02 extern int speed, int direction;            //从 main.c 中导入全局变量 speed、direction
03
04 void EXTI15_10_IRQHandler () {
05     if (EXTI_GetITStatus(EXTI_Line10)) {
06         if (speed == 4) {
07             speed --;
08         }
09         if (speed ==0)      speed ++;
10         .....
11     EXTI_ClearITPendingBit (EXTI_Line10);
12 }
```

1.2　STM32 库结构和 CMSIS 标准

什么是 STM32 库？

它是由 ST 公司为缩短 STM32 开发周期，降低开发成本而提供的函数接口，它通过向下直接处理寄存器，完成外设初始化、外设功能函数的封装；用户的上层应用直接调用这些接口完成特定的功能。下面是 STM32 官方提供的对函数库的描述，可进一步加深对 STM32 库的理解。

STM32 函数库，又称为固件函数库或固件函数包，它由程序、数据结构和宏组成，包括了微控制器所有外设的性能特征。该函数库还包括每一种外设的驱动描述和应用实例。通过使用固件函数库，无须深入掌握细节，用户也可以轻松应用每一种外设。每种外设驱动都是由一组函数组成的，这组函数涵盖了该外设所有功能。每个器件的开发都由一个通用 API 驱动，API 对该驱动程序的结构、函数和参数名都进行了标准化。

什么是 CMSIS 标准？

基于 CM3 核的芯片制造厂商很多，如 ST、Freescale、SAMSUNG 等。虽然它们采用的内核都相同，但由于每一家公司的芯片都有自己不同的外设，此时即使芯片厂商们都提供了所谓的固件函数包，对不同芯片间代码的移植来说，也是一件很耗时的难事。为了解决不同厂商生产的 Cortex 微控制器软件的兼容性问题，ARM 公司于 2008 年 11 月发布了旨在降低 Cortext-M 处理器软件的移植难度，并减少新手使用微控制器开发和学习时间，加快产品上市而推出的处理器软件接口 CMSIS，即 ARM Cortex 微控制器软件接口标准（Cortex Micro-controller Software Interface Standard）。

固件库解决的是快速开发的问题，CMSIS 标准则侧重于代码的移植。STM32 库也是遵循 CMSIS 而开发的，为了充分发挥 STM32 库的优势（快捷、移植性好），在正式进入开发之前，得先要了解一下基于 CMSIS 标准的 STM32 库的结构。

1.2.1 STM32 库层次结构

图 1-4 中的方框文字代表了库目录,非方框文字表示目录下面的文件。

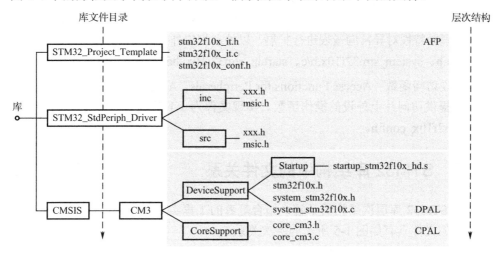

图 1-4 外部中断/事件 EXTIx 的产生及传递过程

从库的结构来看:

"CMSIS/CM3/CoreSupport" 及其下面的文件 core_cm3.h/c 距离 CM3 核最近,它们由 ARM 公司实现,因此在 CMSIS 标准中它们被称为 CPAL 层;"CMSIS/CM3/DeviceSupport/.." 下面的文件具有明显的厂商芯片特征,它们完成启动代码、芯片寄存器级的诸多定义和操作,对应于 CMSIS 标准的 DPAL 层。可见 "CMSIS/CM3/.." 目录下的文件是开发工作的基础,是每一个应用工程都必须要包含的。

"STM32_StdPeriph_Driver/.." 下是芯片上各种外设 xx.h 和 xx.c 文件的集合,比如 USART、I2C 接口分别对应于 stm32f10x_usart.h/c、stm32f10x_i2c.h/c 文件。这些文件实现相应外设功能所必需的操作函数,按 CMSIS 标准,被划分为 AFP 层。

"STM32_Project_Template/.." 下的文件,主要完成某些配置,如 stm32f10x_conf.h 文件就实现工程所用外设头文件的选择。这部分文件需要用户进行修改(stm32f10x_conf.h)或代码实现(stm32f10x_it.h/c)。

1.2.2 CMSIS 层次结构

通过上面 STM32 库层次结构的描述,从中也可以看出 CMSIS 从下(CM3 核)到上(应用)分别有以下 3 个层次。

(1)核内外设访问层(Core Peripheral Access Layer,CPAL)。该层由 ARM 负责实现,所定义的接口函数都是可重入的。其实现文件为 core_cm3.h 和 core_cm3.c,其内容主要包括:

- 对核内寄存器名称,地址的定义。
- NVIC,以及对特殊用途寄存器、调试子系统的访问接口定义。

- 还有就是对不同编译器的差异使用__INLINE来进行统一化处理。
- 定义了一些访问CM3核内寄存器的函数，如对xPSR、MSP、PSP等寄存器的访问。

（2）片上外设访问层（Device Peripheral Access Layer，DPAL）。该层由芯片厂商负责实现，负责对外设寄存器地址，及其访问接口进行定义。该层可调用CPAL层提供的接口函数，同时根据处理器特性对异常向量表进行扩展，以处理相应外设的中断请求。相应的实现文件有stm32f10x.h、system_stm32f10x.h/c、startup_stm32f10x_hd.s、stm32f10x_it.h/c。

（3）外设访问函数（Access Functions for Peripherals，AFP）。这一层也由芯片厂商负责实现，主要提供访问片上外设的操作函数。实现文件为1.1节提到的库文件中的xxx.h/c、msic.c、stm32f10x_conf.h。

1.2.3 STM32库结构中的文件关系

通过对STM32库层次结构的了解，结合笔者的工程实际，在进行基于STM32库开发时，所涉及的文件具有如图1-5所示的层次关系。

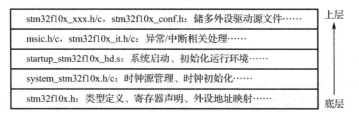

图1-5 STM32库文件层次关系

1．stm32f10x.h

该文件为最基础的头文件，它主要包含了以下几个方面的内容。

（1）通用数据类型定义，如：

```
typedef  int32_t      s32;
typedef  __I int32_t   vsc32;                //read only
....
```

（2）定义所有外设的寄存器组结构，例如1.1.3节提到的GPIO。

```
typedef struct
{
    __IO unit32_t CRL;            //GPIO端口配置低寄存器
    __IO uint32_t CRH;            //GPIO端口配置高寄存器
    __IO unit32_t IDR;            //GPIO端口输入数据寄存器
    __IO unit32_t ODR;            //GPIO端口输出数据寄存器
    __IO unit32_t BSRR;           //端口位设置/清除寄存器
    __IO unit32_t BRR;            //端口位清除寄存器
    __IO unit32_t LCKR;           //端口配置锁定寄存器
} GPIO_TypeDef;
....
```

由于外设的功能是通过其内部的寄存器来实现的,因此应将这些寄存器视为一个整体。通过 C 语言的结构体类型定义的方式在代码级就可实现这个操作。上面代码片断中的结构体类型 GPIO_TypeDef 代表了外设 GPIO,其内部成员是 GPIO 的 7 个寄存器。

(3)外设变量的声明:

```
#define USART2      ((USART_TypeDef *) USART2_BASE)
#define GPIOA       ((GPIO_TypeDef *) GPIOA_BASE)
#define SPI1        ((SPI_TypeDef *) SPI1 )
....
```

所谓的"外设的声明",其实质主要是一些宏定义,宏名就代表了某种外设,而宏值就是该外设基地址(实际上这种表述并不准确,在没有讲解具体外设之前,我们姑且这样来认为)。如此一来,操作外设名就是在操作外设地址所在的寄存器,比如对外设 GPIOA 的操作可以是"GPIOA->IDR =17;"。

由此可见文件 stm32f10x.h 在基于 STM32 库开发过程中的地位和作用。由于 stm32f10x.h 中绝大部分代码都是进行外设的声明和寄存器位定义,所以在用户使用 STM32 库编写外设驱动时,必须将其包含在自己的工程文件中。

2. system_stm32f10x.h 和 system_stm32f10x.c

在系统上电复位那一刻,完成系统初始化的两个函数 SystemInit()和 SystemCoreClockUpdate(),以及全局变量 SystemCoreClock 就在这两个文件中实现,它们的作用分别如下:

SystemInit():设置系统时钟源,其中涉及 PLL 倍频因子、AHB-APB 预分频因子,以及扩展 Flash 的设置等,该函数在启动文件(startup_stm32f10x_xx.s)中被调用。

SystemCoreClock:此变量代表了系统核心时钟 HCLK 的频率值,系统的"滴答"定时器定时长度的计算也是基于这个变量的。

SystemCoreClockUpdate():在系统运行期间,如果核心时钟 HCLK 需要改变,则必须调用此函数来调整 SystemCoreClock 的值。注意,只是在 HCLK 有了变化的情况下才使用它。

关于 system_stm32f10x 文件中所涉及的知识点,与系统的启动过程联系紧密。这在后面"3.3 STM32 系统时钟初始化"一节中,我们还会对它们进行详细的讲解。在这里先做一个简单的交代,不至于在后续的开发过程中,生搬硬套地引用了一大堆文件,却不知为什么要这样做。

3. 启动文件:startup_stm32f10x_hd.s

这是一个汇编源代码文件,使用 STM32 库开发时,startup_stm32f10x_hd.s 文件中的函数完成系统启动任务,具体来说,完成了如下工作:

● 设置系统运行的初始堆栈;
● 设置系统运行的初始 PC 值;
● 设置异常/中断向量表;
● 调用前面提到的系统初始化函数 SystemInit(),完成对系统时钟的设置;
● 跳转到 C 库中的__main()函数,完成应用程序运行环境的设置(如堆、栈、代码段、数据段等在内存中的布局)和系统引导工作。当这些都完成后,最后调用用户主程序入口函数 main()，将系统控制权交给用户程序。

由于启动过程的重要性，本书第 3 章还会专门对系统的启动过程进行详细阐述，同时，在建立工程时也必须导入该启动文件。

4. 外设文件：stm32f10x_xxx.h、stm32f10x_xxx.c 和 stm32f10x_conf.h

标题中的"xxx"对应某种外设，如 USART，相应的外设文件就是 stm32f10x_usart.h 和 stm32f10x_usart.c。因此，STM32F10x 系列芯片上有多少种外设，就相应有多少个这样的源文件。这类文件中定义和实现了针对相应外设功能的各种操作，如初始化、读/写数据寄存器、中断控制等。对于这些外设文件，应根据工作实际，导入实际使用到的外设文件，而这种"选择性的导入"是通过 stm32f10x_conf.h 来实现的。

stm32f10x_conf.h 文件内容是这样的：

```
....
//Uncomment/comment the line below to enable/disable peripheral header file inclusion
//#include "stm32f10x_adc.h"
//#include "stm32f10x_bkp.h"          //前有"//"注释符，没有导入
#include "stm32f10x_exti.h"           //移除包含文件前面的"//"注释符，即表示导入
#include "stm32f10x_gpio.h"
....
```

5. 与异常/中断向量相关的文件：misc.c、stm32f10x_it.h、stm32f10x_it.c

在众多的外设源文件中，misc.h 和 misc.c 是比较特殊的一对，其特殊性在于它不是普通的片上外设，而是针对 CM3 核内的 NVIC 而设计的。读者对 NVIC 一定不陌生，系统异常和片上外设中断都必须通过 NVIC 进行统一管理，因此，在基于中断的系统应用中，这两个文件是必不可少的。

同理，有异常或中断产生，就必须有对应的 ISR（中断服务程序）。外设负责产生中断，NVIC 负责管理中断，异常/中断向量表中保存了相关 ISR 的服务程序地址，而真正响应中断的服务程序是在文件 stm32f10x_it.h/c 或其他文件中实现的。

图 1-6 很好地展示了异常或中断的传递及处理过程，以及此过程所涉及的相关文件。

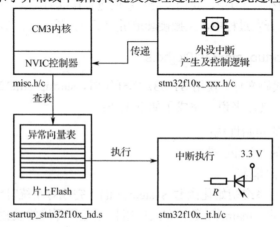

图 1-6 中断的产生、管理和响应

1.2.4　STM32 库函数命名规则

为了更好地使用 STM32 库，查阅其中的源代码，了解 STM32 库对函数名的命名规则十分必要。

（1）外设函数的命名"以外设的缩写加下画线开始，以外设所完成的功能描述作为结束"，在这个功能描述中，每个单词的首字母为大写。例如，SPI_SendData()表示外设 SPI 发送数据的函数，USART_Init()则是外设 USART 的初始化函数。

（2）下列命名规则的函数在 STM 库中大量出现。由于每一种外设都大致有功能相同的函数，这里列举出来，让读者与它们先"混个脸熟"，以便在后续章节的外设实验中快速掌握它们的使用。为方便描述，用"P"来代表某种外设。

- 函数 P_Init()：功能是初始化外设 P，如 I2C_Init()。
- 函数 P_DeInit()：功能是复位外设 P 的所有寄存器到缺省值，如 USART_DeInit()。
- 函数 P_Cmd()：功能为开启（使能）或关闭（除能）外设 P，如 SPI_Cmd()。
- 函数 P_ITConfig()：功能为开启或关闭来自外设 P 的某中断源，如 RCC_ITConfig()。
- 函数 P_DMAConfig()：功能为开启或关闭外设 P 的 DMA 通道，如 TIM1_DMAConfig()。
- 函数 P_GetFlagStatus()：功能是检查（获取）外设 P 某标志位的状态（是否被设置）。
- 函数 P_ClearFlag()：功能为清除外设 P 的某种标志/状态位，如 I2C_ClearFlag()。
- 函数 P_GetITStatus()：功能为判断来自外设 P 的某中断是否发生，如 EXTI_GetITStatus()。
- 函数 P_ClearITPendingBit()：功能为清除外设 P 中断待处理中断标志位。

（3）**中断号**被定义为以"_IRQn"作为后缀的名称。**异常处理函数**的后缀是"_Handler"，**中断处理函数**的后缀是"_IRQHandler"。例如，对于 USART，中断号为 USART_IRQn，中断处理函数名为 USART_IRQHandler()。

1.2.5　STM32 库常见的几个状态类型

在库开发中，常在代码中见到 FlagStatus、FunctionalState、ErrorStatus 类型变量的使用，它们定义在文件 stm32f10x.h 中，在这里也将它们列举出来,以方便后续代码的理解和使用。

（1）布尔型类型：

`typedef enum { FALSE =0, TRUE = !FALSE } bool;`

（2）标志/中断状态类型：用来设置/清除（SET/RESET）外设的中断和标志

`typedef enum { RESET =0, SET = !RESET } FlagStatus, ITStatus;`

（3）功能状态类型：用来实现外设的使能启动/除能停止（ENABLE/DISABLE）

`typedef enum { DISABLE =0, ENABLE = !DISABLE } FunctionalState;`

（4）错误状态类型：反映外设函数的返回状态：成功/出错（SUCCESS/ERROR）

typedef enum { ERROR =0, SUCCESS = !ERROR } ErrorStatus;

1.3 工程开发环境设置

终于到了建立工程的时候了。前面的跑马灯示例中，我们描述了一个完整的工程如何从查看电路连接开始，到 GPIO 引脚及中断配置，所需外设源文件编写，最后通过主程序文件 main.c 将各源文件统一起来。当时我们并没有继续讲解如何进行工程编译，下载到学习板运行。本节我们使用 ARM 公司的集成开发工具 MDK 对这最后一步做个交代，其中包括使用 MDK 进行基本的工程管理，其他更高级的技巧，尤其是工程调试，将在后面的章节中结合工程实例予以讲解。

1.3.1 有关 MDK

MDK（Microcontroller Development Kit）是 ARM 公司收购了 Keil 之后，推出的一款主要基于 Cortex-M 处理器的开发工具，它是 Keil 公司集成开发环境 uVision IDE 与 ARM 公司的编译工具 RVCT（RealView Compile Tools）的完美组合，主要由以下 4 个部分组成。

- uVision IDE：是一个集项目管理器、源代码编辑器、调试器于一体的强大集成开发环境。
- RVCT：ARM 公司提供的编译工具链，包含编译器、汇编器、链接器等。
- RL-ARM：实时库，可根据工程需要将其作为代码库来使用。
- ULINK USB-JTAG 仿真器：用于连接目标板的调试接口（JTAG 或 SWD），帮助用户在目标板上调试程序。

图 1-7 是打开一个工程时的完整界面。我们以此来大致说明一下此 GUI 的功能区域划分。

图 1-7　Keil MDK 工程管理界面

默认时整个窗口分为 5 个区：菜单栏、工具栏、工程管理区、源码编辑区和编译输出区。菜单和工具栏与传统 Window 程序相类似，其中与开发相关的工具或菜单在接下来的 1.3.2 节"使用 MDK 建立工程的步骤"的介绍中会做详细说明。

- 工程管理区：以分组（将工程源文件按不同性质划分为不同的分组）的方式管理整个工程的源文件。
- 源代码编辑区：在工程管理区选择的当前文件，其内容会显示在这个区域，开发人员可以在此进行源代码编辑和修改。
- 编译输出区（Build Output）：编译工程时，编译成功或出错、报警等信息会显示在个区域。

1.3.2 使用 MDK 建立工程的步骤

1. 建立工程结构目录

在一个硬盘分区上建立工程文件夹，以本章"跑马灯"为例，取工程名为 keyLed，并且在该目录下再行建立 4 个空文件夹，如图 1-8 所示。

- project：在使用 MDK 新建工程时，工程文件应放在此目录下。
- usr：用户自定义的源码文件，如 main.c、usart.h、usart.c 等应存放于此目录下。
- output：编译链接过程中所产生的中间输出文件等会存放于此处。
- stm32：将原始的 STM32 库文件复制到此文件夹下。

图 1-8　工程文件管理目录

2. 工程创建过程

（1）创建工程并选择处理器。选择"Project→New uVision Project"菜单项，弹出如图 1-9 所示对话框询问"新工程文件存放在哪里"，选择在第 1 步中建立好的 project 文件夹。

单击"保存"按钮后，弹出"选择处理器"对话框，如图 1-10 所示。本书配套学习板基于 MCU"STM32F103ZET6"，所以在芯片列表中选择"STM32F103ZE"。

选择了芯片型号之后，MDK 会弹出"是否在工程中加入 CPU 的启动代码"的提示框，在此我们选择"否"。因为我们会在随后的"新建源文件及文件组"步骤中，引入 STM32 库中自带的启动代码。

（2）选择工具链。选择"Project→Manage→Components，Environment and Books"菜单项，弹出图 1-11 所示的对话框。选择"Folders/Extensions"标签页，并注意"Select ARM

Development Tools"群组框，选择的"Use RealView Compiler"是我们使用 ARM 公司的 RVCT 工具链。

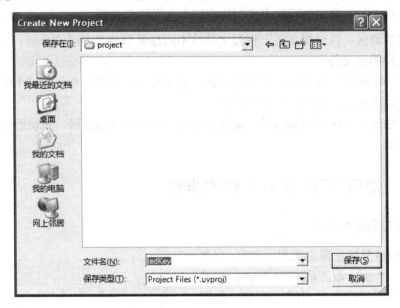

图 1-9　创建工程对话框

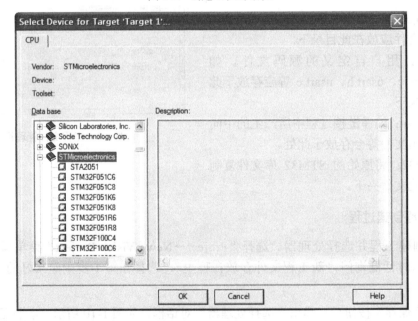

图 1-10　选择处理器

3．目标选项配置

选择"Project→Options for Target ..."菜单项，弹出"Options for Target"对话框，如图 1-12 所示。

第1章 开发利器：STM32库和MDK Keil

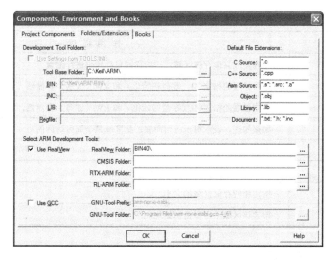

图 1-11　选择工具链

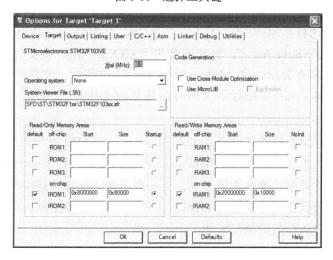

图 1-12　目标选项配置

由于该对话框的选项设置很多，为方便阅读，常用选项及其功能描述见表 1-2。

表 1-2　目标选项配置细项

选　　项	作　用　描　述
Xtal（MHz）	处理器的晶振频率，大部分基于 ARM 的 MCU 都使用片内的 PLL 作为 CPU 时钟源，所以此处我们使用默认值 8.0
Operating System	为目标系统选择一个实时操作系统，我们以后自己移植μC/OS-III，所以此处也选择默认值 None
Use Cross-Module Optimization	允许产生链接反馈文件，用于代码优化，保持默认不选的状态
Use MicroLIB	使用 MicroLIB 作为 C 的运行时库，该库与 ANSI 不完全兼容，但能满足绝大多数小型嵌入式应用，常选用（在本书的大部分示例中不选用）
Big Endian	大小端字节序的选择，大多数嵌入式系统使用小端字节序
ROMx	片外扩展的只读存储区域，一般通过启动代码进行配置

续表

选 项	作 用 描 述
IROMx	片内集成只读存储区域，一般通过启动代码进行配置
RAMx	片外扩展的指定 ZI（零值初始化）和 RW（读写）存储器
IRAMx	片内扩展的指定 ZI（零值初始化）和 RW（读写）存储器，通过启动代码进行配置
default	如果勾选，表示对于应用而言，此区域是全局可访问的
Off-chip / on-chip	表示片外扩展的还是片内集成
Start	指定相应存储区域的起始地址
Size	指定相应存储区域的大小
NoInit	指定该区域不用零值初始化

4．新建源文件及文件组

在 MDK 的"工程管理区"创建源文件组，并导入源文件，读者由此可以明白"工程管理区"的含义。选择菜单"File→New..."，MDK 会创建一个名为"Text1"的空白文本文件，选择"File→Save As..."，将其改名为"XXX.c"的 C 源文件，以便在进行源代码编写时提供语法高亮显示。在"File→Save As ..."过程中，文件的保存路径应选择在第一步建立的"ledKey/usr"路径下（所有后续新建的用户源文件，都应保存在这个目录下面）。

我们已经在第一步新建的文件夹 stm32 中，放入了 STM32 库相关的文件（以后涉及的操作系统μC/OS-III、网络协议栈 uIP 和 eFats 文件协议等文件也在第一步准备妥当）。

当所有的源码文件都已准备完成之后，开始着手在"工程管理区"建立文件组，目的是将工程所涉及的源代码文件进行分类管理。一般的裸板实验工程，可以建立如下的文件组，并在它们之中导入相关的源码文件。

(1) 文件组分类及其源文件。

- CMSIS：其下导入 CPAL、DPAL 下的全部文件 core_cm3.h/c、stm32f10x.h、system_stm32f10x.h/c、startup_stm32f10x_hd.s。
- FWlib：其下导入 misc.c/h 和本工程所用的外设源文件，如 stm32f10x_gpio.c/h、stm32f10x_rcc.c/h 等。
- Usr：其下导入用户自定义源文件，包括 main.c、ledKey.c、stm32f10x_it.c、stm32f10x_conf.h。

首先在工程管理区间断双击（双击之间间隔 1 s 左右）需要修改的文本，待其呈现深色背景且处于可编辑状态后，修改其内容为工程实际的标题内容。如图 1-13 所示，将默认的 Target1 和 Source Group1 修改为 ledKey 和 CMSIS。

然后，右击 ledKey 或 CMSIS 文件组名，弹出图 1-14 所示的新增文件组菜单，单击后，在工程管理区多出"New Group"文件组，用图 1-13 所示的方法，将其修改为 FWlib。

第 1 章 开发利器：STM32 库和 MDK Keil

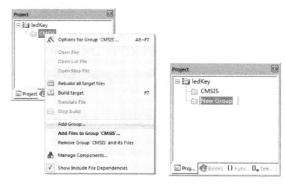

图 1-13　修改默认的工程文件组名称　　　　图 1-14　新增文件组对话框

向文件组中导入源码文件：选中需要添加源文件的文件组，右击并在弹出的浮动菜单中单击"Add Files to Group ...."（如图 1-14 所示），按照"文件组分类及其源文件"样板，将在第一步中准备好的源代码文件添加进工程。添加完源文件后的工程管理区如图 1-15 所示。

5．配置编译、链接工具

（1）定义中间输出文件保存位置。在编译过程中，会产生许多诸如".o"（或目标模块）的文件，这些中间文件是下一步链接过程的输入，得有一个地方存放它们。这一步就是定义放置这些中间文件的位置，选择菜单"Project→Options for Target ..."，弹出如图 1-16 所示对话框。

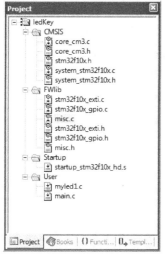
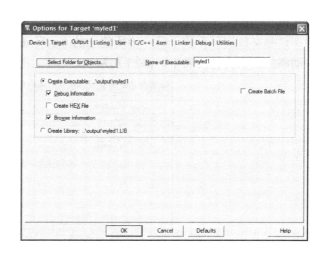

图 1-15　工程文件组及其源代码文件　　　　图 1-16　中间输出文件设置对话框

单击"Select Folder for Objects ..."，询问编译过程中间文件的输出位置，选择在第一步所建立的 output 文件夹。

（2）定义链接器链接输出文件位置。同样，在选择菜单"Project→Options for Target ..."弹出的对话框中选择"Listing"标签页。单击"Select Folder for Listing..."后，询问链接过程中间文件的输出位置，选择在第一步所建立的 output 文件夹。

（3）添加条件宏和头文件。在选择菜单"Project→Options for Target ..."弹出的对话框中选择"C/C++"标签页，弹出如图 1.17 所示的对话框。在"Define"标签后的编辑框中输入宏常量 USE_STDPERIPH_DRIVER 和 STM32F10X_HD。

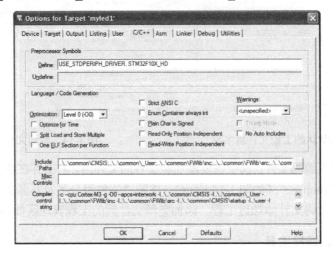

图 1-17 添加条件宏和头文件对话框

- USE_STDPERIPH_DRIVER：表明本工程开发过程中需要使用 STM32 库函数。
- STM32F10x_HD：表明工程采用的芯片系列为 STM32F10X 高密度高容量芯片，因而在 Coding 过程中，就可以使用只有 HD 芯片才具有的一些宏定义、变量等。

单击"Include Paths"标签所在编辑框后的"..."按钮，弹出图 1-18 所示的头文件设置对话框，添加工程所需要的头文件。方法是单击右边的添加按钮，找到工程所用到的头文件（这些文件实际存放于第一步所建立的 usr 或 stm32 文件夹下面），确认后该头文件就会自动添加到头文件列表中。添加了所有头文件后的对话框如图 1-18 所示。

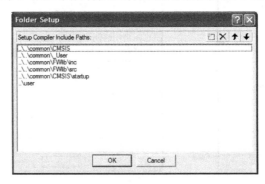

图 1-18 添加工程头文件

6. 工程调试

（1）选择调试方式及调试器。调试方式两种：软件模拟器调试和硬件调试器调试。

软件模拟器模式：在没有目标硬件的情况下，如果想学习 ARM 体系结构的开发，就可以使用软件模拟器模式。它不是我们讲述的重点，读者知道有这么一种手段即可。绝大部分情况下，大家学习 STM32 嵌入式开发的时候手边都有一片学习板，所以这里着重讲解硬件调试器模式。

硬件调试器模式：就是使用一个外接的在线仿真器连接目标板与 PC，通过 MDK GUI 界面的调试操作来控制目标系统运行（或单步，或连续）的一种工作模式。要彻底理解这种工作模式，就必须先了解"在线仿真器"的前世和今生。

在线仿真器（In-Circuit Simulator，ICE）是调试嵌入式系统软件的辅助硬件设备。由于嵌入式系统在成本和功耗等方面的考虑，其集成的硬件资源受到限制，不像计算机那样具有键盘、显示器、大容量内存和硬盘等其他各种有效的用户界面和存储设备，这样就给嵌入式软件的开发带来了难度。而在线仿真器的基本思想是通过处理器提供的额外辅助功能，在保持系统大部分功能的前提下，利用 JTAG 技术，向程序员提供一扇面向嵌入式系统内部的窗口：开发者用它将程序下载到目标系统运行后，可以对程序进行逐条跟踪并查看数据的变化，比如测试每一行源代码中的变量值的变化，或通过设置断点，在我们怀疑有问题的地方监视内存变化、控制输入和输出，从而找到问题并予以修改。之所以称之为仿真器，是因为它经常被用来模拟嵌入式系统中的中央处理器，但对于被调试的目标系统而言，就像一个真的处理器一样。

可见，在线仿真器是嵌入式软件开发所必需的工具，与本书配套的学习板已集成了仿真器，在读者实验的时候，只需要用 USB 转接线连接学习板和 PC 即可。

（2）MDK 中硬件调试设置：选择菜单"Project→Options for Target ..."在弹出的对话框中选择"Debug"标签（如图 1-19 所示），在此对话框的右边部分设置"硬件调试"。

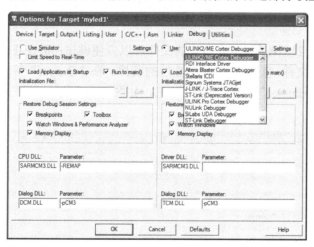

图 1-19 仿真器设置

在右边"Use"对应的下拉列表框中，MDK 列出了支持的仿真器驱动程序，在这里请选择本书配套开发板使用的"ULINK2/ME Cortex Debugger"仿真驱动。

选择好所需的硬件仿真器驱动之后，单击"Settings"按钮，弹出"Cortex-M Target Driver Setup"窗口，如果调试器与目标板正确连接，则会在"JTAG Device Chain"群组框中显示该仿真器相关的信息，如图 1-20 所示。

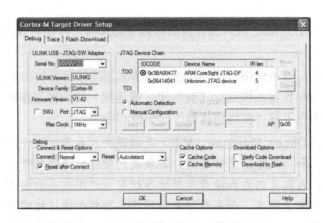

图 1-20　仿真器信息对话框

至此，仿真调试设置完成，接下来就是下载编译好的 Image 文件到目标系统。

7．工程下载

当经过调试，解决了所有的软件 Bug 之后，需要将编译后的可执行代码烧录进入目标系统的 Flash 之中。MDK 能够生成 AXF 和 HEX 两种格式的镜像文件（通常称为 Image）。它们的区别在于：

AXF 是 ARM 特有的文件格式，也是编译输出的默认格式，它除了包含 bin 文件之外，还包括了额外的调试信息。

HEX 格式的文件包含了地址信息，在烧录或下载 HEX 文件的时候，一般不需要用户指定地址。

在开发过程中，我们使用 AXF 格式的文件可以方便调试；但在正式的产品中，选择更小尺寸的 HEX 格式文件，更有利于产品性能的发挥。在"Output"标签中，可以通过取消复选框"Debug Information"来移除调试信息，如图 1-21 所示。但在开发阶段，不建议这样做。

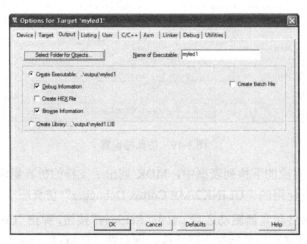

图 1-21　工程镜像文件格式选择

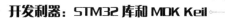

配置 Flash 编程工具及算法：选择菜单"Project→Options for Target ..."在弹出的对话框中选择"Utilites"标签，如图 1-22 所示。

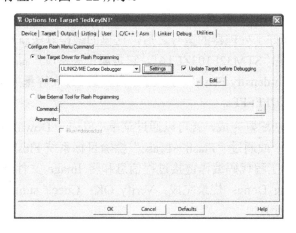

图 1-22　Flash 编程算法选择

此标签页配置 Flash 编程工具及算法，MDK 提供两种 Flash 编程方法：外部工具和目标板驱动。

外部工具（External Tool）：使用第三方基于命令行的编程工具，这种方式较为复杂，一般不用。

目标板驱动（Target Driver）：默认的 Flash 编程驱动，即根据选择的调试器（即前面提到的仿真器）选择合适的驱动，比如本书所有示例都使用 ULINK2 调试 CM3 处理器，所以在这里可以选择"ULINK Cortex Debugger"作为 Flash 烧录（编程）驱动。其他设置选项采用默认设置。

选择好 Flash 编程驱动后，单击其后的"Settings"按钮，弹出如图 1-23 所示的对话框。我们可以对 Flash 编程过程中做进一步的设置。

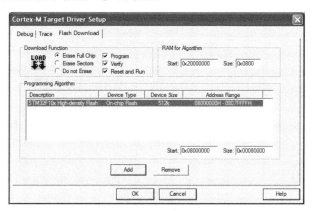

图 1-23　Flash 编程的进一步设置

在"Download Function"群组框中，左边的 3 个单选框是依次询问"下载（编程）前：擦写整个 Flash 空间/只擦写所用到的扇区/不擦写"；而右边的 3 个复选框分别表示编程（烧录）、进行 Check Sum 校验、（下载后立即）复位并运行，可以根据工程的实际情况进行选择。

至于"Programming Algorithm"复选框，主要是对片上 Flash 的编程算法的选择。当我们在前面第一步中选择好了处理器的型号之后，这里的编程算法就确定了下来。比如前面我们选择的 CPU 芯片是"STM32F103ZET6"，它是属于高密度产品线，所以对应的编程算法为"STM32F10x High-density Flash"。此 CPU 内置的 Flash 容量大小为 512 KB，地址范围是 0x80000000～0x807FFFFF。

一旦 Flash 编程算法配置完成，就可以通过菜单"Flash→Download"将 AXF 文件下载到目标系统的 Flash 中；或通过"Flash→Erase"擦除目标系统 Flash 中的内容。图 1-24 为在编译输出区所输出的工程代码编译链接过程信息和将 Image 文件烧录到芯片 Flash 过程中的提示（Programming Done：烧录完成；Verify OK：Check sum 验证正确；Application running ... 程序正在运行）。

图 1-24　程序编译链接和烧录过程信息

AXF 文件被烧录进目标板的 Flash 之后，如果在"Download Function"群组框中选择了"Reset and Run"，此时学习板上的 LED 程序即开始运行，4 颗 LED 灯不停闪烁；否则，需要按一下学习板上的复位键，LED 程序才能开始运行。

第 2 章 STM32 体系结构

在基于某款 CPU 进行开发时，必须首先了解该芯片系统的总体框架，才能对后续的每个外设接口操作在理解上有所帮助。本章首先对 STM32 内部系统构成进行详细的介绍，从总线单元的角度，理解信号是如何在各个模块之间进行传输并完成控制的；接着为读者剖析 STM32 的存储系统的组织（地址空间的布局），主要讲解总线及挂接在其上的各个外设的地址安排；最后介绍 STM32 芯片系统中的时钟树，从总线时钟到各个模块的时钟，以及它们之间的关系。

2.1 总线与通信接口

2.1.1 总线组成

总线就是计算机系统中为完成各个功能部件的连接，以及它们之间的数据传输和功能控制而提供的一组公共信号线。在现代的计算机系统中，通常都以总线的形式将系统中的各个模块（CPU、存储器、各种 I/O 及其外设）互连在一起，有序地交换信息，从而构成计算机系统。

图 2-1 是一个由 I2C 总线连接的嵌入式系统，MCU 和各 I2C 模块之间通过 I2C 总线来传递信息和控制。

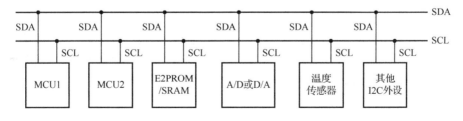

图 2-1 I2C 总线应用架构

其实，总线不仅仅是上面所描述的信号线实体，更重要的内涵是其协调系统工作的软件，即协议。因为总线是多部件所共用的，那就不可避免地涉及在某一时刻多个部件争用总线的情形。为了协调有序地对总线的"争用"，提高总线的利用率，必须制定一套大家都遵循的规则，即总线协议。所以，总线主要由传输信息的物理介质和管理信息传输的协议组成。

2.1.2 重要的总线术语

本节所介绍的总线术语对后续的多种外设（I2C、SPI、SDIO 等）有效。

（1）主/从设备：连接到总线上的模块有主设备和从设备之分。

主设备（Master）：具有控制（启动/停止）总线，向其他设备发出事务请求的设备。

从设备（Slave）：与主设备相对，被动地响应主设备请求的设备。

在某个时间片总线上只能有一个主设备，但可以有多台从设备来响应主设备的请求。比如在图 2-1 中，I2C 总线上挂接了 2 个具有总线控制权的主设备和 4 个从设备。

（2）时序（Timing）：是指事件出现在总线上的定位方式。为了同步主/从设备间的操作，必须制定时序协议。在同步时序协议中，事件出现在总线的时刻是由总线时钟来确定的。所有事件都出现在时钟信号的前沿（上升沿），大多数事件只占据单一时钟周期。图 2-2 中阴影部分分别是 I2C 总线的起始和结束同步信号：SCL 线为高电平期间，SDA 线由高向低的变化就表示 2 个 I2C 设备的通信起始信号；相应地，SCL 线为高电平期间，SDA 线由低向高的变化表示通信结束信号。在起始和结束信号之间，数据块被传输。

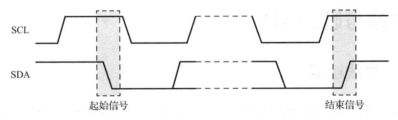

图 2-2 I2C 总线的起始/停止信号时序

在异步时序协议中，事件出现在总线的时刻取决于前一事件的出现，即建立在握手或互锁机制基础上的操作。在这种系统中，总线时钟信号线可有可无。比如 USART（通用异步串行通信协议）就采用异步通信协议，其特点是将数据块中的字符逐个进行传输，但是每传输一个字符，总是以起始位开始，以停止位结束，字符之间没有固定的时间间隔要求，所以不需要统一的时钟。

（3）总线仲裁方式。对多个主设备提出的占用总线请求，必须基于某种策略，如轮询或优先级，或两者的结合，使每个主设备都有机会获得对总线的控制。这个过程就叫仲裁（Arbitration）。仲裁方式基本可分为两类：集中式仲裁和分布式仲裁。

集中式仲裁是每个主设备都接到中央仲裁器，由中央仲裁器决定谁支配总线，系统总线如 AMBA、PCI 等采用这种仲裁方式。

分布式仲裁是每个潜在的主设备都有自己的仲裁号。当它们有总线请求时，把它们唯一的仲裁号发送到共享的仲裁线上，以优先级策略为基础，获胜者的仲裁号便保留在仲裁总线上，通信总线（或接口总线）如 CAN、I2C、SPI 采用这种仲裁方式。

下面以 I2C 总线为例来说明分布式的仲裁过程：

我们知道，每一个连接到 I2C 总线的设备都需要有一个唯一的地址。当 2 个 I2C 主设备都试图占用总线时，I2C 总线协议采用如下规则来决定谁最终获得总线的控制权。

① 遵循"低电平优先"的仲裁原则：将总线判定给数据线上先发送低电平的主器件（设备），而其他发送高电平的主器件将丢失总线控制权。

② 信号抽检：所有主器件在每次发出一个数据位的同时都要对自己输出的信号电平进行抽检。

例如，在某一 I2C 总线系统中存在 2 个主器件节点 M1 和 M2，它们都有控制总线的能力。M1 的数据发送序列为 10110101，此序列为 I2C 设备的地址，由硬件设计时决定；M2 的数据发送序列为 10100110。总线的仲裁过程是：在开始的 3 个数据位，SDA 数据线上的信号是主控制器 M1 和主控制器 M2 信号的叠加，当所以 M1 和 M2 进行信号抽检时发现都与自己期望的一致；当数据的第 4 位开时，由于各 I2C 器件"线与"的作用，此时的输出波形为低电平，所以 M1 控制器抽检出此时的信号不是自己所期望的信号，所以放弃传输，主控制器 M2 获得总线的控制权。

（4）总线连接方式。总线的连接方式有简单的，如我经常提到的 I2C 通信总线等，只需要 2 条信号线即可完成主/从设备的连接；也有复杂的，如 CPU 片上系统总线，由于连接的模块很多，如果仍然采用单一层次的连接方法，不但会使总线性能降低，而且会导致信号传播延时变大，各模块可使用的有效总线带宽减少。为此，大多数计算机系统都采用分层多总线结构。这种分层多总线结构不仅均衡了总线负载，而且不同速率的模块分别挂接在与自己速度匹配的总线上，提高了总线的吞吐量。本书实验板芯片 STM32F103ZET6，其内部就采用分层多总线结构。

2.2 STM32 功能框架

2.2.1 系统组成

2.1 节为大家介绍了总线与通信接口方面的一些基础知识，在讲到"总线连接方式"时，我们留下了一个伏笔，在本节我们就以芯片 STM32F103ZET6 为例来介绍系统级总线的连接方式，同时剖析其系统构成，为更好地理解后续知识点打下基础。

STM32F103ZET6 总体的逻辑框架如图 2-3 所示，主要由三部分组成。

（1）内核部分（CM3）：它通过内部的总线互联网络，将内核的各功能部件与核外的总线相连。

（2）片上外设（Peripheral Device）：STM32F103ZET6 片上外设丰富，根据其速率由高到低，分别有：片上存储设备（Flash、SRAM），各级总线，高速外设（包括 DMA1&DMA2），快速外设，慢速外设。

注意：总线也被视为外设的一种，在 STM32 中它也有自己的工作频率和内存映射地址。

(3)总线单元:STM32F103ZET6 上所有外设通过分层的总线结构连接起来,并与 CM3 内核一起构成一个系统的整体。图 2-3 中颜色深浅不同的箭头就代表了不同速率的总线(颜色越深,速率越快),其上挂接相应速率的外设。在总线单元中,最为重要部件就是总线矩阵(侧立的梯形黑框),当有多个主动部件发起控制总线的请求时,就由总线矩阵进行裁决。从这个实例可以深刻体会到系统的总线分层结构对于协调不同速率的外设、均衡系统负载、提高系统的整体性能方面起着多么重要的作用。

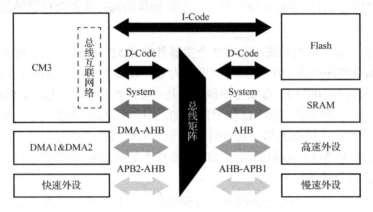

图 2-3　STM32 系列芯片的逻辑框架

2.2.2　总线单元及挂接设备

在了解了系统的总体组成之后,我们再深入一步,了解一下 STM32F103ZET6 所有外设的具体位置,即它们的挂接情况。为此,我们从两个角度来对系统的外设进行讲解。首先对 STM32F103ZET6 所有的外设按其主/从性质进行分组,看一看在 STM32F103ZET6 中,主/从设备都有哪些;然后对各级总线下所挂接的外设进行一个梳理,进而最终形成 STM32F103ZET6 的系统框架图。

连接在总线上的设备有主从之分,STM32F103ZET6 的总线单元中就有 4 个驱动单元(主)和 4 个被动(从)单元,分别如下。

(1)4 个驱动单元:CM3 内核 D-Code 总线、系统总线、DMA1 和 DMA2 控制器(如图 2-4 中纯黑色填充部分)。它们具有发起/撤销控制总线的能力。

注意:4 个驱动单元(主动部件)中,只有 DMA1 和 DMA2 是可见的。所谓"可见",指的是具有内存映射地址,并且具有独立的时钟源,可供程序员编程操作的外设。系统总线和 D-Code 总线虽为主动部件,但它们具有系统级别,由系统自动控制,程序员不能对它们进行操作。

(2)4 个被动单元:除 4 个主动部件之外的所有外设均为从器件,如片内 SRAM 和 Flash、FSMC、AHB-APH 桥及连接在其上的设备等。

图 2-4 给出了 STM32F103ZET6 几乎所有外设挂接的情况,根据速率大小有 4 个层次。
- 核心外设:包括片上 Flash 和 SRAM,程序的指令和数据都从它们而来,所以通过最快的 IBus、DBus 和 System 总线与 CM3 相连接。

- 高速外设：直接通过 AHB 总线与 CM3 相连的外设，包括 DMA1、DMA2、FSMC、RCC、SDIO 等。
- 快速外设：通过 AHB-APB2 桥相连的外设，如 GPIOx、AFIP、TIMx、SPI、USART1 等。
- 慢速外设：通过 AHP-APB1 桥相连的外设，如 TIM2～TIM7、I2Cx、IWDG/WWDG、RTC、SPIx 等。

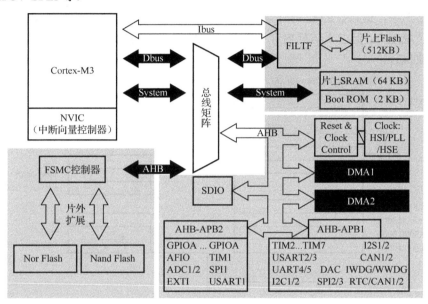

图 2-4 STM32 系列芯片系统框架图

以上外设的挂接关系十分重要，因为挂接就意味着"对应关系"，包括两个方面：地址和时钟频率。这就好像我们入住旅店一样，服务员给您分配的房号是 502，如果有朋友来找你的话，就只能到 502 房间；而你要进入 502 房间必须得有此房间的钥匙。在这里，旅客就相当于一个外设，入住（挂接）到某一房间；房间号就是有人找你时所需要的地址；而房间钥匙则是打开房门，使用该房间的"时钟频率"。在随后的两节中，我们分别就这两部分的内容进行讲解。

2.3 STM32 存储器映射

我们已大致了解了所有外设在各级总线上的挂接情况，那么 CM3 内核如何定位找到它们并进行交互呢？这涉及外设编址技术。通常 CPU 处理的数据来自于两个地方，一个是内存，另一个就是外设端口。它们三者通过总线在物理上连接在一起，这在前面已经讲过。CPU 为了能够访问内存或外设寄存器，需要一种适当的编址方式。现代计算机体系结构通常采用两种编址方案：独立编址和统一编址。

2.3.1 独立编址

在独立编址下，内存和周边外设被视为不同性质的器件，对它们编址所形成的地址空间互不重叠和影响。CPU 与它们交互时，也分别采用不同的指令。基于 x86 体系结构的计算机就主要采用这种编址：在 4 GB 内存空间之外，还有单独的 64 KB 地址空间供外设 I/O 使用。

在图 2-5 中，键盘、RTC 等外设的地址存在于内存空间之外，它们的地址会与内存空间的某段区域重合，但由于访问内存和外设分别使用不同的指令，所以即使地址相同，CPU 也能正确地执行。

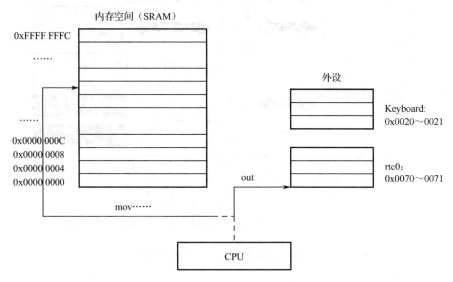

图 2-5 PC 中外设独立编址示意

我们在 Linux 系统下可以通过查看 "/proc/ioports" 文件，可以得到使用的 I/O 地址范围。

```
hawk@fate ~/Desktop $ cat /proc/ioports
    0000-0cf7 : PCI Bus0000:00
        0000-001f : dma1
        0020-0021 : pic1
        0064-0064 : keyboard
        0070-0071 : rtc0
        0080-008f : dma page reg
        00a0-00a1 : pic2
        00c0-00df : dma2
        0378-037a : parport0
    ....
```

对于外设，CPU 为了访问它的数据或状态信息，首先需要指定它们的地址，即 I/O 端口地址（简称端口）。端口就是外设上的一些寄存器，本质上与 CPU 中的寄存器是一样的，都是用来临时保存数据的。为了便于 CPU 和外设交流，每一个外设接口都必须至少有三类寄存器：状态寄存器、数据寄存器、指令寄存器。在同一个外设中，这三类寄存器的地址是连续的。

- 状态寄存器：它实时反映了设备的当前状态。
- 控制寄存器：表明了外设可以做的事情，如硬盘读写头的移动、DMA 的开启和关闭等。
- 数据寄存器：存储需要与 CPU 交互的数据，如温度传感器获取的当前测量值。

2.3.2 统一编址（存储器映像编址）

统一编址方案中，最重大的变化就是"将内存（SRAM，Flash）等也视为外设"，因此整个地址空间的编址就是对所有外设编址。如图 2-6 中 rtc0、Keyboard 等传统意义上的外设与 SRAM、Flash 等存储器件统一被布局在地址空间不同的区段中。

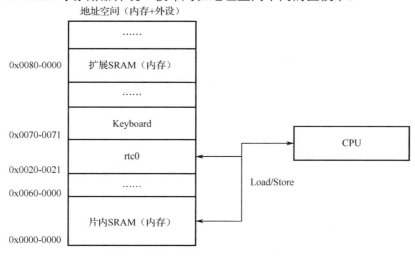

图 2-6 嵌入式设备中外设统一编址示意

基于统一编址方案，我们就可以通过 C 语言中的指针来寻址并修改存储器的地址，进而可以实现对相应外设寄存器的处理操作。因此，CPU 访问外设（端口）的操作就像访问内存一样。例如，假设外设 I2C 的数据寄存器地址是 0x44000000，要向其写入数据 0x05，可以这样书写代码：

```
#define I2C_DATA (volatile unsigned *)0x44000000
*I2C_DATA =0x05;
```

宏 I2C_DATA 的含义是将表示地址的十六进制数 0x44000000 转换为无符号整型指针，指向 0x44000000 的内存单元。volatile 关键字很重要，其作用是防止编译器对此行代码进行优化，其背后的逻辑是，如果没有 volatile，此地址所指向的内容可能在第一次使用时就会被存入计算机的高速缓存，以方便后续要使用该变量时直接从 Cache 中获取。但在多次操作以后，Cache 中的内容有可能被改变了，这极有可能与 CPU 预期的不一致。为了避免这种情况，加上 volatile 关键字后，编译优化时会忽略此行，这样以后每次 CPU 需要此地址的数据时，都可以直接到内存中去取。

"*I2C_DATA =0x05;"的作用就是将值 0x05 写入 0x44000000 地址单元。

由于统一编址速度比独立编址更快，操作灵活（取同样长度的数据，访问内存总比访问外设端口快得多），所以在对体积、功耗都要求苛刻的嵌入式系统来说，都采用统一编址方案。

2.3.3 CM3 外设地址空间映射

虽然嵌入式系统都采用统一编址方案，但是在 CM3 内核出现以前，基于 ARM 核的不同厂商芯片，其地址空间的映射由各厂商自行定义，这给代码移植增加了额外的工作量。为此，ARM 公司在设计 Cortex-M3 时，统一了地址映射，即所有基于 CM3 内核的芯片，其地址空间安排是一致的。

图 2-7 反映了基于 CM3 核的芯片 STMF103ZET6 的地址空间映射情况。

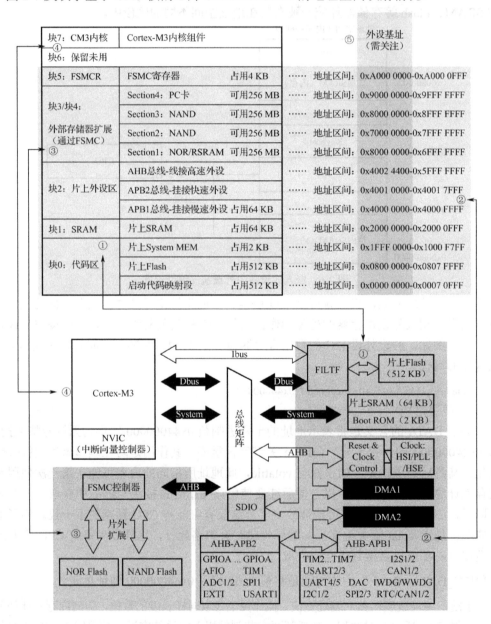

图 2-7 外设总线挂接及其地址空间映射

首先看图 2-7 的上半部分——地址空间映射。整个 CM3 的 4 GB 地址空间，被均分为 8 个块（Block）。但这 8 个块可以进一步抽象为 4 个部分，每一部分的作用及挂接的外设如表 2-1 所示。

表 2-1 STM32 地址空间分区与外设地址映射

区 块 名	包含的块号	映射的外设	区 块 作 用
内核区（PART4）	Block7	内核组件，如 NVIC、SysTick 等	操作 CM3 核
	Block6		
扩展存储区（PART3）	Block5	FSMC 寄存器	当片内存储空间不够用时，可以通过 FSMC 总线将此 3 个块扩展为外部存储区，如 NAND/NOR Flash、PC Card 等。嵌入式应用中的液晶显示装置也被映射到这片区域
	Block4	NAND Flash/PC Card	
	Block3	NOR/PSRAM/NAND	
片上外设区（PART2）	Block2	AHB 总线-高速外设	所有传统意义上的外设都被映射到这片区域
		APB2 总线-快速外设	
		APB1 总线-慢速外设	
片内存储区（PART1）	Block1	片上 SRAM	为可执行代码提供存储和运行空间
	Block0	片上 System MEM	
		片上 Flash	
		启动代码映射段	

图 2-7 的下半部分就是我们已经熟悉的总线单元及其挂接外设系统框图。

在前面讲解这个框图的时候，我们主要是从总线-外设的挂接关系上入手的。在本节，我们从另外一个角度，即外设地址空间映射来重新审视。与图 2-7 的上半部分划分对应，系统框图也可以划分为 4 部分（请留意图中的相应编号）。

编号为①的部分为核心外设：片上 Flash 和 SRAM（编号为 1 的阴影部分），地址空间映射于 Block0 和 Block1，由于这部分外设的主要作用是为可执行代码提供存储和运行空间，所以由取指/数据总线和系统总线与内核相连。

编号为②的部分为传统外设：非存储类外设（编号为 2 的浅阴影部分），如 RCC、DMA、USART、RTC、SPI 等。这些外设的地址空间映射于 Block2。由于这部分外设种类多，速率差异较大，所以使用了三级总线将它们与内核连接起来：AHB（ARM 高速总线）、APB2（ARM 外围总线 2，快速）、APB1（ARM 外围总线 1，慢速）。

编号为③的部分属于 FSMC 控制器所挂接的外设（编号为 3 的浅阴影部分），基本属于片外扩展存储器件的地盘。通常情况下，核心外设所代表的片内存储器件容量小，当基于 CM3 的应用需要具备液晶显示，加载文件系统和实时操作系统等的时候，需要通过 FSCM 连接液晶器件，或者扩展 NAND/NOR Flash 以存储更多的应用程序。

编号为④的部分为芯片内核 CM3（编号为 4 的空白部分），它是整个芯片的中央处理单元，完成逻辑/算术运算、中断控制、代码调试跟踪等核心功能。内核也提供了部分核内外设，使外面的系统程序通过它们来执行一些系统级的操作，如 sysTick 和 NVIC。

2.3.4 地址空间映射详解

本节开始对地址映射空间中的每个 Block 进行剖析说明，从低地址开始。

第一部分：代码存储和运行空间

这部分地址空间主要是为可执行代码提供存储和运行的空间。

根据图 2-8（图中的地址来源于 STM32F103ZET6 数据手册），用 C 宏定义各存储部件的基址如下。

```
#define BOOTROM_BASE    ((uint32_t)0x1FFFF000)    //片上 Boot ROM 基地址
#define FLASH_BASE      ((uint32_t)0x08000000)    //片上 Flash 基地址
#define SRAM_BASE       ((uint32_t)0x20000000)    //片上 SRAM 基地址
```

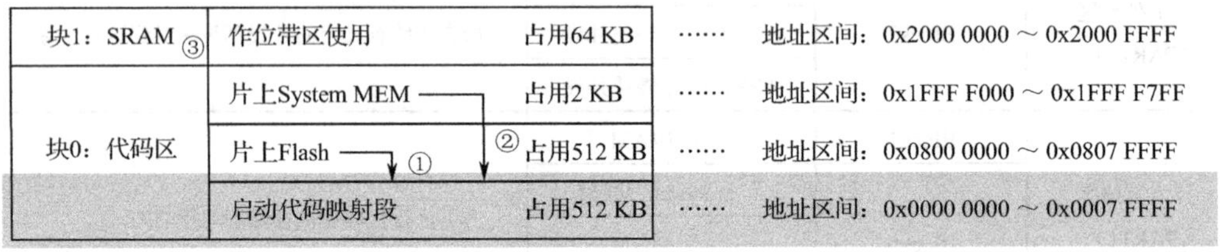

块1：SRAM ③	作位带区使用	占用64 KB	……	地址区间：0x2000 0000 ～ 0x2000 FFFF
块0：代码区	片上System MEM	占用2 KB	……	地址区间：0x1FFF F000 ～ 0x1FFF F7FF
	片上Flash ① ②	占用512 KB	……	地址区间：0x0800 0000 ～ 0x0807 FFFF
	启动代码映射段	占用512 KB	……	地址区间：0x0000 0000 ～ 0x0007 FFFF

图 2-8 代码存储和运行空间映射

因为固定的存储器映像，代码始终从地址 0x00000000 开始处取址（数据区始终从地址 0x20000000，即 SRAM 开始）。启动代码映射段大小 512 KB，在基于 STM32F103ZET6 的电路设计中，可以通过 CPU 的 BOOT1 和 BOOT2 引脚选择三种不同的启动模式（见表 2-2）。当使用某种模式启动时，存储在相应区域的启动代码就会射到启动代码映射区。

表 2-2 STM32 的启动模式

模式编号	启动模式选择引脚 BOOT1	BOOT0	启动模式	说明
1	X	0	主闪存存储器	从主闪存存储器启动：主闪存存储器被映射到启动空间（0x00000000），但仍然能够在它原有的地址（0x08000000）访问它，即闪存存储器的内容可以在两个地址区域访问，0x00000000 或 0x08000000
2	0	1	系统存储器	从系统存储器启动：系统存储器被映射到启动空间（0x00000000），但仍然能够在它原有的地址 0x1FFF F000 访问它
3	1	1	内置 SRAM	从内置 SRAM 启动：只能在 0x20000000 开始的地址区访问 SRAM。注意：当从内置 SRAM 启动，在应用程序的初始化代码中，必须使用 NVIC 的异常表和偏移寄存器，重新映射向量表到 SRAM 中

需要说明的是，这里所说的"启动代码"不一定是用户编写的可执行文件，它也可以是芯片自举程序等其他程序。上面所提到的三种启动模式可以分别满足不同的要求。

自举程序：存储在 STM32 器件的内部自举 ROM（也称为系统存储器）中，在芯片制造过程中由 ST 公司编程写入，其主要作用是通过一种可用的串行外设（USART、CAN、USB、I2C、SPI、以太网等）将应用程序下载到内部的 Flash 中，或 Boot ROM、片上 SRAM 中。系统存储器（Boot ROM）是自举模式下用于存放启动程序的区域，这个区域只留给 ST 使用——ST 在生产线上对这个区域编程并锁定以防止用户擦写。

STM32F103ZET6 内嵌的闪存存储器可以由两种方式进行烧写。

（1）在线编程（In-Circuit Programming，ICP）：它通过 JTAG、SWD 协议下载用户应用程序到微控制器中，更新闪存的全部内容，是一种常用的、快速有效的编程方式。

（2）在程序中编程（In-Application Programming，IAP）：它使用微控制器支持的任何一种通信接口（如 I/O 端口、USB、CAN、UART、I2C、SPI、以太网等）下载程序或数据到存储器中，允许用户在程序运行时重新烧写闪存中部分区域的内容。但是，要使用 IAP，要求至少有一部分关键代码已经通过 ICP 的方式烧写到闪存中，这种方式在软件版本升级中经常会用到。

第二部分：外设映射区

虽然 ARM 公司对 CM3 整个 4 GB 的地址空间映射做出框架性的规定，但也允许芯片厂商在此基础上灵活地安排不同外设的地址。比如，片上外设区，由于不同厂商基于其产品市场定位，会在自己的芯片上设计不同类型或数量的外设，因而其地址映射也就不一样。本书讲解的 STM32F103ZET6 芯片对外设地址的映射情况如下。

强调：存储空间的映射对于外设实验十分重要，读者一定要对前面讲解的"存储空间映射与其系统总线框架对应关系"有清晰的认识，以方便理解各外设基址的由来。

（1）慢速外设地址空间映射情况。这些慢速设备都挂接在 APB1 总线上，常见的有 USART、I2C、SPI、RTC 和 TIM（定时器），它们的地址映射情况如图 2-9 所示，块 2 作为片上外设区，其起始地址也就是外设的基址 0x40000000。

DAC	0x4000 7400
PWR	0x4000 7000
BKP	0x4000 6C00
I2C2	0x4000 5800
I2C1	0x4000 5400
UART5	0x4000 5000
UART4	0x4000 4C00
USART3	0x4000 4800
USART2	0x4000 4400
SPI3/I2S3	0x4000 3C00
SPI2/I2S2	0x4000 3800
IWDG	0x4000 3000
WWDG	0x4000 2C00
RTC	0x4000 2800
TIM7	0x4000 1400
TIM6	0x4000 1000
TIM5	0x4000 0C00
TIM4	0x4000 0800
TIM3	0x4000 0400
TIM2	0x4000 0000

块2：片上外设区	AHB总线：挂接高速外设
	APB2总线：挂接快速外设
	APB1总线：挂接慢速外设，占用64 KB

图 2-9　慢速外设地址空间映射

根据图 2-9，用 C 宏定义各慢速设备的基址如下。

```
#define PERIPH_BASE         ((uint32_t)0x40000000)      //片上外设基地址
#define APB1PERIPH_BASE     PERIPH_BASE                 //片上外设基址即为慢速外设基址
#define TIM2_BASE           (APB1PERIPH_BASE +0x0000)   //通用定时器2基址
#define TIM3_BASE           (APB1PERIPH_BASE +0x0400)
#define TIM4_BASE           (APB1PERIPH_BASE +0x0800)
#define TIM5_BASE           (APB1PERIPH_BASE +0x0C00)
#define TIM6_BASE           (APB1PERIPH_BASE +0x1000)
#define TIM7_BASE           (APB1PERIPH_BASE +0x1400)
#define RTC_BASE            (APB1PERIPH_BASE +0x2800)   //实时时钟RTC基址
#define WWDG_BASE           (APB1PERIPH_BASE +0x2C00)   //窗口看门狗基址
#define IWDG_BASE           (APB1PERIPH_BASE +0x3000)   //独立看门狗基址
#define SPI2_BASE           (APB1PERIPH_BASE +0x3800)   //SPI2总线基址
#define SPI3_BASE           (APB1PERIPH_BASE +0x3C00)   //SPI3总线基址
#define USART2_BASE         (APB1PERIPH_BASE +0x4400)   //USART2基址
#define USART3_BASE         (APB1PERIPH_BASE +0x4800)
#define UART4_BASE          (APB1PERIPH_BASE +0x4C00)
#define UART5_BASE          (APB1PERIPH_BASE +0x5000)
#define I2C1_BASE           (APB1PERIPH_BASE +0x5400)
#define I2C2_BASE           (APB1PERIPH_BASE +0x5800)
#define BKP_BASE            (APB1PERIPH_BASE +0x6C00)
#define PWR_BASE            (APB1PERIPH_BASE +0x7000)
#define DAC_BASE            (APB1PERIPH_BASE +0x7400)
```

（2）快速外设地址空间映射情况。这些快速设备都挂接在 APB2 总线上，常见的有 GPIOx、EXTI、USART1、SPI1 等，它们的地址映射情况如图 2-10 所示。

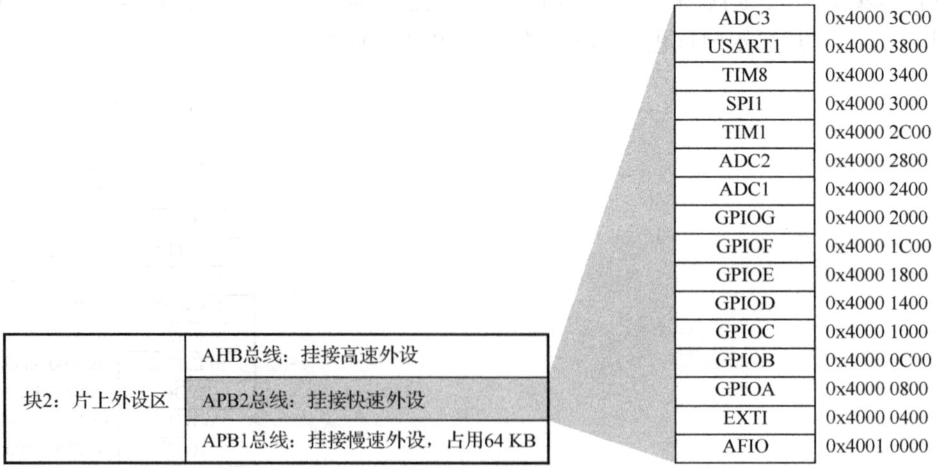

块2：片上外设区	AHB总线：挂接高速外设		ADC3	0x4000 3C00
			USART1	0x4000 3800
			TIM8	0x4000 3400
	APB2总线：挂接快速外设		SPI1	0x4000 3000
			TIM1	0x4000 2C00
			ADC2	0x4000 2800
			ADC1	0x4000 2400
			GPIOG	0x4000 2000
			GPIOF	0x4000 1C00
			GPIOE	0x4000 1800
			GPIOD	0x4000 1400
			GPIOC	0x4000 1000
			GPIOB	0x4000 0C00
			GPIOA	0x4000 0800
	APB1总线：挂接慢速外设，占用64 KB		EXTI	0x4000 0400
			AFIO	0x4001 0000

图 2-10 快速外设地址空间映射

根据图 2-10，用 C 宏定义各快速设备的基址如下。

```
#define APB2PERIPH_BASE     (PERIPH_BASE +0x10000)       //APB2基址=外设基址+0x10000
#define AFIO_BASE           (APB2PERIPH_BASE +0x0000)    //AFIO基址
#define EXTI_BASE           (APB2PERIPH_BASE +0x0400)
```

```
#define GPIOA_BASE      (APB2PERIPH_BASE +0x0800)
#define GPIOB_BASE      (APB2PERIPH_BASE +0x0C00)
#define GPIOC_BASE      (APB2PERIPH_BASE +0x1000)
#define GPIOD_BASE      (APB2PERIPH_BASE +0x1400)
#define GPIOE_BASE      (APB2PERIPH_BASE +0x1800)
#define GPIOF_BASE      (APB2PERIPH_BASE +0x1C00)
#define GPIOG_BASE      (APB2PERIPH_BASE +0x2000)
#define ADC1_BASE       (APB2PERIPH_BASE +0x2400)
#define ADC2_BASE       (APB2PERIPH_BASE +0x2800)
#define TIM1_BASE       (APB2PERIPH_BASE +0x2C00)
#define SPI1_BASE       (APB2PERIPH_BASE +0x3000)
#define TIM8_BASE       (APB2PERIPH_BASE +0x3400)
#define USART1_BASE     (APB2PERIPH_BASE +0x3800)
#define ADC3_BASE       (APB2PERIPH_BASE +0x3C00)
```

（3）高速外设地址空间映射情况。这些高速设备都挂接在 AHB 总线上，常见的有 DMA、SDIO，它们的地址映射情况如图 2-11 所示。

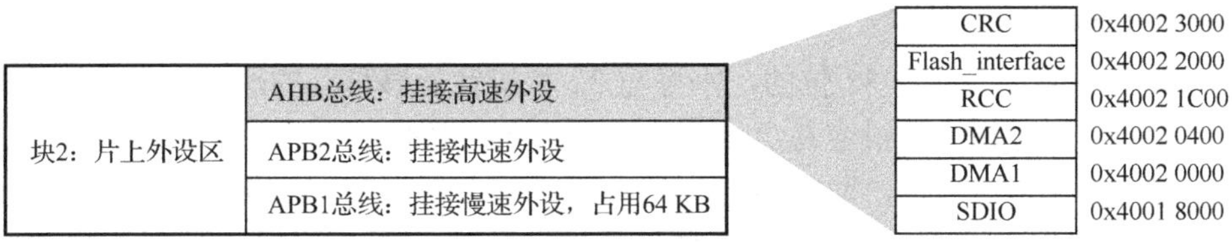

图 2-11　高速外设地址空间映射

请注意：由于 SDIO 是 AHB 总线上挂接的第一个部件，按理说所有 AHB 上其他外设地址都应该基于它。但为了方便编程时对地址的计算，实际上 STM32 库中，对 AHB 的基地址定义采用了 DMA1 的地址 0x40020000，这点需要请读者注意。

根据图 2-11，用 C 宏定义各高速设备的基址如下。

```
#define SDIO_BASE        (PERIPH_BASE +0x18000)
#define AHBPERIPH_BASE   (PERIPH_BASE +0x20000)      //AHB 基址=外设基址+0x20000
#define DMA1_BASE        (AHBPERIPH_BASE +0x0000)    //DMA1 基址
#define DMA2_BASE        (AHBPERIPH_BASE +0x0400)
#define RCC_BASE         (AHBPERIPH_BASE +0x1000)
#define CRC_BASE         (AHBPERIPH_BASE +0x3000)
```

第三部分：外设寄存器地址

在前面我们提到过，外设的功能是由其内部的寄存器来定义的。我们可以根据前面所讲的地址映射来找到到某一外设。但如果想了解此外设的工作状态，或者向它写入数据等，又如何找到相应功能的寄存器呢？毕竟哪怕功能再简单的一种外设，也一定具有数据、状态和控制这三类寄存器。

STM32F103xx 系列芯片给出的答案是：外设的所有寄存器都被设计在一个连续的 4 字节对齐的空间（16 位寄存器占据低 16 位，高 16 位空），外设的首地址就是第一个寄存器的地址。这与 C 语言的结构体类型很相似，外设相当于一个结构体类型，外设寄存器则相当于结构体成员,因此,操作外设就像操作结构体一样。

以外设 GPIO 为例来说明这种硬件上的设计对软件开发提供了多么大的方便。在这里请读者先不用去理会这些寄存器的作用,将重点放在"基于外设地址,如何找到相关寄存器"这个问题上。

首先,外设类型定义:用 C 定义一个 GPIO 外设结构体类型,结构体成员就是组成 GPIO 的各寄存器,各寄存器的先后次序需要根据 STM32F103xx 系列芯片 GPIO 的寄存器布局。

```
typedef struct
{
    __IO uint32_t CRL;              //端口配置低寄存器
    __IO uint32_t CRH;              //端口配置高寄存器
    __IO uint32_t IDR;              //端口输入寄存器
    __IO uint32_t ODR;              //端口输出寄存器
    __IO uint32_t BSRR;             //端口设置寄存器
    __IO uint32_t BRR;              //端口清零寄存器
    __IO uint32_t LCKR;             //端口锁定寄存器
} GPIO_TypeDef;
```

作为成员的寄存器都是 32 位的,刚好与 32 位指针能够移动的距离相吻合,因此只要知道外设基址,通过指针是很容易定位到其内部的寄存器的。当然,STM32F10X 芯片中有些外设的寄存器只有 16 位,而寄存器布局又是 4 字节对齐的,如果遇到这样的情形,高 16 位地址空间就会被浪费。如 I2C 类型的结构体定义就有这样的情况,好在这样的外设不多,相较于 4 GB 的地址空间,不算浪费。

```
1028 tpedef struct {
1029     __IO uint16_t CR1;         //控制寄存器 1 低 16 位
1030     uint16_t RESERVED0;        //占位符:控制寄存器 1 高 16 位,未用
1031     __IO uint16_t CR2;         //控制寄存器 2 低 16 位
1032     uint16_t RESERVED1;        //占位符:控制寄存器 2 高 16 位,未用
         ...;
1047 } I2C_TypeDef;
```

其次,外设地址宏定义:GPIO 有 7 个分组(A~G),都挂接在 APB2 快速总线上,而所有外设(包括总线部件)又都被映射在块 2(Block2 的起始地址,也就是所有外设的基址),因此它们之间的地址有如下关系。

```
01 #define PERIPH_BASE        ((uint32_t)0x40000000)      //片上外设基地址
02 #define APB2PERIPH_BASE    (PERIPH_BASE +0x10000)      //APB2 总线基址
03 #define GPIOA_BASE         (APB2PERIPH_BASE +0x0800)   //GPIOA 基址
04 #define GPIOB_BASE         (APB2PERIPH_BASE +0x0C00)
05 #define GPIOC_BASE         (APB2PERIPH_BASE +0x1000)
06 #define GPIOD_BASE         (APB2PERIPH_BASE +0x1400)
07 #define GPIOE_BASE         (APB2PERIPH_BASE +0x1800)
08 #define GPIOF_BASE         (APB2PERIPH_BASE +0x1C00)
09 #define GPIOG_BASE         (APB2PERIPH_BASE +0x2000)
```

第三,外设指针宏定义:知道了外设 GPIOA~GPIOG 地址,结合 GPIO_TypeDef 类型,

就能够定义指向外设 GPIOA～GPIOG 的宏指针。

```
#define  GPIOA    ((GPIO_TypeDef*)GPIOA_BASE)     //外设 GPIOA 指针
#define  GPIOB    ((GPIO_TypeDef*)GPIOB_BASE)
#define  GPIOC    ((GPIO_TypeDef*)GPIOC_BASE)
#define  GPIOD    ((GPIO_TypeDef*)GPIOD_BASE)
#define  GPIOE    ((GPIO_TypeDef*)GPIOE_BASE)
#define  GPIOF    ((GPIO_TypeDef*)GPIOF_BASE)
#define  GPIOG    ((GPIO_TypeDef*)GPIOG_BASE)
```

以上宏定义将外设 GPIOA～GPIOG 的基地址强制转换为 GPIO_TypeDef 类型指针，而这个指针就是宏 GPIOA～GPIOG。经过上面的定义之后，我们就可以用 C 结构体规则操作其内部的寄存器成员了，比如：

```
GPIOA->ODR = 5;        //将 GPIOA 的输出寄存器 ODR 写入数字 5，以便向外传输
```

以上三步所涉及的源码在库文件 stm32f10x.h 中都可以找到，有兴趣的读者朋友可以去阅读。至此，我们以 GPIO 作为示例讲清楚了基于 STM32F103xx 芯片外设的地址映射及其内部寄存器的操作过程。可以推而广之，STM32F103xx 系列芯片上所有的外设，其类型定义和操作都遵循这样一种套路。因此，在后续讲解其他外设实验的章节时，相应的外设类型定义、地址映射、外设指针宏定义，就不再一一列出，而是以 "GPIOA->ODR = 5；" 类似的方式直接使用，对于这一点请读者朋友注意。

2.4 STM32 时钟结构

芯片的时钟相当于一个节拍器，即使片上不同外设的工作频率不同，但都能通过倍频、分频等技术，将基于同一个时钟源的振荡频率变换为各自所需要的节拍，以使各部件能协同一致地工作。

STM32 时钟系统分为系统级和外设级：系统级的时钟服务于整个系统，具有全局性，其状态关系到其他外设能否正常工作；外设级时钟的设计目的是为了降低功耗，因为每个外设都有独立的时钟开关，可通过它将片上并不需要的外设关闭来达到节能的目的。

全局性时钟和独立的外设时钟一起构成了 STM32 片上系统的时钟树。要想灵活使用 STM32 系列芯片进行应用设计，理解好时钟树的结构关系十分重要。但由于 STM32 片上外设十分丰富，其完整的时钟树结构也颇为复杂。本节仍然先从大的轮廓上对 STM32 时钟树进行把握，然后在逐次分解，细化到独立的外设时钟，以帮助读都厘清时钟系统内部各模块之间的关系，为后面的外设实验打下基础。

2.4.1 STM32F103ZET6 的时钟树

时钟树整体框架如图 2-12 所示，该图反映了 STM32F103ZET6 最外层的框架，其时钟结构主要分为五部分。

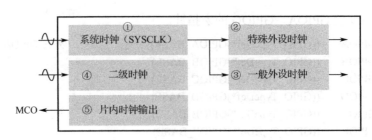

图 2-12 STM32 时钟树整体框架

（1）系统时钟（SYSCLK）：它是整个片上系统除去 RTC 和看门狗外所有其他外设的时钟源，该时钟源可以在 HSE、HIS、PLL 三者之一进行选择。系统时钟输出到特殊外设和一般外设。

（2）特殊外设时钟：分为两部分，一部分是为整个系统正常工作服务的外设时钟（全局性外设，如 HCLK、FCLK、SYS Ticker 等）；另一部分是扩展的高速总线时钟（如 USB、SDIO、FSMC 总线等）。

（3）一般外设时钟：通用外设（如 DMA、USART 等）所具有的时钟。

（4）二级时钟（低速）：为实时时钟（RTC）和看门狗提供工作频率，其作用侧重于在节能模式下关键信息的保存和对系统唤醒。

（5）片内时钟输出（MCO）：本系统作为时钟源为其他板卡提供时钟驱动时，可以通过软件设置将内部的 SYS Tick、PLLCK、HSE、HSI 时钟通过 GPIO 引脚输出。

2.4.2 时钟树二级框架

在总体框架的基础上，我们进一步分解其中的每一块都有哪些组成部分，以及它们之间的关系。

（1）系统时钟：三种不同的时钟源可被用来作为系统时钟，分别如下。

HSI（高速内部时钟）：由芯片内部的 8 MHz RC 振荡器产生，可直接作为系统时钟输出。

HSE（高速外部时钟）：由外部晶振电路产生的 4～16 MHz 时钟，可直接作为系统时钟输出。

PLL（Phase Lock Loop，锁相环）：当 HSI 或 HSE 频率直接输出不能满足应用需要时，须将它们作为 PLL 的输入，进行倍频或分频来获得需要的时钟频率，这种方式相对于直接频率输出的方式，称为间接频率输出。

CSS（Clock Security System，时钟安全系统）：是整个系统时钟安全的一个保障。当系统使用 HSE 作为时钟源时（直接或间接），如果 HSE 时钟发生故障将导致系统时钟自动切换到 HSI，同时关闭 HSE（间接方式下，PLL 也将会被关闭）。具体的过程简单描述如下。

如果 HSE 时钟发生故障，HSE 振荡器被自动关闭，时钟失效事件将被送到高级定时器（TIM1 和 TIM8）的刹车输入端（刹车输入信号可以将定时器输出信号置于复位或一个已知状态，这里的刹车源是一个时钟失败事件），并产生时钟安全中断 CSSI，允许软件完成营救操作。此 CSSI 中断连接到 CM3 的 NMI 中断（不可屏蔽中断）。如果此时一旦 CSS 被激活，NMI 将被不断执行，直到 CSS 中断挂起位被清除为止。因此，在 NMI 的处理程序中必须通过设置时钟中断寄存器（RCC_CIR）里的 CSSC 位来清除 CSS 中断。（摘自 STM32 数据手册）

（2）特殊外设时钟，又被细分为两类。

① 全局性外设时钟：为整个系统的正常工作服务的外设时钟（全局性外设），有

- HCLK（高速时钟）：是 Cortex 内核运行的时钟（CPU 主频），也是总线 AHB 的时钟信号，提供给存储器、DMA 等高速外设。
- FCLK（内核的自由运行时钟）："自由"表现在它不受 HCLK 的影响，在 HCLK 停止时 FCLK 也会继续运行。它的存在可以保证在处理器休眠时也能够采样到中断和跟踪休眠事件，并且与 HCLK 同步。
- SYS Ticker（系统定时器）：其实质就是一个硬件定时器，由它来产生软件系统所需要的"滴答"中断，作为整个系统的时基，以方便操作系统以此进行时间片管理，以满足多任务的同时运行。

② 为了扩展存储设备的高速总线时钟，有

- SDIO（Secure Digital Input and Output，安全数字输入与输出）：为扩展 SDIO 装置而设计的总线协议标准，挂接在其上的外设所需要的时钟为 SDIOCLK。
- FSMC（Flexible Static Memory Controller，柔性静态存储控制器）：NOR/NAND Flash、液晶屏等通过 FSMC 总线可以很方便地接入系统，具有控制简单的特点。

（3）一般外设时钟，具体外设本身所需要的时钟，这些外设数量众多，工作速度有快有慢，所以可以再分支出两类速率的总线时钟：APB1 时钟和 APB2 时钟。

（4）二级时钟，为实时时钟（RTC）和看门狗提供工作频率，包括

- LSE（低速外部时钟）：以外部晶振 32.768 kHz 作为时钟源，主要为 RTC 提供工作频率。
- LSI（低速内部时钟）：由内部 40 kHz 的 RC 振荡器产生的一个低功耗时钟源，可以在停机和待机模式下保持运行，为独立看门狗和自动唤醒单元提供时钟。

（5）时钟输出，即 STM 系统向外接的板卡提供时钟源。PLLCLK、HIS、HSE、SYSCLK 都可以作为向外输出的时钟源。

STM32 时钟树的二级框架如图 2-13 所示。

2.4.3 时钟启用过程

前面从静态的角度剖析了时钟树各块之间的关系，接下来我们以动态运行的方式来说明时钟的传递过程，以更好地理解 STM32 时钟树，其工作流程可以总结如下。

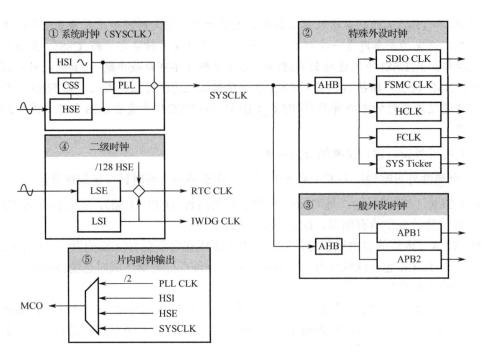

图 2-13　STM32 时钟树的二级框架

当系统上电后，默认使用 HSI 作为 SYSCLK 来启动系统工作。以此为基础，开发者通过软件设置来确定系统最终采用的是 HSE、HIS、PLL 三者中的哪一个。一般情况下，都采用 HSE 作为时钟源，因为其稳定可靠、精度高。当其不能满足应用需要时，再通过配置 PLL 工作参数，来达到所要求的 SYSCLK 输出（默认最大为 72 MHz）。如果 SYSCLK 有输出时，系统就可以正常工作，但此时默认情况下，一般外设的时钟是关闭的，可以根据产品实际，通过软件来进行开启所用到的外设时钟，这也符合嵌入式产品对功耗方面的苛刻要求。

图 2-14 为 STM32F103xx 系列芯片的时钟树详图，在前面所讲知识的基础上，再作 4 点补充：

（1）每种外设都有其独立的时钟开关（图中的 CLKEN），在应用中可以关闭没用到的外设时钟，以降低功耗。

（2）系统时钟源的选择（图中编号①处），HSE 和 HSI 都可以独立地作为系统时钟源直接驱动外设的工作；或者当 HSE/HSI 直接输出不足以驱动系统工作时，就可以通过 PLL 模块来将它们的输出提升到所需的频率，所以这三者之间必须通过一个时钟源选择寄存器来进行取舍。

当 HSI 作为 PLL 时钟的输入时，系统时钟可得到最大频率是 36 MHz；当 HSE 作为 PLL 时钟的输入，系统时钟可最大为 72 MHz。

（3）用户可通过预分频器配置 AHB（最大 72 MHz）、APB2（最大 72 MHz），以及 APB1（最大 36 MHz）总线的频率。

（4）USB CLK 直接来自于 PLL CLK 的输出，除此之外，所有其他外设时钟源都取自于 SYSCLK。

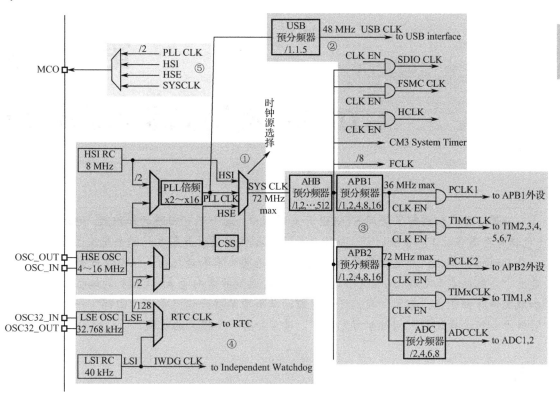

图 2-14 STM32 时钟树

2.5 系统时钟树与地址空间映射的关系

通过对外设地址映射和系统时钟树的学习，细心的读者可能已经发现，外设（包括总线）具有两个重要的属性：地址和时钟。可以通过地址找到外设，而要让外设动起来需要开启时钟给它"激励"。就像一间五星级房间，在整栋大楼中有它的房间编号（地址）和体现它功能舒适性的电器设备（频率，当然没有电器，这个房间也可以住人，但其功能和舒适性大为减弱）。所以要操作一种外设，首先需要知道其地址，然后开启外设时钟，它们之间如影随形，将会贯穿我们后面章节中每一个外设实验。

第3章 STM32 系统启动过程分析

在第 2 章我们讲解了使用 STM32 开发过程中,两个不可回避的知识点:地址空间映射(包括寄存器寻址)和系统时钟。从中体现出了操作外设时最基本的两个先决条件:外设地址及其时钟。至此,开发所需要的框架知识都已为大家和盘托出。从本章开始,我们就来看看"系统的启动之旅"。在这个过程中我们会遇到异常向量表、CM3 的编程模型、分散加载文件等知识点。期间,我们还会对前面章节中某些知识点重新"回锅"一次,如系统时钟源如何选择配置。相信学习完本章,读者会有一个很大的收获。

3.1 CM3 的复位序列

针对 CM3 的上电复位启动过程,讲得最简单明了的还是《ARM Cortex-M3 权威指南》一书第 3.8 节"复位序列"中的描述,既然这样,本书就直接在此引用其中关键的部分文字,以方便读者理解。

在离开复位状态后,CM3 做的第一件事情就是读取以下两个 32 位整数值。

(1) 从地址 0x00000000 处取出 MSP 的初始值(MSP 为主堆栈指针)。

(2) 从地址 0x00000004 片取出 PC 的初始值,该值是复位向量,LSB 必须是 1,然后从这个值所对应的地址处取指,如图 3-1 所示。

图 3-1 CM3 的复位序列

注意,这与传统的 ARM 架构不同(其实也和绝大多数的其他单片机不同)。传统的 ARM 架构总是从 0 地址开始执行第一条指令的,它们的 0 地址处总是一条跳转指令。在 CM3 中,在 0 地址处提供 MSP 的初始值,然后紧跟着就是向量表。向量表中的数值是 32 位的地址,而不是跳转指令。向量表的第 1 个条目指向复位后应执行的第 1 条指令。

因为 CM3 使用的是向下生长的满栈,所以 MSP 的初始值必须是栈空间的末地址加 1。

例如，在图 3-2 中 1 KB 大小的栈空间范围是 0x20007C00～0x20007FFC，所以其 MSP 的指针值应为 0x20008000。

向量表紧跟在 MSP 的初始值之后。请注意因为 CM3 是在 Thumb 状态下执行，所以向量表中的每个数值最低有效位（LSB）必须置 1（芯片设计如此，读者不用纠结），所以图 3-2 中使用 0x00000101 来表达地址 0x00000100。当 0x00000100 处的指令得到执行后，就正式开始了程序的执行。在此之前初始化 MSP 是必需的，因为可能第 1 条指令还没来得及执行，就发生了 NMI 或其他 fault。MSP 事先初始化好之后就可以为可能发生的异常服务例程准备好堆栈。

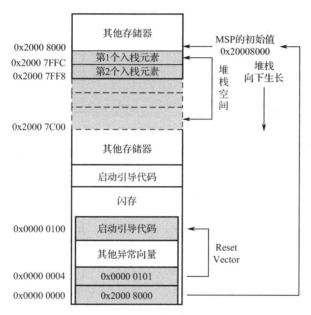

图 3-2　CM3 映像文件的内存映射

3.1.1　堆栈

堆栈的本质就是一片内存区域，针对这片区域进行访问的规则是"后进先出"，加入新数据或删除旧数据都是通过栈顶指针的移动来予以完成的。同时，堆栈有 4 种不同的类型：满减、满增、空减、空增。我们主要讨论最常用的堆栈形式：满减栈。其中的"满"字表示栈顶指针始终指向（实打实的）栈顶元素，而不是栈顶元素的下一个空位，所以感觉很"满"；而"减"字的含义就是指堆栈的生长方向是从高地址向低地址，当有新数据需要压入时，栈顶指针首先减 1（4 个字节）指向新的空单元，然后将新数据存入此处，其操作过程如图 3-3 所示。

（1）数据入栈和出栈示意：图 3-3 为 1 KB 大小的堆栈空间，堆栈刚建立起来时，见图 3-3（a），里边没有存放任何数据，但由于采用满减栈，所有 SP 指向堆栈空间最大地址再加 1（0x20000_7FFC + 4 =0x2000_8000）。请注意：指针加 1 表示意味着移动 4 字节的地址，SP 就指向了 0x2000_8000。

当有新数据 dataA 入栈时，见图 3-3（b）和图 3-3（c），先将 SP 减 1，使其所指向新的空地址单元，然后将数据 DataA 存入该空单元。存储操作完成后，SP 就始终指向该最新入栈的数据元素。请注意入栈操作步骤：先 SP 减 1，再放数据，所以 SP 始终指向新入栈的数据。

删除数据的操作称为"出栈"，见图 3-3（d），此时操作步骤与"入栈"相反，先弹出欲删除的数据，然后才将 SP 加 1。

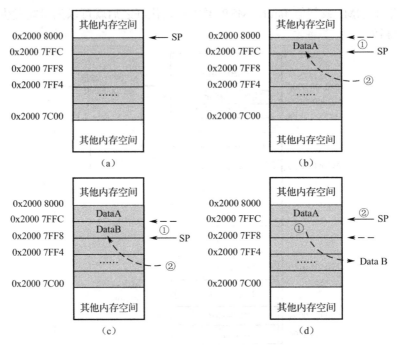

图 3-3 "满减栈"的出栈和入栈操作

（2）堆栈在函数传参时的应用：由于堆栈的"后进先出"的操作特点，它非常适合在函数调用时传递参数和操作系统进行进程（任务）切换时保存 CPU 的现场环境。本节就以函数调用、返回过程为例来说明堆栈在程序设计中的具体应用，以帮助读者理解堆栈的工作原理。

让我们来思考两个问题：一是调用有参数函数时，对于主程序传递的实参，被调用函数是如何获取的？二是当函数返回时，它是如何做到正确返回主调程序的？要回答这两个问题，让我们先来看看 C 语言中关于函数调用规范——C 样式。

所谓 C 样式，指的是在 C 函数的参数列表中，以从左到右的顺序为参数 1，参数 2，…，参数 n。进行函数调用时，参数 n 最先入栈，参数 1 反而最后入栈。在所有参数都入栈后，由于涉及调用返回，所以在参数 1 的下一个入栈元素，是函数的返回地址。

在图 3-4 中的 C 代码在主程序中调用函数"swap(参数 1，参数 2，参数 3)"，调用发生的时候，将参数列表的参数逆序依次压入堆栈（编号 1、2、3 的虚线指向），紧接着将返回地址也推入堆栈中（编号 4 的虚线指向），只有这样，当调用结束后，程序流程才知道该返回到哪里。这就是所谓的"C 样式调用规范"。

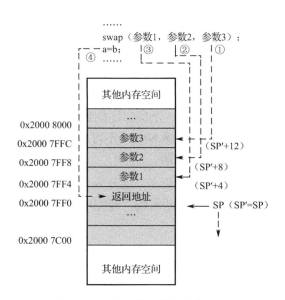

图 3-4 函数参数在堆栈中的布局

请注意这个堆栈，主程序和被调用程序都可以访问。主程序负责刚才所讲的 4 步（参数列表逆序入栈和返回地址入栈）之后，被调用程序如何访问这些传入的参数呢？

实际上，由于在被调用函数中还可能发生函数调用，所以为了保证被调用函数既可以访问前面传入的参数，又可以接收新的变量进入堆栈，在进行编码时，我们需要将原来的 SP 赋给变量 SP'，原堆栈的工作由 SP' 来维护，而仍旧用 SP 来进行新变量入栈出栈等操作。例如，在图 3-4 中，返回地址入栈后（即 SP 现在指向它），执行"SP'= SP;"，SP'也指向返回地址，因此可以使用 SP'+4 这样的表达式来访问参数 1；而 SP 则继续接收新数据的压入。

参数或局部变量的出栈过程与此相反，当函数一级级（假设进行了多次函数调用的嵌套）将栈顶元素弹出堆栈，最后，比如现在 SP 指向了返回地址，并将该返回地址弹出给 PC，因而程序控制流就接着执行下一行代码"a=b;"。在函数返回的同时 SP 做了修改：SP=SP-12，也就说 SP 直接跳过了原堆栈中的参数 1 到参数 3 的位置，此时参数列表作废，不具任何意义。所以在 C 中被调用函数返回后，被调用函数内部的一些临时变量和传递的参数就不可再现，因为此时 SP 已指向了别处。这也就是通过值传递方式传参时，主程序无法获得在被调函数中被修改的参数值之根本原因。

3.1.2 向量表

CPU 总是从 0 地址处开始取指执行的，按复位序列所描述的启动过程，0 地址处完成堆栈指针 MSP 的准备，当 MSP 准备好之后，就为程序的运行提供了最基本的运行环境（栈空间），使下一步代码的执行成为了可能。因此，在接下来的 0x00000004 地址处，就可以安排代码的入口地址，或者在此安排一条跳转指令，跳转到启动代码地址处；或者在此存放一个地址向量表，而向量表的第一个表项就是启动代码地址（复位服务例程）。

这两种方式都可以实现系统的启动引导过程，CM3 采用后一种方式。因此，要理解 CM3 的启动过程，首先我们就得清楚 CM3 异常向量表的内容。

CM3 支持大量的异常和中断，包括 11 个系统异常和最多 240 个外部中断（见表 3-1）。关于异常和中断，有两点需要注意。

- 系统异常中，除了 SysTick 之外，全部都连接到 NVIC 的中断输入信号线。
- 与 NVIC 连接的所有中断线中，除 NMI（不可屏蔽中断线）外，其他的中断线都可以通过设置来进行屏蔽或开启中断。

由表 3-1 可见，复位异常的优先级最高，这就为系统上电后系统自动执行"复位服务程序"带来了可能，常用复位异常来启动系统，即完成系统初始化（时钟、运行环境的建立）和引导工作。

表 3-1　CM3 的异常向量

编号	类型	优先级	说明
0	N/A	N/A	没有异常发生
1	复位	-3（最高）	复位
2	NMI	-2	不可屏蔽中断（来自外部 NMI 的输入引脚）
3	硬 fault	-1	所有被除能的 fault，都将被上传为硬 fault。除能的原因包括当前被禁用，或者被 PRIMASK 或 BASPRI 掩蔽
4	MemManage fault	编程设置	存储器管理 fault，由 MPU 访问非法内存位置触发
5	总线 fault	编程设置	从总线系统收到了错误响应，可能是预取指令/数据失败引起的
6	Usage Fault	编程设置	由程序错误引起的异常，通常是使用了一条无效指令
7~10	保留	N/A	N/A
11	SVCall	编程设置	执行系统服务调用指令（SVC）引发的异常
12	调试监视器	编程设置	断点，数据观察点工，或外部调试请求
13	保留	N/A	N/A
14	PenSV	编程设置	为系统设备而设的"可悬挂请求"，主要用于任务切换
15	SysTick	编程设置	系统滴答定时器（即周期性溢出的时基定时器）
16	IRQ#0	编程设置	外部中断 0
17	IRQ#1	编程设置	外部中断 1
...	...	...	...
255	IRQ#239	编程设置	外部中断 239

虽然 CM3 支持多达 255 个异常和中断，但在实际工程中，基于成本和功能考虑，一个系统很少会用到如此之多的异常或中断。因此在设计芯片时，可以根据芯片市场定位来对这 255 个异常和中断进行增删。由于系统异常负责 CM3 内核的工作状态控制，不可裁剪，所以裁剪对象就只能是那 240 个外部中断。对于 STM32F103xx 系列来说，保留了 64 个外部中断，这已经足够应付大多数的应用了。

为了快速响应这些异常与中断，CM3 根据优先级，将所有系统异常/中断的服务程序的偏移地址依次存入一个称为异常向量表的 **32 位数组**中，如表 3-2 所示。

表 3-2　基于 CM3 异常向量的异常向量表

异常类型	表项地址偏移量	异常向量
0	0x00	MSP 的初始值
1	0x04	复位
2	0x08	NMI
3	0x0C	硬 fault
…	…	…
74	…	…

经对比可以发现，异常向量表利用了异常向量（表 3-1）未用到的第 0 号位置，用来存放 MSP 的初始值。这样安排的原因在于：使用 0 号单元存放 MSP 的值，当 CPU 从 0 地址开始取指执行时，刚好就完成建立栈空间的使命。在本书第 18 章讲解到移植μC/OS-III 操作系统时，读者可以发现：任务结构的第一个成员就是栈顶指针，与这里的异常向量表有异曲同工之妙。

异常和中断是 CM3 内核十分重要的知识点，为了不增加理解的难度，在这里仅列出 4 个与讲解系统启动过程相关的异常向量（基于 CM3 无论多么简单的系统，异常号为 0～3 的异常都是必须存在的）。其他的系统异常和中断，在后面章节涉及相关外设的实验时，再做介绍。

上面的内容是系统刚上电时的系统启动瞬间，复位向量首先被取出，通过其服务例程来执行系统初始化工作（即上电复位过程）；如果系统在运行过程中，某个中断或异常发生时，则需要根据其异常号（异常向量表本质是一个数组，异常号即数组下标），由 CM3 查表获得其服务例程的入口地址，然后调用其执行。这是两种使用异常向量表的方式，后一种在第 1 章的跑马灯示例中，我们已见识过了。

接下来就以 STM32 库自带的启动代码来实例化上电复位的过程。

3.2　STM32 启动代码分析

在异常向量知识点基础上，剖析 STM32 库启动代码文件 startup_stem32f10x_hd.s，以验证 3.1 节所讲的异常向量表及复位异常在系统启动阶段所起的作用，进而更彻底地理解系统的整个启动流程。

代码 3-1　STM32 启动代码 startup_stm32f10x_hd.s

```
01 Stack_Size      EQU      0x400
02                 AREA     STACK, NOINIT, READWRITE, ALIGN=3
03 Stack_Mem       SPACE    Stack_Size
04 __initial_sp                              //栈顶指针向上 4 字节处地址
```

代码行 01~04 定义堆栈段，大小为 1 KB。

01 行使用伪指令 EQU 定义符号常量 Stack_Size 大小为 1024，类似于 C 宏定义指令 #define。

03 行使用伪指令 SPACE 为栈（Stack_Mem）分配大小为 1 KB 的连续空间。

04 行的_initial_sp 为符号常量，栈顶指针现在指向的位置（即栈顶指针+4）。编译器会按一种规则为符号常量分配地址，假如 03 行的地址是从数据段偏移量为 0 的地址开始分配 1 KB 大小的空间的，之后的_initial_sp 就代表了其自身所在行的地址 0x0000_0404（即栈顶指针+4）。

```
05
06 Heap_Size        EQU       0x200
07                  AREA      HEAP, NOINIT, READWRITE, ALIGN=3
08 heap_base
09 Heap_Mem         SPACE     Heap_Size
10 heap_limit
```

代码行 05~10 定义堆空间，大小为 512 B。在程序设计中，除了需要存放局部变量、参数传递的栈之外，还需要方便指针/引用操作的堆。所谓堆空间，指的可供程序员使用 malloc() 和 free() 等函数临时申请或释放存储单元的空间。在一个函数中使用 malloc() 在堆中申请的地址单元，可以通过"传址"的方式在其它函数中引用。这与栈空间的局部变量只生存于其所在函数截然不同。理解了上面栈空间的定义，堆的定义也就容易了。

```
11 THUMB
12
13 AREA   RESET, DATA, READONLY
14 EXPORT       _Vectors                //导出 Vectors
15 EXPORT       _Vectors_End            //导出 Vectors_End
16 EXPORT       _Vectors_Size           //导出 Vectors_Size
17
18 _Vectors     DCD _initial_sp         //向量表第一个表项：栈顶指针
19
20 DCD          Reset_Handler
21 DCD          NMI_Handler
22 DCD          HardFault_Handler
23 ....
24 DCD          SysTick_Handler
25
26 DCD          WWDG_IRQHandler
27 DCD          PVD_IRQHandler
28 ....
29 DCD          DMA2_Channel14_5_IRQHandler
30 _Vectors_End                         //向量表末端地址
31
32 _Vectors_Size EQU Vectors_End – Vectors   //定义向量表的大小
33
```

代码行 18～33 完成最重要的异常向量表的定义。代码 18 行中的符号常量_initial_sp 代表了向量表的 0 号数据项栈顶指针，由它完成程序运行所需栈空间的建立；代码 20 行中的符号常量 Reset_Handler 表示向量表中第 2 个数据项，即复位异常向量服务程序地址，该地址就是代码第 35 行的标号 Reset_Handler；其余的异常或中断向量以此类推。可见，启动代码完全遵循前面讲到的异常向量表来进行安排。

```
34 AREA      |.text|, CODE, READONLY
35 Reset_Handler    PROC
36 EXPORT    Reset_Handler   [WEAK]    //导出 Reset_Handler
37 IMPORT    __main                    //导入_main 函数
38 IMPORT    SystemInit                //导入 SystemInit 函数
39 LDR       R0, =SystemInit           //加载 SystemInit 函数地址到 R0
40 BLX       R0                        //跳转到 SystemInit 处执行, 后返回
41 LDR       R0, =__main               //加载_main 函数地址到 R0
42 BX        R0                        //不带返回的跳转到 main 处运行
43 ENDP
```

代码行 34～43 定义了一个代码段，在代码段中主要完成系统复位（Reset_Handler），其内部引入了两个在其他文件中定义的函数：SystemInit()完成系统时钟和内存的初始化操作；而_main()函数由编译器自动产生，在进入用户程序的 main()函数之前，负责建立用户堆栈，并根据编译指令或分散加载文件中所定义的参数、重新定位数据段（堆和栈、向量表）和代码段在内存中的布局。有关这两个函数功能的代码分析，将会在 3.4 节展开分析。

启动代码中有关 ARM 汇编指令的说明：

（1）段定义。在 ARM 汇编语法规则中，段定义使用伪指令 AREA，其语法格式为：

AREA 段名 属性1，属性2，……

其中，属性字段表示这部分代码的类型和操作方式。如有多个属性，其间用逗号分隔。常用的类型属性常包括：

- CODE（代码段）：属性值都为 READONLY，以防代码被意外篡改。示例中的第 34 到第 43 行为定义的代码段，即上电复位后系统启动运行的第一段代码。
- DATA（数据段）：属性值可以是 READWRITE 或 READONLY，视用户的需要而定，如 13 行定义的向量表，就属于 READONLY（只读）属性。
- NOINIT（未初始化的数据段）：也属于数据段，这样的段其内部单元在编译时其值随机，在程序运行过程中需要在这片区域申请内存时，相应单元的值才会被动态地赋值。例如,代码 3-1 的 02 和 07 行分别定义的栈和堆(可读写)，即被赋予了 NOINIT 属性。

（2）对齐操作 ALIGN。由于处理器总线（地址/数据）宽度为 32 位，CPU 以 32 位长度或其倍数长度进行取指或数据时，效率最高。为了尽可能地发挥处理器的性能，在编写代码时，需要所有段的起始地址进行字对齐。伪代码 ALIGN 的作用就是提醒编译器，此处开始需要进行字对齐操作。ALIGN 的取值范围可以是 0～31，表示 2 的相应次方。示例中 ALIGN=3，即表示 8 字节对齐。

（3）定义长整型数据。在 C 语言中，可以用 char 来定义字节型数据，用 int 来定义 32

位的整数。在 CM3 体系结构中，也有对应的伪指令方便我们在汇编代码中定义相应长度的数据。DCD 伪指令的作用就是定义一个 32 位的整型变量，当然这个变量在此是一个指针，指向相应的异常服务程序入口地址。第 18～29 行使用 DCD 定义了大量的异常/中断服务程序。

```
18    _Vectors    DCD    __initial_sp
```

当编译器编译到第 18 行时，它会为符号 Vectors 赋予一个地址值，同时将栈顶指针存放在这个地址单元中。单词"Vectors"和"DCD __initial_sp"之间并没有语法上的联系，仅是一种书写习惯。为更清楚地表明代码的逻辑关系，我们可以将此行代码分为两行，其最终结果完全一样：

```
_Vectors
    DCD    __initial_sp
```

（4）导出全局变量。在所有的编程语言中，不同源文件之间通信可以通过全局变量来实现。为了表明这些变量的全局身份，C 语言一般在函数外进行定义，而在其他源文件引用时，使用 extern 关键字来进行说明。

ARM 汇编则用 EXPORT 在程序中声明一个全局的标号，该标号可以在其他的文件中引用。例如，上例中的第 18、30、32 行定义的全局变量_Vectors、_Vectors_End、_Vectors_Size 及 35 行定义的全局标号 Reset_Handler。

（5）导入全局变量。与 EXPORT 语义相反的伪指令是 IMPORT，用它来指示汇编器，它所声明的变量来自于其他源文件，但需要在本源文件中使用。代码 3-1 第 37 和 38 行就使用 IMPORT 伪指令分别引入了两个在其他源文件中定义的函数 SystemInit()和_main()。

3.3 STM32 系统时钟初始化

经过第 2 章系统时钟树的讲解，我们掌握了系统中各总线和外设的时钟来源，以及 HSI、HSE、LSI、LSE 各自的作用和差异。但仅仅这些知识点还不足以让我们对系统时钟具体配置及其运行机制产生全面的了解。本节就以系统上电启动过程为线索，为读者理清如何进行时钟的设置，包括时钟源的选择、PLL 倍频因子、时钟中断控制、各总线时钟的预分频，以及各外设时钟的设置。

顺着 3.2 节的启动代码的流程，接下来我们应该重点来分析在复位服务例程中的两个函数 SystemInit()和_main()。

3.3.1 时钟源的选择

SystemInit()函数在文件 system_stm32f10x.c 中实现，完成系统时钟源的选择和设置，以及一些片外扩展的存储器件的初始化，如果有需要的话，还进行系统向量表的重定位。从 STM32 系统的启动流程来看，上电刚开始时，外部时钟源来不及就绪，此时默认使用 HSI 作为系统时钟源，待系统稳定能够正常进行下一步的配置时，再将系统时钟源切换到 HSE。

第 3 章 STM32 系统启动过程分析

根据这个流程思路，为便于理解，对库原来的 SystemInit()函数做了简化处理，删除了部分兼顾其他芯片的代码，侧重于高容量高密度的芯片。虽然如此，但仍然可以将基于 STMF130ZET6 的系统启动起来。

代码 3-2　系统时钟初始化函数 SystemInit()

```
01  void SystemInit(void)
02  {
03      //复位 RCC 时钟配置为默认值，同时设置 HSION 位，开启 HSI 时钟
04      RCC->CR |= (uint32_t)0x00000001;
05      //对 HSI 时钟进行调整和校正，同时关闭 HSE 和 CSS
06      RCC->CR &= (uint32_t)0xfef6ffff;
07
08      /*选择 HSI 作为系统时钟源，三总线不分频；同时使用 HSE 的 2 分频作为 PLL 的输入，
09         PLL 的倍频系数采用 16 倍*/
10      RCC->CFGR &= (uint32_t)0xf0ff0000;
11
12      //关闭所有中断并清除悬而未决的中断位
13      RCC->CIR = 0x009f0000;
14
15  #if defined (STDM32F10X_HD) || (defined STM32F10X_XL) || (defined STM32F10X_HD_VL)
16      #ifdef DATA_IN_ExtSRAM
17          SystemInit_ExtMemCtrl();
18      #endif
19  #endif
20
21      SetSysClock();        //设置系统时钟，其内部将时钟切换到 HSE*9*PLL = 72 MHz
22
23  #ifdef VECT_TAB_SRAM
24      SCB->VTOR = SRAM_BASE | VECT_TAB_OFFSET;     //重定位向量表到内部 SRAM
25  #else
26      SCB->VTOR = FLASH_BASE | VECT_TAB_OFFSET;    //默认向量表存放于内部 Flash
27  #endif
28  }
```

代码 3-2 中的时钟设置主要涉及 RCC（复位和时钟控制）模块的时钟控制。RCC 的主要作用是管理系统各种复位操作，以及工作时钟的选择、设置和改变，为系统的正常工作提供一个好的时钟环境。为了理解上面的代码行，我们需要对 RCC 时钟控制相关的寄存器配置先做一个粗略交代。

（1）时钟控制寄存器（RCC_CR）：主要作用是开启 HSI、HSE 和 PLL（系统时钟的三个振荡源），但只能选择其中一个作为系统时钟源，这个选择操作在 RCC_CFGR 中配置。当时钟硬件逻辑自检完成后，它们的就绪标志由硬件置位。如果选择 HSE 作为系统时钟源，应注意将 CSS（时钟安全系统）开启，以便当监测到 HSE 失效时，系统会自动切换到 HSI，不至于系统崩溃。时钟控制寄存器（RCC_CR）位定义如图 3-5 所示。

（2）时钟配置寄存器（RCC_CFGR）：负责系统时钟源的选择配置；三总线（AHB、

APB1、APB2),以及 ADC、USB 的时钟预分频系数配置;PLL 倍频源及倍频系数配置。看到这些设置读者朋友是否想到了第 2 章所讲的时钟树?不错,在前面只是对时钟系统一个轮廓性的认识,这里则深入到了具体的代码层次。有了前面的认识基础,对这里的配置就能够心里有底了。时钟配置寄存器(RCC_CFGR)位定义如图 3-6 所示。

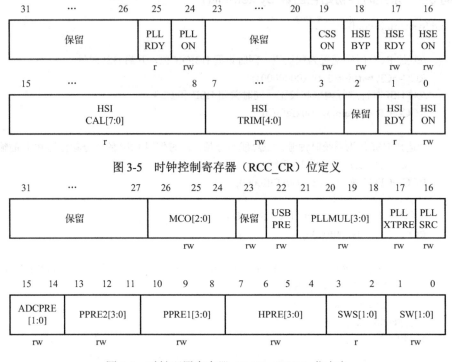

图 3-5 时钟控制寄存器(RCC_CR)位定义

图 3-6 时钟配置寄存器(RCC_CFGR)位定义

(3)时钟中断寄存器(RCC_CIR):反映五种时钟源(LSI、LSE、HIS、HSE、PLL)中断标志位的状态(是否有中断发生);中断功能的开与关;中断标志位的清除等配置。时钟中断寄存器(RCC_CIR)位定义如图 3-7 所示。

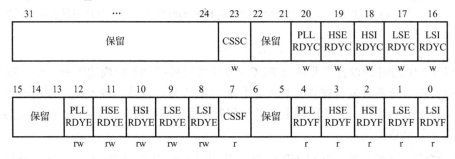

图 3-7 时钟中断寄存器(RCC_CIR)位定义

当然,RCC 模块不只限于上面三种寄存器,其余还有 RCC_APB2RSTR(APB2 外设复位寄存器)、RCC_APB1RSTR(APB1 外设复位寄存器)、RCC_AHBENR(AHB 外设时钟使能寄存器),等等。在这里不是讲解的重点,喜欢深究的读者可以参考《STM32 参考手册》。

第 3 章 STM32 系统启动过程分析

在第 2 章讲解外设地址映射和外设寄存器地址时已经说过，外设功能是由其内部的寄存器来定义和实现的，将所有这些寄存器以 C 结构体的方式封装在一起，就形成了代表相应外设的一种类型。对于 RCC，其类型定义在文件 stm32f10x.h 中被定义为 RCC_TypeDef，相应地，RCC 外设被宏定义为：

```
1443    #define RCC    ((RCC_TypeDef *) RCC_BASE
```

代码行 1443 通过一个宏定义，将宏常量 RCC_BASE 所代表的 32 位地址值 0x40021000 转化为 RCC_TypeDef 类型指针。这样一来，就将外设的基地址与其内部的寄存器关联成一个整体，并用一个新的名字 RCC 来表示。因此，以后凡是在代码中操作宏名 RCC，就是在操作相应的 RCC 模块。可以通过访问结构体成员的方法来获取对对某个寄存器的操作，如：

```
RCC-> CR =0x00103022;
```

有了以上的基础背景知识，下面我们逐行来分析一下代码 3.2 所要完成的任务是什么。

```
04      RCC->CR |= (uint32_t)0x00000001;
```

作用：复位 RCC 时钟配置为默认值，同时设置 HSION 位，开启 HSI 时钟。

```
06      RCC->CR &= (uint32_t)0xFEF6FFFF;
```

作用：选择 HSI 作为系统时钟源，同时关闭 HSE、CSS 和 PLL。

```
10      RCC->CFGR &= (uint32_t)0xf0ff0000;
```

作用：选择 HSI 作为系统时钟源，三总线不分频；同时使用 HSE 的 2 分频作为 PLL 的输入，PLL 的倍频系数采用 16 倍。

```
13      RCC->CIR &= (uint32_t)0x009F0000;
```

作用：关闭所有中断并清除悬而未决的中断位。

除了上面对 RCC 时钟做出的配置，代码 3-1 中还有以下几点需要引起读者的注意。

（1）扩展的 SRAM 初始化配置。

```
#ifdef DATA_IN_ExtSRAM                //如果定义了 DATA_IN_ExtSRAM 宏常量
    SystemInit_ExtMemCtl();
#endif
```

在以上代码行中，使用条件宏来对片外扩展的 SRAM 进行配置，这么做的好处是可以根据产品的实际情况，在代码开发时灵活处理。如果有片外扩展 SRAM，则只需要在文件 system_stm32f10x.c 中定义这样一个宏常量 DATA_IN_ExtSRAM，最终代码也就能够执行函数 SystemInit_ExtMemCtl()。实际上 System_stm32f10x.c 也是这样做的，请看该文件第 121～123 行。

```
121 #if defined (STM32F10X_HD)||(defined STM32F10X_XL)||(defined STM32F10X_HD_VL)
122 //define DATA_IN_ExtSRAM
123 #endif
```

可以看见，DATA_IN_ExtSRAM 已经被注释了起来，表明与之匹配的学习板没有外扩展的 SRAM；反之，则可以将注释去掉，就能完成外扩的 SRAM 的初始化了。

（2）重定位向量表。

```
23 #ifdef VECT_TAB_SRAM
24     //如果有定义宏 VECT_TAB_SRAM，则将向量表重定位到内部 SRAM
25     SCB->VTOR = SRAM_BASE | VECT_TAB_OFFSET;
26 #else
27     //否则，向量表重定位到内部 Flash
28     SCB->VTOR = FLASH_BASE | VECT_TAB_OFFSET;
29 #endif
```

同样的道理，如果我们需要将向量表重定向到片内的 SRAM 或扩展的 SRAM，我们也必须将在文件 system_stm32f10x.c 中已经定义的宏 VECT_TAB_OFFSET 前面的注释去掉。如：

```
127    //#define VEC_TAB_SRAM
128    #define VECT_TAB_OFFSET 0x0
```

实际上，启动代码有没有"扩展 SRAM"或"向量表重定位"都无关紧要。但仍然在这里提出来，目的是想让读者注意，启动代码中有很多条件预编译宏指令去适应不同的产品应用。如果将来某一天自己设计产品时，就应该知道如何根据自己的产品实际来进行代码定制，以及在哪里进行定制。

3.3.2 系统时钟设置

经过 3.3.1 节的分析，我们知道系统在时钟 HSI 的作用下，可以继续向下走。由于 HSE 的精度更高，继续向下走的第一件事就是切换系统时钟从 HSI 到 HSE。函数 SetSysClock() 完成系统时钟频率、HCLK、PCLK1 和 PCLK2 的预分频系数的设置，设置过程如代码 3-3 所示。

代码 3-3 系统时钟设置函数 SetSysClock()

```
01 static void SetSysClock (void)
02 {
03     #ifdef SYSCLK_FREQ_HSE
04         SetSysClockToHSE();
05     #elif defined SYSCLK_FREQ_24MHz
06         SetSysClockTo24();
07     #elif defined SYSCLK_FREQ_36MHz
08         SetSysClockTo36();
09     #elif defined SYSCLK_FREQ_48MHz
10         SetSysClockTo48();
11     #elif defined SYSCLK_FREQ_56MHz
12         SetSysClockTo56();
13     #elif defined SYSCLK_FREQ_72MHz
14         SetSysClockTo72();
15     #endif
16
17 }   //如果以上宏常量都没有定义，则使用 HSI 作为系统时钟（复位后的默认配置）
```

第3章 STM32 系统启动过程分析

学习到这里，是不是觉得启动代码中的条件编译指令很多？确实是这样的，它的好处在前面已经说过。我们要分析这部分代码，进入哪一支才是正确的呢？同样得看你对产品系统的要求。与本书配套的实验板，系统时钟频率设定为 72 MHz，我们就以这个分支作为重点来剖析。当然不要忘了，像 SYSCLK_FREQ_72MHz 之类的宏在 system_stm32f10x.c 文件中已经定义，进入哪个分支，就将相应宏名前面的注释去掉即可，比如文件 system_stm32f10x.c 的 106～116 行就完成这部分宏常量的定义，代码片断如下：

```
106    #if defined (STM32F10X_LD_VL) || (defined STM32F10X_HD_VL)
107    //#define SYSCLK_FREQ_HSE    HSE_VALUE
108      #define  SYSCLK_FREQ_24MHz   24000000
109    #else
110    //#define SYSCLK_FREQ_HSE    HSE_VALUE
111    //#define SYSCLK_FREQ_24MHz   24000000
112    //#define SYSCLK_FREQ_36MHz   36000000
113    //#define SYSCLK_FREQ_48MHz   48000000
114    //#define SYSCLK_FREQ_56MHz   56000000
115      #define SYSCLK_FREQ_72MHz   72000000
116    #endif
```

那么问题来了，我们倒是看到了诸多宏，如 SYSCLK_FREQ_72 MHz 等，但是条件编译语句中出现的诸如宏 STM32F10X_LD_VL 等又是在哪里定义的呢？我们搜索了 system_stm32f10x.c 和 system_stm32f10x.h 文件，都没有见到有它们的踪影。

不知大家是否仍然记得在第 2 章讲解工程环境的配置时，在 C/C++标签中，有一栏预处理符号编辑框，需要输入 USE_STDPERIPH_DRIVER 和 STM32F10X_HD 两个宏，后者表示 STM32 库中所有基于高容量高密度（High Density）芯片所封装的函数、宏等代码，开发时都可以直接使用。如果在预处理符号编辑框中没有定义这个宏，那么库中相应的函数便无法使用。如果所用的学习板 CPU 采用的是低容量低密度芯片，编辑框中就应填写 STM32F10X_LD_VL，编译器就会自动地选择库中相应的代码。

经过层层跟踪，终于可以进入函数 SetSysClockTo72()去观察一下系统时钟是如何从 HSI 切换到 PLL（72 MHz）的了。

代码 3-4　设置主频为 72 MHz 函数 SetSysClockTo72()

```
01 static void SetSysClockTo72(void)
02 {
03     __IO uint32_t StartUpCounter =0, HSEStatus =0;
04
05     RCC->CR |= ((uint32_t)RCC_CR_HSEON);              //开启 HSE 时钟
06
07     do {      //等待 HSE 时钟准备就绪
08        HSEStatus = RCC->CR & RCC_CR_HSERDY;
09        StartUpCounter++;
10     } while((HSEStatus ==0)&&(StartUpCounter != HSE_STARTUP_TIMEOUT));
11
12     if ((RCC->CR & RCC_CR_HSERDY) != RESET)          //如果 HSE 确实准备就绪
```

13	`HSEStatus = (uint32_t)0x01;` //置变量 HSEStatus 为值 1
14	`else`
15	`HSEStatus = (uint32_t)0x00;`
16	
17	`if (HSEStatus == (uint32_t)0x01) {` //如果 HSE 准备就绪
18	`FLASH->ACR |= FLASH_ACR_PRFTBE;` //启用 Flash 预取缓冲区
19	
20	//首先将 Flash_ACR 低两位清 0，然后设置时延为 2 个等待状态
21	`FLASH_ACR &= (uint32_t)((uint32_t)~FLASH_ACR_LATENCY);`
22	`FLASH_ACR |= (uint32_t)FLASH_ACR_LATENCY_2;`
23	
24	`RCC->CFGR |=(uint32_t)RCC_CFGR_HPRE_DIV1;`//HCLK=SYSCLK，即 SYSCLK 不分频
25	`RCC->CFGR |= (uint32_t)RCC_CFGR_PPRE2_DIV1;`//PCLK2=HCLK，即 HCLK 也不分频
26	
27	//PCLK1 = HCLK/2，即 HCLK 2 分频后作为 PCLK1 的时钟
28	`RCC->CFGR |= (uint32_t)RCC_CFGR_PPRE1_DIV2;`
29	
30	/*首先复位 PLL 的输入源，倍频系数；然后重新设置 PLL 源为 HSE，倍频系数为 9 倍
31	频 PLL，即 configuration: PLLCLK = HSE * 9 = 72 MHz */
32	`RCC->CFGR &= (uint32_t)~(RCC_CFGR_PLLSRC | RCC_CFGR_PLLXTPRE |RCC_CFGR_` `                                        PLLMULL));`
33	`RCC->CFGR |= (uint32_t)(RCC_CFGR_PLLSRC_HSE | RCC_CFGR_PLLMULL9);`
34	
35	`RCC->CR |= RCC_CR_PLLON;` //开启 PLL
36	`while ((RCC->CR & RCC_CR_PLLRDY) ==0 ) { ; }` //等待 PLL 锁住就绪
37	
38	//首先将时钟选择位清 0，然后选择 PLL 作为系统时钟源
39	`RCC->CFGR &= (uint32_t)((uint32_t)~(RCC_CFGR_SW));`
40	`RCC->CFGR |= (uint32_t)RCC_CFGR_SW_PLL;`
41	
42	//等待时钟源状态位变为 PLL 源成功，完成系统时钟切换为 PLL 输出。
43	`while((RCC_CFGR & (uint32_t)RCC_CFGR_SWS) != (uint32_t)0x08) {}`
44	
45	`} else {`
46	//如果以 HSE 启动失败，用户可在这里添加一些异常处理代码
47	`}`
48	`}`

函数 SetSysClockTo72()要完成的任务是重新选择系统时钟源为 PLL 输出。而 PLL 本身的输入源有两种：HSI 和 HSE。HSE 由于稳定性好，精度高而一般作为 PLL 输入源的首选。但是 HSE 的频率比较低，不能适应高速应用，为此需要通过 PLL 倍频技术将较低的源时钟提高到应用所需要的时钟频率。本书实验板外部时钟频率为 8 MHz，为达到 STM32F103ZET6 芯片的最佳工作频率，需要将 PLL 的倍频系数设置为 9。

另外，用户程序编译完成后，通常都是下载到片内 Flash 的。闪存指令和数据访问通过 AHB 总线完成，当 AHB 预分频系数不为 1 时，必须将预取缓存开启，以提高系统运行速率。

（以下描述摘录自 STM32 参考手册）

预取缓冲区（2 个 64 位）：在每一次复位后被自动打开，由于每个缓冲区的大小（64 位）与闪存的带宽相同，因此只需通过一次读闪存的操作即可更新整个缓冲区的内容。由于预取缓冲区的存在，CPU 可以工作在更高的主频。CPU 每次取指最多为 32 位的字，取一条指令时，下一条指令已经在缓冲区中等待。当 AHB 预分频系数不为 1 时，必须置预取缓存区处于开启状态。

总结一下代码 3-4 的逻辑流程，如下所述。

（1）开启 HSE 时钟，当 HSE 时钟准备就绪后，进行下一步；

（2）开启 Flash 预取缓冲区（相当于 PC 上 CPU 的一级、二级高速缓存），并设置用于读取 Flash 操作的等待时间为 2 等待周期（当 48 MHz < SYSCLK ≤ 72 MHz）；

（3）设置三总线（AHB、APB2、APB1）的预分频系数分别为：

AHB 总线频率 HCLK = SYSCLK

APB2 总线频率 PCLK2 = SYSCLK

APB1 总线频率 PCLK1 = SYSCLK/2

（4）清除原有的 PLL 输入源和倍频系数，然后设置新的源和倍频系数分别为 HSE 和 9，即：

PLLCLK=HSE×9=8 MHz×9=72 MHz

（5）开启 PLL，并等待 PLL 硬件锁住就绪，PLL 锁相成功后进行下一步。

（6）将 RCC_CR 时钟源选择位清 0，然后设置 PLL 为系统时钟源；等待直到 RCC_CR 的时钟源状态位 SWS 为 PLL，系统时钟切换成功。

代码 3-3 在编码规范上使用了很多宏常量来提高代码的可读性，这些宏常量在 stm32f10x.h 中进行定义，反映的是相关寄存器某一位的功能或状态，其取值只可能为 0 和 1，我们称这样的宏为开关宏。查阅一下 RCC 各个寄存器位定义，很容易明白这些寄存器开关宏的含义。比如：

#define RCC_CR_HSION   ((uint32_t)0x00000001)

为什么需要将 RCC_CR_HSION 定义为 32 位的十六进制数 0x00000001，而不是其他值呢？让我们首先查阅《STM32 参考手册》中寄存器 RCC_CR 位的描述（见图 3-8）。

31	...	26	25	24	23	...	20	19	18	17	16
保留			PLL RDY	PLL ON	保留			CSS ON	HSE BYP	HSE RDY	HSE ON
			r	rw				rw	rw	r	rw

15	...	8	7	...	3	2	1	0
HSL CAL[7:0]			HSL TRIM[4:0]			保留	HSI RDY	HSI ON
r			rw			rw	r	rw

图 3-8　RCC_CR 寄存器位定义

可见，寄存器 RCC_CR 的第 0 位 HSION 控制 HSI 时钟的启停，当其值设置为 1 时，表示开启 HSI 时钟。位开关的含义即意味着，在进行宏定义时只考虑该位的取值情况，寄存器其他位都设置为 0。因此，如果我们需要对 RCC_CR 的第 0 位进行开关宏定义，首先它的宏名需要"见名思义"，如 RCC_CR_HSION；其次宏值只反映该位为 1 的情形，即 0x00000001。满足这两个条件即为：

```
#define RCC_CR_HSION    ((uint32_t)0x00000001)
```

在后续程序中如果要操作 RCC_CR 的第 0 位，我们就可以编写如下代码，代码含义简单明了。

```
RCC->RC |=RCC_CR_HSION;            //开启 HSI 时钟源，其他位的状态不变
RCC->RC &= ~(RCC_CR_HSION);        //关闭 HSI 时钟源，其他位保持不变
```

知道了开关宏的定义过程，其他诸如 RCC_CR_HSEON、RCC_CFGR_PPRE2_DIV1、FLASH_ACR_PRFTBS……，以及将来在后续章节中会遇到的其他宏名时，相信读者在查阅了芯片手册中相关外设寄存器位定义之后，能够举一反三。

3.4 程序运行环境初始化函数 __main()

在 SystemInit()中完成了系统时钟的选择和设置后，接下来程序就跑到了链接器自动产生的系统函数 __main()，该函数的作用是完成映像文件（即.axf 可执行程序）各区段（数据段、代码段、初始值为 0 的数据段）的重定位，并在进入 main()函数之前，为用户程序的运行准备必要的运行环境，如用户堆和栈空间。

3.4.1 回顾编译和链接过程

我们来回顾一下平时对 C 源程序的一个编译链接过程。假如在一个较为复杂的应用中，存在多个".c"源文件，它们可能会被最终编译为 N 个".o"目标文件，除此之外，还有部分库目标文件。每个目标文件都具有大致相同的结构，如图 3-9 所示。

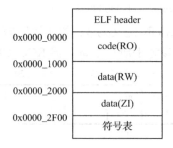

图 3-9 目标文件结构图

可见，大部分的目标文件主要由以下几个部分组成。

RO（只读段）：包括代码和只读数据，如字符串 s= "Hello World\n"。

RW（读写段）：指程序中已被初始化的数据，如变量 a=123。

ZI（初始化为 0 的数据段）：比如程序中某数组大小为 2000 字节，并且全初始化 0，但在最终的 Image 文件中，编译器并没有实际分配 2000 字节大小的空间（因为这会增加映像文件的体积，在嵌入式系统中，会浪费宝贵的内存资源），只是按照某种算法，将这 2000 字节进行了压缩。只有当执行 Image 的时候，才解压并分配实际大小 2000 字节的空间。

这些孤立的目标文件（子模块）不能被加载执行，因为在编译时，每个目标文件中各段（代码段、数据段、堆栈段）都是相对于本文件 0 地址开始偏移，并且各目标文件之间的还没有一个统一的符号表（典型的函数名、全局变量等），因而彼此之间还无法引用在其他模块中定义的符号。

为了将这些分散的子模块统一为一个完整的可执行映像文件（Image），还需要链接器。在嵌入式系统中，链接器具有链接（各子模块）和重定位的功能。图 3-10 演示了将各子模块链接成一个完整映像文件（Image）的过程。

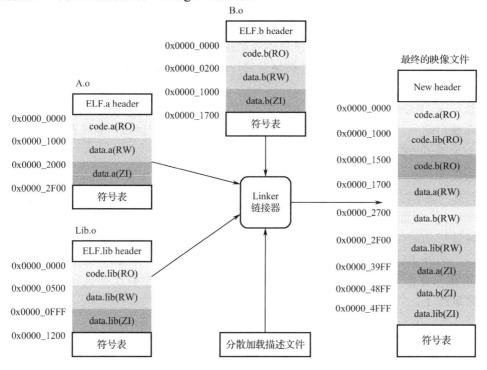

图 3-10　目标文件的链接过程

3.4.2　映像文件的组成

在解释图 3-10 的链接过程之前，先对映像文件的组成结构及相关术语进行说明。

（1）输入节（Input Section）：作为链接器的输入，输入节指的是分布在各目标文件中的代码段、数据段（初始化为 0 和未被初始化数据等所在的内存段），即图 3-10 中标记为 code（RO）、data（RW）、data（ZI）的部分。

（2）输出节（Output Section）：指的是在最终的映像文件中，具有相同 RO、RW、ZI 等属性的输入节的连续序列。比如在图 3-10 中 RO 输出节，就是按照一定的规则将 3 个代码输入节排序后形成的，RW 和 ZI 输出节也是一样。

由此可以认为输入/输出节都具有 3 种属性：分别是 RO（只读，包括代码和只读的数据），RW（可读写的数据），ZI（Zero-Initialized，初始化为 0 的可读写数据，通常未初始化的数据也包含在内）。

（3）区（Region）：它是 1 到 3 个输出节的连续序列，区中的输出节根据其属性排序，首先是 RO 输出节，然后是 RW，最后是 ZI。在图 3-10 最终的映像文件中，RO、RW 和 ZI 输出节共同组成一个区。区通常被映射到物理内存设备，如 ROM、RAM 或外围存储设备，所以常称为内存区。

（4）映像文件（Image）：由一个或多个内存区所组成。图 3-10 中的最终映像文件只有一个内存区，是比较简单的映像文件。

因此，映像文件的形成过程是：输入节→输出节→内存区→映像文件，其中内存区有两种类型。

- 加载区（Load Region）：即系统启动或加载时映像文件的存放区。对于 STM32 开发而言，编译完成后的映像文件被烧录到片内 Flash，此时 Image 所处的区域为加载区。
- 执行区（Execution Region）：（就是把加载域进行"解压缩"后的样子，下面会讲到）系统启动后，映像文件执行指令和进行数据访问的存储区域，系统在运行时可以有一个或多个执行区。

在加载区和执行区之间，有一个中间过渡过程。系统上电后，Image 部分会被加载到 RAM 中，这个时候映像文件就需要解压。为什么需要解压呢？之前有讲过为了缩减 Image 的大小，里面并没有包含 ZI 数据。Image 解压就是要将 RW 数据和 ZI 数据在指定的区域进行初始化，初始化为初始值或者 0。这些指定的区域就是 Execution Region（执行区）。另外 RO（只读的数据和代码）也有可能会移动。一般情况下，RO data 和 code 保留在原有位置不动，如图 3-11 所示。当映像文件完全解压到执行区后，系统就可以正常运行了。

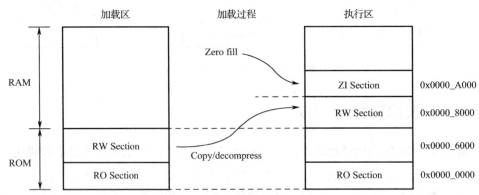

图 3-11　映像文件的加载区和执行区

3.4.3 映像的加载过程

完全了解上面的加载过程（拷贝和解压缩），有两个问题需要回答，链接器怎么知道：
- 在最终的执行区，RO 节位置保持不变；
- 在 RAM 中创建一个足够容纳 RW 和 ZI 数据的存储空间，然后从映像文件中读取数据值放入 RW 输出节，并将 ZI 对应的内存空间清 0。

有两种方式可以回答上面的两个问题：命令行编译方式和分散加载机制。

在以命令行方式执行编译过程时，链接命令提供了一些对数据和代码布局的控制，比如：

armlink --ro-base0x0   --rw-base0x8000 a.o b.o -o fb.axf

这条编译命令可以将最终的映像文件 fb.axf，其 RO 节映射到 0 地址，RW 节（Section）映射到存储空间的 0x0000_8000 地址处。这种方式只能应付映像文件在内存中简单的布局控制。

在复杂的系统中，系统有多种存储器类型，如 Flash、ROM、SDRAM 和快速 SRAM，用命令行方式来指定内存布局就显得很不方便。此时必须利用分散加载文件将代码和数据放置在最合适的存储器类型中。

仔细观察图 3-10 所描述的链接过程，其中有一个分散加载描述文件作为链接指令的输入。分散加载描述文件是一个文本文件，它向链接器描述目标系统的内存映射，并以此内存映射来完成映像文件上电后的加载。

（1）分散加载描述文件结构具有层次性，可以概括为（如图 3-12 所示）：

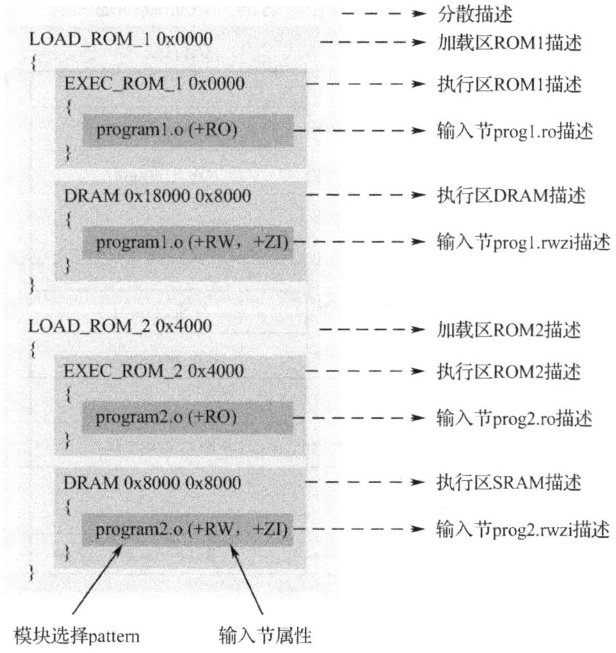

图 3-12　分散加载描述文件结构

- 分散描述文件由一个或多个加载区描述来定义。
- 加载区描述由加载区名、属性或尺寸说明符，以及一个或多个执行区描述构成。
- 执行区描述由一个或多个输入节描述构成。

（2）分散加载描述文件与内存映射之间的关系。图 3-13 中的分散加载描述将 prog1.o 和 prog2.o 文件中的节加载到图 3-14 所对应的内存。这种复杂的内存映射不可能只使用基本的命令行链接指令选项来实现。

```
LOAD_ROM_1 0x0000         ← 加载区LOAD_ROM_1的首地址为0x0
{
    EXEC_ROM_1 0x0000     ← 执行区EXEC_ROM_1的首地址为0x0
    {
        prog1.o（+RO）    ← 将prog1.o中所有的代码和只读数据
                             放入执行区EXEC_ROM_1
    }
    DRAM 0x18000 0x8000   ← 执行区DRAM的首地址0x18000，大小0x8000
    {
        prog1.o（+RW，+ZI）← 将prog1.o中所有的RW和ZI数据
                             放入执行区EXEC_ROM_1
    }
}
LOAD_ROM_2 0x4000         ← 加载区LOAD_ROM_2的首地址为0x4000
{
    EXEC_ROM_2 0x4000     ← 执行区EXEC_ROM_2的首地址为0x4000
    {
        prog2.o（+RO）    ← 将prog2.o中所有的代码和只读数据
                             放入执行区EXEC_ROM_2
    }
    SRAM 0x8000 0x8000    ← 执行区SRAM的首地址0x8000，大小0x8000
    {
        prog2.o（+RW，+ZI）← 将prog2.o中所有的RW和ZI数据
                             放入执行区EXEC_ROM_2
    }
}
```

图 3-13　一个复杂的内存映射的分散加载描述文件

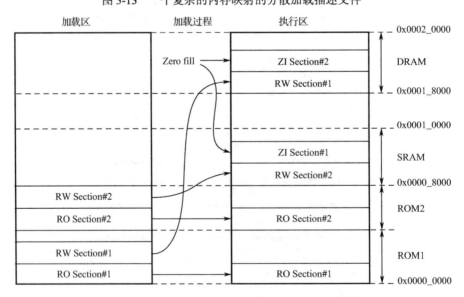

图 3-14　一个复杂的内存映射

3.4.4 由 MDK 集成环境自动生成的分散加载文件

在第 1 章介绍用 MDK 集成开发环境进行目标系统的设置时，有如图 3-15 所示的配置项。

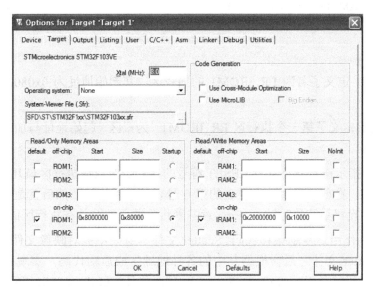

图 3-15 映像文件的内存加载设置

我们不妨再来复习一下其中涉及存储区设置的几个参数，如表 3-3 所示。

表 3-3 目标系统加载地址相关的参数设置

ROMx	片外扩展的只读存储区域，一般通过启动代码进行配置
IROMx	片内集成只读存储区域，一般通过启动代码进行配置
RAMx	片外扩展的指定 ZI（零值初始化）和 RW（读写）存储器
IRAMx	片内扩展的指定 ZI 和 RW 存储器，通过启动代码进行配置
default	如果勾选，表示对于应用而言，此区域是全局可访问的
Off-chip / on-chip	表示片外扩展的还是片内集成
Start	指定相应存储区域的起始地址
Size	指定相应存储区域的大小
NoInit	指定该区域不用零值初始化

MDK 集成开发环境的链接器就根据图 3-15 中用户所做的设置自动产生分散加载描述文件 xx.sct，其中的内容如下。

代码 3-5 分散加载描述文件内容模板

```
01 LR_IROM1 0x0800_0000 0x0008_0000 {
02     ER_IROM1 0x0800_0000 0x0008_0000 {
```

```
03          *.o (RESET, +First)
04          *(InRoot $$ Sections)
05          .ANY(+RO)
06      }
07
08      RW_IRAM1 0x2000_0000 0x0001_0000 {
09          .ANY(+RW, +ZI);
10      }
11  }
```

代码 01 行：定义了名为 LR_IROM1 的加载区，其起始地址为 0x0800_0000，大小为 512 KB。

代码 02 行：定义了第一个执行区 ER_IROM1，为根区（起始地址与加载区重合的执行区）。

代码 03 行：指示链接器将含有 RESET 符号的（输入）节放在执行区最开始，因为 RESET 中定义了向量表。在前面讲过，向量表的第 0 号表项设置堆栈，然后就是复位异常服务例程，由它来引导设置系统的时钟。+First 意味着将其前面的节放在执行区的最开始的位置。

代码 04 行：作用是复制搬移代码。Scatter 文件本身并不能对映像文件实现"解压缩"，链接器读入 Scatter 文件之后会根据其中的各种地址生成启动代码，实现对映像文件的加载，而这一段代码就是"*（InRoot$$Sections）"，并且 *（InRoot$$Sections）必须放在根区中。

代码 05 行：将所有模块中的 RO 数据放入第一执行区。

代码 08 行：定义第二个执行区，首址是 0x2000_0000，空间大小为 4 KB。

代码 09 行：将所有模块中的 RW 和 ZI 数据映射到第二执行区。

3.4.5 _main()函数的作用

由于系统启动过程较为复杂，我们回过头梳理一下前面几节的内容，为读者厘清它们与系统启动之间的关系。在 3.3 节，使用 SystemInit()函数完成了对系统时钟的初始化，如果有需要，还会完成异常向量表的重定向，这些是电路板能够正常运行的基础。根据复位服务例程 Reset_Handler 的执行流程，接下来就进入_main()函数。_main()函数的第一任务是负责完成对映像文件的加载，也就是在 3.4.2 节和 3.4.3 节中介绍的内容；第二项任务就是建立用户堆栈，为应用程序的运行准备运行环境，当这一步完成之后，就跳转到用户程序的入口 main()函数，将系统控制权转移给用户程序。

_main()函数由链接器根据分散加载描述文件自动生成，我们只能在调试模式下的反汇编窗口观察其代码。由于这部分代码都使用汇编语言来实现的，完全理解颇有难度，并且也不是我们学习的重点，我们只对其程序结构及其执行流程进行大致的介绍，使读者对系统的启动过程有一个完整的了解。

如图 3-16 所示，_main()函数由 2 部分组成：_scatterload 和 _rt_entry，每一部分的作用请参考图中的描述。

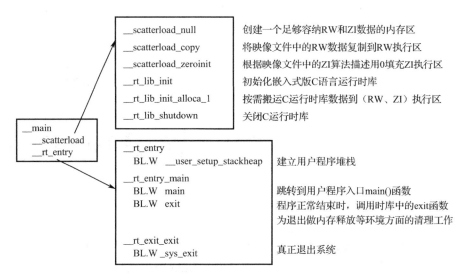

图 3-16 _main()函数执行流程

至此，基于 STM32 系统一个完整的启动流程讲解完毕。这个过程中涉及的知识面广而深，除了对 ARM 汇编指令和芯片时钟控制模块 RCC 有一定的了解之外，尤其需要有一定的编译器和链接器方面的知识。当然，这些知识也不是本书的重点，读者不必深究，但对这个过程要有一定的了解。但复位启动过程所涉及的 CM3 向量及向量表相关知识点却是必须掌握的。

第4章 通用 GPIO 操作

在嵌入式系统中，与 CPU 通信的外设种类繁多，有些外设功能简单，如 LED、按键，它们与 CPU 通信只有两种信号：电平的高或低（如 LED 的亮或灭，按键的按下与弹起等）。与这类设备的通信不需要复杂的协议，只需 CPU 的一根引脚即可完成；除此之外，系统中大部分外设都需要综合多个引脚来协同完成诸如"协议"之类的功能。

本章作为本书真正意义上的第一个外设实验，就从最简单的 LED 开始，随着后续章节的展开，再循序渐进地深入到"协议"类的外设。为了将简单和复杂的功能糅合在一起，同时减少芯片引脚数量和功耗，现代 SoC 设计都采用了复用技术，每个引脚兼有简单（通用）和复杂（专用）功能。当作为通用目的时，就是我们所说的 GPIO（General Purpose Input Output，通用输入/输出端口）引脚。

学会对 GPIO 端口的配置是我们学习嵌入式开发的起点，也是最容易入手的，本章就以第 1 章开篇中的实例为线索，详细分析 GPIO 引脚的配置方法和作用，也算是对第 1 章内容的有力补充。

4.1 实验结果预览：LED 跑马灯

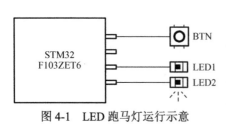

图 4-1 LED 跑马灯运行示意

本章的实验目的是让大家学会 GPIO 引脚的配置与使用。

实验板上电后，LED1 闪烁，LED2 熄灭；当按下 BTN 按键时，LED2 闪烁，LED1 熄灭；当松开 BTN 时，恢复 LED1 闪烁，LED2 熄灭，如此往复。

4.2 GPIO 基本知识

到现在为止，我们已大致了解了 GPIO 引脚的一些外部特性，如输出低电平可以使 LED 发光，按键按下的信号可以传递给 CPU，等等。为了更好地理解 GPIO 底层工作原理，我

们需要更深入地来了解 GPIO 的相关知识，包括其工作模式，以及 STM32 库对 GPIO 模块所做的代码封装等。

4.2.1 GPIO 分组管理及其引脚

对于 STM32F103xx 系列芯片，除了电源（VDD）、地（VSS）、时钟（OSC）三类引脚之外，其余的外部引脚被分组管理，将它们命名为 GPIOx（x=A, B, C, D, E, F, G）。我们也称 GPIOA 组为 GPIO 端口 A，以此类推；其中每个端口下有 0～15 共 16 根引脚（P0～P15），如 GPIOA.P1。为了便于编码，STM32 库文件 stm32f10x.h 和 stm32f10x_gpio.h 中为这些 GPIO 端口及其引脚分别做了如下宏定义。

```
#define GPIOA_BASE    (APB2PERIPH_BASE +0x0800)      //GPIO 分组 A（端口 A）基地址
....
```

这在第 2 章外设地址空间映射中已做过讲解，在此不用再重复。

```
127 #define GPIO_Pin_0  ((uint16_t)0x0001)           //Pin_0 索引位 1（0000000000000001）
128 #define GPIO_Pin_1  ((uint16_t)0x0002)           //Pin_1 索引位 2（0000000000000010）
...
142 #define GPIO_Pin_15 ((uint16_t)0x8000)           //Pin_15 索引位 15（1000000000000000）
```

代码 127～142 行定义了每个端口 16 根引脚的宏名：GPIO_Pin_number，其定义规则是：将 16 位二进制数中每一位对应一根引脚，全部清 0 后，某位置 1 即表示对应引脚的索引号，此时二进制数对应的十六进制值为该 GPIO 引脚的宏值。例如，GPIO_Pin_13（第 13 号引脚），对应的二进制数为 10_0000_0000_0000，转换为十六进制数后则为 0x2000。

4.2.2 GPIO 工作模式及其配置

1. 工作模式

当 CPU 引脚以 GPIO 方式进行工作时，有多种模式可以配置。系统复位后，每根 GPIO 引脚被自动置为浮空输入模式。所谓浮空输入，是指 IO 的电平状态未定，即当有外部接入时，IO 的电平状态完全由外部输入决定；如果 IO 引脚悬（浮）空未用，则端口电平不定。GPIO 工作模式的设置，以单根引脚为单位，而不是以端口（GPIOA…GPIOG）为单位而进行的，如表 4-1 所示。

表 4-1 STM32F103ZET6 GPIO 引脚可设置的工作模式

MODE[1:0]	CNF[1:0]	配 置 模 式
输入模式：00	00	模拟输入
	01	浮空输入
	10	上拉/下拉输入
	11	保留

续表

MODE[1:0]	CNF[1:0]	配 置 模 式
输出模式：01、10、11。01 表示最大速率为 10 MHz，10 表示最大速率为 2 MHz，11 表示最大速率为 50 MHz	00	通用推挽输出（Out_PP）
	01	通用开漏输出（Out_OD）
	10	复用功能推挽输出（AF_PP）
	11	复用通用开漏输出（AF_OD）

对表 4-1 所涉及的几个电路知识术语做一解释。

（1）模拟输入：将外部模拟信号，如信号发生器产生的正弦波信号，接到 GPIO 引脚。当系统需要有 A/D 或 D/A 转换功能时，需要使用 GPIO 引脚的这种工作模式。

（2）上拉/下拉输入：在芯片每根引脚内部电路中，分别接有上（下）拉电阻。当将某引脚配置为上（下）拉时，内部电路将与上（下）拉电阻相连。上（下）拉电阻的主要作用是将不确定的信号通过电阻钳位在高（低）电平，电阻顺便也起限流的作用。

（3）推挽输出：通俗地讲，当输出低电平时，外部电流经 GPIO 引脚流入芯片内部，俗称灌电流（吸收负载的电流）；当输出高电平时，电流从芯片内部经 GPIO 引脚向外流出，俗称拉电流（对负载提供电流）。因此，此电路工作形式如同芯片内部器件与外部负载之间的"拉锯"，故称推挽，推挽输出方式的电路驱动能力较强。

（4）开漏输出：从电路结构上讲，开漏输出指的是 CMOS 电路的输出级（漏极）直接与外部负载相连，这样造成的结果是电路没有拉电流能力，只有高阻态和低电平输出（灌电流）两种状态。为了克服这个缺陷，需要接外部上拉电阻，以实现高电平输出的能力。

2．工作模式配置

在 STM32 系列芯片中，GPIO 引脚工作模式配置由端口配置寄存器（CR）来完成。从表 4-1 可看出，GPIO 工作模式的配置分为两组，MODE[1:0]负责设置模式位，CNF[1:0]负责配置位。因此，每根 Pin 脚的模式设置需要 4 比特位来完成（如图 4-2 阴影所覆盖的 4 位），每个端口就需要 64 位（2 个 32 位寄存器）才能完成全部 16 根引脚的设置。这 2 个 32 位寄存器分别称为端口配置低寄存器（CRL）和端口配置高寄存器（CRH），如图 4-2 所示。

GPIOx_CRL

31	30	29	28	…	3	2	1	0
CNF7[1:0]		MODE7[1:0]		…	CNF0[1:0]		MODE0[1:0]	

GPIOx_CRH

31	30	29	28	…	3	2	1	0
CNF15[1:0]		MODE15[1:0]		…	CNF8[1:0]		MODE8[1:0]	

图 4-2　GPIO 配置寄存器 GPIOx_CRL 和 GPIOx_CRH

MODEx[1:0] 配置引脚是输入还是输出。MODE =00 时为输入模式，其他组合为输出模式（兼顾输出模式中不同的速率）。输出组合值与相应的速率对应关系请参考表 4-1。

CFNx[1:0]在模式配置的基础上配置子模式。

- 输入时，CFN =01 表示浮空输入，CFN =10 表示上/下拉输入。
- 输出时，CFN =00 表示通用推挽输出，CFN =01 表示通用开漏输出，CFN =10 表示复用推挽输出，CFN =11 表示复用开漏输出。

MODEx[1:0]和 CFNx[1:0]中的 x 取值范围是 0～15，分别代表 16 根引脚的模式配置。

基于表 4-1 和 GPIOx_CR 寄存器所定义的模式，STM32 库文件 stm32f10x_gpio.h 中做出了如下宏定义，以便于编码操作（毕竟宏名是"见名知义"嘛）。

（1）输入/输出模式常量定义：在 C 语言中，符号常量的定义有两种方法：一种是通过 #define 关键字定义宏（常量）的方式；另一种就是采用枚举共用体规则。一般来说，有相同性质的多个常量需要定义时，常采用枚举常量的方式。GPIO 模块的工作模式就采用枚举常量的方式进行定义。

```
71 typedef enum
72 {      GPIO_Mode_AIN =0x0,                    //模拟输入
73        GPIO_Mode_IN_FLOATING =0x04,           //浮空输入
74        GPIO_Mode_IPD =0x28,                   //下拉输入
75        GPIO_Mode_IPU =0x48,                   //上拉输入
76        GPIO_Mode_OUT_OD =0x14,                //通用开漏输出
77        GPIO_Mode_OUT_PP =0x10,                //通用推挽输出
78        GPIO_Mode_AF_OD =0x1C,                 //复用开漏输出
79        GPIO_Mode_AF_PP =0x18                  //复用推挽输出
80 } GPIOMode_TypeDef;
```

此处新的枚举类型 GPIOMode_TypeDef 中成员的枚举值定义规则是：根据表 4-1 中 MODE 位和 CFN 位的不同组合，例如 GPIO_Mode_IN_FLOATIN（浮空输入模式），CFN 和 MODE 的组合是 0100，即 0x04，则其枚举常量值就写为

GPIO_Mode_IN_FLOATING =0x04；

（2）输出模式速率常量定义：当 GPIO 引脚作为输出时，除了前面提到的推挽/开漏模式外，还有信号输出速率的问题。表 4-1 列出了全部的三种速率，在 stm32f10x_gpio.h 中也被枚举定义为

```
58 typedef enum
59 {      GPIO_Speed_10MHz =1,
60        GPIO_Speed_2MHz,
61        GPIO_Speed_50MHz
62 } GPIOSpeed_TypeDef;
```

4.2.3 GPIO 引脚的写入和读出

GPIO 端口（引脚）应被视为一个最简单的外设，对于它的操作，在完成了前面所讲的配置工作模式之后，紧接着就来讲讲如何对其写入，以及如何获取它的输出（状态）。

1. 向 GPIO 写入（设置）值

（1）端口设置寄存器：GPIOx_BSRR（x = A～G）。在 STM32 手册中，BSRR（端口设置/清除寄存器）完成了两种功能：置 1 或清 0 端口。由于 GPIO 端口中有专门的清 0 寄存器，所以对于 BSRR 寄存器，我们侧重它低 16 位的置 1 功能（高 16 位负责清 0），如图 4-3 所示。

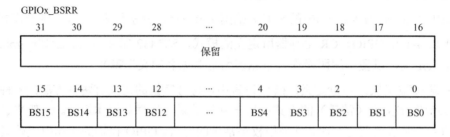

图 4-3　端口设置寄存器 BSRR

库函数 GPIO_SetBits()（stm32f10x_gpio.c）的代码实现即以此寄存器为操作对象。

```
358 uint16_t GPIO_SetBits(GPIO_TypeDef* GPIOx, uint16_t GPIO_Pin)
359 {
360     GPIOx->BSRR = GPIO_Pin;      //将端口 GPIOx 的引脚 GPIO_Pin 设置为高电平（1）
361 }
```

使用示例：

```
GPIO_SetBits(GPIOA, GPIO_Pin_5);   //将 GPIO 端口 A 的第 5 根引脚置高电平
```

（2）端口清除寄存器：GPIOx_BRR（x = A～G）。BRR 与 BSRR 寄存器的功能相反，它清 0 端口。BRR 的每一位与外部的 GPIO 引脚一一对应，如图 4-4 所示，如果需要对某一位清 0，可用如下操作。

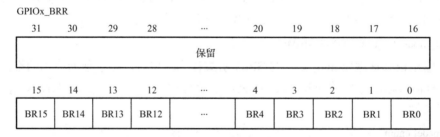

图 4-4　端口清除寄存器 BRR

库函数 GPIO_ResetBits()（stm32f10x_gpio.c）的代码实现即以此寄存器为操作对象。

```
358 uint16_t GPIO_ResetBits(GPIO_TypeDef* GPIOx, uint16_t GPIO_Pin)
359 {
360     GPIOx->BRR = GPIO_Pin;       //将端口 GPIOx 的引脚 GPIO_Pin 设置为低电平（0）
361 }
```

使用示例：

```
GPIO_ResetBits(GPIOA, GPIO_Pin_5);
```

除了 GPIO_SetBits()和 GPIO_ResetBits()分别单独以 BSRR 和 BRR 寄存器为操作对象之外，STM32 库函数中还有同时以 BRR 和 BSRR 为操作对象的库函数，即 GPIO_WriteBit()，用这一个函数就可完成对引脚置 1 或清 0 的功能。

```
394 uint16_t GPIO_WriteBit(GPIO_TypeDef* GPIOx, uint16_t GPIO_Pin, BitAction BitVal)
395 {
396     if (BitVal != Bit_RESET )
397         GPIOx->BSRR = GPIO_Pin;      //将端口 GPIOx 的引脚 GPIO_Pin 设置为高电平（1）
398     else
399         GPIOx->BRR = GPIO_Pin;       //将端口 GPIOx 的引脚 GPIO_Pin 设置为低电平（0）
400 }
```

2．读出 GPIO 引脚的状态值

分两种情况：一种是读出刚写入 GPIO 引脚的值，另一种是读出 GPIO 引脚本身输出的值，它们分别由寄存器 GPIOx_IDR（x=A～G）和 GPIOx_ODR（x = A～G）来实现。

（1）端口输入寄存器：GPIOx_IDR（x = A～G）。IDR 输入数据寄存器保存端口从外部接收过来的数据（属性为只读）。由于每个端口只有 16 根引脚，所以寄存器只使用了低 16 位（每次接收 2 字节），高 16 位保留不用，如图 4-5 所示。

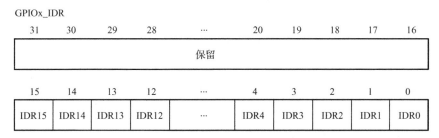

图 4-5　端口输入寄存器 IDR

库函数 GPIO_ReadInputDataBit()的内部实现即以此寄存器为操作对象。

```
01 uint16_t GPIO_ReadInputDataBit(GPIO_TypeDef* GPIOx, uint16_t GPIO_Pin)
02 {
03     uint8_t bitstatus =0x00;
04     if ((GPIOx->IDR & GPIO_Pin) != (uint32_t)Bit_RESET)
05         bitstatus = (uint8_t)Bit_SET;
06     else
07         bitstatus = (uint8_t)Bit_RESET;
08
09     reset bitstatus;
10 }
```

（2）端口输出寄存器：GPIOx_ODR（x = A～G）。ODR 输出数据寄存器暂存将要从端口发送出去的数据（属性为可读可写）。与 IDR 同样的原因，该寄存器也只使用了低 16 位（每次发送 2 字节），高 16 位保留不用，如图 4-6 所示。

库函数 GPIO_ReadOnputDataBit()的内部实现即以此寄存器为操作对象。

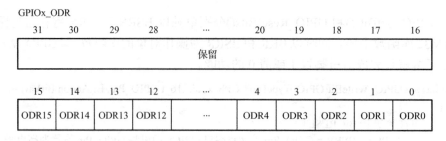

图 4-6 端口输出寄存器 ODR

```
01 uint16_t GPIO_ReadOnputDataBit(GPIO_TypeDef* GPIOx, uint16_t GPIO_Pin)
02 {
03      uint8_t bitstatus =0x00;
04      if ((GPIOx->ODR & GPIO_Pin) != (uint32_t)Bit_RESET)
05          bitstatus = (uint8_t)Bit_SET;
06      else
07          bitstatus = (uint8_t)Bit_RESET;
08
09      reset bitstatus;
10 }
```

使用示例：

GPIO_ReadOutputDataBit（GPIOF, GPIO_Pin_8）；

获取端口 F 的引脚 8 的当前状态，然后将其状态反转。

正如第 2 章所讲的外设地址映射，使用 C 结构体将 GPIO 端口所有寄存器封装为一体，定义为 GPIO_TypeDef 类型；再将各端口的基地址强制转换为 GPIO_TypeDef 指针类型。

```
#define GPIOA        ((GPIO_TypeDef*)GPIOA_BASE)        //GPIOA 端口指针
....
```

之后对端口 A 的操作就是对其内寄存器的操作（其他几个端口 B～G 与此相同），比如：

```
GPIOA->BRR |=0x0020;                    //将 GPIO 端口 A 第 5 引脚设为低电平
GPIOA->BSRR = GPIO_Pin_5 | GPIO_Pin_9;  //将 GPIO 端口 A 第 5 和 9 引脚置高电平
GPIOB->CRH =0x80000;                    //将 GPIO 端口 B 第 12 号引脚配置为上拉输入模式
```

4.3 实验代码解析

4.3.1 实验现象原理分析

有了 GPIO 的基本知识，我们就可以据此来分析 4.1 节所描述的实验现象背后的软硬件逻辑。

1. 确定硬件连接关系

从图 4-1 的运行示意及现象描述来看，2 颗 LED、1 个按键与 STM32F103ZET6 的三根 GPIO 引脚相连。按键是为了将 2 颗 LED 点亮，在电路的连接上必须满足一定的要求，如

图 4-7 所示。

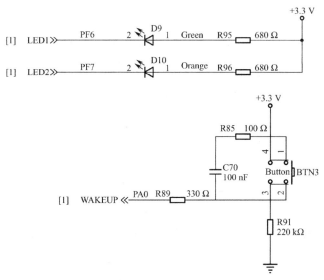

图 4-7 LED 跑马灯实验电路原理图

从连接关系来看，2 个 LED 和 BTN 按钮都采用共阳极连接，即 2 个 LED 的阳极与 3.3 V 电源相连，另一端与 MCU 的 GPIO 引脚（PF6、PF7）相接。这样一来，如果要驱动 LED 灯发光，与 LED 相连的 GPIO 引脚（PF6、PF7）需要设置为"输出低电平"（原理是二极管 PN 结正偏导通）；当按下 BTN 按键时，与之相连的 GPIO 引脚（PA0）呈低电平，通过读取该引脚的状态位可以获取按键状态。

相关知识点：嵌入式芯片引脚的驱动电流都很小，一般都是微安级，无法直接点亮 LED，所以 LED 电路都采用共阳极的连接方式，让外部电源来驱动 LED 发光。所谓共阳极，指多颗 LED 阳极都与 3.3 V 电源相连（共用），阴极与 GPIO 引脚相连。如图 4-8 的上半部分所示，此时如果 MCU 的引脚输出低电平，则 LED 之 PN 结导通，LED 发光；否则 LED 截止而熄灭。共阴极的道理与之相反，如图 4-8 的下半部分所示。本实验采用的是共阳极连接，所以为了驱动 LED 发光，必须控制 LED 的 GPIO 引脚输出低电平。

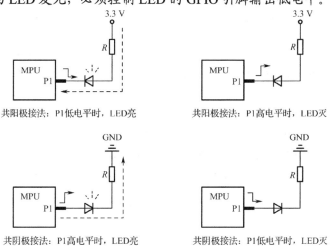

图 4-8 LED 的共阴极与共阳极连接示意

查阅 STM31F103ZET6 的 Datasheet 芯片手册，总结上述 3 个 GPIO 引脚的功能定义如表 4-2 所示。

表 4-2 LED 跑马灯所接 GPIO 引脚功能定义表

Pin Number	Pin Name	Type	Main function (after reset)	Alternate function Default	电路功能	
18	PF6	I/O	PF6	ADC3_IN4/FSMC_NIORD	LED1	输出
19	PF7	I/O	PF7	ADC3_IN5/FSMC_NREG	LED2	
20	PA0	I/O	PA0	ADC123_IN0/TIM2_CH1_ETR	BTN	输入

表 4-2 充分反映了"GPIO 引脚大都具有多个功能（复用）"的描述，比如 PF6，除作为普通的 I/O 功能外，还可作为模/数转换模块的输入引脚 4（ADC3_IN4）和 FSMC 控制信号（FSMC_NIORD）。在查阅芯片手册时一定要注意本实验所需要的功能。表 4-2 是后续编写代码时对所用引脚进行配置的依据，例如，可以用代码 4-1 来对 LED 和 BTN 按键所对应的引脚进行配置（文件 gpio.c 中）。

代码 4-1 LED 和按键所对应的 GPIO 引脚初始化函数 ledBtn_Init()

```
01 #include "gpio.h"
02 void LedBtn_Init(void)
03 {
04      GPIO_InitTypeDef GPIO_InitStructure;                        //声明 GPIO 端口初始化变量
05
06      RCC_APB2PeriphClockCmd(RCC_APB2Periph_GPIOF |
07                             RCC_APB2Periph_GPIOA, ENABLE);
08      GPIO_InitStructure.GPIO_Pin = GPIO_Pin_7 | GPIO_Pin_6;      //定义与 LED 相连的引脚
09      GPIO_InitStructure.GPIO_Mode = GPIO_Mode_Out_PP;            //LED_GPIO 引脚被设为推挽输出
10      GPIO_InitStructure.GPIO_Speed = GPIO_Speed_50MHz;           //设置 LED_GPIO 引脚工作频率
11      GPIO_Init(GPIOF, &GPIO_InitStructure);                      //将对 Pin7 和 Pin8 的配置写入端口 F
12      GPIO_SetBits(GPIOF, GPIO_Pin_7 | GPIO_Pin_6);               //默认设置 LED1 和 LED2 为熄灭态
13
14      GPIO_InitStructure.GPIO_Pin = GPIO_Pin_0;                   //定义与按键相连的引脚
15      GPIO_InitStructure.GPIO_Mode = GPIO_Mode_IPU;               //按键引脚被设置为上拉输入模式
16      GPIO_Init(GPIOA, &GPIO_InitStructure);                      //将对 Pin0 的配置写入端口 A
17 }
```

分析：一般而言，外设的功能都由其内部所有的寄存器来共同反映，但对于其最小化功能（外设能够运行起来最低限度配置）而言，只需要部分寄存器就能完成。我们可以将反映外设最小功能集的寄存器配置，用 C 结构体将其描述为该外设的初始化结构体类型。对于 GPIO 引脚而言，在库文件 stm32f10x_gpio.h 文件中，其初始化结构类型被定义为：

```
91 typedef struct
92 {
```

```
93        uint16_t GPIO_Pin;                    //预设端口 Pin 脚
94        GPIOSpeed_TypeDef GPIO_Speed;         //当工作模式为输出时，设置 Pin 脚速率
95        GPIOMode_TypeDef GPIO_Mode;           //GPIO 端口引脚的工作模式
96 } GPIO_InitTypeDef;
```

因此，对于外设的初始化过程，就是填充外设寄存器的过程。在代码 4-1 的 04 行首先声明了 GPIO 初始化类型变量 GPIO_InitStructure。

第 06、07 行代码使用 RCC_APB2PeriphClockCmd()开启端口 GPIOF 和 GPIOA 的时钟。嵌入式设备对功耗十分敏感，为节能只开启系统中用到的外设。对于 RCC_APB2PeriphClockCmd() 有两点需要注意：参数 1 表示需要开启时钟的外设，本例当然是端口 GPIOA 和 GPIOF；参数 2 表示开启（ENABLE）还是关闭（DISABLE）。

由于不同速度的外设分别挂在 AHB、APB1、APB2 总线上，所以相应的外设时钟开启函数也不同。本例中 GPIO 模块挂接于 APB2 总线上，故使用的函数是 RCC_APB2PeriphClockCmd()。比如，SPI 挂接在 APB1 总线上，它的时钟开启函数就是 RCC_APB1PeriphClockCmd()。

代码 4-1 的 08~10、14~15 行对 GPIO 初始化结构体进行填充。前者针对的是与 LED 灯相连的 GPIO_Pin_7 和 GPIO_Pin_6，其信号从 CPU 到 LED，故设置它们为通用推挽输出（PP）工作模式，工作频率为 50 MHz；后者填充的是与 BTN 按键相接的 GPIO_Pin_0，信号是从按钮传入 CPU 的，所以配置为内部上拉输入（IPU）。请注意，填充初始化结构体的时候，还没有指明具体的端口。

代码 4-1 的 12 行和 16 行，调用函数 GPIO_Init()将初始化结构体所承载的配置参数写入端口寄存器，完成端口的初始化工作。

2. 软件控制逻辑

除了硬件上的连接必须满足实验要求之外，软件上还得对 LED 的闪烁行为进行逻辑上的控制。在软件控制上，CPU 需要完成两项任务：主要任务是闪烁 LED 灯，次要任务是获取当前按键的状态，并且两任务轮流获得 CPU 的执行权（while 循环中，有次任务和主任务之分），如图 4-9 所示。

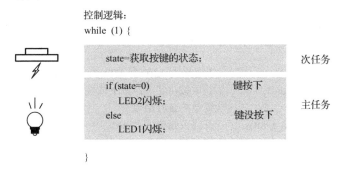

图 4-9 LED 闪烁的软件逻辑

4.3.2 源代码分析

1. 工程入口函数：main.c 文件中的 main()

```
01 #include"gpio.h"                    //用户编写的外设驱动头文件
02 int main(void)
03 {
04      ledBtn_Init();                 //初始化与 LED 和 BTN 相连接的 GPIO 引脚
05      while(1) {
06          if (getBtnStatus() ==0) {  //获取 BTN 的状态：是否被按下
07              LED_OnOff(LED1, OFF);
08              LED_toggle(LED2);      //BTN 被按下时，LED2 闪烁，LED1 灭
09          } else {
10              LED_OnOff(LED2, OFF);
11              LED_toggle(LED1);      //BTN 没被按下时，LED1 闪烁，LED2 灭
12          }
13      }}
14 }
```

分析：主程序逻辑是首先初始化与 LED 和 BTN（按钮）相连的 GPIO 引脚，然后在 while 无限循环中，轮询按钮状态，并根据其状态控制 LED2 和 LED1 的亮灭：如果 BTN 有被按下，则"LED2 闪烁，LED1 灭"；否则就反之。

由于主程序（入口程序）中使用到了对 LED 和 BTN 进行驱动控制的相关函数，如代码 07～08 行的 LED_OnOff()和 LED_toggle()，故在入口函数 main()之前的 01 行包含了 LED/BTN 驱动头文件 gpio.h。

代码 4-2 LED 和 BTN 驱动头文件 gpio.h

```
01 #ifndef __led_h
02 #define __led_h
03 #include "stm32f10x.h"              //在第 1 章已讲，所有外设驱动都必须包含该文件
04 #define ON      0                   //定义 LED 状态宏：ON 表示 LED 亮，OFF 表示 LED 灭
05 #define OFF     1
06 #define LED2    GPIO_Pin_7          //定义 LED 灯号，关联与之相连的 GPIO 引脚
07 #define LED1    GPIO_Pin_8
08
09 void LedBtn_Init();                 //初始化与 LED 和 BTN 相连的 GPIO
10 uint32_t getBtnStatus(void);        //获取按钮状态：按下或被松开
11 void delay(uint32_t);               //简单的延时函数
12 void LED_OnOff(uint16_t, int);      //开或关指定的 LED 灯
13 void LED_toggle(uint16_t);          //将参数指定的 LED 状态反转
14 #endif
```

代码 4-2 的 04 行定义了 LED 状态宏，根据共阳极接法，LED 被点亮时需要将与之相连的 GPIO 引脚设置为低电平，即宏值被定义为 0；LED 熄灭时宏值则相反。

2. LED 和 BTN 驱动文件 gpio.c

该驱动文件中，比较重要的有 3 个函数：

- LED_OnOff()：LED 灯亮灭控制函数。
- LED_toggle()：LED 灯状态翻转函数。
- getBtnStatus()：获取按键状态函数。

（1）LED 灯亮灭控制函数 LED_OnOff()。

代码 4-3　函数 LED_OnOff()

```
18 void LED_OnOff(uint16_t led, int flag)
20 {
21     if (flag == ON)
22         GPIO_ResetBits(GPIOF, led);      //将 PF 端口的 LED（参数）引脚清 0
23     else
24         GPIO_SetBits(GPIOF, led);        //将 PF 端口的 LED（参数）引脚置 1
25 }
```

分析：本函数实现 LED 灯的亮灭功能。在明白了前面的共阴极和共阳极连接法原理之后，这段代码就容易理解了。当参数 flag 为 ON（开启）时，调用函数 GPIO_ResetBits() 置相应的 GPIO 引脚为低电平；反之，则调用 GPIO_SetBits()。这两个函数功能相反，参数相同。

（2）LED 灯状态翻转函数 LED_toggle()。

代码 4-4　函数 LED_toggle()

```
33 void LED_toggle(uint16_t led)
34 {
35     GPIO_WriteBit(GPIOF,led, (BitAction)(1-GPIO_ReadOutputDataBit(GPIOF,led)));
36     delay(0x2fffff);
37 }
38
39 void delay(uint32_t nCount)
40 {
41     for (; nCount >0; nCount--);
42 }
```

分析：函数 LED_toggle() 的作用是实现 LED 灯状态翻转，即根据当前 LED 的状态，将其翻转为相反状态。如果 LED 当前亮着，经过 LED_toggole() 之后，LED 熄灭；反之亦然。实现这个功能的关键函数是 GPIO_WriteBit(PORT, PIN, STATE) 函数。在使用它时，其第三个参数值是通过调用函数 GPIO_ReadOutputDataBit(PORT, PIN) 的返回值来实现的，用 1 减去返回值 0 或 1，则原来的 0 信号变为 1 信号，原来的 1 信号变为 0 信号，实现翻转。

代码 4-4 的 39～42 行实现了一个"粗糙"的延时函数。说它"粗糙"，是因为这种延时在时间上并不精确。在第 11 章讲解 SysTick（滴答时钟）定时器之后，我们再基于标准的时钟频率重新实现精确的延时。

（3）获到按键状态函数 getBtnStatus(void)。

代码 4-5　函数 getBtnStatus()

```
44 uint32_t getBtnStatus1(void)
45 {
46     return GPIO_ReadInputDataBit(GPIOA, GPIO_Pin_0);
47 }
48
49 uint32_t getBtnStatus2(void)
50 {
51     uint16_t down =0, up =0, count = 8;
52
53     while(count--) {                                          //检测 8 次
54         if(GPIO_ReadInputDataBit(GPIOA, GPIO_Pin_0))          //读按键 GPIO 引脚状态
55             down++;                                           //如果被按下，则 down 加 1
56         else
57             up++;                                             //否则未被按下，则 up 加 1
58
59         delay(0x100);                                         //短暂延时
60     }
61
62     if (down > up ) return 0;     //返回 0 表示按下，表示按下的 down 大于未按下的 up
63     else return 1;                //返回 1 表示未按下，因为 down < up
64 }
```

分析：在这部分代码中，实现了两个功能相同（检测按键按下）、但思路迥异的函数。函数 getBtnStatus()简单，直接使用 GPIO_ReadInputDataBit(PORT, PIN)读出端口引脚的输入状态，但这种实现存在可靠性的问题。

机械按键的抖动及消抖处理：大家都知道按钮是机械开关，当外部力量将其按下或松开时，由于机械触点的弹性作用，在按键闭合或断开的瞬间，对于电信号而言，可能经历了"无数次"的闭合与断开，因而信号波形表现出一连串的抖动。这种抖动的结果会引起一次按键（从人的感觉上看）被误读多次（电信号的速度），这种现象就是机械按键的抖动，如图 4-10 所示。为了确保 CPU 对按键的一次闭合仅做一次处理，必须消除按键抖动。在按键稳定的时候再读取键的状态。相应地也必须对按键的释放过程进行相同的处理，这样的措施就是机械按键的消抖处理。

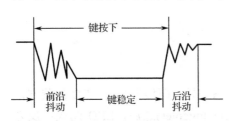

图 4-10　机械按键的抖动现象

由按键抖动带来的可靠性问题，可以使用软件方法进行改进（消抖）。软件消抖的一般原理就是：在一次按键过程中，多次读取外部按键所接的 GPIO 引脚状态，在每两次读取之间插入 5～10 ms 的延时，以便滤除前沿抖动，直到按键值稳定为止，并将此稳定值返回，这样就完成一次按键。

基于此思路,我们来分析一下代码 4-5 中从第 49 行开始的第二种实现:getBtnStatus2()。变量 down 和 up 分别表示一次按键过程中,前沿抖动时闭合和断开的累计计数,变量 count 表示检测的次数。在总共 8 次的检测中,如果表示按下的 down 值比表示弹起的 up 值大,表明按键按下状态已稳定(已消除撞抖动),此时返回 0;否则返回 1,表示键没被按下。

4.4 创建工程

创建和配置工程的详细步骤请参考第 1 章。

4.4.1 建立工程目录结构

ledKey 实验工程目录结构如图 4-11 所示。

- project:存放建立工程过程中由 Keil MDK 自动生成的配置文件和工程文件。
- usr:存放由用户实现的源码文件。
- stm32:存放 STM32 库文件。
- output:存放编译、链接过程的输出文件,可执行格式(.HEX)文件就存放于此。

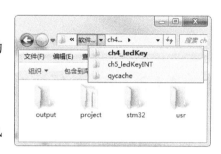

图 4-11 ledKey 实验工程目录结构

4.4.2 导入源代码文件

使用 uVision 向导建立工程完成后,在"工程管理区"创建文件组,并导入/编辑源文件(创建和导入方法详细说明请见第 1 章)。文件组和文件的对应关系如表 4-3 所示。

表 4-3 工程文件组及其源文件

文件组	文 件	作 用	位 置
usr	main.c	应用程序入口:应用控制逻辑	ledKey/usr
	gpio.h/c	外接部件功能函数	ledKey/usr
	stm32f10x_conf.h	工程头文件配置	ledKey/stm32/_Usr
	stm32f10x_it.h/c	异常/中断实现	ledKey/stm32/_Usr
cmsis	core_cm3.h/c	Cortex-M3 内核函数接口	ledKey/stm32/CMSIS
	stm32f10x.h	STM32 寄存器等宏定义	ledKey/stm32/CMSIS
	system_stm32f10x.h/c	STM32 时钟初始化等	ledKey/stm32/CMSIS
	Startup_stm32f10x_hd.s	系统启动文件	ledKey/stm32/CMSIS/Startup
fwlib	stm32f10x_rcc.h/c	RCC(复位及时钟)操作接口	ledKey/stm32/FWlib
	stm32f10x_gpio.h/c	GPIO 操作接口	ledKey/stm32/FWlib

根据表 4-3 在 MDK 开发环境中建立工程文件组及文件,最终结果如图 4-12 所示。

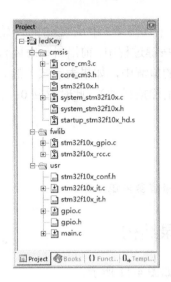

图 4-12 LED&BTN 实验 MDK 工程文件组及源文件

4.4.3 编译执行

执行开发环境菜单"build"或"rebuild"命令（对应于工具栏中的 和 ）即可完成工程的编译和链接。它们区别是：build 只编译修改过或者新的源文件，rebuild 则不管是否修改过，所有源文件都被编译。将编译后生成的 gpio.hex 文件烧录到学习板后，可看到 LED2 正在闪烁。当按下 BTN 键（不放松）时，LED2 闪烁，LED1 熄灭；松开后，恢复为 LED1 闪烁，LED2 熄灭，正如 4.1 节实现现象描述的那样。

4.5 编译调试

对于嵌入式开发，调试代码是开发者所必备的重要技能。因此，从本章开始的接下来三章，对 MDK 开发环境所提供的调试工具，包括常用调试窗口、方法进行示范性讲解，以提升读者调试代码的能力。在本章的实验中，教会读者如何设置断点和查看变量的值。

4.5.1 调试方法

1. 单步调试

单步调试是指 CPU 一行一行地执行代码，每执行一行，调试器就会停下来等待用户确认，继续下一行代码。常用的单步调试指令有以下 3 个。

- " "：此按钮表示单步执行程序（或 F11），遇到函数则进入函数体。
- " "：此按钮也表示单步执行程序（或 F10），但遇到函数时不进行函数体。
- " "：此按钮表示跳出当前所在函数。当单步调试到某个函数内部至某一代码行时，可以使用此按钮结束函数体内的调试，跳出到此函数的下一行代码处。常与" "

配合使用。

这三个命令配合使用可以达到很高的调试效率。工程源代码文件中，函数之间相互调用，说不准就在某个函数的执行过程中出现异常。因此我们认为功能没问题的函数，可以使用"⤵/F10"跳过。对于怀疑有问题的函数，则使用"⤴/F11"进入其中，一行一行地执行，并注意观察"Call Stack + Locals"窗口。

2．断点调试

单步调试可以深入到代码中的每一行，以便检查代码质量。但这样做比较耗时，因为所有代码无论有无 bug 都要遍历一次，所以在单步调试基础上，调试器都设计了断点调试功能作为补充。

所谓断点调试，是指在怀疑有 bug 的所在行设置一个断点，调试运行时，CPU 会一口气地执行到此断点处停下来，等待执行断点所在行指令。利用此停顿，开发人员可以通过栈和局部变量窗口（Call Stack + Locals）或内存窗口（Memory Window）观察断点处的变量值。在调试过程中，设置多个断点，而不影响程序的运行结果。断点调试指令如下。

"▤"：单步执行至断点行代码（或 F5），即执行到下一个断点处停下。这种方式在执行过程中，如果某个断点被执行，该断点所在行会短暂地显示"⇨"图标，然后执行流会跳到下一个断点，并显示为"⇨"，表示所在行代码待执行，此时如果按 F5，则执行流会到下一个断点。

除此之外，与断点功能相似的命令是"{}"，它表示程序将一次性运行到光标所在的位置。只是当前光标只能有一处，而断点可以设置多点。

4.5.2 栈和变量观察窗口

选择菜单"Debug→Start/Stop Debug Session"后，开发环境进入调试模式。调试模式下供开发人员人使用的窗口很多，为了不至于让读者困扰，我们从最简单、基本的开始，结合以后各章不同的外设实验逐个进行介绍。本章介绍栈和变量观察窗口。

设置断点：理论上讲，可以在程序的任何地点设置断点，但实际上设置断点的根本目的是让程序流程停止下来，以便观察此时断点附近的变量值，并以此来判断程序的执行逻辑是否正确。因此，断点的设置通常都选择在条件分支或循环语句的开始或结束之处。栈和变量观察窗口就是反映在断点处，应用程序堆栈的变化情况，包括函数调用发生时，栈中变量的变化情况。

说明：在被调用函数中，若没有设置断点，栈和变量观察窗口不会显示其内部变量的变化情况。

本实验我们需要观察 getBtnStatus() 的返回值，但在 main() 源程序中，没有接收此返回值的变量（原因是减少不必要的代码，使码更精简）。为了调试，我们需要对原来的代码做如下修改。

代码 4-6　为适应 debug 需要修改入口函数 main()

```
01 #include"led.h"
02
```

```
03  int main(void)
04  {
05      int flag =0;                    //新增调试变量，观察程序执行
06      ledBtn_Init();
07
08      while(1) {
09          flag = getBtnStatus();      //保存按键状态值
10          if (flag ==0) {
11              ......
12          }
13  }
```

断点设置方法就是双击源代码行号的左边空白处，出现一个红色的圆点，即表明断点设置成功。

如果要取消断点，以相同的方法在红色圆点上双击。图 4-13 为修改 main()后，在第 10 行的条件分支之前设置的一个断点。

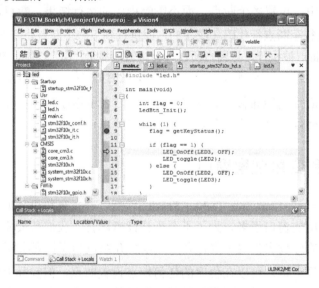

图 4-13 增设断点后入口函数 main()

在断点设置完成后，"Call Stack + Locals"窗口是一片空白，因为此时还没有开始单步执行。

栈和变量观察窗口默认情况下处于开启状态，如果没有被打开，可以通过以下方式来选择将其打开，单击工具栏 中的 按钮即可。

4.5.3 运行程序并调试：一个函数一个断点

断点设置 OK 后，并且观察变量值的窗口也已经打开，接下来我们就开始运行程序。在运行过程中，断点是按其在程序流程的先后次序而逐次显现的（如果设置有多个断点）。绝大多数情况下，我们使用按钮命令 {}(运行到光标处，光标所在行的左边会有一个 标

记）来结合断点的执行；并且，特殊的标记 ➡ （黄色箭头）表明将要执行的下一个断点，而 ➡ 标记（蓝色箭头）则表示此行的断点已经被执行。

单击 {} 后，程序运行到第一个断点处，即 main.c 函数的第 9 行变量 flag 处停止下来，如图 4-14 所示，➡ （蓝色箭头）就表明将要执行其所在行的代码，此时，观察"Call Stack + Locals"中 flag 变量，其值为 0。

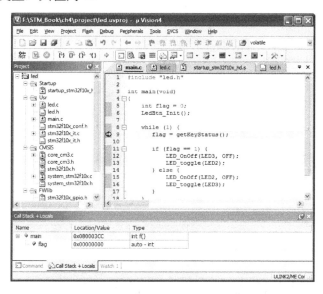

图 4-14　调试中的"Call Stack + Locals"窗口

如果此时我们按住 Button 键不放，并使用 {} 执行，此时栈与变量观察窗口中 flag 的值变为 1，并高亮显示，如图 4-15 所示，表明 getKeyStatus() 的返回值发生了变化，其直接原因就是 Button 按键被按下。

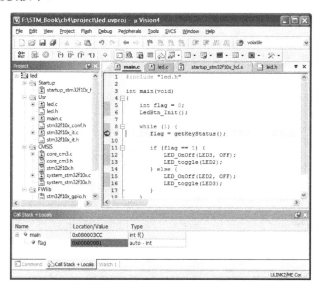

图 4-15　按键按下时的调试窗口"Call Stack + Locals"

接着，我们松开 Button，并继续执行 {}，栈与变量窗口中 flag 的值又变回 0，表明 getKeyStatus() 的返回值发生了变化，其直接原因就是 Button 按键被松开，如图 4-16 所示。

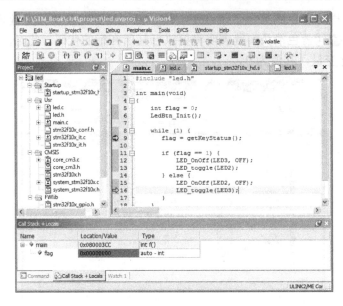

图 4-16　按键松开时的调试窗口"Call Stack + Locals"

4.5.4　运行程序并调试：多个函数多个断点

前面的调试中，只在一个函数中设置一个断点，这是最基础的调试技能。在此基础上，我们再来调试多个函数中设置多个断点的情况。

首先在前一个实验调试的基础上，在 getKeyStatus() 中新设两个断点，如图 4-17 所示。

图 4-17　设置两个断点

由于我们在 getKeyStatus()中设置了断点，当我们再次执行 후后，debug 的流程就会进入此函数（注意：这种情况下，执行流自动进入函数内部；如果函数内部没有设置断点，就只有通过命令 ，执行流才会进入一个函数内部）。如图 4-18 所示，执行流程进入了getKeyStatus()内部，请读者注意此时的变量 count，其值已经改变为 7（初始值是 8）。说明进入 while 循环后，第一条指令为 while 条件表达式 count--。在函数的第一个断点处（55行），停止下来等待执行。

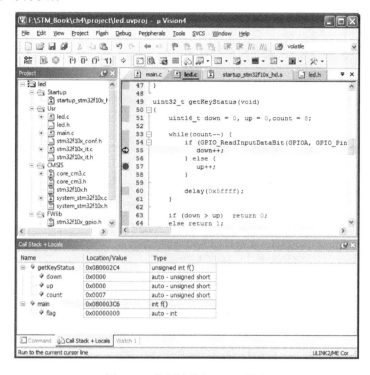

图 4-18　执行流进入 down 分支

请注意此时堆栈和变量窗口，出现 2 个函数及其内部的局部变量，这在前面的注意事项中已做过说明，栈和变量窗口只反映"设置了断点的函数内部变量的变化情况"。此时变量 down 和 up 都还没有改变。

继续单击 ，执行流又在 getKeyStatus()中第一个断点处停了下来，观察栈和变量窗口发现，count 变为 6，而 down 则变化为 1（高亮显示），表明第一个断点被执行过一次（按键没有被按下，执行流走 down++分支），如图 4-19 所示。

此时按下 Button 按键不放，继续单击 ，会发现 （黄色箭头）停止在第二个断点（57 行），表明此时执行流进入 up++分支，单击 往下执行，再观察栈和变量窗口，发现 up 值由 0 变为 1 并高亮显示，如图 4-20 所示。

重复上一步的动作，直至 up 变为 3，然后松开 Button 按键，继续单击 ，直到 count 计数为 0 时，由于这个过程中没有按下 Button 键，执行流一定走的是 down++分支，因此可以看到 down 的值最终变成了 4，如图 4-21 所示。

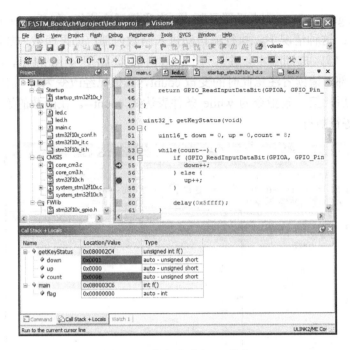

图 4-19 执行流进入 up 分支

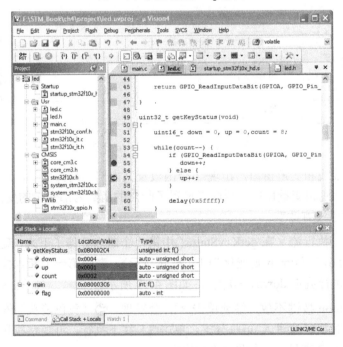

图 4-20 Call Stack + Locals 窗口的 down、up、count 值变化

根据程序的逻辑，down > up，所以函数 getKeyStatus() 返回 0。此时执行流返回到 main() 函数中断点处（第 9 行），再观察栈和变量观察窗口，首先发现先前的 getKeyStatus() 函数及其内部的变量信息消失了，这是因为被调用函数返回时，其栈空间被释放，相应其内部的变量也就没有了；其次，发现 flag 值为 0，正好与 getKeyStatus() 函数的返回值相吻合，

如图 4-22 所示。

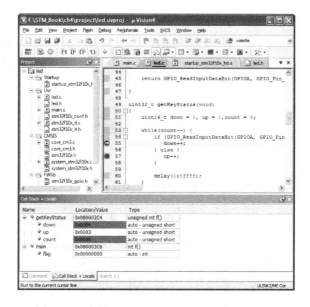

图 4-21　消抖后，down > up，表明按键被按下

图 4-22　flag 变量中的 BTN 状态

所以通过上面两种情况的调试过程可知，程序实际的执行流与代码逻辑是一致的。假如程序的执行情况与我们预期的不一致，上述的方法可以帮助读者找到问题的原因所在。

第5章 外部中断 EXTI 操作

在第 4 章的实验中，通过简单的"按键去抖"算法来获得可靠的按键状态，并以此来控制 2 颗 LED 灯的闪烁行为：当按键被按下时，LED2 闪烁/LED1 熄灭；但是当按键松开后，LED1 闪烁/LED2 熄灭。这种操作有两个显明的弊端：其一就是如果我们希望 LED2 一直闪烁下去，则只能将按键一直按住，不能松开；其二就是 CPU 需要不停地查询当前按键的状态，以决定 2 颗 LED 灯的闪烁行为。这种控制方式我们称之为轮询。很显然，采用轮询控制方式独占了 CPU 时间，使其无暇它顾，降低系统处理能力。

为了克服轮询方式所固有的缺陷，出现了中断技术。所谓中断，指程序的正常执行流程被突发的外部事件打断，CPU 响应外部事件而去执行该事件的处理代码，处理完成后再回到原流程的断点处继续执行余下的代码。

在 Cortex-M3 体系结构中，对待这些突如其来的中断或异常都统一交由 NVIC（向量中断控制器）来管理，它负责 240 个外部中断输入和 11 个内部异常源。具体到 STM32F103x 系列芯片，有两类中断信号：一类是存在于外设状态或中断寄存器中的中断位信号，这些信号没有单独的连线与外部 GPIO 引脚相连；另一类是与 GPIO 引脚有物理连接的外部中断/事件控制器。

本章就第二类外部中断/事件控制器（EXTI）的使用方法进行讲解，帮助读者掌握外部中断/事件控制器（EXTI）的使用，进而理解中断发生—传递—处理整个流程，最终使读者明白中断是如何克服轮询不足，从而带来系统整体性能提升的。

5.1 实验结果预览：LED 跑马灯_中断控制

本章实验目的是让读者学会外部中断/事件控制器（EXTI）配置与使用，理解 NVIC 在中断控制管理中的作用，以及中断的处理流程。

学习板上电后，默认 LED1 闪烁，LED2 熄灭；每按一次 BTN（按下并松开，即产生中断一次），则 LED1 和 LED2 的行为互换：原来灯闪的会熄灭，而原来熄灭的会闪烁。请读者对比体会与第 4 章实验现象的不同（在那里，切换后必须一直按住按键才能保持切换后的灯闪状态）。

第 5 章
外部中断 EXTI 操作

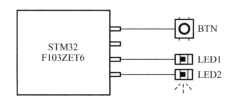

图 5-1　LED 跑马灯运行示意（中断方式）

5.2　异常与中断

异常是正常控制流的一种突变，反映了系统运行状态的改变，处理器根据这些状态来调整自己的执行轨迹，以适应系统运行环境的改变。就像本章一开始所介绍的实验那样，当按下按键时，就发生了一个外部中断，CPU 响应该外部事件的结果就是切换 2 颗 LED 灯的闪烁。

在处理器中，状态被编码为不同位和信号，CPU 的状态寄存器内容便反映了这种编码和信号。状态变化被称为事件，事件可能与当前指令的执行直接相关，比如除 0，数据溢出；另一方面，事件也可能和当前指令的执行没有关系，比如 CPU 得到一个通过 GPIO 引脚传来的温度监控报警信号。

图 5-2 就反映出了在正常的执行流程中，发生事件时，执行流程的改变和恢复。

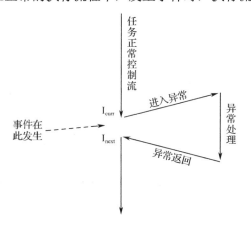

图 5-2　程序执行流中的异常和中断

5.2.1　Cortex-M3 的异常向量

在 Cortex-M3 中，如果引起状态变化的信号是由 CM3 内核引起的，这种事件称为系统异常，如上面所提到的除 0，数据溢出；将来自片上外设引起状态变化的事件称为外部中断，如温度报警信号等。当处理器检测到有事件发生时，它都会根据一张称为异常向量表的跳转表来将程序流程切换到相应的异常处理程序，完成异常响应。在异常向量表中，编号 1～15 的称为异常，编号大于等于 16 的则全部是外部中断。这样 Cortex-M3 共管理着

240个外部中断，如表5-1所示。

表5-1 CM3的异常类型

编号	类型	优先级	说明
0	N/A	N/A	没有异常发生
1	**复位**	−3（最高）	复位
2	NMI	−2	不可屏蔽中断（来自外部NMI的输入引脚）
3	硬Fault	−1	所有被除能的Fault，都将被上传为硬Fault。除能的原因包括当前被禁用，或者被PRIMASK或BASPRI掩蔽
4	MemManage Fault	编程设置	存储器管理Fault，由MPU访问非法内存位置触发
5	总线Fault	编程设置	从总线系统收到了错误响应，可能是预取指令/数据失败引起的
6	用法（Usage）Fault	编程设置	由程序错误引起的异常，通常是使用了一条无效指令
7～10	保留	N/A	N/A
11	SVCall	编程设置	执行系统服务调用指令（SVC）引发的异常
12	调试监视器	编程设置	断点、数据观察点或外部调试请求
13	保留	N/A	N/A
14	PenSV	编程设置	为系统设备而设的"可悬挂请求"，主要用于任务切换
15	**SysTick**	**编程设置**	**系统滴答定时器（即周期性溢出的时基定时器）**
16	IRQ#0	编程设置	外部中断0
17	IRQ#1	编程设置	外部中断1
…	…	…	…
255	IRQ#239	编程设置	外部中断239

5.2.2 异常向量表

实际上，大部分应用不需要如此众多的外部中断，并且为了减少GPIO引脚数量和芯片体积，STM32F103ZET6对CM3的异常向量做了裁剪：系统异常保持不变，仅减少外部中断数量，最终管理着60（根据启动文件startup_stm32f10x_hd.s中的异常向量定义而得）个左右的中断，如表5-2所示。

表5-2 STM32F103xx的异常向量表

异常类型	表项地址偏移量	异常向量
0	0x0000_0000	MSP的初始值
1	0x0000_0004	复位
2	0x0000_0008	NMI
3	0x0000_000C	硬Fault
…	…	…
52	0x0000_00D0	SPI1_IRQHandler

第5章 外部中断 EXTI 操作

续表

异常类型	表项地址偏移量	异 常 向 量
...	...	...
73	0x0000_0124	DMA2_Channel13_IRQHandler
74	0x0000_0128	DMA2_Channel14_5_IRQHandler

CM3 内核响应一个异常，表现为执行对应的异常服务例程（ESR）。为了确定 ESR 的入口地址，CM3 使用了向量表查表机制。向量表其实是一个 Word 类型的数组，每个数组元素对应一种异常，数组下标×4 是该 ESR 的入口地址。

例如，发生了中断 52（SPI）事件，则 NVIC 会计算出其偏移量为 52×4 =0xD0，然后从 0xD0 取出服务例程 SPI_IRQHandler 并执行。向量表中的"0 号类型"，它并不代表任何异常入口，而是给出了系统复位后 MSP（主堆栈）的初始地址值。也就是说，第一个异常（复位）的入口地址偏移是 0x04，而不是 0x00（它指向 MSP）。这在第 3 章"STM32 系统启动过程分析"中已反复提及过。

注意：异常向量和异常向量表两个表格的区别，在异常向量表中除了多了 MSP 之外，最大的一个区别就是异常向量表中必须有表项偏移地址，而异常向量则没有。

5.3 NVIC 与中断控制

5.3.1 NVIC 简述

CM3 在内核搭载了一个中断控制器——NVIC（Nested Vectored Interrupt Controller，嵌套向量中断控制器），它与内核紧密耦合，具有如下基本功能。

（1）可嵌套中断支持。可嵌套中断覆盖了所有的外部中断和绝大多数系统异常，当一个异常发生时，硬件会自动比较该异常的优先级是否比当前的异常（或任务）优先级更高。如果发现来了更高优先级的异常，处理器会中断当前的服务程序（或普通程序），而执行新来的异常服务程序，即立即抢占。如此一级一级地抢占，就形成异常的多级嵌套，直到达到硬件所能支持的最高嵌套级数为止。

（2）向量中断支持。当响应一个中断后，CM3 会自动定位一张向量表，并且根据中断号从表中找出 ISR（中断服务例程）的入口地址，然后跳转过去开始执行相应的 ISR。

（3）动态优先级调整。软件可以在运行时更改中断的优先级，如果在某 ISR 中修改了自己所对应中断的优先级，而且这个中断又有新的实例处于挂起状态（Pending），也不会自己打断自己，从而没有重入的风险。

5.3.2 NVIC 与外部中断

图 5-3 展示了 NVIC 管理的中断，以及它们与 CM3 内核的关系框图，该图反映出如下

几点信息。

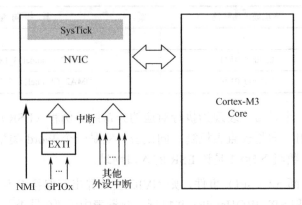

图 5-3　NVIC 与中断、CM3 之间的关系

（1）SysTick 中断。没有中断信号线与 NVIC 相连，而是直接集成到 NVIC 内部。SysTick 是一个定时器，它的基本作用就是以一定的时间间隔来产生 SysTick 异常，作为整个系统的时基。

（2）NMI（非屏蔽中断）中断。在任何情况下都不能被屏蔽，以处理系统极其特殊的异常情况。NMI 就像是手握"上方宝剑"，一路绿灯直通 NVIC 最核心，它是除复位信号以外优先级最高的中断信号。大多数情况下，NMI 会被连接到一个看门狗定时器，有时也会连接到电压监视模块，以便在电压掉至危险级别后警告处理器。NMI 可以在任何时间被激活。

（3）有中断线与 NVIC 相连的外设，又分为两类：一类是 EXTI，这类中断显式地通过 GPIO 引脚将外接部件的信号传递给 NVIC；另一类是运行协议的外设，这类外设没有明显的外部引脚与 NVIC 相连，而通过其内部状态/中断控制寄存器来管理外设产生的中断信号并传递给 NVIC。

5.3.3　NVIC 中断的优先级

CM3 核支持中断嵌套，意味着高优先级的任务可以中断正在运行的低优先级任务，而在高优先级任务获得 CPU 控制权后，如果再来了一个优先级更高的任务，则此高优先级的任务也可被中断。显然，要实现中断嵌套，就首先必须标识（设置）各中断任务的优先级。

CM3 所支持异常的优先级划分规则如下。

- 固定优先级：即优先级为负数的异常，共 3 个（复位、NMI 及硬 Fault）。
- 可编程优先级：256 级，其中系统异常（优先级可编程设置）有 11 个，外部中断（优先级可编程设置）有 240 个。

因此，这 256 级的优先级采用 8 位二进制位来表示。为了使抢占机制更加可控和有效率，将这 8 位二进制数按位分成高低两段（MSB 和 LSB），分别称为抢占优先级和运行优先级。抢占优先级的含义不用多讲，运行优先级是指具有相同抢占优先级的异常/中断有多

个的情况下,优先响应运行优先级最高的异常。这样一来,系统就分别支持 128 级抢占优先级和 128 级运行优先级。

5.3.4 NVIC 初始化

库文件 misc.h/c 中实现了 NVIC 初始化,以及优先级设置的相关函数和结构体。虽然 NVIC 不属于 STM32 片上外设,但对它的使用也要遵从与一般外设相同的规则:先需要对它进行初始化。

1. NVIC 的初始化结构体类型

综合上面对 CM3 中断/异常及 NVIC 知识点的讲解,我们可以确认对 NVIC 的初始化主要针对以下 4 个方面:中断服务函数入口地址、中断的抢占优先级、中断的运行优先级和中断启停。实际上,库文件 misc.h 也是按这 4 个方面来定义如下 NVIC 初始化结构体类型的。

```
50 typedef struct {
51    u8    NVIC_IRQChannel;                    //中断服务函数入口
52    u8    NVIC_IRQChannelPreemptionPriority;  //中断的抢占优先级
53    u8    NVIC_IRQChannelSubPriority;         //中断的运行优先级
54    FunctionalState  NVIC_IRQChannelCmd;      //是否开启相应的中断
55 } NVIC_InitTypeDef;
```

示例:定义一个 NVIC_InitTypeDef 类型变量 NVIC_InitStructure。

```
NVIC_InitTypeDef    NVIC_InitStructure;
```

2. 成员 NVIC_IRQChannel

表示向 NVIC 控制器注册的中断号 IRQn,在 stm32f10x.h 头文件中定义了一个名为 IRQn 的枚举类型,其内部的成员值涵盖了 STM32F103xx 所有系统异常和外部中断,并代表着相应外部中断的中断号,NVIC 就是根据此中断号计算出相应的中断服务函数入口地址的。

```
167 typedef enum IRQn
168 {
169     NonMaskableInt_IRQn    = -14,   //非屏蔽中断的中断号
......
176     PendSV_IRQn            = -2,    //可悬挂中断号
177     SysTick_IRQn           = -1,    //系统"滴答"时钟中断号
......
186     EXTI0_IRQn             = 6,     //外部中断 0 中断号
187     EXTI1_IRQn             = 7,     //外部中断 1 中断号
188     EXTI2_IRQn             = 8,     //外部中断 2 中断号
...
205     EXTI9_5_IRQn           = 23,    //外部中断 5~9 中断号
......
217     EXTI15_10_IRQn         = 40,    //外部中断 10~15 中断号
......
```

```
472 } IRQn_Type;
```

示例：向 NVIC 注册 EZTI0 的中断服务函数地址。

```
NVIC_InitStructure.NVIC_IRQChannel = EXTI0_IRQn;
```

向 NVIC 注册了相应外部中断的中断号以后，在执行时，NVIC 根据此中断号计算出其具体的中断服务函数入口地址。

注意事项：中断号与相应的中断服务在命名上的差异，为简单扼要，举例如下：外设中断号（名称）EXTI0_IRQn，相应的外设中断服务函数（名称）EXTI0_IRQHandler。

很显然，两者的前缀相同，即"EXTI0_IRQ"，差异体现于后缀：如果前缀后面附加字母'n'，即表示"中断号"，如果前缀后面附加单词 'Handler'，就表示"处理程序"。这也体现了命名上的"见名思义"的规则。

这些中断服务函数在启动文件 startup_stm32f10x_hd.s 中定义如下。

```
DCD    __initial_sp
DCD    Reset_Handler
DCD    NMI_Handler
……
DCD    EXTI0_IRQHandler
……
UART5_IRQHandler
……
```

按 STM32 库开发规范，ISR 的代码实现应尽可能放在文件 stm32f10x_it.c 中，当然这不是一个强制规定，也可以将 ISR 就直接放在了相应外设的驱动文件中。但从方便代码阅读和维护的角度，将其放在 stm32f10x_it.c 中是更好的选择。

（1）成员 NVIC_IRQChannelPreemptionPriority 表明所发生中断的抢占优先级。

（2）成员 NVIC_IRQChannelSubPriority 表明所发生中断的运行优先级。

STMF103xx 系列芯片用 4 位二进制数既表达抢占优先级，也表达运行优先级，因而有 5 组不同优先级组。对于一般的裸板级实验，由于只运行一个例程，所以这两个成员变量均可设置为最低的先级级 0x0F（相当于忽略中断优先级的设置）。

（3）成员 NVIC_IRQChannelCmd 表示打开或关闭相应的中断通道，调用中断服务。其取值为枚举类型 FunctionalState 的成员值：ENABLE 或 DISABLE。FunctionalState（功能状态）类型定义在文件 stm32f10x.h 中。

```
typedef enum { DISABLE =0, ENABLE = !DISABLE } FunctionalState;
```

3．综合举例

讲解完 NVCI 初始化结构体以后，以一个较为综合的示例来结束本节的介绍。

```
NVIC_InitTypeDef    NVIC_InitStructure;                              //定义 NVIC 初始化结构体变量
NVIC_InitStructure.NVIC_IRQChannel=EXTI15_10_IRQn;                   //向 NVIC 注册中断号
NVIC_InitStructure.NVIC_IRQChannelPreemptionPriority=0x0F;           //中断优先级为 15
NVIC_InitStructure.NVIC_IRQChannleSubPriority =0x0F;                 //中断运行优先级为 15
NVIC_InitStructure.NVIC_IRQChannelCmd = ENABLE;                      //开启 EXTI15_10 中断
NVIC_Init(&NVIC_InitStructure);                                      //将 NVIC 初始设置写入 NVIC 寄存器
```

5.4 EXTI 基本知识

5.4.1 EXTI 简介

在前面反复提及过，STM32 中断分为两类：一类是通过外设内部的状态/中断寄存器来管理的中断；另一类是直接通过芯片的引脚将外接部件的电信号传导到 CPU 而引起的中断，我们称之为 EXTI（外部中断）。EXTI 用来处理系统中较为简单的外接部件，如按键、热敏电阻等的中断事件，在 STM32F103xx 芯片中有 19 个这样的外部中断。

EXTI0～15：分别连接到 GPIO 端口（GPIOx，x=A～E）中 Pin0～Pin15，即 Pin0 对应 EXTI_Line0，…，Pin15 对应 EXTI_Line15。

EXTI16：连接到电源电压检测（PVD）中断。

EXTI17：连接到 RTC 闹钟中断。

EXTI18：连接到 USB 待机唤醒中断。

EXTI19：连接到以太网唤醒事件（只适用于互联型产品）。

EXTI_Line 线宏定义：既然 EXTI 线（0～15）与 GPIO 引脚有一一对应关系，为了操作方便，在文件 stm32f10x_exit.h 中也有表示其线号的宏定义，如下所示。

```
103 #define EXTI_Line0     ((uint16_t)0x00001)     //中断线 EXTI_Line0
104 #define EXTI_Line1     ((uint16_t)0x00002)     //中断线 EXTI_Line1
    ...
119 #define EXTI_Line16    ((uint16_t)0x10000)     //中断线 EXTI_Line16
120 #define EXTI_Line17    ((uint16_t)0x20000)     //中断线 EXTI_Line17
121 #define EXTI_Line18    ((uint16_t)0x40000)     //中断线 EXTI_Line18
```

EXTI_Line 宏值的定义规则与 GPIO_Pin 宏值规则相同：将 16 位二进制数中每一位对应一根引脚，全部清 0 后，某位置 1 即表示对应引脚的索引号，此时二进制数对应的十六进制值，即宏值。例如，第 13 号引脚，对应的二进制数为 10_0000_0000_0000，转换为十六进制数后为 0x2000。

5.4.2 EXTI 控制器组成结构

STM32 手册上对于 EXTI 模块的逻辑组成，有如下的描述：

外部中断/事件控制器由 19 个产生事件/中断要求的边沿检测器组成，每个输入线可以独立地配置输入类型（中断或事件），以及对应的触发事件（上升沿、下降沿、双沿触发），每个输入线都可以被独立地屏蔽，挂起寄存器保持着状态线的中断要求。

图 5-4 为 EXTI 模块的构成图，主要分为三部分。

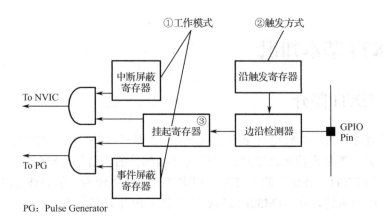

图 5-4 外部中断/事件控制器逻辑框图

- 工作模式：图中标识为①的部分分别配置 EXTI 控制器为中断或事件工作模式。
- 触发方式：图中标识为②的两个寄存器用来配置某种模式下的触发方式，包括上升沿触发、下降沿触发、双沿（上升沿和下降沿）触发方式，软件触发。
- 挂起寄存器：标识"在外部中断线上"是否发生了所设置选择的边沿事件。

EXTI 控制器的工作过程可以这样描述：外接部件（如按键）的电信号通过 GPIO 引脚传输到 EXTI 控制器后，其内的边沿检测器根据设定的中断触发方式，置挂起寄存器对应的 EXTI_Line 位为 1，表明发生了相应的中断。如果此时的中断屏蔽寄存器相应位设置为 1（表开放线 x 上的中断请求），则中断信号就顺利地传向 NVIC（NVIC 根据 EXTI_Line 确定中断号），NVIC 再查异常向量表，跳转到相应的中断服务程序并执行。如此就完成了中断"产生—传递—响应"这样一个完整的过程。

EXTI 控制器对事件的处理流程与中断方式相似。

以下描述摘录自 STM32 参考手册，从另一个侧面来理解 EXTI 控制器的工作配置。

如果要产生中断，必须先配置好并使用中断线（选择中断屏蔽寄存器地址）。根据需要的边沿检测设置 3 个触发寄存器，同时在中断屏蔽寄存器相应位写"1"允许中断请求。当外部中断线上发生了需要的边沿时，将产生一个中断请求，对应的挂起位也随之被置 1。在挂起寄存器的对应位写"1"，可以清除该中断请求。

1. EXTI 寄存器位定义

EXTI 控制器中各个寄存器（IMR、EMR、RTSR、FTSR、SWIER、PR）的位定义十分简单，总原则是：每一个寄存器从位 0 到位 18 分别对应 EXTI_Line0 到 EXTI_Line18，以便对相应的 EXTI_Line 进行各种控制。比如：

- IMR 的位 IMR0 控制 EXTI_Line0 的中断请求，如果 IMR0=1，则允许中断请求。
- EMR 的位 EMR0 控制 EXTI_Line0 的事件请求，如果 EMR0=1，则允许事件请求。
- RTSR 的位 RTSR0 控制 EXTI_Line0 的上升沿触发事件的开或关，RTSR0=1，允许输入线 0 上的上升沿触发（中断或事件）。
- FTSR 的位 FTSR0 控制 EXTI_Line0 的下降沿触发事件的开或关，FTSR0=1，允许输入线 0 上的下降沿触发（中断或事件）。
- SWIER 的位 SWIER0 控制 EXTI_Line0 的软件中断事件的开或关，SWIER0=1，允许输入线 0 上的软件触发（中断或事件）。
- PR 的位 PR0 标识 EXTI_Line0 的是否发生了中断/事件边沿触发事件，PR0=1，表示输入线 0 上发生了中断或事件边沿触发事件。

以上是以各寄存器的位 0 作为示例说明的，其他位以此类推。图 5-5 为 EXIT_IMR（中断屏蔽寄存器）的位定义图，剩下 EXTI_EMR（事件屏蔽寄存器）、EXTI_RTSR（上升沿触发选择寄存器）、EXTI_FTSR（下降沿触发选择寄存器）、EXTI_SWIER（软件中断事件寄存器）、EXTI_PR（挂起寄存器）的位定义与 EXTI_IMR 类似，相信读者能够轻松理解这些寄存器的位定义，这里就不再做过多的说明。

图 5-5　EXTI_IMR 寄存器的位定义图

2. EXTI 结构体类型

与外设 GPIO 端口一样，将 EXTI 内所有寄存器封装在一起，定义了 EXTI_TypeDef 类型。EXTI 挂接在总线 APB2，其基址为

```
#define EXTI_BASE   (APB2PERIPH_BASE +0x0400)

1407  #define EXTI   ((EXTI_TypeDef *) EXTI_BASE)     //指向 EXTI 控制器的指针
```

这句宏定义的作用就是将外设 EXTI_BASE 的基地址（32 位整数）转换为 EXTI_TypeDef 类型的指针 EXTI。如此一来，就可以直接以"->"操作符操作 EXTI_TypeDef 中的结构体成员了。例如：

```
EXTI->IMR = EXTI_Line5;                    //将外部中断线 5 设置为中断工作模式
```

3. EXTI 初始化结构体

EXTI 的作用是管理和控制简单外设的中断，通过 GPIO 引脚直接与外设相连，根据前面对 EXTI 的组成和工程流程介绍，对它的初始化操作首先要确定使用的哪一根 EXTI_Line 线，其次设置 EXTI 的工作模式和沿触发选择，如下所示。

```
typedef sturct
{
    uint32_t  EXTI_Line;              //需要初始化的外部中断线 EXTI_Line
    EXTIMode_TypeDef  EXTI_Mode;      //设置外部中断线的工作模式
    EXTITrigger_TypeDef  EXTI_Trigger; //设置外部中断线的触发方式
```

```
            FunctionalState    EXTI_LineCmd;              //是否启用外部中断线标志
    } EXTI_InitTypeDef;
```

（1）结构体成员 EXTI_Mode，代表了 EXTI 的工作模式。工作模式是在中断或事件之一进行选择。stm32f10x_exti.h 文件中，使用枚举结构体对这两种模式进行了封装，如下。

```
typedef enum
{
    EXTI_Mode_Interrupt =0x00,                //中断模式：值为中断屏蔽寄存器的偏移量
    EXTI_Mode_Event =0x04                     //事件模式：值为事件屏蔽寄存器的偏移量
}EXTIMode_TypeDef;
```

（2）结构体成员 EXTI_Trigger，代表了 EXTI 的触发方式，触发方式是在上升沿、下降沿和双沿触发三者之一进行选择，使用枚举结构体对触发方式进行封装，如下。

```
typedef enum
{
    EXTI_Trigger_Rising =0x08,                //上升沿触发，值为上升沿触发寄存器偏移量
    EXTI_Trigger_Falling =0x0C,               //下降沿触发，值为下降沿触发寄存器偏移量
    EXTI_Trigger_Rising_Falling =0x10         //双沿触发，值为 SWIER 寄存器偏移量
} EXTITrigger_Typedef;
```

EXTI 初始化结构体类型中有两个很重要的成员：EXTI_Mode 和 EXTI_Trigger，它们分别代表 EXTI 的工作模式和信号的触发方式。根据前面所讲的 EXTI 的组成，EXTI 的工作模式由中断寄存器或事件寄存器来设置，因此，EXTI_Mode 的值就是此两种寄存器的偏移地址。成员 EXTI_Trigger 也一样，它代表了上升/下降沿/双沿触发中的一种，其值的设定由由相应的 RTSR、FTSR 等寄存器来完成。

使用举例：首先定义初始化结构体变量"EXTI_InitTypeDef   EXTI_InitStructure；"，然后给初始化结构体变量各成员赋值，

```
EXTI_InitStructure.EXTI_Line = EXTI_Line5;              // 使用 EXTI 模块的 5 号中断线
EXTI_InitStructure.EXTI_Mode = EXTI_Mode_Interrupt;     // 对中断寄存器的第 5 位置 1
EXTI_InitStructure.EXTI_Trigger_Rising;                 // 对上升沿寄存器第 5 位置 1
EXTI_InitStructure.EXTI_LineCmd = ENABLE;
```

以上步骤只是填充了 EXTI_InitStructure 变量，还没有真正将其写入 EXTI 模块的内部寄存器。真正完成将这些信息写入 EXTI 寄存器的是 STM32 库函数 EXTI_Init()。

```
EXIT_Init(&EXTI_InitStructure);
```

5.4.3 GPIO 引脚到 EXTI_Line 的映射

虽然 GPIO 引脚与外部 EXTI 线之间有一一对应的关系，但默认情况下，在芯片内部它们之间的连接是断开的，因此需要通过软件将这种映射关系连接起来。在此之后，GPIO_Pin 的中断信号才能经由 EXTI_Line 进入 NVIC。这种映射关系的建立是通过 AFIO 寄存器组中的 AFIO_EXTICRx（x=1,2,3,4）配置来实现的。

补充说明：在第 4 章讲解 GPIO 时曾提过，为了优化芯片引脚的数目，绝大部分引脚都用复用功能，即除了用于默认的 GPIO 外，也可用于某种外设协议引脚。例如 PB10，还

可用于 I2C2_SCL/USART3_TX 等外设的协议引脚。假如 PB10 已经当作 I2C2_SCL 使用，此时设计电路时，发现外设 USART3 正好也需要 PB10 作为其 USART3_TX 协议引脚，即两种外设都争用同一根 GPIO 引脚，该怎么办呢？这时候就需要用到所谓的"重映射"功能。对于 STM32F103ZET6 这款芯片来说，可以将原本在 PB10 上定义的 USART3_TX 功能映射到 PD8 引脚，因为 PD8 引脚具有三种功能：GPIO（通用功能）、FSMC_D13（复用功能）、USART3_TX（重映射功能）。

当需要用到重映射功能时，需要一组寄存器来对这个过程进行管理。这个寄存器组就用 AFIO 来命名。同样，STM32 库 stm32f10x.h 文件中为 AFIO 功能模块定义了一个结构体类型。

```
……
1016 typedef struct {
1017     __IO uint32_t    EVCR;
1018     __IO uint32_t    MAPR;
1019     __IO uint32_t    EXTICR[4];            //外部中断线控制寄存器
1020     uint32_t         RESERVED0;
1021     __IO uint32_t    MARP2;
1022 } AFIO_TypeDef;
……
```

在这里，我们只关注 AFIO_TypeDef 中成员 EXTICR[4]（其他成员忽略），它是一个具有 4 个元素的数组，其中每一个元素都是下面即将讲述的"外部中断线（重映射）控制寄存器"。

AFIO 作为 GPIO 功能补充的寄存器组（外设），协助完成芯片引脚功能重映射定义，它在内存空间的地址也有定义，在文件 stm32f10x.h 中。

```
1313 #define AFIO_BASE     (APB2PERIPH_BASE +0x0000)
……
1406 #define AFIO         ((AFIO_TypeDef *)AFIO_BASE)
……
```

经过这样定义以后，我们在代码中就可以直接按以下方式来使用这 4 个外部中断线控制寄存器。

AFIO->EXTICR[1] = …..;

注意：同样的，对寄存器 AFIO_EXTICRx 进行读写操作前，应当首先打开 AFIO 的时钟。

1. AFIO_EXTICR 寄存器

GPIO 引脚通过图 5-6 的方式连接到 16 个外部中断/事件线上，并通过 AFIO_EXTICRx（x=1~4）进行选择配置。图中每个 AFIO_EXTICR 寄存器被分为 4 组，每组对应于一条 EXTI_Line 线，而且每组占用 4 位，分别对应 7 个 GPIO 端口。

2. 从 GPIO_Line 到 EXTI_Line 的映射规则

图 5-6 只画出了 4 个外部中断配置寄存器中第 1 个和第 4 个的位定义，以及 GPIO 引脚到 EXTI_Line 的映射示意图（只使用寄存器的低 16 位，高 16 位保留）。

每个外部中断配置寄存器分为 4 个位段（小矩形框），每个位段对应一条 EXTI_Line

线，因此：

AFIO_EXTICR1：	EXTI_Line0，	EXTI_Line1，	EXTI_Line2，	EXTI_Line3
AFIO_EXTICR2：	EXTI_Line4，	EXTI_Line5，	EXTI_Line6，	EXTI_Line7
AFIO_EXTICR3：	EXTI_Line8，	EXTI_Line9，	EXTI_Line10，	EXTI_Line11
AFIO_EXTICR4：	EXTI_Line12，	EXTI_Line13，	EXTI_Line14，	EXTI_Line15

每个位段（小矩形框）中的 4 位二进制数组合对应不同端口中相同的引脚号，比如，EXTI12 位段，其内 4 位二进制组合就分别表示了端口 PA～PG 的相同引脚号 12（如梯形框部分），0000 对应 PA12，0001 对应 PB12，0010 对应 PC12，0011 对应 PD12，0100 对应 PE12，0101 对应 PF12，0110 对应 PG12。

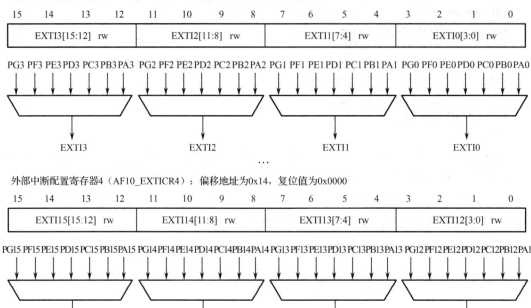

图 5-6　外部中断配置寄存器 AFIO_EXTICRx

库文件 stm32f10x_gpio.c 中函数 GPIO_EXTILineConfig ()的作用就是按上面的映射规则来完成从 GPIO_Pin 到 EXTI_Line 的关联映射的。由于篇幅关系，在这里不对其实现展开分析，有兴趣的读者可以根据前面所讲，自行消化理解。这里只举例说明它的使用方法，函数原型如下。

void GPIO_EXTILineConfig(uint8_t GPIO_Port, uint8_t GPIO_Pin);

应用示例：将端口 F 的 GPIO_Pin_8 与 EXTI 控制器的 EXTI_Line_8 关联起来，代码如下。

GPIO_EXITLineConfig(GPIOF，GPIO_Pin_8);

5.4.4　EXTI_Line 到 NVIC 的映射

这一步是通过初始化 NVIC（中断向量控制器）来完成的。在 5.3 节已经讲过 NVIC 的初始化设置，其初始化类型结构体的第一个成员 NVIC_IRQChannel 代表外设的中断号，

NVIC 根据此中断号计算出相应的中断服务函数地址。对于 EXTI 来说，NVIC_IRQChannel 可能的取值（即每条 EXTI_Line 对应的中断号）如表 5-3 所示。

表 5-3 EXTI_Line、EXTI_Line 中断号和 EXTI_Line 中断服务函数对照表

EXTI_Line	EXTI_Line 中断号（向 NVIC 注册时使用）	EXTI_Line 中断处理函数
EXTI_Line0	EXTI0_IRQn	EXTI0_IRQHandler
EXTI_Line1	EXTI1_IRQn	EXTI1_IRQHandler
EXTI_Line2	EXTI2_IRQn	EXTI2_IRQHandler
EXTI_Line3	EXTI3_IRQn	EXTI3_IRQHandler
EXTI_Line9..5	EXTI9_5_IRQn	EXTI9_5_IRQHandler
EXTI_Line15..10	EXTI15_10_IRQn	EXTI15_10_IRQHandler

```
NVIC_TypeDef NVIC_InitStructure;                          //定义 NVIC 初始化结构体变量
NVIC_InitStructure.NVIC_IRQChannel = EXTI9_5_IRQHandler;  //注册 EXTI9_5_IRQHandler
```

通过以上两行代码，就可以将 EXTI_Line6 的中断服务例程在 NVIC 控制器中进行注册。下面我们就来完成中断线 EXTI_Line6 的中断服务函数。在文件 stm32f10x_it.c 中，添加 EXTI9_5_IRQHandler()函数及代码，如下所示。

```
01 void EXTI9_5_IRQHandler () {
02     /* 因为中断线 EXTI_Line9..5 共用同一个服务例程 EXTI9_5_IRQHandler，所以在其内部还
03        要做一次判断，以明确是哪一条 EXTI_Line 触发了中断*/
04     if (EXTI_GetITStatus(EXTI_Line6))                //如果 EXTI_Line6 发生了中断
05         ……
06     }
07
08     //清除 EXTI_Line6 中断的悬挂标志，表示此次中断已处理
09     EXTI_ClearITPendingBit(EXTI_Line6);
10 }
```

代码 04 行所调用的函数 EXTI_GetITStatus(EXTI_Line6)的作用是查询外部中断线 EXTI_Line6 是否发生了中断。在第 1 章讲 STM32 库函数命名规则时，已经对这一类函数做过归纳。

- 函数 P_GetITStatus()：判断来自外设 P 的 IT 中断是否发生。
- 函数 P_ClearITPendingBit()：清除外设 P 的 IT 中断待处理标志位。
- 函数 P_GetFlagStatus()：检查（获取）外设 P 的 FLAG 标志的状态（是否被设置）。

5.5 实验代码解析

5.5.1 工程源码的逻辑结构

本实验源代码的逻辑结构与第 4 章的 GPIO 外设实验中结构完全一致，只是由于采用外部中断，所以外设源文件增加了 stm32f10x_exti.h/c 和 misc.h/c，后者包含了与 NVIC 相

关操作的函数实现，如 NVIC 初始化 NVIC_Init()、中断优先级的管理 NVIC_PriorityGroupConfig()等。如果在外设驱动中需要用到中断功能，则必须引入 misc.h/c 源文件。图 5-7 中的文件作用说明如下。

- main.c：完成实验主控逻辑。
- gpio.h/c：用户自定义外设驱动文件，在它里边实现外设（GPIO 引脚、EXTI 中断线、NVIC 控制器）初始化函数，以及实现 LED 亮、灭、闪烁、延时等具体功能函数。
- 所用外设库文件如下。
  ◇ stm32f10x_rcc.h/c：包含系统时钟、各外设时钟的开/关及其设置等。
  ◇ stm32f10x_gpio.h/c：包含 GPIO 引脚状态获取、数据发送和数据接收等函数。
  ◇ stm32f10x_exti.h/c：包含 EXTI 中断线状态获取、是否屏蔽中断线等函数。
  ◇ misc.h/c：包含与 NVIC 中断控制器相关的功能函数实现。

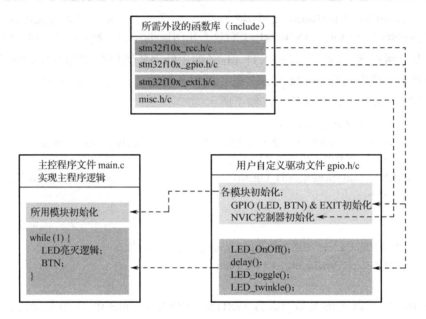

图 5-7　工程源码逻辑结构及相应文件

5.5.2　实验代码软硬件原理

本章知识所涉及的电路与第 4 章完全一样，本可以在此略过不讲，但为了方便读者专心于阅读，不用前后翻来翻去，所以在此再重复一次。

1. 确定硬件连接关系

从图 5-1 的运行示意及现象描述来看，2 颗 LED、1 个按键分别与 MCU（STM32F103ZET6）的三根 GPIO 引脚相连。按键时为了将 2 颗 LED 点亮，在电路的连接上必须满足一定的要求，如图 5-8 所示。

第 5 章
外部中断 EXTI 操作

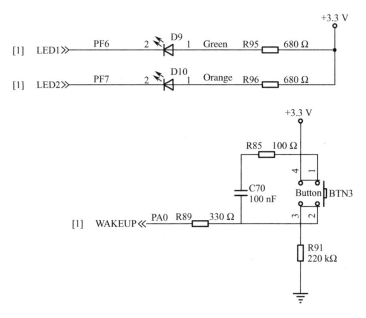

图 5-8　LED 跑马灯实验电路原理图

从连接关系来看，2 颗 LED 和 BTN 按钮都采用共阳极连接，即 2 颗 LED 的阳级与 3.3 V 电源相连，另一端与 MCU 的 GPIO 引脚（PF6、PF7）相接。这样一来，如果要驱动 LED 灯发光，与 LED 相连的 GPIO 引脚（PF6、PF7）需要设置为"输出低电平"（原理是二极管 PN 结正偏导通）；当按下 BTN 按键时，与之相连的 GPIO 引脚（PA0）呈低电平，通过读取该引脚的状态位可以获取按键状态。

查阅 CPU（STM31F103ZET6）的 DATASHEET，总结上述 3 个 GPIO 引脚的功能定义如表 5-4 所示。

表 5-4　LED 灯所接 GPIO 引脚功能定义表

Pin Number	Pin Name	Type	Main function (after reset)	Alternate function Default	电路功能	
18	PF6	I/O	PF6	ADC3_IN4/FSMC_NIORD	LED1	输出
19	PF7	I/O	PF7	ADC3_IN5/FSMC_NREG	LED2	
20	PA0	I/O	PA0	ADC3_IN6/FSMC_NIOWR	BTN	输入

表 5-4 充分反映了"GPIO 引脚大都具有多个功能（复用）"的描述，比如 PF6，除作为普通的 I/O 功能外，还可作为模/数转换模块的输入引脚 4（ADC3_IN4）和 FSMC 控制信号（FSMC_NIORD）。在查阅芯片手册时一定要注意本实验所需要的功能。表 5-4 是后续编写代码时，对所用引脚进行配置的依据。比如，可以用代码 5-1 来对 LED 和 BTN 按键所对应的引脚进行配置（文件 gpio.c 中）。

代码 5-1　LED 和按键所对应的 GPIO 引脚初始化函数 gpio_Init()

```
01 #include "gpio.h"
```

```
02
03 void gpio_Init(void)
04 {
05      GPIO_InitTypeDef GPIO_InitStructure;         //定义LED和BTN之GPIO初始化结构体变量
06      EXTI_InitTypeDef EXTI_InitStructure;         //定义EXTI初始化结构体变量
07
08      //开启端口A和F的时钟,请注意不同总线外设时钟开启使用不同的函数
09      RCC_APB2PeriphClockCmd(RCC_APB2Periph_GPIOF|RCC_APB2Periph_GPIOA, ENABLE);
10
11      GPIO_InitStructure.GPIO_Pin = GPIO_Pin_7 | GPIO_Pin_8;
12      GPIO_InitStructure.GPIO_Mode = GPIO_Mode_Out_PP;
13      GPIO_InitStructure.GPIO_Speed = GPIO_Speed_10MHz;
14      GPIO_Init(GPIOF, &GPIO_InitStructure);
15      GPIO_SetBits(GPIOF, GPIO_Pin_7 | GPIO_Pin_8);
16
17      GPIO_InitStructure.GPIO_Pin = GPIO_Pin_0;
18      GPIO_InitStructure.GPIO_Mode = GPIO_Mode_IPU;
19      GPIO_Init(GPIOA, &GPIO_InitStructure);
20      GPIO_EXTILineConfig(GPIO_PortSourceGPIOA, GPIO_PinSource0);   //关联EXTI和GPIO
21
22      EXTI_InitStructure.EXTI_Line = EXTI_Line0;              //采用EXTI_Line0线
23      EXTI_InitStructure.EXTI_Mode = EXTI_Mode_Interrupt;     //EXTI配置为中断模式
24      EXTI_InitStructure.EXTI_Trigger = EXTI_Trigger_Falling; //EXTI配置为下降沿触发
25      EXTI_InitStructure.EXTI_LineCmd = ENABLE;               //开启EXTI控制器
27      EXTI_Init(&EXTI_InitStructure);                         //将初始化配置写入EXIT寄存器
28 }
```

分析:所有外设的初始化工作都遵循"定义初始化结构体变量→开启外设时钟→填充初始化结构体→调用P_Init()函数初始化外设"这样一个过程。代码5-1的05~19行完成LED和BTN相连GPIO设置;代码20行完成GPIO_Pin与EXTI_Line线的映射关联;22~27行完成EXIT线的初始化配置。

强调一下09行开启外设时钟的函数的使用注意事项:不同速率的外设挂接在不同的总线(AHB、APB2、APB1)上,开启某种外设需要使用与其总线相对应的函数。例如,端口GPIOA和GPIOF因为是挂接于APB2总线上,所以使用RCC_APB2PeriphClockCmd()函数;相应地,如果要配置I2C1,则要使用函数RCC_APB1PeriphClockCmd()来完成。

2. 软件控制逻辑

使用EXTI中断方式的软件控制逻辑与第4章所采用的轮询方式有很大的不同,用伪代码表示如图5-9所示。

采用中断控制方式时,CPU也需要完成两项任务:主任务是闪烁LED灯;次任务是处理按键中断服务程序,将按键当前状态keyState进行翻转。但是对次任务的执行只在中断发生时(即用户按下按键时)进行,其余所有时间都进行主任务(即while循环中只有主任务),这与第4章while循环内部有两大任务有很大的不同。

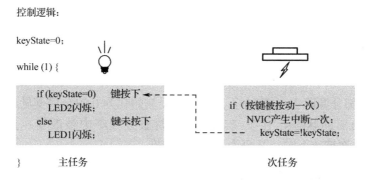

图 5-9 中断方式的 LED 灯闪逻辑

采用中断克服了第 4 章采用轮询方式控制时所带来的缺陷，它们的对比如表 5-5 所示。

表 5-5 轮询方式和中断方式的对比

对比项目	轮询方式	中断方式
主任务执行机会	50%的机会	几乎 100%的机会
2 颗 LED 切换效率	切换为 LED2 时，需保持 Key 的按下状态	相互切换，只需要按动一次
主/次任务切换效率	主任务执行的延时取决次任务内部的采样次数和采样之间的延时	几乎没有延时

5.5.3 实验代码分析

1. 工程入口函数：main.c 文件中的 main()

代码 5-2 工程入口函数 main()

```
01 #include "gpio.h"
02
03 int switchFlag =0;                    //全局变量反映按键的触发状态
04
05 int main(void)
06 {
07     gpio_Int_Init();                  //LED 和 BTN GPIO 引脚初始化
08     NVIC_Config();                    //NVIC 初始化
09
10     while (1) {
11         if (switchFlag ==1) {         //switchFlag 值在中断处理函数中被改变
12             LED_OnOff(LED3, OFF);
13             LED_toggle(LED2);
14         } else {
15             LED_OnOff(LED2, OFF);
16             LED_toggle(LED3);
```

```
17          }
18
19          delay(0xfffff);
20      }
21 }
```

分析：在这部分源码中，第 03 行定义了一个初始化为 0 的全局变量 switchFlag，其作用是保存按键当前的状态，它在 EXTI 的中断服务程序中被改变：第一次按下时，switchFlag=1；再次被按下时，又变为 0，以此类推。

代码 5-3　LED 和按键驱动头文件 gpio.h：

```
01 #ifndef __gpio_h
02 #define __gpio_h
03 #include "stm32f10x.h"
04
05 #define ON    0
06 #define OFF   1
07 #define LED2 GPIO_Pin_7
08 #define LED1 GPIO_Pin_8
09
10 void gpio_Init(void);                              //LED 及按键中断方式初始化函数
11 void LED_OnOff(uint16_t GPIO_Pin, int flag);
12 void LED_toggle(uint16_t led);
13 void delay(uint32_t nCount);
14 void NVIC_config(void);                            //NVIC 初始化
15 #endif
```

2．LED 和 BTN 驱动文件 gpio.c

基于第 4 章的讲解，只就新增的函数 NVIC_Config() 进行说明，它是用来向 NVIC 注册外部中断线 EXTI0 的中断处理函数。

代码 5-4　gpio.c 中的 NVIC_Config()

```
01 void NVIC_Config()
02 {
03      NVIC_InitTypeDef NVIC_InitStructure;
04
05      NVIC_InitStructure.NVIC_IRQChannel = EXTI0_IRQn;        //向 NVIC 注册 EXTI0 的中断号
06      NVIC_InitStructure.NVIC_IRQChannelPreemptionPriority =0;
07      NVIC_InitStructure.NVIC_IRQChannelSubPriority =0;
08      NVIC_InitStructure.NVIC_IRQChannelCmd = ENABLE;
09      NVIC_Init(&NVIC_InitStructure);                         //将配置信息写入 NVIC 控制器
10 }
```

分析：此函数完成 EXTI_Line 到 NVIC 的映射。代码 5-4 的第 05 行将中断线 EXTI_Line0 的中断服务号（中断通道）向 NVIC 控制器进行注册，当该中断发生时，就根据通道号计算出对应的中断服务例程地址，并跳转执行。代码 07 和 08 行则设置中断的优先级，抢占和运行优先级都设置为 0。

3. 中断服务程序文件 stm32f10x_it.c

代码 5-5　EXTI 中断服务函数 EXTI9_5_IRQHandler()

```
   extern int switchFlag;                          //导入在主程序文件中定义的全局变量
01 void EXTI9_5_IRQHandler ()
02 {
03     if (EXTI_GetITStatus(EXTI_Line0) {          //如果 EXTI_Line0 发生了中断
04         switchFlag =~switchFlag;                //改变全局变量 switchFlag 的值
05     }
06
07     EXTI_ClearITPendingBit(EXTI_Line0);         //清除 EXTI_Line0 中断的悬挂标志
08 }
```

5.6 创建工程

创建和配置工程的详细步骤请参考第 1 章。

5.6.1 建立工程目录结构

ledKeyINT 实验工程目录结构如图 5-10 所示，包含以下四个部分。

- project：存放建立工程过程中由 Keil MDK 自动生成的配置文件和工程文件。
- usr：存放由用户实现的源码文件（即应用层文件）。
- stm32：存放 STM32 库文件。
- output：存放编译、链接过程的输出文件，可执行格式（.HEX）文件也存放于此。

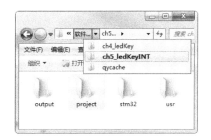

图 5-10　ledKeyINT 实验工程目录结构

5.6.2 导入源代码文件

使用 uVision 向导建立工程完成后，在"工程管理区"创建文件组，并导入/编辑源文件（创建和导入方法详细说明请见第 1 章）。文件组和文件的对应关系如表 5-6 所示，加粗字体为本章在第 4 章基础上新添加的外设文件。

根据表 5-6 在 MDK 开发环境中建立工程文件组及文件，最终结果如图 5-11 所示。

表 5-6 工程文件组及其源文件

文件组	文件	作用	位置
usr	main.c	应用控制逻辑	ledKeyInt/usr
	gpio.h/c	外接部件功能函数	ledKeyInt/usr
	stm32f10x_conf.h	工程头文件配置	ledKeyInt/stm32/_Usr
	stm32f10x_it.h/c	异常/中断实现	ledKeyInt/stm32/_Usr
cmsis	core_cm3.h/c	Cortex-M3 内核函数接口	ledKeyInt/stm32/CMSIS
	stm32f10x.h	STM32 寄存器等宏定义	ledKeyInt/stm32/CMSIS
	system_stm32f10x.h/c	STM32 时钟初始化等	ledKeyInt/stm32/CMSIS
	Startup_stm32f10x_hd.s	系统启动文件	ledKeyInt/stm32/CMSIS/Startup
fwlib	**misc.h/c**	**NVIC 操作函数**	**ledKeyInt/stm32/FWlib**
	stm32f10x_rcc.h/c	RCC(复位及时钟)操作接口	ledKeyInt/stm32/FWlib
	stm32f10x_gpio.h/c	GPIO 操作接口	ledKeyInt/stm32/FWlib
	stm32f10x_exti.h/c	**EXTI 操作接口**	**ledKeyInt/stm32/FWlib**

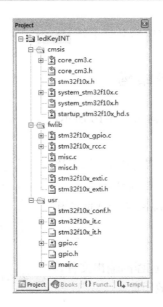

图 5-11 LED&BTN 实验 MDK 工程文件组及源文件

5.6.3 编译执行

执行开发环境菜单"build"或"rebuild"命令(对应于工具栏中的 和)即可完成工程的编译、链接。将编译后生成的 ledKeyINT.hex 文件烧录到学习板后,可看到 LED1 正在闪烁。当按下 BTN 键(并马上离开)后,LED2 闪烁,LED1 熄灭,并且此状态一直持续下去;如此往复下去。

5.7 编译调试

在第 4 章的 GPIO 实验的调试中，我们学会了如何设置断点，以及通过"Call Stack + Locals"（简写为 CSL）窗口观察断点处变量值的变化。由于 CSL 以栈空间内的变量作为观察对象，处于".data"数据区的全局变量是无法使用 CSL 窗口观察的。但很多时候我们同样需要跟踪全局变量的值来判断程序的走向。

比如在本章的实验代码中有一个记录按键状态的全局变量 switchFlag，它在 main()函数外定义，其值在 EXTI 中断服务函数中被修改，而在主程序逻辑中使用。为了观察 switchFlag 的变化与按键、LED 灯之间的对应关系，本节为读者介绍"内存窗口（Memory Window）"的使用方法。

5.7.1 打开内存窗口

选择菜单"Debug→Start/Stop Debug Session"后，开发环境进入调试模式。在默认情况下，"内存窗口"没有被打开，单击工具图标 ，打开后如图 5-8 左边部分所示。此时，内存窗口全为空白，双击"<Enter expression>"后，输入我们想要观察的全局变量（当然局部变量也可以）switchFlag，完成后如图 5-12 右边部分所示。

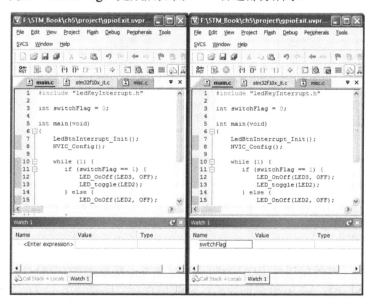

图 5-12 开启内存窗口的输入需要跟踪的变量

5.7.2 设置断点

本实验只有一个全局变量，为了观察其变化对程序执行逻辑的影响，我们设置了以下 4 个断点，如图 5-13 所示。

- 在 main()函数第 10 行设置断点主要是为了观察全局变量 swtichFlag 值的变化情况。
- 在第 12 行设置断点是为了观察在按下按键时，LED2 的闪烁情况。
- 在第 15 行设置断点是为了观察在没有按下按键时，LED3 的闪烁情况。
- 在中断服务程序 EXTI0_IRQHandler()中设置断点（160、163 行），是为了观察当按键按下时全局变量 switchFlag 是否发生了改变。

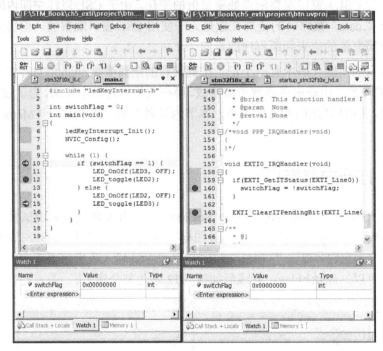

图 5-13　设置断点

5.7.3　运行程序并调试

为了清楚地观察有/无中断时程序的执行流，我们分不按按键和按下按键两种情况。

说明：单击 ，或按下与之等价的命令键 F5（单步执行断点调试）执行断点调试。

1．不按按键时

按下 F5，程序流执行到第 10 行的断点处停下来，此时 Watch 窗口中的 switchFlag 值没有变化；再按下 F5，第 10 行处的断点代码被执行，光标跳到第 15 行的断点处停下，此时 Watch 窗口中的 switchFlag 没有变化（见图 5-13）；再按下 F5，光标又跳回到第 10 行的断点处，第 15 行断点处的代码被执行，LED1 或灭或亮。如此重复多次，可见在不按按键时，程序进入 if 语句第二个分支，LED1 闪烁，此时 Watch 窗口中的 switchFlag 没有变化。此结果与我们的控制逻辑一致。

2. 按下按键时的情况

按下 F5，程序流执行到第一个断点处停止下来，此时 Watch 窗口中的变量 switchFlag 没有变化（见图 5-14 左边部分）；按下按键并松开（虽然时间很短，但 EXTI 的中断已发生，此次的 EXTI 中断处于悬而未决状态），接着按 F5 后，程序执行流进入中断服务程序 EXTI0_IRQHandler()，在 160 行断点处停下来；再按下 F5 后，160 行被执行，执行流程到 163 行的断点处停下（见图 5-14 右边部分）。请注意观察，Watch 窗口中的变量 switchFlag 值被改变为 1（见图 5-14 右边部分）；接着按 F5，前面 163 行的断点被执行，刚才发生的 EXTI 中断被清 0（即被执行），以方便响应下一次 EXTI 中断；执行流返回到 main()，在断点 12 行停了下来，此时由于 swtichFlag 值的改变，程序执行流进行 if 语句的第 1 个分支，LED2 灯闪烁，LED1 熄灭。

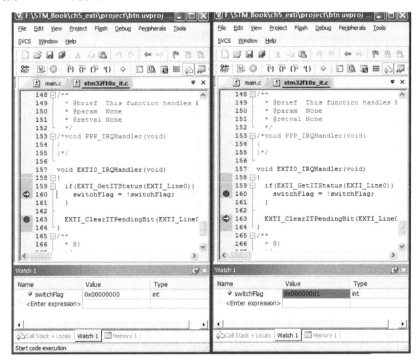

图 5-14　按键按下，中断发生时的 ISR 处理函数

随后，不停地按下 F5 键（不用按按键），程序流始终维持在 if 的第 1 个分支，不会改变，因为没有中断，switchFlag 就没有改变。

此时，如果想让 LED1 闪烁，LED2 熄灭。可参照 F5 的使用方法和上面的操作步骤，再按一次按键后，触发 EXTI 中断，改变 switchFlag 的值，如图 5-15 所示，注意观察，switchFlag 的值从 1 变为 0。

以上过程是通过 F5（单步执行断点调试）结合 Watch Window 窗口对全局变量（也可以是局部变量）值的变化情况予以追踪观察的方法。这种方法比起第 4 章中介绍的 "Call Stack+Locals" 窗口更方便一些，它可以由程序员"定制"所需观察的变量，而不是像后者那样，对函数内的所有变量都一股脑儿地全部显示，这样可以方便我们观察真正需要关心的变量，效率更高、操作更简便。

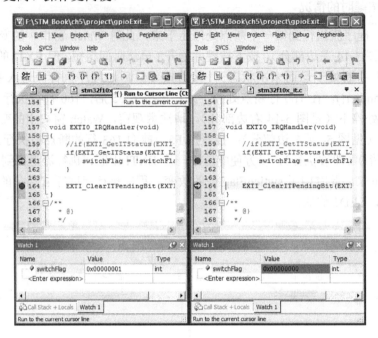

图 5-15　再次中断时，switchFlag 的值的变化情况

第 6 章 USART 接口

在前两章的学习中,我们已经知道 STM32 系列芯片引脚有多重功能,当被用作普通的 GPIO 时,GPIO 的配置及其完成的功能也很简单,如点亮 LED 灯、按键产生中断。从本章开始,我们开始学习使用芯片引脚的复用功能,其显著的特征就是:由多根引脚配合完成外设的"协议"功能,以满足复杂的应用。

本章介绍的 USART(Universal Synchronous Asynchronous Receiver Transmitter),也就是通常所说的"串口"或"Console 口",是用来在设备之间近距离传输数据的一种异步接口。在嵌入式系统中,USART 结合专门的 PC 端串口工具(如超级终端、SecureCRT),常用来充当"人机交互"的桥梁,向用户显示系统的信息,并且将用户输入的命令传送给系统执行,以控制设备运行。

6.1 实验结果预览

本章实验的目的是让读者理解串口通信协议,掌握 STM32 USART 接口的配置与使用,在正式实验之前,需要进行如下的准备工作。

6.1.1 实验准备工作

1. 安装 USB-USART 驱动

现在,Console 口的接口形式有很多种,如 RS-232、USB、DB9。本书配套学习板采用 USB 接口的方式(更方便、更省空间),所以在使用它之前需要安装"USB-USART"驱动。驱动文件位于附书下载文件的目录"工具/CP210X_VCP_Win_...."。安装完成后,用 USB 线将学习板和 PC 连接起来并在电脑"设备管理器"中找到刚安装好的驱动"Slicon Labs CP210X USB to UART Bridge(COM3)",如图 6-1 所示。

图 6-1 安装成功后的 USB-USART 驱动程序

2. 安装 SecureCRT

SecureCRT 是一款类似于超级终端的终端仿真程序，它支持 SSH1/2、Telnet、Serial 等多种串口协议，通过它可以方便地登录远程主机或与本地串口设备进行交互。通常使用 Serial 协议在 PC 与学习板之间建立一个会话窗口，在此窗口中来实现对学习板操作与控制。此安装文件位附书下载文件的目录"工具/SecureCRT 7.2"。安装完成后，单击"Quick Connect"按钮，弹出设置对话框，并根据需要进行设置。设置界面中的"Port"项应选择第一步已安装的"COM3"，其余参数如图 6-2 所示。

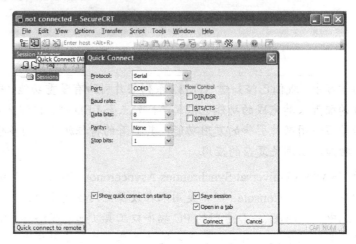

图 6-2　SecureCRT 配置界面

6.1.2　实验现象描述

按图 6-2 所示的参数配置好 SecureCRT 之后，将实验板上电，CRT 窗口中会出现"Welcome STM32"这样的欢迎字符串，然后出现"NSDI RD>"提示符，等待用户输入。用户输入"morning（回车）"后，实验程序将用户输入的字符回显在窗口中，之后再次出现"NSDI RD>"提示符。这种效果类似于 Linux 系统下的 Shell 外壳程序，如图 6-3 所示。

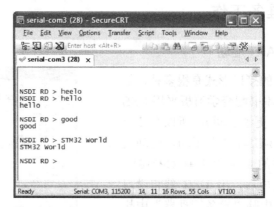

图 6-3　串口实验运行示意

第 6 章 USART 接口

6.2 USART 基本知识

6.2.1 串行异步通信协议

串行异步通信协议是一个用于设备间短距离传输,执行数据串/并转换的一种协议,其特点是逐字符进行传输,并且传输一个字符总是以起始位开始,以停止位结束,字符之间没有固定的时间间隔要求,协议主要内容如下。

1. 字符帧格式

其格式如图 6-4 所示,每一个字符的前面都有 1 位起始位(低电平 0),字符本身由 5~8 位数据位组成,接着字符后面是 1 位校验位(也可以没有校验位),最后是 1、1.5、2 位停止位,停止位后面是不定长度的空闲位(停止位和空闲位都规定为高电平),这样就保证起始位开始处一定有一个下降沿。

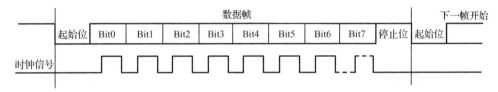

图 6-4 USART 的字符帧格式示意

因此,这种协议无需时钟,依靠起始位和停止位来实现字符同步,故称为起止式协议。

2. 协议工作过程

起始位实际上是作为同步信号附加进来的,当它变为低电平时,告诉接收方传输开始,后面接着是数据位;而停止位则标志一个字符的结束。传输开始前,收发双方把所采用的字符帧格式(数据位长度、停止位、有无奇偶校验),以及传输速率做统一约定。一旦传输设置完成,接收方就不断地检测接收线,看是否有起始位到来。当收到一系列的"1"(停止位或空闲位)之后,检测到一个下降沿,说明起始位开始,经确认后,就开始接收所规定的数据位、校验位和停止位,然后提取出数据位,并进行串/并转换,经奇偶校验无错后才算正确接收到一个字符,如此往复直到接收完所有的字符为止。

3. 信号及双机互连-无硬件握手

在要求不高的应用场合(1~2 m 的短距离通信),采用无硬件握手连接,只需要三个信号 TXD、RXD 和 GND,即可满足通信需求,如图 6-5 所示。这种方式应用比较多,但通信不可靠,接收缓冲区容易溢出,虽然可以采用软件流量控制协议 Xon/Xoff,但不适合发送二进制数据(无法区分 Xon/Xoff)。因为其电路设计简单,本章实验电路即采用这种工作方式(双机互连-无硬件握手)。

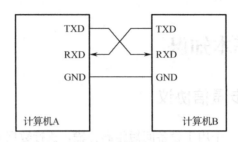

图 6-5 双机互连-无硬件握手

6.2.2 USART 与接口标准 RS-232

（1）USART 是集成在嵌入式芯片内部的一种器件，当作为异步收发器使用时，遵循串行异步通信协议。

在电气特性上采用 TTL 电平（高电平为 3.3 V，低电平为 0 V），协议规定有 7 条信号线（DCD、CTS、RTS、TXD、RXD、DSR、DTR），无硬件握手时，只用 TXD 和 RXD 信号。

（2）RS-232C 是由电子工业协会（EIA）公布的接口标准，其用途是连接 DTE（Data Terminal Equipment，数据终端设备）与 DCE（Data Communication Equipment，数据通信设备）。

RS-232C 遵循串行异步通信协议，但在电气特性上采用 RS-232C 电平（电压范围为 −15～15 V）且采用负逻辑（−15～−5 V 规定为逻辑"1"，+5～15 V 规定为逻辑"0"）；标准定义了 DCD、CTS、RTS、TXD、RXD、DSR、DTR 七条信号线，无硬件握手时，也只用 TXD 和 RXD 信号。

图 6-6 为 RS-232C 标准中一种接口形状，即 DB9 接口。

图 6-6 RS-232 接口引脚定义

（3）USART 与 RS-232C 之间的关系。实际上，具有 RS-232 接口的两台设备间是通过 RS-232 线完成外在连接的，而设备内部信息处理是由 USART 芯片来完成的，由于它们都遵循着异步串口协议，因而可以协同工作。只是由于它们的工作电平不同，需要在 RS-232C 和 USART 之间增设电平匹配器件（如 MAX232），如图 6-7 所示。

另外，作为短距离的连接，也可以采用 USB 接口，这在没有 RS-232 接口的笔记本上进行开发调试十分方便。当然 USB 和 USART 之间也需要一个电压匹配和协议转换芯片，比如使用 CP2102 来作为桥梁。

本章实验电路采用基于 CP2102 芯片的 USB 接口来实现设备间的串口连接。

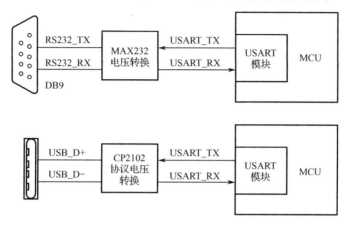

图 6-7　USART 与 RS-323、USB 接口之间电压匹配

6.3　STM32 USART 结构

6.3.1　USART 工作模式

STM32F103ZET6 芯片提供了 5 个 USART 模块（3 个 USART + 2 个 UART），每个 USART 模块都有多种工作模式，如异步模式、多缓存通信、智能卡等。由于异步模式和多缓存通信模式在嵌入式中应用广泛，本章先对异步单字节模式的工作原理、配置和应用进行讲解，多缓存通信（即 DMA）方式在第 9 章进行介绍。

6.3.2　精简的 USART 结构

由于 USART 工作模式多，构成也较为复杂，本章只就它的异步单字节工作模式进行讲解，因此笔者对 STM32 用户手册上过于复杂的 USART 原始框图做了精简，如图 6-8 所示，以突出异步工作模式的特点和功能，降低学习的难度。

USART 的数据寄存器（Data Register，DR，图 6-8 中阴影部分）用于暂存发送或接收的数据，由发送数据寄存器 TDR 和接收数据寄存器 RDR 组成。因此 USART DR 兼具读和写功能。TDR/RDR 分别提供了内部总线和输出/输入移位寄存器之间的并行接口。

收发控制模块按照设定的运行参数，并基于 USART_SR（状态寄存器）中状态变化或中断信号来控制收发送数据的操作。运行参数设置包括数据位、校验位、停止位和波特率的设置，其中：

- USART_CR1 负责数据位长度、奇偶校验和各种中断使能设置。
- USART_CR2 负责停止位设置。
- USART_BRR 负责波特率设置。

单字节/DMA 多缓冲传输、硬件流控设置由 USART_CR3 寄存器完成。

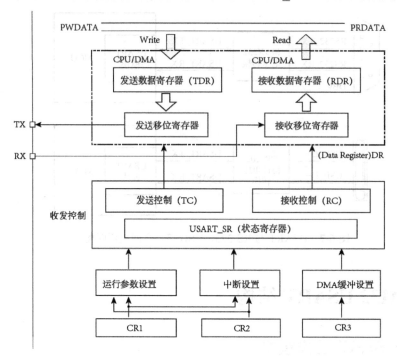

图 6-8　STM32 USART 的简化结构图

6.3.3　USART 单字节收发过程

（1）初始化：USART 的初始过程中，开启 TXE、TC、RXNE 的中断功能。

（2）发送过程：发送移位寄存器中的数据在 TX 引脚上输出，过程如图 6-9 所示（最先发出 LSB）。

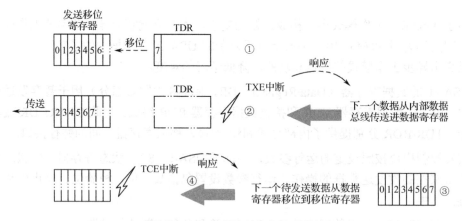

图 6-9　USART 单字节发送过程

① 数据已经从 TDR（发送数据寄存器）移位到移位寄存器，数据发送开始。

② 此时，TDR 寄存器空，如果 CR1 的 TXEIE 位被设置，产生 TXE 中断。

③ 在 USART 中断服务中将下一个数据写进 TDR 寄存器，等待发送。

④ 如果一帧数据从移位寄存器中发送完毕，TC 位被置 1，此时若 CR1.TCIE=1，产生 TC 中断。

（3）接收过程：在 USART 接收期间，数据的最低有效位首先从 RX 引脚移进，如图 6-10 所示。

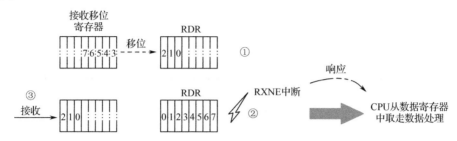

图 6-10　USART 单字节接收过程

① 收到一个字符时，RXNE=1，表明移位寄存器中的内容被转移到 RDR。

② 如果 RXNEIE=1，则产生 RXNE 中断，在 USART 中断服务程序中对接收到的字符进行处理。

③ 当软件读出 RDR 中的字符后，RXNE 位被清 0，接收下一个字符。

6.4　USART 寄存器位功能定义

掌握了 USART 的整个框架结构和大致收发过程后，接下来我们就深入到其内部的各个寄存器，去了解一下与异步（单字节传送）模式相关的寄存器位功能定义，尤其是看看它们在 STM32 库中是如何进行封装的,这对于我们理解 USART 的底层工作细节十分有利。需要说明的是：USART 所有寄存器都是 32 位，但大部分只用到低 16 位，所以在画位定义图时，只体现了低 16 位。

说明： 由于我们只将重点关注于异步和 DMA 连续传输模式，所以为了去繁就简，在寄存器位图中也只反映了与此两模式相关的位定义。以后各章的外设实验中，也只对各寄存器最常用功能的位定义进行说明。

6.4.1　状态寄存器（USART_SR）

USART_SR 包含 USART 存在的各种状态标志，如图 6-11 所示，主要包括：

- 位[5]：RXNE 标志，接收数据寄存器非空。RXNE =0 时没有收到数据；RXNE=1 时收到数据，可以读出。
- 位[6]：TC 标志，发送完成。TC =0 时发送未完成；TZ=1 时发送完成。
- 位[7]：TXE 标志，发送数据寄存器空。TXE =0 时数据还没转移到移位寄存器；TXE=1 时已转移。

STM32 库文件 stm32f10x_usart.h 中对这三个状态标志位进行了如下宏定义（读者朋友明白其中的宏值是如何确定的吗？请回忆诸如 GPIO_Pin_10 宏值的确定规则）。

```
321  #define  USART_FLAG_TXE    ((uint16_t)0x0080)   //0x0080 =10000000b
322  #define  USART_FLAG_TC     ((uint16_t)0x0040)   //0x0040 =01000000b
323  #define  USART_FLAG_RXNE   ((uint16_t)0x0020)   //0x0020 =00100000b
```

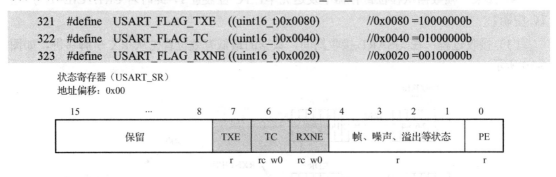

图 6-11　USART_SR 状态寄存器

6.4.2　数据寄存器（USART_DR）

USART_DR 只使用 32 位中的低 8 位，其内部由 TDR 和 RDR 两个寄存器组成，分别用来暂存要发送和刚接收的数据，但它们作为一个整体使用相同的偏移地址供外部使用。

6.4.3　控制寄存器 1（USART_CR1）

USART_CR1 主要作用是设置字长（8 位或 9 位）、奇偶校验和中断使能控制等。其寄存器位定义如图 6-12 所示，我们只重点关心图中阴影方框对应的位，其他位请读者参考 STM32 用户手册。

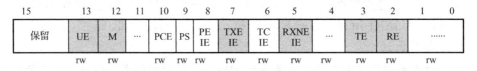

图 6-12　USART_CR1 控制寄存器 1

- 位[2]：RE，接收使能。RE =0 时接收被禁止；RE =1 时，可接收数据。
- 位[3]：TE，发送使能。TE =0 时发送被禁止；TE =1 时，可发送数据。
- 位[5]：RXNEIE，接收缓冲区非空中断使能，即接收缓冲区非空时，允许 RXNE 中断产生。RXNEIE =0 时中断被禁止；RXNEIE =1 且 RXNE =1 时，产生 USART 接收中断。
- 位[7]：TXEIE，发送缓冲区空中断使能。TXEIE =0 时中断被禁止；TXEIE =1 且 TXE =1 时，产生 USART 发送中断。
- 位[12]：M，数据位长度定义。M =0 时，8 个数据位；M =1 时，9 个数据位。
- 位[13]：UE，USART 使能。当该位被清 0，USART 的分频器在当前字节传输完成后停止工作，以减少功耗，该位由用户通过软件设置。UE =1 时 USART 模块开启。

库文件 stm32f10x_usart.h 中根据 CR1 寄存器位功能定义，对 RE、TE、M 等控制位进行了如下宏定义。

```
154  #define USART_Parity_No         ((uint16_t)0x0000)        //无校验
168  #define USART_Mode_Rx           ((uint16_t)0x0004)        //0x0004 =0100b
169  #define USART_Mode_Tx           ((uint16_t)0x0008)        //0x0008 =1000b
125  #define USART_WordLength_8b     ((uint16_t)0x0000)
126  #define USART_WordLength_9b     ((uint16_t)0x1000)        //0x1000=1000000000000
```

库文件 stm32f10x_usart.c 中对 UE 控制位进行了如下宏定义。

```
49   #define   CR1_UE_Set      ((uint16_t)0x2000)    //0x2000 =0010000000000000b
50   #define   CR1_UE_Reset    ((uint16_t)0xDFFF)
```

库文件 stm32f10x_usart.h 中对 TXEIE、TCIE、RXNEID 三个中断使能位进行了如下宏定义。

```
243  #define   USART_IT_TXE    ((uint16_t)0x0727)
244  #define   USART_IT_TC     ((uint16_t)0x0626)
245  #define   USART_IT_RXNE   ((uint16_t)0x0525)
```

6.4.4 控制寄存器 2（USART_CR2）

USART 以异步模式操作使用时，只需关注 CR2 的停止位（bit[13:12]），如图 6-13 所示。

图 6-13 USART_CR2 控制寄存器 2

位[13:12]：STOP，设置停止位的位数，可取以下值：00 表示 1 个停止位，01 表示 0.5 个停止位，10 表示 2 个停止位，11 表示 1.5 个停止位。

库文件 stm32f10x_usart.h 中对这 4 个停止位进行了如下宏定义。

```
138  #define  USART_StopBits_1     ((uint16_t)0x0000)
139  #define  USART_StopBits_0_5   ((uint16_t)0x1000)
140  #define  USART_StopBits_2     ((uint16_t)0x2000)
141  #define  USART_StopBits_1_5   ((uint16_t)0x3000)
```

6.4.5 控制寄存器 3（USART_CR3）

USART 以异步模式操作使用时，我们只关注 CR3 的流控和 DMA 模式位，用来设置 USART 硬件流控和多缓冲连续通信模式。USART_CR3 位定义如图 6-14 所示。

- 位[6]：DMAR，DMA 接收使能。DMAR =0 时禁止 DMA 接收模式；DMAR =1 时开启 DMA 接收模式。

控制寄存器3（USART_CR3）
地址偏移：0x14

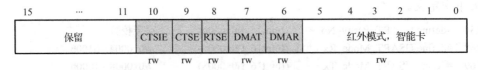

图6-14 USART_CR3 控制寄存器3

说明：上面的位 RTSE、CTSE 和 CTSIE 是为保证异步串口协议可靠通信而设的流量控制位，主要用于有硬件握手协议的传输场合。本章实验并没有用到这些位，只是由于在初始化设置 USART 时，需要参照这几位定义一个"无流量控制"的宏（请见下面代码的第 178 行），故在此也一并列出。

- 位[7]：DMAT，DMA 发送使能。DMAT =0 时禁止 DMA 发送模式；DMAT =1 时开启 DMA 发送模式。
- 位[8]：RTSE，请求发送使能。RTSE =0 时禁止 RTS 硬件流控；RTSE =1 时开启 RTS 硬件流控。
- 位[9]：CTSE，允许发送使能。CTSE =0 时禁止 CTS 硬件流控止；CTSE =1 时开启 CTS 硬件流控。
- 位[10]：CTSIE，CTS 中断使能。CTSIE =0 时禁用 CTS 中断；CTSIE =1 且 SR 中的 CTS 为 1 就产生 USART 中断。

库文件 stm32f10x_usart.h 中对 2 个 DMA 控制位进行了如下宏定义。

```
272 #define USART_DMAReq_Tx        ((uint16_t)0x0080)          //0x80 =10000000b
273 #define USART_DMAReq_Rx        ((uint16_t)0x0040)          //0x40 =01000000b
```

对硬件流控进行了如下宏定义（本实验用到了 178 行定义的宏）：

```
178 #define USART_HardwareFlowControl_None      ((uint16_t)0x0000)     //无硬件流控
179 #define USART_HardwareFlowControl_RTS       ((uint16_t)0x0100)     //RTS 流控
180 #define USART_HardwareFlowControl_CTS       ((uint16_t)0x0200)     //CTS 流控
181 #define USART_HardwareFlowControl_RTS_CTS   ((uint16_t)0x0300)     //RTS&CTS 流控
```

6.4.6 分数波特率寄存器 USART_BRR

本节内容主要是为了加深对 USART 波特率设置的理解而写，此过程中涉及 STM32 USART 模块波特率的计算公式。在基于 STM32 库开发时，并不需要了解这些计算，因此读者可以略过而不影响对实验代码的理解。

1．波特率计算公式

STM32 USART 收发器的波特率由同一个波特率发生器控制，在STM32 参考手册中给出了如下的计算公式：

$$\text{BaudRate} = f_{\text{PCLKx}} / (16 \times \text{USARTDIV})$$

式中，f_{PCLKx}（x =1, 2）是 USART 的时钟，由于 USART1 挂接在 APB2 上，所以其时

钟就是PCLK2（最大为72 MHz）；USART2/3/4/5挂接在APB1上，其时钟为PCLK1（最大为36 MHz）。USARTDIV是一个保存于UART_BRR（如图6-15所示）寄存器中的一个值，分成Mantissa和Fraction两部分。

USART_BRR分数波特率寄存器如图6-15所示。

波特率寄存器（USART_BRR）
偏移地址：0x08

15	14	13	12	...	4	3	2	1	0
		DIV_Mantissa[11:0]					DIV_Fraction[3:0]		

图6-15 USART_BRR分数波特率寄存器

2．波特率计算

对于使用者来说，串口波特率是已知的，因此，唯一的未知量就是USARTDIV。将上面的公式加以变换，可以得到计算USARTDIV的公式。

（1）根据所使用的USARTx和想要设置的波特率，求得USARTDIV。

$$USARTDIV = f_{PCLKx} / (16 \times BaudRate)$$

假如我们将USART1的波特率设置为9600，则

$$USARTDIV = 72 \text{ MHz} / (16 \times 9600) = 468.75$$

（2）根据USARTDIV计算Mantissa和Fraction。

DIV_Fraction = USARTDIV的小数部分 ×16 =0.75d ×16 =12d =0xC

DIV_Mantissa = USARTDIV的整数部分不变 = 468d =0x1D4

所以保存在USART_BRR寄存器中的数字就是0x1D4C。

（3）我们也可以根据USART_BRR中的值一步一步地进行倒推，来求出波特率。假如保存于USART_BRR寄存器中的值是0x0271，则其高12位和低4位分别为

DIV_Fraction =0x1 =1d

DIV_Mantissa =0x027 = 39d

则

USARTDIV的小数部分 =1/16 =0.0625

USARTDIV的整数部分 = 39d

USARTDIV = 39.0625

再根据以上公式，可得

Baudrate = 72 ×1000000 / (16×39.0625) =115200

6.4.7 USART模块寄存器组

外设模块功能是通过它的各个寄存器来共同实现的，因此在代码逻辑上将它们封装为

一体（这在前面向几章一直反复强调这一点）。将 USART 所有寄存器按其偏移地址的顺序，用 C 结构体将它们封装在一起，定义出 USART_TypeDef 结构体类型。

STM32F103ZET6 中的 5 个 USART，USART1 挂接在 APB2 总线，其余的挂接在 APB1 总线，它们的基址在 stm32f10x.h 中进行了定义。

```
1327 #define USART1_BASE     (APB2PERIPH_BASE +0x3800)
1301 #define USART2_BASE     (APB1PERIPH_BASE +0x4400)
……
```

将各 UASRAT 的基地址强制转换为 GPIO_TypeDef 类型指针，并分别为他们定义宏名，如下所示。

```
1420 #define    USART1    ((USART_TypeDef *) USART1_BASE
1394 #define    USART2    ((USART_TypeDef *) USART2_BASE
……
```

经过上面的定义之后，我们就可以直接使用 USART 宏名来操作其内部的各个寄存器，比如：

```
USART1 -> CR1 &= CR1_UE_Set;        //开启 USART1
USART1 -> DR =0x55;                 //将 0x55 写入 USART 数据寄存器
```

6.4.8　USART 模块初始化函数

USART 外设功能丰富，但满足设备启动及其基本功能的配置要求往往只需要少量参数，这部分参数即构成该外设的初始化参数。通过 C 结构体将它们封装在一起，即可构成该外设的初始化类型。USART 的初始化参数与我们在设置串口时的选项完全一致，由它们构成 USART 的初始化结构体类型如下，其中的成员参数涉及 3 个控制寄存器和 1 个分数波特率寄存器。

```
typedef struct {
    uint32_t USART_BaudRate;            //波特率-> USART_BRR
    uint32_t USART_WordLength;          //数据位-> USART_CR1.12 位
    uint32_t USART_StopBits;            //停止位-> USART_CR2.[12-13]位
    uint32_t USART_Parity;              //奇偶校验位 -> USART_CR1.8 位
    uint32_t USART_Mode;                //工作模式：Tx 或 Rx
    uint32_t USART_HardwareFlowControl; //硬件流控 -> USART_CR3
} USART_InitTypeDef;
```

在用户代码中对 USART 接口进行初始化时，首先得声明 USART 初始化变量。

```
USART_InitTypeDef    USART_InitStructure;
```

然后填充该初始化结构体，如：

```
USART_InitStructure.USART_BaudRate = 9600;
USART_InitStructure.USART_WordLength = USART_WordLength_8;
……
USART_InitStucture.USART_HardwareFlowControl=USART_HardwareFlowControl_No;
```

最后，将填充好的结构体变量传入初始化函数 USART_Init()，完成 USART 的初始化任务。

```
USART_Init(USART1, &USART_InitStructure);
```

6.4.9 USART 常用函数功能说明

以下函数说明中，参数：

- USART_TypeDef* USARTx：表示用户所操作使用的 USART 接口，可以为 USART1/2/3 或 UART4/5。
- FunctionalState NewState：表示对所使用的 USARTx 施加的 ENABLE/DISABLE 操作。

void USART_Init(USART_TypeDef* USARTx, USART_InitTypeDef* USART_InitStructure);

作用：传入初始化结构体变量 USART_InitStructure，完成 USARTx 初始化。

参数：USART_InitStructure 为指向 USARTx 初始化结构体变量的一个指针。

void USART_ITConfig (USART_TypeDef* USARTx, uint16_t USART_IT, FunctionalState NewState);

作用：设置（启用/禁用）USARTx 的某个中断源。

参数：USART_IT 表示对 USARTx 想要设置的中断位，异步串行模式下，可取值如下。

- USART_IT_TC：发送完成中断。
- USART_IT_TXE：发送缓存满中断。
- USART_IT_RXNE：接收缓冲区非空中断。

void USART_Cmd(USART_TypeDef* USARTx, FunctionalState NewState);

作用：开启或关闭 USARTx，如 USART_Cmd(USART1, ENABLE); 开启 USART1。

void USART_DMACmd (USART_TypeDef* USARTx, uint16_t USART_DMAReq, Functional NewState);

作用：开启或关闭 USART 的 DMA 通道。

参数：DMAReq 表示请求的 DMA 通道类型，可取的值如下。

- USART_DMAReq_Tx：USARTx 的 DMA 发送通道。
- USART_DMAReq_Rx：USARTx 的 DMA 接收通道。

void USART_SendData (USART_TypeDef* USARTx, uint16_t Data);

作用：向 USARTx 发送数据 data。

参数：Data 表示向外设发送的数据。

uint16_t USART_ReceiveData (USART_TypeDef* USARTx);

作用：从 USARTx 接收数据。

返回值：所接收到的数据。

FlagStatus USART_GetFlagStatus (USART_TypeDef* USARTx, uint16_t USART_FALG);

作用：检查 USARTx 某标志位是否被设置。

返回值：返回所检查的标志位的状态，如果被设置则返回 SET，否则返回 RESE。

void USART_ClearFlag (USART_TypeDef* USARTx, uint16_t USART_FLAG);

作用：清除 USARTx 的标志位。

以上两个函数中，参数 USART_FLAG 表示"想要检查/清除的 USART 标志位"。异步串行工作模式下，可取的值有：

- USART_FLAG_TC：发送完成。
- USART_FLAG_TXE：发送缓存满。
- USART_FLAG_RXNE：接收缓冲区非空。

ITStatus USART_GetITStatus (USART_TypeDef* USARTx, uint16_t USART_IT);

作用：判断来自 USARTx 的中断是否发生。

参数：USART_IT 为欲进行判断的中断源。在异步串行模式下，值可以为 USART_IT_TXE、USART_IT_TC、USART_IT_RXNE。

返回值：如产生了中断，返回 SET；否则返回 RESET。

void USART_ClearITPendingBit (USART_TypeDef* USARTx, uint16_t USART_IT);

作用：清除 USARTx 中断待处理标志位。

参数：USART_IT 为欲清除的待处理中断源。在异步串行模式下，值可以为 USART_IT_TXE、USART_IT_TC、USART_IT_RXNE。

6.5 USART 实验代码分析

6.5.1 实验电路（硬件连接关系）

USART 遵循异步串口通信协议，不使用硬件握手协议时，仅需 2 条信号线（USART_TX 和 USART_RX），即可实现协议功能。STM32F103ZET6 上有 5 个 USART 接口，本实验选用的是 USART1。

在图 6-16 所示的原理图中，CP2102 是 USB-USART 转换芯片（它的驱动程序在 6.1 节实验准备环节中已安装完成），其引脚 25#（RXD）和 26#（TXD）分别与 STM32F103ZET6 的 PA9 和 PA10 相连。通过配置，使用 PA9 和 PA10 的复用功能 USART1_TX 和 USART1_RX 完成串口协议所需的硬件支持。

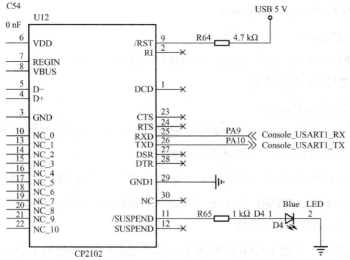

图 6-16 串口实验电路原理图

第 6 章 USART 接口

查阅 STM31F103ZET6 的 Datasheet，总结上述 2 个 GPIO 引脚的功能定义，如表 6-1 所示。

表 6-1 USART1 所用 GPIO 引脚功能定义表

Pin Number	Pin Name	Type	Main function (after reset)	Alternate function Default	电路功能 (CP2102)	
101	PA9	I/O	PA9	USART1_TX / TIM1_CH2	TXD	输出
102	PA10	I/O	PA10	USART1_RX / TIM1_CH3	RXD	输入

根据表 6-1，我们可以对 USART1 所使用的 2 根 GPIO 引脚进行如代码 6-1 所示的配置。

代码 6-1 USART1 所用 GPIO 初始化函数 usartGPIO_Init()

```
01 void usartGPIO_Init(void)
02 {
03     GPIO_InitTypeDef GPIO_InitStructure;              //定义 GPIO 引脚初始化结构体变量
04
05     /*GPIOA 挂接在总线 APB2 上，开启它们的时钟*/
06     RCC_APB2PeriphClockCmd ( RCC_APB2Periph_GPIOA, ENABLE );
07
08     /*以下进行 USART 协议：发送（输出）引脚配置*/
09     GPIO_InitStructure.GPIO_Pin = USART1_TX;
10     GPIO_InitStructure.GPIO_Mode = GPIO_Mode_AF_PP;   //复用推挽输出
11     GPIO_InitStructure.GPIO_Speed = GPIO_Speed_50MHz;
12     GPIO_Init ( GPIOA, &GPIO_InitStructure );
13
14     /*以下进行 USART 协议：接收（输入）引脚配置*/
15     GPIO_InitStructure.GPIO_Pin = USART1_RX;
16     GPIO_InitStructure.GPIO_Mode = GPIO_Mode_IN_FLOATING;  //浮空输入
17     GPIO_Init ( GPIOA, &GPIO_InitStructure );         //将上述配置参数写入 USART1
18 }
```

代码 6-1 的第 09、15 行中使用的自定义常量宏 USART1_TX 和 USART1_RX 在 usart.h 文件中定义。如代码 6-2 所示，GPIO_Pin_9 和 GPIO_Pin_10 对应于 GPIOA.P9 和 GPIOA.P10。

代码 6-2 头文件 usart.h

```
01 #ifndef __usart_h
02 #define __usart_h
03 #define  "stm32f10x.h"                    //STM32 外设公共库头文件
04 #define <stdio.h>                         //因为需要重载 fputc 函数，需要此 C 头文件
05
06 #define USART1_TX GPIO_Pin_9              //根据表 6-1 中 GPIOA.P9 的复用功能 USART1_TX
07 #define USART1_RX GPIO_Pin_10
08
09 void usart1_Init(void);
10 int fputc (int ch, FILE *f)               //使用 USART1 发送功能重载 fputc()函数
```

```
11
12 #endif
```

6.5.2 工程源代码文件层次结构

本实验代码所涉及的文件分三个层次，从底层向上层分别如下。

（1）STM32库文件层（底层）：包含了实验所涉及外设的函数库文件。

- stm32f10x_rcc.h/c：提供各外设时钟管理，其中的 RCC_APB2PeriphClockCmd() 用于开启外设时钟。
- stm32f10x_misc.h/c：提供中断控制器管理，比如使用 NVIC_Init() 完成中断控制器的初始化等。
- stm32f10x_gpio.h/c：提供 USART1 接口所需要的 TX、RX 信号引脚，以及初始化等。
- stm32f10x_usart.h/c：提供 USART 协议本身的操作，如初始化、发送数据、协议中断操作等。

（2）用户驱动层（中间层）：包含用户自定义驱动文件和中断处理文件。

- 用户自定义驱动文件（usart.h/c）：包括 GPIO、USART、NVIC 初始化函数，以及 USART 功能函数。
- 中断处理文件（stm32f10x_it.h/c）：实现 USART 中断处理，当产生 RXNE 中断时，处理新接收的字符。

（3）应用层：在底层和中间层提供的功能函数支撑下，实现用户程序功能（即主程序控制逻辑）。

图 6-17 是我们基于 STM32 库开发时遵循的源文件层次结构（后续章节所有的外设实验也都如此）。在这三层文件中，中间层和应用层需要根据工程实际由用户予以实现。接下来我们就从最上层开始逐层分析本章实验代码的实现。

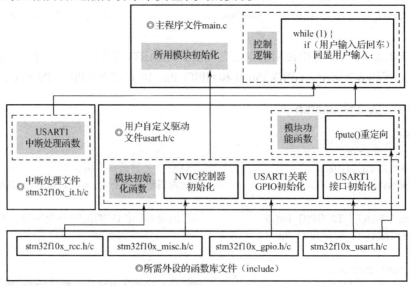

图 6-17　工程源代码文件层次结构

6.5.3 应用层（主程序控制逻辑）

在应用层中，main()函数实现显示欢迎字符"Welcome to STM32"和简单的 Shell 提示符"NSDI RD> "，当用户输入命令后，回显该命令。

代码 6-3　工程入口函数 main()

```
01 #include "usart.h"
02 int const BUFSIZE = 4906;              //也可使用#define BUFSIZE 4096 宏定义
03 char usartRxBuf[BUFSIZE];              //将 USART 接收到的字符保存在此缓冲数组中
04 int usartRxBufPos =0;                  //接收缓冲中当前字符位置
05 int newLine =0;                        //全局变量 newLine，表示换行标志。
06
07 int main (void)
08 {
09      char prompt[] = "NSDI RD> ";      //简单的 Shell 提示符
10      usart1_Init();                    //初始化 USART1 模块
11
12      printf("\r\n Welcome to STM32 ...\r\n");  //打印欢迎字符串
13      while (1) {                       //进入主程序 Shell 循环
14          if (newLine) {                //用户输入了回车，换新行
15
16              if(strlen(usartRxBuf) ==0){  //如果仅仅是回车（数组为空），则什么也不做
17              else {
18                  printf("%s\r\n",usartRxBuf);  //若数组不为空，则向屏幕打印该字符串
19                  memset(usartRxBuf,'\0',BUFSIZE); //清空接收字符，准备存储下一次输入
20                  usartRxBufPos =0;     //数组字符位置指示清 0
21                  printf("\r\n");       //增加一个回车换行
22              }
23              printf("%s",prompt);      //向屏幕打印出 Shell 提示符
24              newLine =0;               //上一个命令处理完毕，newLine 清 0
25          }
26 }
```

代码 6-3 的流程很简单：首先调用函数 usart1_Init()先初始化 USART1 串口，如代码第 10 行；然后打印欢迎信息（12 行）；最后进入 Shell 无限循环（代码 13-25 行），在循环内实现"用户输入→回显→打印提示符"三步曲，三步曲的逻辑可以用图 6-18 所示的流程图来表示。

在主函数中使用无限循环来实现 Shell 环境，要理解 Shell 内 while 循环的含义，我们需要结合代码 6-4（USART RX 中断处理函数）来进行分析。

（1）在用户没有输入时，光标停留在"NSDI RD>"提示符前，等待输入。

（2）一旦有字符输入，即产生 USART1 接收中断，程序流程进入代码 6-4 所示的中断服务函数。

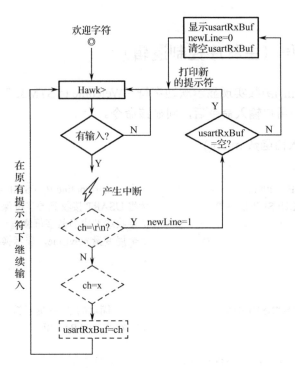

图 6-18 Shell 内循环流程图

情况 1：如果引起中断的是字符"\r\n（回车换行符）"，在 usartRxBuf 缓存的当前字符的后一位置添加字符串结束符，同时置 newLine=1（表示产生一个新行），如代码 6-4 的 07～09 行所示。之后程序流程从中断返回，进入代码 6-3 的第 14 行，显然此时 newLine =1，既然产生了换行，则在换行之前，检查 USART 的接收缓存 usartRxBuf 内是否有数据，如果无数据，则什么也不做；如果有数据，则先将其打印（回显），如代码 6-3 第 18～20 行所示。之后，打印下一个"NSDI RD>"提示符，同时将 newLine 清 0，表示新行已处理，如代码 6-3 第 23 和 24 行所示。

情况 2：如果引起中断的是其他普通字符，则将其放入 usartRxBuf 中缓存起来，等待用户输入"\r\n"后按"情况 1"进行处理，如代码 6-4 第 14～16 行所示。

情况 3：如果引起中断的是"退格键（删除）"，则将 usartRxBuf 缓存中当前字符位置减 1，如代码 6-4 第 11～13 行所示。

由于 newLine 和 usartRxBuf 在主程序文件 main.c 和中断处理文件 stm32f10x_it.c 中都需要使用，所以将它们定义为全局变量。

代码 6-4 USART RX 中断处理功能函数

```
01 void USART1_IRQFunction(void)
02 {
03     uint8_t ch;
04     uint32_t i;
05
06     ch = USART_ReceiveData( USART1 );        //获取 USART1 接收缓存中的字符
```

```
07        if (ch == '\n' || ch == '\r' ) {              //如果 ch 是"回车"、"换行"
08            usartRxBuf [ usartRxBufPos ] = '\0';      //在缓存的最后添加字符串结束符
09            newLine =1;                                //并且将 newLine 标志置 1
10        else if (ch == '\b' ) {                       //如果 ch 是"退格",说明用户在删除字符
11            if (usartRxBufPos >0) {                   //如果字符位置指示大于 0,表明有字符可删
12                usartRxBuf [ usartRxBufPos-- ] = '\0';  //将"\0"向前移一个位置
13            }
14        else {                                         //如果 ch 是普通字符
15            usartRxBuf [ usartRxBufPos++ ] = ch;       //将 ch 缓存于 usartRxBuf 中
16            printf( "%c" ,ch );                        //打印此普通字符
17        }
18 }
```

6.5.4 用户驱动层

在代码 6-3 的第 10 行,调用 usart1_Init()来初始化 USART1 串口。基于 STM32 库进行开发时,初始化任何一种"协议类"的外设,都分为三部分:外设所用 GPIO 引脚配置、外设本身的协议参数设置、向 NVIC 注册外设中断号的设置。对于 USART1 来说,其初始化代码如 6-5 所示。

代码 6-5   usart1 初始化函数 usart1_Init()

```
01 void usart1_Init (void)
02 {
04        USART_InitTypeDef USART_InitStructure;         //定义 USART 初始化结构体变量
05
06        /*USART1 都挂接在总线 APB2 上,开启它们的时钟*/
07        RCC_APB2PeriphClockCmd ( RCC_APB2Periph_USART1, ENABLE );
08
09        usartGPIO_Init();                              //在代码 6-1 中已做了配置
10
11        /*以下进行 USART 协议参数配置*/
12        USART_InitStructure.USART_BaudRate = 9600;                              //波特率
13        USART_InitStructure.USART_WordLength = USART_WordLength_8b;             //数据位
14        USART_InitStructure.USART_StopBits = USART_StopBits_1;                  //停止位
15        USART_InitStructure.USART_Parity=USART_Parity_No;                       //无校验位
16        USART_InitStructure.USART_HardwareFlowControl =
                              USART_HardwareFlowControl_None;                    //无硬件流
17        USART_InitStructure.USART_Mode = USART_Mode_Rx | USART_Mode_Tx;  //开启收发模式
18        USART_Init ( USART1, &USART_InitStructure );
19
20        /*开启 USART1 的 RXNE(接收缓存非空)中断*/
21        USART_ITConfig ( USART1, USART_IT_RXNE, ENABLE );
22        USART_Cmd (USART1, ENABLE );                   //开启 USART1
23
24        usartNVIC_Init();                              //向 NVIC 注册 USART RX 中断号
```

25 }

USART 的初始化配置也遵循上述 3 个步骤：第 09 行代码调用 usartGPIO_Init()完成 USART1 所用的 GPIO 引脚设置；第12～22 行代码则完成接口 USART1 自身的异步串口协议参数（波特率、数据位长、停止位、校验位、硬件流控等）设置；最后第24 行代码完成向 NVIC 注册 USART1 的中断号，以便 USART 发生接收中断时，由相应的中断服务函数进行处理。

在第 21 行代码，只开启了 USART 的 RXNE 中断，为什么没有开启 USART 的 TXE 中断呢？这是因为 USART 从键盘接收输入时，用户输入快慢及字符多少不可预期，为了提高 CPU 的使用率，必须使用中断方式；而 USART 向外发送数据时（比如常见的 printf 打印函数），数据源是确定的，为避免频繁中断 CPU，此时采用轮询的处理方式更加合适。这在下面介绍的 fputc()函数中会看到。

代码 6-6　NVIC 配置函数 NVIC_Configuration()

```
01 void NVIC_Configuration (void )
02 {
03     NVIC_IntiTypeDef NVIC_InitStructure;              //定义 NVIC 初始化结构体变量
04
05     NVIC_InitStructrue.NVIC_IRQChannel=USART1_IRQn;   //向 NVIC 注册 USART1 中断
06     NVIC_InitStructure.NVIC_IRQChannelPreemptionPriority =0;    //USART1 中断的抢占优先级
07     NVIC_InitStructure.NVIC_IRQChannelSubPriority =1;  //USART1 中断的运行优先级
08     NVIC_InitStructure.NVIC_IRQChannelCmd = ENABLE;    //开启刚添加的 USART1 中断
09     NVIC_Init (&NVIC_InitStructure );                  //将以上参数写入 NVIC 相应寄存器
10 }
```

向 NVIC 注册好 USART 的中断服务例程以后，如果有从键盘输入字符，则 USART 的中断服务程序响应输入，如何响应视程序功能而定，本实验中的服务代码如代码 6-7 所示。

代码 6-7　USART 的中断处理服务函数 USART1_IRQHandler()

```
01 #include "stm32f10x_it.h"
02
03 void USART1_IRQHandler (void)
04 {
05     uint8_t ch, i;
06
07     //USART 中断类型很多，需要进行判断是否 RXNE 中断
08     if (USART_GetITStatus ( USART1, USART_IT_RXNE) != RESET ) {//如果发生的是 RXNE 中断
09         USART1_IRQFunction();
10         USART_ClearFlag(USART1, USART_FLAG_RXNE);     //此次中断已处理，清除标志
11     }
12 }
```

USART1 中断服务函数的处理逻辑在前面的流程图和代码 6-4 中已作讲解，在这里需要请读者注意的是，USART1 中断有很多种，需要对具体的中断事件进行判断，所以使用了库函数 USART_GetITStatus()来判断是否发生了 RXNE 中断，如果是，表明 RDR 寄存器非空，则调用中断处理功能函数（代码 6-4）对接收的字符进行处理。最后，在中断程序结

束时，需要清除 RXNE 标志，表明此次中断已处理完毕，以便响应下一次中断。

6.5.5 函数 printf()重定向

终端这个术语在 PC 和嵌入式设备中有不同的含义，对于计算机来说，输入设备（键盘）与输出设备（显示器）统称为终端，它们都有各自的驱动程序供系统使用。例如，C 库中的 I/O 函数 fgetc()、fputc()等都是基于这些驱动程序而实现的。在嵌入式领域，由于硬件资源受限，为了实现人机交互，都是通过设备的 Console 口与 PC 的 COM 口相连，结合运行于 PC 上的终端软件，如 SecureCRT 等，实现"用户-PC-嵌入式设备"之间的通信的。显然这个仿真终端的源和目的都是指向 USART，而非 PC，数据从仿真终端接收的字符流向 USART，而从 USART 向外发送的字符则流向仿真终端。

因此，printf()需要按嵌入式环境进行重新编写，将其重定向到 USART。根据编译器不同，printf()调用了函数 fputc()或 putchar()，请参考如下代码：

```
#ifdef __GNUC__
    //With GCC, small printf (option LD Linker -> Libraries -> Small printf Set to 'yes') calls __io_putchar()
    #define PUTCHAR_PROTOTYPE           // 如何使用 GCC 编译器，此行需声明 putchar()函数原型
#else
    #define PUTCHAR_PROTOTYPE  int fputc(int ch, FILE *f)   // 非 GCC 使用的 fputc()原型
#endif
```

可见，非 GNU 编译器中，我们需要把函数 fputc()重定向到 USART1。

代码 6-8 打印字符函数 fputc()

```
01 int fputc (int ch, FILE *f)
02 {
03     USART_SendData ( USART1, (uint8_t) ch );          //向 USART1 端口外发送数据
04     while (USART_GetFlagStatus ( USART1, USART_FLAG_TXE ) == RESET );
05     return ch;
06 }
```

fputc()函数的作用是向终端输出打印字符。当 USART 发送一个字符后，CPU 就不停地查看 USART 状态寄存器中的 TXE 位，如果 TXE=0 表明字符仍在发送；否则表示字符发送完成，退出循环。其实现采用轮询而非中断的方式，这与 USART 从键盘接收输入时采用中断的方式不同。

6.6 创建工程

创建和配置工程的详细步骤请参考第 1 章。

6.6.1 建立工程目录结构

USART 实验工程文件夹如图 6-19 所示，主要内容如下。

- project：存放建立工程过程中由 Keil MDK 自动生成的配置文件和工程文件。
- usr：存放由用户实现的源码文件（即应用层文件）。
- stm32：存放 STM32 库文件。
- output：存放编译、链接过程中的输出文件，可执行格式（.HEX）文件也存放于此。

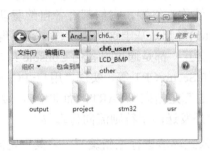

图 6-19　USART 实验工程文件夹

6.6.2　创建文件组和导入源文件

使用 uVision 向导建立工程，完成后在"工程管理区"创建文件组，并导入/编辑源文件（创建和导入方法详细说明请见第 1 章）。文件组和文件的对应关系如表 6-2 所示。

表 6-2　工程文件组及源文件

文件组	文件	作　用	位　　置
usr	main.c	应用控制逻辑	usart/usr
	usart.h/c	USART 功能函数	usart/usr
	stm32f10x_conf.h	工程头文件配置	usart/stm32_Usr
	stm32f10x_it.h/c	异常/中断服务函数实现	usart/stm32_Usr
cmsis	core_cm3.h/c	Cortex-M3 内核函数接口	usart/stm32/CMSIS
	stm32f10x.h	STM32 寄存器等宏定义	usart/stm32/CMSIS
	system_stm32f10x.h/c	STM32 时钟初始化等	usart/stm32/CMSIS
	startup_stm32f10x_hd.s	系统启动文件	usart/stm32/CMSIS
fwlib	stm32f10x_rcc.h/c	RCC（复位及时钟）操作接口	usart/stm32/FWlib
	stm32f10x_gpio.h/c	GPIO 操作接口	usart/stm32/FWlib
	misc.h/c	NVIC 中断控制接口	usart/stm32/FWlib
	stm32f10x_usart.h/c	USART 断操作接口	usart/stm32/FWlib

按表 6-2 所建立的工程管理区最终结果如图 6-20 所示（CMSIS 文件组下包含的文件在每个工程中都相同。为体现文件组的简洁，可以删除文件组 Startup，而将启动文件 startup_stm32f10x_hd.s 移入 CMSIS 文件组）。

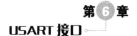

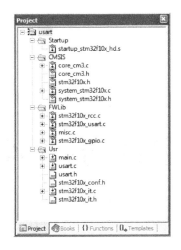

图 6-20　usart 工程管理区_文件组及文件

6.6.3　编译执行

执行开发环境菜单"build"或"rebuild"命令（对应于工具栏中的 和 ）即可完成工程的编译、链接。将编译后生成的 usart.hex 文件烧录到学习板后，开启 SecureCRT 终端软件，输入回车后，可看见"NSDI RD>"提示符，输入任意字符后，Shell 将其原样显示，如图 6-3 所示。

第 7 章

USART 综合应用：命令行外壳程序 Shell

USART 的功能强大，但其最基本、最广泛的应用还是作为嵌入式设备的 Console 口。Console 口在许多自动控制设备上作为传输控制指令，获取设备信息的一种"人机交互"接口，如计算机上的 COM 口。即使在人机交互方式（手机 APP、Web 网页、Telnet 服务及 LCD 触控屏等）日趋丰富的今日，由于其简单可靠，仍是许多重要设备的标准配置。

第 6 章通过重定向 C 函数 Printf()，已经实现了一个比较粗糙的交互界面。为了深入应用 USART 的相关知识，本章将实现一个自己版本的 xprintf()等函数，并基于此完成一个较为实用的，基于命令行提示的人机交互工具——Shell。本章的 Shell 工具作为一个工程应用主线会贯穿本书所有的外设实验：所有外设的测试代码均被封装为 Shell 的内部命令，用户可以在 Shell 提示符下输入命令来实现对相应外设的控制。

7.1 实验结果预览

本章的 Shell 在完成基本框架基础上，实现命令帮助系统，以及 LED、按键、蜂鸣器的控制指令，如图 7-1 所示。

图 7-1 Shell 交互界面运行效果

第 7 章 USART 综合应用：命令行外壳程序 Shell

在欢迎界面后，可以输入系统支持的控制命令，如 "led all on"，Shell 执行后，学习板上的 LED1 和 LED2 全亮，同时在 Shell 窗口提示 "LED1&LED2 0（1:OFF/0:ON）"。如果输入了非法命令，Shell 会提示 "Unknown command"（未知命令）；用户可以输入 help，查看系统所支持的命令。

7.2 基于 USART 的 I/O 函数

7.2.1 字符及字符串获取函数：xgetc()和 xgets()

这里的获取，指的是从键盘上获取。在第 6 章我们已经知道，这需要通过 USART 的接收中断处理函数予以实现。但那个实现很粗糙，因为它没有被封装成一个函数以便重用，而且算法也很晦涩难懂。本节介绍队列这种数据结构，将"获取键盘上输入"的功能封装为一个函数，以便重用。

1. 环形队列结构

学习过"数据结构"课程的读者都知道，环形队列是一种先进先出的数据结构，这恰好与键盘输入"先输入先显示"的特点相吻合。

基于环形队列的操作原理，首先在文件 usart.c 中定义一个接收键盘输入的队列结构。

代码 7-1 USART 的环形接收队列结构

```
01 static volatile struct {
02     uint16_t rxSeqHead;              //队列头指针
03     uint16_t rxSeqTail;              //队列尾指针
04     uint16_t rxSeqCharCount;         //队列中当前的字符数
05     uint8_t rxSeqBuf[SEQSIZE];       //队列大小
06 } USART_FIFO;
```

2. 填充环形队列

在 USART 的中断处理函 USART_IRQHandler()中，把从键盘获取的字符（键盘输入字符传输到 USART 的数据接收寄存器）存入队尾。

代码 7-2 函数 USART_IRQFunction()向环形队列添加字符

```
01 void USART_IRQFunction (void)
02 {
03     uint8_t ch;                              //临时保存从键盘输入的字符
04     uint32_t i;
05
06     ch = USART_ReceiveData(USART1);          //取出刚获取的字符
07     i = USART_FIFO.rxSeqCharCount;           //得到当前队列中的字符个数
08     if (i < SEQSIZE) {                       //如果队列当前还有空间可用
09         USART_FIFO.rxSeqCharCount = ++i;     //将队列中字符数加 1
```

```
10        i = USART_FIFO.rxSeqTail;              //取出队尾元素的下标位置
11        USART_FIFO.rxSeqBuf[i] = ch;           //将新获取的字符保存于队尾
12        USART_FIFO.rxSeqTail = ++i % SEQSIZE;  //更新队尾指针
13    }
14 }
```

USART RX 中断服务例程调用函数 USART_IRQFunction()，向环形队列中添加字符。

代码 7-3　USART RX 中断服务例程 USART1_IRQHandler()

```
01 void USART1_IRQHandler(void)
02 {
03     if(USART_GetITStatus(USART1, USART_IT_RXNE) != RESET){    //如果有数据到来
04         USART1_Rx_IRQFunction();
05         USART_ClearFlag(USART1, USART_FLAG_RXNE);
06     }
07 }
```

为什么不将代码 7-2 直接写入中断处理函数呢？这是因为，这段代码涉及部分与 USART 关联比较紧密的结构体和宏，如队列 USART_FIFO，如果放在中断服务例程文件 stm32f10x_it.c 中的话，需要大量的 extern 指令来引用这些在 usart.c 中定义结构体和宏，降低了代码的可读性。

3．使用环形队列：使用 xgetc()函数取出队首元素

经过 USART 的中断函数的处理，环形队列中已经保存了一些字符，xgetc()函数就可以取出队首元素并将其返回（给其他函数做进一步的处理）。

代码 7-4　获取单字符函数 xgetc()

```
01 uint8_t xgetc(void)
02 {
03     uint8_t ch;
04     int i;
05
06     while(!USART_FIFO.rxSeqCharCount);          //当接收队列中没有字符时，等待
07
08     i = USART_FIFO.rxSeqHead;                   //获得队列队首元素下标
09     ch = USART_FIFO.rxBuf[i];                   //根据队首下标得到队首元素
10     USART_FIFO.rxSeqCharCount --;               //更新队列字符总数计数器：减 1
11     USART_FIFO.rxSeqHead = --i % SEQSIZE;       //更新队列新的队首下标
12
13     return ch;                                  //返回刚取出的队首元素
14 }
```

4．从键盘获取一行字符串（以\r 作为行结束符）：封装 xgets()函数

在实际应用中，除了获取单一字符外，更多是从键盘获取一行字符串。为此，基于 xgetc() 函数按如下代码封装实现了 xgets()函数。

代码 7-5　获取一行字符函数 xgets()

```
01 int xgets (char *buf, int len)        //从键盘上获取一行字符串
02 {
03     uint8_t ch;
04     int i;
05
06     for (;;) {
07         ch = xgetc();                  //从键盘输入流中取出一个元素
08         if (ch == '\r') break;         //如果取出的元素是\r，表明一行结束，则中断循环
09         if (ch == '\b' && i) {         //如果是退格删除键并且还有该行还有字符
10             i--;                        //则行字符数减少 1 个
11             xputc(ch);                  //打印出退格键的 ASCII 码
12             continue;                   //继续获取下一个队首元素
13         }
14
15         if (ch >= ' ' && i < len -1){  //如果获取的元素是有效的 ASCII 码并且（接 16 行）
16             buf[i++] = ch;              //行缓存区还有空间，则将该元素放入行缓存中
17             xputc(ch);                  //显示该新存入的字符
18         }
19     }
20
21     buf[i] =0;                          //为行缓存添加行结束符，组成一行完整的字符串
22     xputc('\n');                        //接下来打印回车换行符
23     xputc('\r');
24
25     return i;                           //返回行字符串字符个数
26 }
```

xgets()函数并不是对 xgetc()函数进行简单的循环累加处理。为了从键盘获取一行字符串，至少需要考虑以下可能的输入情况：

当用户输入"回车键(\r)"时（代码 7-5 的 08 行），表明一行结束，xgets()处理流程跳出循环，并在行缓存 buf[]的最后添加字符串结束符（代码 7-5 的第 21～23 行）。

当用户输入"退格键（删除）"，并且行缓存中还有字符时（代码 7-5 的第 09 行），表明用户想要删除刚才所输入的字符，需要采取的动作则将行缓存数组的下标减 1（回退 1 步，代码行 10），并显示回退字符，以提示用户在进行删除操作（代码行 11），之后继续从键盘获取下一个字符（代码 12 行）。

如果想让 xgets()函数的功能更丰富，可以添加对"左/右"键的功能处理，并屏蔽掉"上/下"键的乱码显示，对于这个功能，读者可以参考"退格键"的实现，思考其实现方式。

7.2.2　字符及字符串打印函数：xputc()和 xputs()

对于字符的打印输出函数 xputc()，我们没有采用中断的方式来实现。那么为什么字符

输入要采用呢？因为键盘输入是一个无法预期的事件，用户什么时候输入，输入的速度有多快是不确定的，采用中断机制对其处理可以充分释放 CPU 来进行其他的工作，提升系统的效率。而对于打印输出，却是一个非常确定的事件，用户有多少字符需要打印输出简单一计算就可以确定，所以对这种情况的处理我们直接使用状态查询，即轮询的方式，其代码实现也较为简单，如下所示。

1．单字符打印输出：xputc()函数

代码 7-6　字符输出函数 xputc()

```
01 void xputc(uint8_t ch)
02 {
03     USART_SendData(USART1, (uint8_t)ch);             //USART1 向外发送字符 ch
04     /* 询 USART1 的 TXE 状态位是否为空，为空则表明传送完成，退出循环 */
05     while (USART_GetFlagStatus(USART1, USART_FLAG_TXE) == RESET);
06 }
```

xputc()函数实现代码简单，仅仅是将需要向外打印的字符写入 USART1 的发送数据寄存器发送，然后不停地查询 USART1 状态寄存器的 TXE 位是否被置 1，置 1 则表明字符已完全发送，退出 while 循环；否则一直等待。

2．字符串打印输出：xputs()函数

xputs()函数实现更为简单，将需要打印输出的字符串调用 xputc()逐字符向外发送即可。

代码 7-7　字符中输出函数 xputs()

```
01 void xputs(const char *str)
02 {
03     while(*str)                      //当还没遇到字符串结束符时
04         xputc(*str++);               //逐字符打印输出，并后移一个字符位置
05 }
```

7.3　可变参数输出函数 xprintf()

字符串输出函数 xputs()满足了字符串基本的输出功能，它将字符串原样输出，但还没有类似于 C 语言中 printf()函数一样的"参数可变且格式化"输出的功能，这类功能往往在工程实践中应用更为广泛，因此，我们需要考虑如何将其实现。

要在 xputc()和 xputs()的基础上，实现功能类似于 printf()这样的函数，首先需要清楚什么是可变参数；其次是实现参数可变需要 C 语言提供什么支持。下面逐一来解答这两个问题。

7.3.1　可变参数

程序中大多数函数的参数类型、个数等都是可预期的，它们的代码实现也因为有据可依而较为简单。但在开发实践中，也发现某些函数的参数个数和类型需要动态变化，

它随用户程序的需要，一时多一时少。因此，可变参数可以理解为函数的参数个数和类型不确定。

要实现函数的参数可变，需要用到 C 标准库的 va_list 类型和 va_start、va_arg、va_end 三个宏，这些类型和宏定义于头文件 stdarg.h 中。至于这些宏是如何取出可变参数的，则涉及 C 函数参数入栈规则（以从最右边的参数开始向左依次入栈）和参数的内存布局。

我们以"printf("%s=%c\n", "age",5);"作为示例来大致演示一下参数入栈顺序和内存布局，如图 7-2 所示。

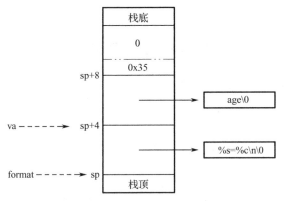

图 7-2　C 函数参数入栈及其在内存中的布局

C 语言中函数的参数是按"从右向左"依次入栈的，因此第一个参数"%s=%c\n"在栈顶的位置（请注意我们采用的是"满减栈"，所以栈顶是在下方，对于这一点请读者转换"顶在上方"的思维），而第三个参数"5"处在栈底（如图 7-2）。这些参数在内存中是连续存放的，并且都是 4 字节对齐的。因此 stdarg.h 文件中的宏 va_start、va_arg、va_end 及类型 va_list 就是根据此内存布局来获取参数的。

为方便讲解，我们将 stdarg.h 文件中的这几个宏简称为可变参数宏。

7.3.2　可变参数宏的使用与作用

使用可变参数宏的流程如下。

首先，定义 va_list（其实质是一个字符型指针类型）型变量 ap，用它指向某一个可变参数，具体指向谁，要看当前正处理到格式化字符串"%s=%c\n"中哪一个格式化字符所对应的参数。

其次，调用宏 va_start(ap, format)开始可变参数解析。其中 format 指向 printf()函数的参数 1，即"%s=%c\n"（格式化字符串），该宏的作用就是使 ap 指向 format 参数的第一个参数"age"，即图 7-2 中 sp+4 的位置。

第三，开启一个循环，在其中反复调用 va_arg(ap, type)宏。

宏参数 type 表示 C 语言中某种数据类型，如 int、char* 等。具体到本示例应该为

va_arg(ap, char*)，其作用是把 ap 当前所指向的可变参数值（在开始调用 va_start 宏处理时，ap 已经指向的 age）按 "char *" 类型取出并返回，之后 ap 指向第下一个参数，即 sp+8 的位置，同时执行流回到循环开始位置，再次调用 va_arg(ap, int)把最后一个参数的值按 int 类型取出并返回，之后 ap 指向下一个参数（如果有的话），如此这般直到函数的所有参数都被处理为止，此时循环结束。最后调用 va_end()结束可变参数的处理，函数返回。

根据上面的分析过程，有一点需要提醒读者：格式化字符串中的格式化字符（即 c、s、d 等分别表示字符、字符串、整型数字等）必须与可变参数的类型一致，否则会出现不可预期的结果。

7.3.3 用可变参数宏实现自己的格式化输出函数 xprintf()

代码 7-8　格式化输出函数 xprintf()

```
01 void xprintf(const char* fmt, ...)
02 {
03     va_list ap;              //第一步：定义 va_list 变量 ap
04
05     va_start(ap, fmt);       //第二步：开始解析格式化串中的可变参数，此时 ap 指向第一个可变参数
06     xvprintf(fmt, ap);       //第三步：循环内处理，根据格式化字符逐个处理可变参数
07     va_end(ap);              //第四步：可变参数处理完毕，函数返回
08 }
```

接下来我们顺藤摸瓜地对可变参数处理的关键实现，即 xvprintf()函数的实现代码进行分析。在 xvprintf()函数中，笔者实现了 "%s%c%d"（字符串、字符、十进制整数）三种格式化输出功能，其他的格式字符如 "二、八、十六进制，左、右对齐" 等功能有兴趣的读者可以自己思考一下如何实现。

代码 7-9　函数 xvprintf()

```
01 static void xvprintf(const char* fmt, va_list ap)
02 {
03     char c1, c2, tmp, *p, s[16];
04     unsigned int base, i, num;
05
06     while(1) {
07         c1 = *fmt++;              //逐一取出参数 1（格式化字符串）中每个字符
08         if (!c1) break;           //如果为 0，表明字符串结束，退出
09         if ( c1 != '%') {         //如果当前取出的字符不是%，则正常显示
10             xputc(c1); continue;  //并回到循环开始，再取下一个字符
11         }
12         //以下代码处理%符号后面的格式化字符，并据此取出相应的可变参数
13         c1 = *fmt++;              //代码走到这里，前一字符一定是%，此处取出%后面的字符
14         if (!c1) break;
15         tmp = c1;
16         switch(c1) {              //判断 c1 是哪一种格式化字符
```

```
17              case 'd':                           //如果是表示十进制整数的 d 格式化字符
18                  base =10; break;                //则进制基数 base =10，并跳到 switch 语句块后面
19              case 'c':                           //如果是表示字符的 c 格式化字符
20                  c2 = va_arg(ap, int);           //取出相应的整型可变参数，保存于 c2
21                  xputc(ch); continue;            //打印取出的可变参数，并跳到循环开始
22              case 's':                           //如果是表示字符串的 s 格式化字符
23                  p = va_arg(ap, char *);         //取出相应的字符串，存储于指针 p
24                  xputs(p); continue;             //打印取出的字符串，并跳到循环开始
25              default:                            //未知类型：非以上三种格式化字符之一
26                  xputc(c1); continue;            //原样显示，并跳到循环开始
27          }
28          //以下代码处理格式化字符为 d 的情况，前面 break 后就跳到此处继续执行
29          num = va_arg(ap, int);                  //取出可变参数：整型数字
30          i =0;
31          memset(s,'\0',16);
32          do {
33              tmp = (char)(num % base); num /= base;  //取出整型数字中的每一位
34              s[i++] = tmp + '0';                 //将每一位数字转换为相应的字符并存入字符数组 s
35          } while( num && i < sizeof(s));
36
37          do xputc(s[i--]); while (i);            //将相应数字以字符的方式显示出来，注意是反序
38      }
39 }
```

以"xvrintf("Name = %s, Age = %d\r\n", "Mars", 25)"作为分析示例，整个函数代码的处理逻辑就是围绕着对格式化字符串中每一个字符的解析来进行的。

当逐字取出的字符前面没有"%"时，说明该字符为普通字符，不用特殊处理，直接原样显示即可。代码7-9的第7～11行就实现这样的功能。

如果逐字取出的字符是紧跟在"%"之后时，表明它是一个特殊的格式化字符。此时又得分是 s、c、d 中的哪一个。对于字符（串）格式字符 c（s），直接将相应的可变参数值按字符串或字符型取出打印即可，如代码7-9的19～24行所示。字符或字符串处理分支处理完成以后，使用 continue 语句返回到循环开始接着解析下一个字符；而对于整型格式字符 d，由于相应的可变参数值是整型数字，需要将其转换为字符的方式，才能使用 xputc() 打印显示，所以处理更复杂一些，需要使用 break 语句跳到 switch 语句块后面单独处理（代码7-9中29～38行就是这样处理的）。

7.4　Shell 外壳

Shell 中文意思就是"外壳"之意，顾名思义，它就是"壳内"和"壳外"之间的一个界面。在基于命令行人机交互方式中，外部用户了解系统内部功能或服务的界面也就被称为 Shell 了。前面几节实现了运行 Shell 所需的基础工具，如信息显示（使用 xprintf()）、接收键盘字符（使用 xgetc()）等已经准备就绪。本节开始着手 Shell 的代码实现。

对于设备控制交互而言，Shell 的重点是提供丰富的控制命令和舒适的用户体验（如提供回退、删除、命令历史等功能）。本章先实现 Shell 最基本的框架，即 Shell 提示符和命令管理结构，随着后面章节的展开，根据需要再适时添加其他的功能。

图 7-3 为 Shell 基本的逻辑框架。

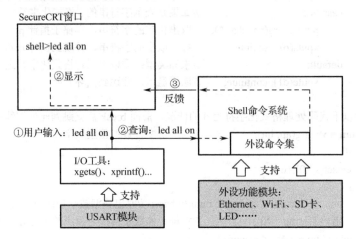

图 7-3　Shell 的运行框架

USART 模块为 Shell 提供了基本的输入/输出功能，外设功能模块是 Shell 命令系统的重要组成部分，为其提供外设操作命令。当用户命令"led all on"通过 xgets()获取后，在 CRT 窗口进行显示（使用 xprintf()）的同时，进入 Shell 命令系统进行查询，找到与之匹配的命令并点亮学习板上的 LED。

7.4.1　Shell 命令管理结构

既然 Shell 是人机交互的界面，对于用户输入的各种命令，无论是有效还是无效的，它一定都有办法处理。它能有这样的能力是基于其内部的命令管理结构的，系统开发者事先将诸多命令通过命令结构存储起来（相当于最原始的数据库），形成一个命令结构系统。当接收了用户输入的命令后，Shell 就在该命令系统中快速找到对应的处理函数予以响应。

下面的代码片断就是本节将要用到的命令结构，为一个 C 结构体。

```
01 struct comentry {
02     char *comstr;                    //命令名
03     void (* pfunc)(char *str1);      //函数指针，命令名对应的执行函数
04 };
```

将前几章实验过的 LED 灯、按键等外设的功能代码封装为命令，并将它们存储在 comentry 结构体类型的数组变量 commands[]中，就构成了一个小型的命令集合（命令结构系统）。

代码 7-10　简单的 Shell 命令管理结构 commands[]

```
05 static struct comentry commands[] = {
```

第 7 章
USART 综合应用：命令行外壳程序 Shell

```
06      {"led", led},
07      {"beep",beep},
08      {"button",button},
09      {"help",help},
10      { NULL, unknown}
11 };
```

代码 7-10 中每一行表示一条命令结构，引号括起来的部分为命令名（如"led"），第二个单词 led 是在 GPIO 实验中实现的 LED 控制功能函数。随着后面章节外设实验的不断展开，我们可以基于 comentry 结构向 commands[]数组中添加更多外设的操作命令。最后一个命令条目 NULL 的作用既有"哨兵"功能（即当 Shell 查询命令并碰见它时，表明已经遍历到命令数组的最后），同时也说明用户所输入的是"未知命令"（系统中没有这样的命令）。

下面的代码段是 Shell 命令系统中最后两个命令所对应的执行函数（LED、Beep、Button 的封装请参考本章源代码文件）。

代码 7-11 Shell 命令 help，NULL 的执行函数

```
01 void help(void)
02 {
03      xputs("\r\n 本 Shell 可以利用的命令有：\r\n");
04      xputs("led <1/2/all> <on/off/twinkle>    - Turn the LED ON or OFF or twinkle.\r\n");
05      xputs("beep <on/off>                     - Turn the beeper ON or OFF.\r\n");
06      xputs("button                            - Button test, toggle press BTN1, beeper on/off");
07 }
08
09 /* 如果在命令行输入的字符串不匹配 shell 命令系统中任何一个命令，表明是一个未知命令 */
09 void unknown(str)
10 {
11      if ( strlen(str) >0)
12          xprintf("Unknown command: %s\r\n", str);
13 }
```

7.4.2 Shell 命令解析过程

那么 Shell 是如何一步一步地将命令行输入解析为最终去查询命令管理结构呢？我们先来看一下 Shell 的整个框架。

1. Shell 总体框架

代码 7-12 Shell 入口函数 main()

```
01 char console_line[128];                      //全局变量，保存用户的键盘输入行信息
02 void main(void)
03 {
04      ......                                  //外设初始化代码，包括 USART、NVIC 等
05
```

```
06      while (1) {
07          xputs("USART> ");                              //打印 Shell 提示符
08          xgets(console_line, sizeof(console_line));     //获取用户键盘输入并存入 console_line
09
10          parse_console_line(console_line);              //此处开始解析用户输入
11          xprintf("\r\n");
12      }
13 }
```

Shell 总体框架很简单，在 while 循环之前，进行必要外设的初始化（随着后面章节的深入，需要进行初始化的外设都在代码行 06 之前进行，包括μC/OS-III 操作系统中各个任务的初始化）。进入 while 循环之后，需要进行的工作反而更少，主要就是将从键盘获取的用户输入保存于 console_line 数组后，调用 parse_console_line()函数对其进行解析。

2. 命令行解析函数 parse_console_line()

代码 7-13   命令行解析函数 parse_console_line()

```
01 void parse_console_line(char buf[]);
02 {
03     char *comStr;
04
05     comStr = lindexStr(buf,0);                          //取出命令行中的第一个单词，即命令
06     parseComStr(buf, comStr, commands);                 //传入 buf、comStr、commands，调用 parseComStr()
07 }
```

代码 7-13 的第 05 行调用了函数 lindexStr()取出命令行上的第一个单词，即命令；然后将该命令与原命令行参数 buf[]和命令结构数组 commands 一起作为参数传递给函数 parseComStr()做进一步的解析。下面分别来看 lindexStr()和 parseComStr()的处理流程。

代码 7-14   字符串中单词索引函数 lindexStr()

```
01 char* lindexStr(char *src, int index)         //输入源字符串和需要索引的单词索引号
02 {
03     char tmp[10], retstrArr[4][10];
04     int counter =0, i =0;
05
06     memset(tmp, '\0',32);
07     memset(retstrArr, '\0',40];
08     memset(indexStr, '\0',10);
09     /*以下开始根据用户输入的"单词序号"逐字符解析命令行输入*/
10     while(*src != '\0') {                     //如果未到字符串末尾
11         if (*src != ' ' && *(src+1)==' '){    //如果当前字符非空，而其后面为空字符，则单词结束
12             tmp[i++] = *src;                   //将该非空字符添加到数组 tmp 末尾
13             strcpy(retstrArr[counter],tmp);    //将 tmp 视为单词，存入 retstrArr
14
15             memset(tmp, '\0',10);              //一个单词处理完毕，清空 tmp 和变量 i
16             i =0, counter++;                   //并且单词个数加 1
```

```
17          } else {                    //否则，当前字符在单词的开头或中间位置
18              if (*src == ' ') {      //该分支移除一个单词前面的多个空格字符
19                  src ++;
20                  continue;
21              }
22              tmp[i++] =*src;         //此处表明当前字符为正常字符，将其放入 tmp 组成单词
23          }
24          src++;                      //字符串指针后移一个位置，继续分析下一个字符
25      }
26
27      strcpy(retstrArr[counter], tmp); //程序走到此处，表明命令行字符串已处理完毕
28      if (index > counter || index <0) //若用户输入的单词索引非法（大于于单词数或小于0）
29          return "ERROR";              //返回错误
30
31      strcpy(indexStr, retstrArr[index]); //在字符串数组中取出用户索引的单词放入字符串数组
32
33      return indexStr;                 //返回该索引的单词
34 }
```

分析：函数 lindexStr() 的功能是统计用户命令行输入有多少个单词，并且根据用户提供的索引号找到相应的单词，因此在解析过程中，要弄清楚单词的开始和结束标志是什么？

开始标志很简单，就是第一个非空字符即开始了一个单词，例如，代码 7-14 第 18～21 行将单词开始前的多个空字符略过,第 22 行实现将非空字符放入 tmp 数组进行单词的组装；单词结束标志也很明显，即当前字符为非空字符，而其后一个为空字符，便意味着一个单词的结束，因此，代码行 11～13 完成单词最后一个字母的组装，14～15 代码行清空组装单词的临时字符数组 tmp 和相关的下标变量 i，为组装下一个单词做准备，同时单词个数增 1。

当解析完字符串的所有字符后，程序运行到 27 行，将最后一个单词放入字符串数组。至此命令行的单词个数可以确定为 count 个，所以 28 行据此判断用户输入的索引是否有效，如果索引有效，将对应的单词返回即完成整个函数的功能使命。

代码 7-15 解析用户输入函数 parseComStr()

```
01 void parseComStr(char buf[], char consoleStr[], struct comentry *comArr)
02 {
03     struct comentry *p;
04
05     for (p = comArr; p->commandstr != NULL; ++p) {    //遍历命令数组 comArr
06         if (strncmp(p->commandstr, consoleStr, strlen(p->commandstr)) ==0)
07             break;                                    //如果找到匹配的命令，退出遍历
08     }
09
10     if (p->commandstr == NULL) {                      //如果此时指针指向命令数组的最后元素
11         unknown(p->commandstr);                       //用户输入了非法命令，执行未知命令函数 unknown()
12     } else {
```

```
13        p->pfunc(buf);                  //执行找到的命令,并将命令行字符串作为参数传入
14    }
15 }
```

分析:根据 lindexStr()函数所解析出来的命令,遍历 Shell 的命令结构数组(代码行 05~08),如果找到对应的命令(代码行 06~07),则退出遍历,并调用该命令的执行函数(代码行 13);如果完全遍历却没有匹配的命令,则进入 if 分支(代码行 10~11)调用未知命令处理函数 unknown()。

经过对 Shell 解析过程的"单步执行",终于到了执行命令阶段,命令的执行其实质就是命令函数的执行。一个功能强大的系统,其大部分命令是带有参数的,但以上的解析过程显然还没有涉及这一部分。这是因为不同的命令,其参数个数和类型差异很大,为了减少代码的复杂度,我们将对参数的解析放到命令对应的执行函数中,这样不但可以保持命令结构简单明了,而且还能满足命令参数的多样性。下面笔者就以 led 命令作为示例,分析如何基于上面所讲的命令结构来实现命令的功能函数,尤其是对其参数的处理。

7.4.3 命令函数之参数解析

假如 7.4.2 节用户输入的命令为"led all twinkle",想让学习板上所有的 LED 灯闪烁起来。经过前面步骤的解析,可以确定 Shell 最后会调用 led()函数,其原型如下。

void led(char *para);

其中的参数就是命令行用户输入的字符串,接下来的工作就是来从 para 中析取出想要的参数。

代码 7-16   Shell 命令 led 的执行函数 led()

```
01 void led(char *arg)
02 {
03     int len, status;                   //len 和 status 用来保存命令行单词个数和 LED 状态
04     char p1[10], p2[10];               //p1 和 p2 分别用来保存参数 1 和参数 2
05
07     memset(p1,'\0',10);
08     memset(p2,'\0',10);
09
10     len = lsize(arg);                  //取得命令行单词个数
11     if (len != 3) {                    //如果单词个数不为 3,则表明输入有误
12         xputs("Usage: led <1/2/all> <on/off/twinkle>.\r\n");
13         return;
14     } else {
15         strcpy(p1, lindexStr(arg,1));  //取出第 1 个参数,保存于 p1
16         strcpy(p2, lindexStr(arg, 2)); //取出第 2 个参数,保存于 p2
17
18         if (strncmp(p2,"twinkle",7) ==0) {  //如果参数 2 为"twinkle(闪烁)"
19             LED_twinkle();             //调用 LED 闪烁函数 LED_twinkle()
20             return;
```

```
21        }
22
23        if (strncmp(p2, "on", 2) ==0) {        //如果参数 2 为 on
24            status =0;                          //置状态为 0，0 表示点亮 LED
25        } else if (strncmp(p2, "off", 3) ==0) { //如果参数 2 为 off
26            status =1;                          //置状态为 1，1 表示熄灭 LED
27        } else {                                //参数 2 若为其他字符串，则非法，提示并退出
28            xputs("The 2nd arguments is wrong, should be on/off!\r\n");
29            return;
30        }
31
32        if (atoi(p1) ==1) {                     //如果参数 1 等于 1，代表 LED1
33            LED_OnOff(LED1, status);            //根据前面保存的状态控制 LED1
34            xprintf("LED1 was %d (1:OFF/0:ON).\r\n",status);    //打印相应提示信息
35        } else if(atoi(p1) == 2) {              //如果参数 1 等于 2，代表 LED2
36            LED_OnOff(LED2, status);            //根据前面保存的状态控制 LED2
37            xprintf("LED2 was %d (1:OFF/0:ON).\r\n",status);
38        } else if (strcmp(p1, "all") ==0){      //如果参数 1 等于 all，代表所有 LED
39            LED_OnOff(LED1, status);
40            LED_OnOff(LED2, status);
41            xprintf("LED1&LED2 was %d (1:OFF/0:ON).\r\n",status);
42        }
43    }
44 }
```

上面的示例函数清楚地表明：解析一个命令（函数）参数主要有以下几步。

首先得到命令行中单词的个数，第一个单词一定是 Shell 命令，其余的都是命令参数。需要说明的是：参数可能是一个单词或字母或数字，也有可能是几个单词构成的一句话。本章为了便于分析问题，将参数简单化，即一个单词即代表一个参数。在确定参数个数时调用了自定义 lsize()函数，其作用是确定字符串中单词的个数，以空格为分隔。在此基础上，调用 lindexStr()函数取出每一个位置的单词，就这样解析出命令和参数，如代码行 10～16。

其次，根据具体命令（函数），判断参数的个数和类型是否正确，以做容错处理，如代码行 11～13 和 28～29 所做的那样。

第三，根据参数的不同组合，调用不同的函数以执行用户所需要的功能。比如代码行 23～26 先取得 LED 可能要被执行的状态，行 32～41 则根据可能的状态确定需要对哪颗 LED 灯执行操作。

7.5 建立工程，编译和运行

7.5.1 创建和配置工程

由于在第 1 章中我们已经为读者详细介绍过使用 uVision MDK 创建工程和配置工程的

步骤，在这里不再重复。但为了避免读者在创建工程时产生困扰，笔者把几个关键步骤再做一个单独说明。

（1）按图 7-4 示建立工程目录结构。

- project：存放建立工程过程中由 Keil MDK 自动生成的配置文件和工程文件。
- usr：存放由用户实现的源码文件（即应用层文件）。
- stm32：存放 STM32 库文件。
- output：存放编译、链接过程的输出文件，可执行格式（.HEX）文件也存放于此。

图 7-4　Shell 工程管理目录

（2）使用 uVision 向导建立工程完成后，在"工程管理区"创建文件组，并导入/编辑源文件（创建和导入方法详细说明请见第 1 章）。文件组和文件的对应关系如表 7-1 所示。

表 7-1　Shell 工程文件组及其源文件

文件组	文件	作用	位置
usr	main.c	应用控制逻辑及入口程序	shell/usr
	shell.h/c	Shell 外壳文件	shell/usr
	gpio.h/c	LED、Beep、Button 等外设驱动文件	shell/usr
	usart.h/c	usart 外设操作函数	shell/usr
	stm32f10x_conf.h	工程头文件配置	shell/usr
	stm32f10x_it.h/c	异常/中断实现	shell/usr
cmmis	core_cm3.h/c	Cortex-M3 内核函数接口	shell/stm32/CMSIS
	stm32f10x.h	STM32 寄存器等宏定义	shell/stm32/CMSIS
	system_stm32f10x.h/c	STM32 时钟初始化等	shell/stm32/CMSIS
	Startup_stm32f10x_hd.s	系统启动文件	shell/stm32/CMSIS/Startup
fwlib	stm32f10x_rcc.h/c	RCC（复位及时钟）操作接口	shell/stm32/FWlib
	stm32f10x_gpio.h/c	GPIO 操作接口	shell/stm32/FWlib
	stm32f10x_usart.h/c	USART 外设操作接口	shell/stm32/FWlib
	misc.c	CM3 中断控制器操作接口	shell/stm32/FWlib

工程管理区最终结果如图 7-5 所示。

第 7 章
USART 综合应用：命令行外壳程序 Shell

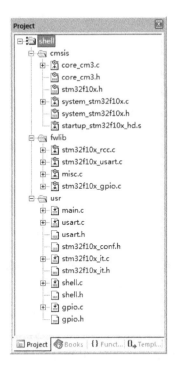

图 7-5　工程管理区：文件组及其文件

7.5.2　编译执行

执行开发环境菜单"build"或"rebuild"命令（对应于工具栏中的 和 ）即可完成工程的编译、链接，最终生成可执行的 shell.hex 文件。将其烧录到学习板，在 PC 上运行串口软件 SecureCRT，并在其窗口中键入"回车键"和本章定义的有关 LED 灯控制命令，可以看到 7.1 节的实验演示画面。

第 8 章 I2C 接口

I2C（Inter-Integrated Circuit）总线是由 Philips 公司于 20 世纪 80 年代开发的用于连接 IC 器件的二线制串行总线，主用于连接微控制器及其外围器件。挂接在它上面的设备通过 SDA（串行数据线）和 SCL（串行时钟线）传输信息，并根据地址识别每个器件。

本章首先对 I2C 结构及协议工作原理进行简要的讲述，在此基础上进一步深入讲解 STM32 I2C 接口框架、工作模式及其流程，并梳理出 STM32 库对 I2C 接口相关功能函数及宏的封装，最后应用以上所讲知识完成 I2C EEPROM 读写实验。

8.1 实验结果预览：轮询写入/读出 EEPROM 数据

整个实验流程是这样的：写入→读出→比较，如图 8-1 所示。

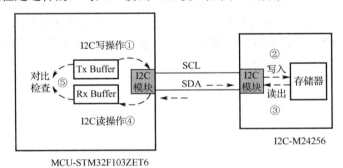

图 8-1 I2C EEPROM 读写实验示意

首先将内存 Tx Buffer 中的字符串通过 I2C 总线写入 EEPROM 保存；然后从 EEPROM 中读出刚才写入的字符内容，并重新保存于另一个内存 Rx Buffer；最后将 Tx Buffer 和 Rx Buffer 中的内容逐一比较检测，以测试在对 I2C EEPROM 的读写过程中有无发生出错的情况。如果两个 Buffer 中的内容完全一致，则在串口中打印"I2C 读写数据正确"，运行结果如图 8-2 所示。

图 8-2　I2C EEPROM 读写实验运行图示

8.2　I2C 总线协议

8.2.1　总线特点

I2C 总线产生于 20 世纪 80 年代，常用于连接微控制器及其外围设备，如今它也作为 SMBus（系统管理总线）、PMBus（电源管理总线）来使用，控制主板上的设备并收集相应的信息，如电源、风扇转速、系统温度等。作为一种广受欢迎的二线制总线，I2C 具有以下特点。

- 简单：对芯片引脚需要少，节省电路空间。
- 高速：标准速率为 100 kbps，快速模式为 400 kbps，高速模式为 3.4 Mbps。
- 支持多主控：其中任何能够进行收、发数据的设备都可以成为主控制器来控制总线，当发生对总线的竞争时，需要使用总线仲裁机制进行判决。

8.2.2　I2C 应用结构

I2C 总线应用结构如图 8-3 所示。

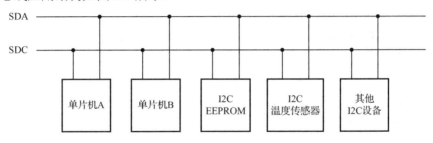

图 8-3　I2C 总线应用结构

(1) 所有设备并接在总线上。

(2) 总线上挂接的每一模块可作为主设备，也可作为从设备，但任一时刻只能有一个主设备。当完成一次数据传输事务后，主设备释放总线控制，恢复为从设备，以等待下一次的总线竞争。

- 主设备（Master）：主动发起数据传输并且拥有总线控制权的设备。
- 从设备（Slave）：被动接收主机的命令并响应的设备。

(3) I2C 总线的控制完全由挂接在总线上的主设备送出的地址和数据决定。

(4) 每个电路模块（器件类型）有唯一的地址。

8.2.3 总线信号时序分析

I2C 总线在传输数据过程中有 4 类信号，分别是开始、结束、应答、数据信号，其中数据信号又分为地址信息和数据信息。下面对 I2C 总线通信过程中出现的几种信号状态及时序进行说明。

(1) 空闲状态：总线的 SDA 和 SCL 信号线同时处于高电平时，为总线的空闲状态，此时各个器件的输出级场效应管处于截止状态，即释放总线，由两条信号线各自的上拉电阻将电平拉高。

(2) 启动和停止信号：在时钟线 SCL 保持高电平期间，数据线 SDA 电平被拉低时，定义为总线的启动信号，它标志着一次数据传输的开始；在 SCL 保持高电平期间，SDA 返回高电平时，定义为总线的停止信号，它标志着一次数据传输的终止，如图 8-4 所示。

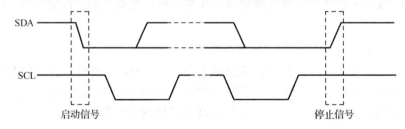

图 8-4 I2C 总线上的启动和停止信号

启动信号和停止信号一般都是由主设备产生的，总线在起始条件后被认为处于忙的状态，在停止条件的某段时间后总线被认为再次处于空闲状态。

(3) 数据位传输：在 I2C 总线上传输的每一位数据都有一个时钟脉冲相对应（或称为同步控制，与 USART 传输不同）。在进行数据传输时，在 SCL 呈高电平期间，传输并（接收端）采集数据，因此 SDA 上的电平必须保持稳定；在 SCL 为低电平期间，允许 SDA 上的电平改变状态，如图 8-5 所示。

(4) 应答信号：I2C 总线上数据以字节为单位进行传输，每发送一个字节，在随后的时钟脉冲（第 9 个）期间释放数据线，由接收器反馈一个应答信号。应答信号是低电平时为 ACK 应答（有效应答），表示接收器已成功地接收了该字节；应答信号是高电平时为 NACK（非有效应答位）应答，表示接收器接收该字节失败，如图 8-6 所示。

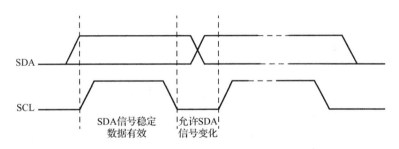

图 8-5　I2C 总线上的数据位传输

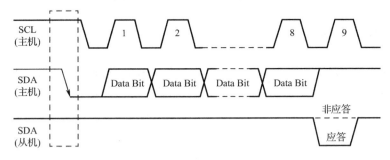

图 8-6　I2C 总线上的应答信号

（5）字节格式：发送到 SDA 线上的每个字节必须是 8 位（但每次传输的字节数量不受限制），随后必须跟一个响应位。这就是接口数据传输格式，如图 8-7 所示。

图 8-7　I2C 总线帧格式

主设备发出起始信号后，在总线上传输的第一个字节是地址信息，包括通信方向（即操作类型：读/写）；接收方在接收到数据信息（地址和数据）后，需要向发送方回传一个低电平脉冲，以表示应答。在通信结束后，由主设备发起停止信号，结束整个通信过程，如图 8-8 所示。

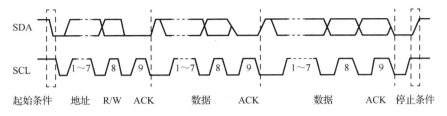

图 8-8　I2C 总线上数据的通信过程

（6）总线仲裁：假设在某一期间，具有总线控制能力的设备 M1 和 M2 都相继向 SCL 线发出了波形不同的时钟脉冲序列 CLK1 和 CLK2（时钟脉冲的高低电平宽度都是依靠各自内部专用计数定时器产生的），在总线控制权还没有裁定之前这种现象是可能出现的。由于 I2C 总线的线与特性，使得时钟线 SCL 上得到的时钟信号波形为 CLK1 和 CLK2 进行逻辑与的结果，两者中与此时 SCL 总线电平不符的那个器件将自动关闭其输出。

8.3 STM32 I2C 模块

STM32F103ZET6 有 2 个 I2C 接口，它们可以工作于以下 4 种模式之一：主发送、主接收、从发送、从接收模式，默认情况下它们处于从模式。通常挂接于这两个接口上的芯片，如 EEPROM、温度传感器等，没有控制总线的能力，始终工作于从模式。因此本章的重点放在 I2C 接口的前 2 种工作模式：主发送模式（写）和主接收模式（读）。

8.3.1 I2C 组成框图

STM32 I2C 模块接收和发送数据，并将数据从串行转换为并行（接收时）或并行转换为串行（发送时）；可以开启或禁止中断；接口通过 SDA 和 SCL 连接到 I2C 总线；支持标准（100 kHz）和快速（400 kHz）两种速率。图 8-9 是 STM I2C 模块的组成结构，主要由以下 5 部分组成。

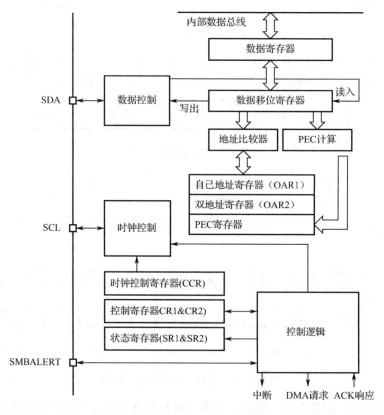

图 8-9 STM32 I2C 组成框图

（1）数据寄存器（I2C_DR）：发送时，数据经内部总线暂存于此，并通过移位寄存器进行并/串转换，在 SCL 时钟脉冲作用下从 SDA 引脚逐位送出；接收时，数据从 SDA 引脚进入，经移位寄存器的串/并转换，形成字节数据后暂存于此，最后以中断的方式通知 CPU

取走数据。

(2) 地址寄存器（I2C_OAR）：单地址模式时，设备自身地址存储于 OAR1 中。

(3) 控制寄存器（I2C_CR）：有两个。

- I2C_CR1：完成 START、STOP、ACK 条件设置，以及其他高级工作特性，如 SMBUS 模式的配置。
- I2C_CR2：完成模块基本工作特性，如时钟频率、中断控制、DMA 请求等配置。

(4) 状态寄存器（I2C_SR）：有两个。

- I2C_SR1：反映起始条件 SB、停止条件 STOPF、地址是否匹配 ADDRF、字节发送结束 BTF、数据寄存器空 TxE、数据寄存器非空 RxNE、应答 AF 等状态。
- I2C_SR2：反映 I2C 接口的状态（主/从）、总线忙、数据收/发等状态。

(5) 时钟控制寄存器（I2C_CCR）：配置接口的工作模式（标准、快速），以及相应模式下时钟控制分频系数，快速模式下的占空比，这对于数据的正确收发十分重要。

小知识：通常来讲，Clock 都是以占空比为 50%来输出的。前面提到过，I2C 通信过程中，SCL 为低电平时，SDA 的数据信号会进行改变；SCL 为高电平时，SDA 上保持数据信号。因此，若高电平持续时间过短，可能导致数据来不及读取，信号状态就发生了改变，因而数据传输不准确；若高电平持续时间过长，虽然保证了数据的有效性，但通信效率变低，所以合理的占空比对 I2C 通信是很重要的。

8.3.2 I2C 主模式工作流程

对于诸如 USART、I2C 和 SPI 等串行协议而言，有两种方式来判断一个字符的传输是否完成：一种是轮询的方式，即通过不停地检查状态寄存器的 TXE 位是否置 1 来作为判断的依据；另一种方式是中断的方式。在前面学习过的 USART 接口，每传输一个字符，采用轮询方式时，常见到以下的代码形式。

```
USART_SendData(USART1, (uint8_t)ch);                                    //发送一个字符
while(USART_GetFlagStatus(USART1, USART_FLAG_TXE) == RESET );           //等待传输完成
```

当然，对于 USART 接收从键盘输入的字符，在第 6、7 章的示例中，我们采用了中断的机制，当产生 USART RX 中断时，表明一个字符已进入 USART 的 DR 寄存器。

在具有"少量且随机"数据传输特性的场合，我们主要应用轮询和中断的机制（在批量数据传输时，为提高传输效率，常用一种称为 DMA 的技术，将在第 9 章将要介绍）。作为基础，本章对 I2C EEPROM 的读写实验采用轮询方式（由于未知原因，STM32F10X 系列芯片的 I2C 接口采用中断方式传输时会出现宕机的情况，故示例中放弃使用中断的方式）。

虽然都是轮询，相较于 USART，对于遵循 I2C 协议的器件来说，情况更为复杂。但基本的逻辑未变：每执行一种操作，都会伴随一个检查其执行情况的"EVEN（事件）"，如图 8-10 中的 EV5、EV6、EV7、EV8 等检查事件，就如同上面刚提到过的"USART_SendData()...while()；"结构一样。

在完成 I2C 接口的基本配置（如 GPIO 引脚的工作模式等）之后，通过在 CR1 中设置 START 起始位（即在总线上产生起始条件），设备就进入主模式，I2C 接口便开始了自己的工作流程（以 7 位地址模式为例）。

1. 起始条件 S

当 BUSY 位等于 0（即总线空闲）时，设置 START=1 使 I2C 接口产生一个开始条件并切换到主模式（硬件自动对 M/SL 位置位，即 M/SL=1），对应的检查事件为 EV5。

2. 从地址的发送

7 位从地址附上"R/W"位组成一个字节，R/W=0 表示"主→从"，反之为"从→主"。一旦从地址通过移位寄存器被传输到 SDA 线上，则 ADDR=1，对应的检测事件为 EV6，主设备读 SR1 和 SR2 寄存器清除此事件（ADDR=0）。

3. 数据的收发

在发送了地址和清除 ADDR 位后：

（1）主发送器：对于传输的**每一个字节**，如图 8-10 所示。

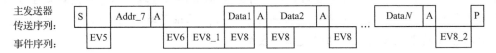

图 8-10　I2C 主控制器的发送序列及检查事件

- 通过移位寄存器将字节数据从 DR 寄存器发送到 SDA 线上（Data1…Data N），当收到应答脉冲（A）后，TxE=1（发送缓存空）。
- 对应的检测事件为 EV8：TxE=1，写入新数据到 DR 准备下一次发送，同时清除此事件（使 TxE=0，发送缓存非空）。

（2）主接收器：对于接收的每一个字节，如图 8-11 所示。

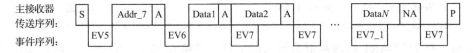

图 8-11　I2C 主控制器的接收序列及轮询事件

- 从 SDA 线接收数据（Data1～Data N），并通过移位寄存器送至 DR，RxNE=1（接收缓存非空）。
- 对应的检测事件 EV7：RxNE=1，主设备读取 DR 数据，并清除此事件（使 RxNE=0，接收缓存空），等待下一次接收。

4. 关闭通信

主发送器：在向 DR 写入最后一个字节后，通过设置 STOP 位产生停止条件（EV8_2），随后 I2C 接口将自动回到从模式（M/S 位清零），如图 8-10 所示。

主接收器：在主设备收到从设备最后一个字节后，向其发送 NACK；从设备接收到

NACK 后，释放对 SCL 和 SDA 线的控制。

以上为 I2C 主模式下的收发操作流程，其过程也涉及许多出错的情况，比如总线错误（BERR，在传输一个字节期间，当 I2C 接口检测到一个停止或起始条件产生）等。为使传输过程更清楚，简化了出错情况的描述，请读者注意。

8.3.3 I2C 中断及 DMA 请求

每种外设都有反映其工作情况的状态寄存器，当某事件发生时，相应状态寄存器位被置 1。有些状态可以通过中断开关，"升级"为中断事件，如果开启了相应状态位的中断功能，则产生相应的中断。例如，设置 START=1，使 I2C 产生一个起始条件，此时 SR1.0=1（状态寄存器 SR1 的第 0 位），但是如果 CR2 中的 ITEVFEN（中断允许事件）没有被置 1，是无法产生起始中断的。

表 8-1 列出了 I2C 最常见的中断请求，图 8-12 演示了状态位演变为中断信号的流程。

表 8-1 I2C 常见的状态（事件）标志及其中断开关

状态（事件）标志	状态（事件）说明	中断开启控制位
SB	起始位已发送（主）	ITEVFEN
ADDR	地址已发送（主）/地址匹配（从）	
BTF	数据字节传输完成	
STOPF	已收到停止	
TxE	发送缓冲区空	ITEVFEN & ITBUFEN
RxNE	接收缓冲区非空	

在传输大批量数据时（如 CPU 与 I2C EEPROM 之间交换数据），DMA 方式可以显著提高数据传输效率。DMA 仅用于数据传输，发送时如果 DR 变空或接收时 DR 变满，就会产生 DMA 请求。当相应 DMA 通道的数据传输已完成时，DMA 控制器发送传输结束信号 EOT 到 I2C 接口，并且在中断允许时产生一个传输完成中断。在 EOT 中断服务程序中，需要禁止 DMA 请求，然后等待 BTF 事件后设置停止条件。在 I2C 中使用 DMA 传输数据，需要对 DMA 控制器进行设置，同时开启 I2C_CR2 寄存器的 DMAEN 位。

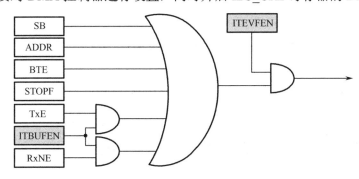

图 8-12 状态位与相应中断间的关系（I2C 常用中断映射图）

8.4 I2C EEPROM 读写示例及分析

8.4.1 示例电路连接

I2C 接口协议仅需 2 条信号线（SCL 和 SDA）即可实现协议功能。STM32F103ZET6 上有 2 个 I2C 接口，本实验选用的是 I2C2。在图 8-13 所示的原理图中，EEPROM 器件 M24258 的 SCL 和 SDA 引脚分别连接到 MCU 的 PB10 和 PB11。由于在总线空闲时 SDA 和 SCL 都必须保持高电平状态，所以 R_1 和 R_2 作为上拉电阻来满足这样的协议要求。

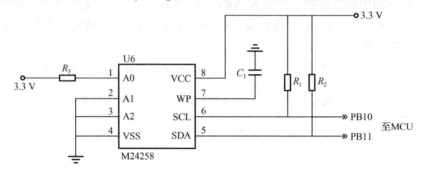

图 8-13　串口实验电路原理图

我们知道，挂接在 I2C 总线上的器件是依赖其地址来进行定位的，器件地址由类型码和地址码两部分所构成。对于 7 位地址模式的器件而言：

类型码（bit7～bit4）表明器件的类别，如 I2C EEPROM 为 1010，I2C 温度传感器类型编码为 1001，这一部分由器件厂商生产时写入。

地址码（bit3～bit1）：由用户进行电路设计时确定，如图 8-13 的连接关系，A2A1A0（bit3～bit1）=001。

最低位 bit0 表示读写方向，bit0=1 时表示读，bit0=0 时表示写，因此不属于地址位。

因此，本实验的 M24258 器件的地址为：10100010 ->0xA2。在用户驱动文件 eeprom.h 中将其宏定义为：

#define I2C_SLAVE_EEADDR   0xA2

查阅 STM31F103ZET6 的数据手册，总结上述 2 个 GPIO 引脚的功能定义，如表 8-2 所示。

表 8-2　I2C2 GPIO 引脚功能定义

Pin Number	Pin Name	Type	Main function (after reset)	Alternate function Default	电路功能	
69	PB10	I/O	PB10	I2C2_SCL / USART3_TX	Output	输出
70	PB11	I/O	PB11	I2C2_SDA / USART3_RX	I/O	双向

根据表 8-2，我们可以写出设备 I2C2 所有 GPIO 引脚的初始化代码。

代码 8-1　I2C2 GPIO 引脚初始化函数 i2cEE_GPIOInit()

```c
void i2cEE_GPIOInit()
{
    GPIO_InitTypeDef GPIO_InitStructure;

    RCC_APB2PeriphClockCmd(I2C2_PORT, ENABLE);          //开启 I2C2 所在端口 GPIOB 的时钟

    GPIO_InitStructure.GPIO_Pin = I2C2_SCL_Pin | I2C2_SDA_Pin;
    GPIO_InitStructure.GPIO_Speed = GPIO_Speed_50MHz;
    GPIO_InitStructure.GPIO_Mode = GPIO_Mode_AF_OD;     //设置 SDA、SCL 引脚为开漏输出

    GPIO_Init(I2C2_PORT, &GPIO_InitSturcture);
}
```

其中宏 I2C2_SCL_Pin 和 I2C_SDA_Pin 在 eeprom.h 文件中定义。

```c
#define I2C2_SCL_Pin    GPIO_Pin_10
#define I2C2_SCL_Pin    GPIO_Pin_11
#define I2C2_PORT       GPIOB
```

8.4.2　app.c 文件中的 main()函数

代码 8-2　工程入口函数 main()

```c
01 #include "usart.h"
02 #include "gpio.h"
03 #include "shell.h"
04
05 int const BUFSIZE =128;
06 char line[BUFSIZE];
07
08 void systemInit()
09 {
10     gpio_Init();          //第 4、5 章的 LED、BTN 之 GPIO、EXTI 初始化
11     usart1_Init();        //第 6 章的 USART1 端口初始化
12     i2cEE_Init();         //第 8 章的 I2C 模块初始化
13 }
14
15 int main(void)
16 {
17     systemInit();
18
19     xputs("*********************************\r\n");
20     xputs("\r\nWelcome to USART Shell!\r\n");
21     xputs("Board Shell, version 2.1 ...\r\n");
```

```
22        xputs("_____\r\n");
23
24        while(1) {
25            xputs("USART > ");
26            xgets(line, BUFSIZE);
27            parse_console_line(line);
28            xprintf("\r\n") ;
29        }
30 }
```

主函数沿用了第 7 章 Shell 程序框架，后续章节所有的外设实验都会沿用该框架，其特点如下。

- main.c：在 main()函数中初始化外设，如代码行 12 处调用函数 i2cEEinit()初始化 I2C 接口。
- shell.c：向 Shell 命令系统添加相应外设的操作命令，本章完成添加 i2ctest 命令，其执行函数的封装将在 8.4.2 节讲解。
- i2c_eeprom.c：完成对 I2C 接口底层的读/写等操作函数，并基于此完成 EEPROM 的读写函数。

下面分析 i2cEE_Init()函数，其作用是初始化 I2C 接口。

代码 8-3　I2C 初始化函数 i2cEE_Init()

```
01 void i2cEE_Init(void)
02 {
03     I2C_InitTypeDef I2C_InitStructure;
04
05     RCC_APB1PeriphClockCmd(I2C2, ENABLE);          //开启外设 I2C2 的时钟
06     i2cEE_GPIOInit();                              //初始化 I2C2 所对应的 GPIO 引脚
07
08     I2C_InitStructure.I2C_Mode = I2C_Mode_I2C;
09     I2C_InitStructure.I2C_DutyCycle = I2C_DutyCycle_2;           //高低电平的占空比
10     I2C_InitStructure.I2C_OwnAddress1 = I2C_SLAVE_EEADDR;        //器件地址（OA1）
11     I2C_InitStructure.I2C_Ack = I2C_Ack_Enable;                  //开启应答机制
12     I2C_InitStructure.I2C_AcknowledgedAddress = I2C_AcknowledgedAddress_7bit;
13     I2C_InitStructure.I2C_ClockSpeed=I2CEE_SPEED;                //设置 I2C2 为快速模式
14
15     I2C_Init(I2C2, &I2C_InitStructure);
16     I2C_Cmd(I2C2, ENABLE);
17 }
```

使用 STM32 库进行开发时，对外设的初始化都定义了一个初始化结构体类型。对于 I2C 接口而言，此初始化结构体在 stm32f10x_i2c.h 文件中的定义如下。

```
typedef struct {
    uint32_t I2C_ClockSpeed;          //指定 CLK 的时钟频率
    uint16_t I2C_Mode;                //设置 I2C 接口的工作模式
    uint16_t I2C_DutyCycle;           //指定 I2C 快速模式下的占空比
```

```
    uint16_t I2C_OwnAddress1;              //指定 I2C 地址 1
    uint16_t I2C_Act;                      //开启或关闭 I2C 字节数据发送后的应答机制
    uint16_t I2C_AcknowledgedAddress;      //指定 I2C 通信的地址模式：7 位或 10 位
} I2C_InitTypeDef;
```

以上 I2C 接口的初始化结构体，涉及 3 个寄存器，这些寄存器的位定义（仅画出了与初始化相关的位）如图 8-14 所示。根据此图，在 stm32f10x_i2c.h 文件中，定义了相应的宏开关。在初始化 I2C 接口，填充初始化结构体时，就使用了这些常量宏。

I2C模块初始化所涉及的寄存器

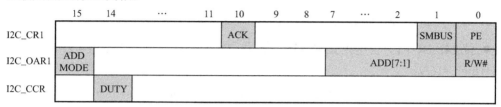

图 8-14 I2C 初始化所涉及的寄存器

1．I2C_CR1：I2C 控制寄存器 1

● 位 0：PE，I2C 模块使能。PE =0 禁用 I2C 模块；PE =1 时启用 I2C 模块。

```
49 #define CR1_PE_Set        ((uint16_t)0x0001)        //开启 I2C 模块
50 #define CR1_PE_Reset      ((uin16_t)0xFFFE)         //禁止 I2C 模块
```

以上初始化代码行 16 所处的函数 I2C_Cmd()，其内部使用 CR1_PE_Set 来开启 I2C 模块。

● 位 1：SMBUS，SMBus 模式。SMBUS =0 工作于 I2C 模式；SMBUS =1 时工作于 SMBus 模式。

```
086 #define I2C_Mode_I2C           ((uint16_t)0x0000)   //I2C 工作模式，SMBUS =0
087 #define I2C_Mode_SMBusDevice   ((uint16_t)0x0002)   //SMBbus 设备模式
```

以上初始化代码 086 行在填充 I2C 接口的工作模式时，就使用了 I2C_Mode_I2C。

● 位 10：ACK，应答条件使能。ACK =0 无应答返回；ACK =1 返回一个应答。

```
112 #define I2C_Ack_Enable      ((uint16_t)0x0400)     //开启应答（使能）
113 #define I2C_Ack_Disable     ((uint16_t)0x0000)     //关闭应答（除能）
```

以上初始化代码 112 行使用了 I2C_Ack_Enable 来开启 I2C 通信的应答机制。

2．I2C_OAR1：I2C 自地址寄存器 1

● 位[7:1]：ADD，7 位接口地址（隐含的意思是第 0 位为传输方向位），该寄存器位用来保存根据电路图连接所确定的 I2C EEPROM 器件的地址，即 EEAddress =0xA2。

由于地址字节的最后一位 bit0 为 R/W 位，因此，可以得到传输方向的宏定义。

```
124 #define I2C_Direction_Transmitter  ((uint16_t)0x00)   //0x00 =0b
125 #define I2C_Direction_Receiver     ((uint16_t)0x01)   //0x01 =1b
```

位 15：ADDMODE，7/10 位寻址模式。ADDMODE=0 表示 7 位从地址；ADDMODE=1

表示 10 位从地址。

由于位 14 必须由软件设置并保持为 1，地址模式值的确定是以第 14 位恒为 1 作为计算依据的。比如，7 位地址模式时，其设定值为 0x4000，刚好为 0100000000000000，即[15:14]=01。相应的 10 位地址模式时［15:14］=11，即 0xC0000。

```
136 #define I2C_AcknowledgeAddress_7bit   ((uint16_t)0x4000)
137 #define I2C_AcknowledgeAddress_10bit  ((uint16_t)0xC000)
```

代码 8-3 中行 12 使用了宏 I2C_AcknowledgeAddress_7bit 来填充结构体的地址模式。

3. I2C_CCR：I2C 时钟控制寄存器

● 位 14：DUTY，快速模式时时钟占空比，DUTY =0 时 Tlow/Thigh = 2；DUTY =1 时 Tlow/Thigh =16/9。

```
100 #define I2C_DutyCycle_16_9 ((uint16_t)0x4000)   //Tlow/Thigh =16/9
101 #define I2C_DutyCycle_2    ((uint16_t)0xBFFF)   //Tlow/Thigh = 2
```

前面提及过，I2C 总线在 SCL 为高电平期间保持数据信号，接收方必须在此期间采样并保存数据；而在低电平时，发送方改变数据。因此，高低电平持续的时间长度对于通信的可靠性和效率十分重要。此处定义的宏值 I2C_DutyCycle_16_9，即占空比为 16/9，其含义是高低电平总时间为 9，高电平持续的时间长度为 16。初始化代码（见代码 8-3）09 行使用宏 I2C_DutyCycle_2，将 I2C 接口的占空比设置为 2。

● 位 15：F/S，I2C 速度模式选择，F/S =0 标准模式；F/S =1 快速模式。

此位设置 I2C 总线的 SCL 工作时的时钟频。STM32 I2C 接口只支持标准和快速两种模式，相应速度模式下 SCL 的时钟频率值应设置为 100000（100 kHz）和 400000（400 kHz）。因此，初始化代码 13 行所使用的 I2CEE_SPEED 宏，其宏值在 eeprom.h 头文件中被定义为：

`#defien I2C_SPEED_400K  400000`

8.4.3　eeprom.h 文件

代码 8-4　EEPROM 驱动头文件 eeprom.h

```
#ifndef __eeprom_h
#define __eerpom_h
#include "stm32f10x.h"

#define I2C2_CLK           GPIO_Pin_10      //I2C 的 SCL 时钟信号引脚
#define I2C2_SDA           GPIO_Pin_11      //I2C 数据信号引脚
#define I2C2_PORT          GPIOB            //I2C2 信号线所在端口为 GPIOB
#define I2CEE_SPEED        400000           //设置 I2C 工作模式为快速模式
#define I2C_SLAVE_EEADDR   0xA2             //EEPROM 地址
#define EE_PAGESIZE        8                //EEPROM 存储体的页尺寸大小为 8 B

#define EE_STATE_READY     0
#define EE_STATE_BUSY      1
```

```
#define EE_STATE_ERROR    2
#define EE_OK             0
#define EE_FAIL           1

void i2cEE_Init(void);
void i2cEE_readBuffer(uint8_t* pBuf, uint8_t readAddr, uint16_t bytesCounter);
void i2cEE_writeBuffer(uint8_5* pBuf, uint16_t writeAddr, uint16_t bytesCounter);
uint32_t i2cEE_waitEepromStandbyState()(void);
void i2cEE_GPIOInit(void);
```

eeprom.h 文件中定义了大量在各函数中需要用到的宏常量。在 5 个函数中，已经分析了 i2cEE_Init()和 i2cEE_GPIOInit()两个函数，接下来继续剩下 3 个函数的分析。

8.4.4　eeprom.c 文件

1. 函数 i2cEE_readBuffer

i2cEE_readBuffer(uint8_t* pBuf, uint8_t readAddr, uint16_t bytesCounter);

作用：读取 M24258 存储器件从地址 readAddr 开始的 bytesCounter 字节，存入到用户缓存 rBuf 中。

代码 8-5　EEPROM 读函数 i2cEE_readBuffer()

```
01  void i2cEE_readBuffer(uint8_t* rBuf, uint8_t readAddr, uint16_t bytesCounter)
02  {
03      while(I2C_GetFlagStatus(I2C2, I2C_FLAG_BUSY));          //等待总线空闲
04      I2C_GenerateSTART(I2C2, ENABLE);                        //产生起始信号
05      /*测试 EV5 并清除相关位*/
06      while(!I2C_CheckEvent(I2C2, I2C_EVENT_MASTER_MODE_SELECT));
07
08      I2C_Send7bitAddress(I2C2, I2C_SLAVE_EEADDR，I2C_Direction_Transmitter);  //发送地址
09      while(!I2C_CheckEvent(I2C2, I2C_EVENT_MASTER_TRANSMITTER_MODE_SELECTED));
10
11      I2C_Cmd(I2C2, ENABLE);              //启用 I2C2 接口
12      I2C_SendData(I2C2, readAddr);       //确定数据传输方向：从 I2C 器件 EEPROM 读数据
13      while(!I2C_CheckEvent(I2C1, I2C_EVENT_MASTER_BYTE_TRANSMITTED));
14
15      I2C_GenerateSTART(I2C2, ENABLE);    //再次产生起始信号
16      while(!I2C_CheckEvent(I2C2, I2C_EVENT_MASTER_MODE_SELECT));
17
18      I2C_Send7bitAddress(I2C2,I2C_SLAVE_EEADDR,I2C_Direction_Receiver);
19      while(!I2C_CheckEvent(I2C2,
20                  I2C_EVENT_MASTER_RECEIVER_MODE_SELECTED));
21
22      while (bytesCounter) {              //如果规定的字节数没有读完，循环
23          if (bytesCounter ==1) {         //如果是最后一个字节数据
24              I2C_AcknowledgeConfig(I2C2, DISABLE);           //关闭应答机制（不用应答）
```

```
25              I2C_GenerateSTOP(I2C2, ENABLE);              //产生停止条件(信号)
26          }
27
28          if (I2C_CheckEvent(I2C2, I2C_EVENT_MASTER_BYTE_RECEIVED)) {//如果有数据到来
29              *rBuf = I2C_ReceiveData(I2C2);//接收新数据到 rBuf 指向的用户缓存
30              rBuf++;                                       //用户缓存指针后移一个字节位置,以便接收新数据
31              bytesCounter--;                               //读取的字节数量少 1。
32          }
33      }
34
35      I2C_AcknowledgeConfig(I2C2, ENABLE);                  //开启应答,准备接收下一波数据
36  }
```

还记得在讲解 8.3.2 节 "I2C 主模式工作流程" 时,提及过:事件检查伴随 I2C 器件执行的每一条指令。对于主模式接收过程而言,可以用图 8-15 来描述。

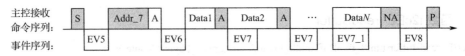

图 8-15　主控制器接收序列及检查事件

图 8.15 中,上面一行表示主/从器件之间的指令序列,其中阴影部分由主器件发出,非阴影部分由 I2C 从器件 EEPROM 发出。在每个指令序列后,跟随一个事件(下面一行),该事件检查 I2C 模块状态寄存器,以确认刚刚发出指令的执行情况。I2C 模块依靠这样一种 "事件询问" 机制来进行数据的收发(I2C 模块还有另一种数据收发机制,DMA 方式)。

在主器件产生起始条件之后,主器件进入事件 5(EV5)状态,图 8-16 所示。

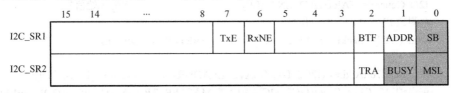

图 8-16　EV5 事件状态位

- SR1.SB=1 表示起始条件已发送,软件读取 SR1 寄存器后,写数据寄存器的操作将清除该位。
- SR2.MSL=1 表示 I2C 接口处于主模式。
- SR2.BUSY=1 表示总线上正进行数据通信。

此三位置 1 时,将 SR1 和 SR2 寄存器的值组合,即 EV5 事件状态的宏定义。

```
#define I2C_EVENT_MASTER_MODE_SELECT    ((uint32_t)0x00030001)    //EV5
```

该宏值的高 16 位 0x0003 表示 SR2 的 BUSY,MSL 位置 1 的情形;低 16 位 0x0001 表示 SR1 的 SB 位置 1 的情形,从宏名可以理解 EV5 为 "模式选择"。在代码 8-5 的第 06 行,函数 I2C_CheckEvent()对 EV5 进行状态检查,I2C 控制器如何执行这一检查呢?进入函数看看究竟吧(在 stm32f10x_i2c.c 文件中定义)。

代码 8-6　I2C 状态检测函数 I2C_CheckEvent()

```
1029 #define FLAG_Mask           ((uint32_t)0x00FFFFFF )
1030 ErrorStatus I2C_CheckEvent(I2C_TypeDef* I2Cx, uint32_t I2C_EVENT)
1031 {
1032     uint32_t lastevent =0, flag1 =0, flag2 =0;
1033     ErrorStatus status = ERROR;
1034     flag1 = I2Cx->SR1;                          //读出 SR1 的内容到 flag1
1035     flag2 = I2Cx->SR2;                          //读出 SR2 的内容到 flag2
1036     flag2 = flag2 <<16;                         //将 SR2 的值左移 16 位，低 16 位置 0
1037
1038     lastevent = (flag1 | flag2) & FLAG_Mask;    //将 SR1 和 SR2 值组合
1039     if ((lastevent & I2C_EVENT) == I2C_EVENT)   //如果组合后的值与参数 I2C_EVETN 相同
1040         status = SUCCESS;                       //得到预期的状态，置状态为 1（成功）
1041     else
1042         status = ERROR;
1043
1044     return status;                              //返回 I2C 控制器当前的状态
1045 }
```

显然，主器件发出开始信号之后，所对应的 EV5 所期望的状态是起始位（SR1.SB）、主设备位（SR2.MSL）和忙（SR2.BUSY）都应该为 1。I2C_CheckEvent()函数作用是检查这些寄存器位是否真的为 1，如果是则返回 1，进行下一步；否则返回 0，继续检查。因此在代码 8-5 的第 06 行，使用 while 循环进行"轮询"EV5 事件的 3 个标志位。

发出起始信号并且 EV5 检测返回 1 后，主器件接着发出从器件地址以选择通信对象，比如代码 8-5 的第 08 行，跟随其后的事件为 EV6（其事件状态位如图 8-17 所示），在 stm32f10x_i2c.h 中被定义为

```
347 #define I2C_EVENT_MASTER_TRANSMITTER_MODE_SELECTED 0x00070082 //EV6
```

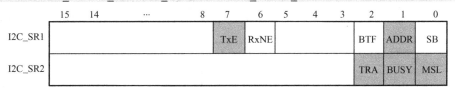

图 8-17　EV6 事件状态位

- SR1.ADDR=1 表示地址已经发送，在软件读取 SR1 寄存器后，对 SR2 寄存器的读操作将清除该位。
- SR1.TxE=1 表示数据寄存器空，在软件写数据到 DR 寄存器全可清除该位。
- SR2.TRA=1 表示数据已发送，SR2.BUSY=1，SR2.MSL=1。

因此主控制器在发出从器件地址以后，即检查 EV6 事件，期望 SR1 和 SR2 的值分别为 0x0082 和 0x0007。在代码 8-5 的第 08 行调用 I2C_CheckEvent()轮询检查这 5 位的值，直到条件满足进入下一阶段为止。

根据 I2C 协议，在读取数据时，需要 I2C 主器件发起两次起始信号才能建立通信，因

此在代码 8-5 的第 15～19 行重复了发起始信号和器件地址过程。

一旦连接建立成功，I2C 从器件就可以根据主器件所要求地址，持续地将数据向主器件传输，如代码 8-5 第 22～33 行所进行的那样。对于主器件接收数据而言，它需要检查事件 EV7 来确认是否有数据到来（EV7 事件状态位如图 8-17 所示）。

```
383 #define I2C_EVENT_MASTER_BYTE_RECEIVED      0x00030040         //EV7
```

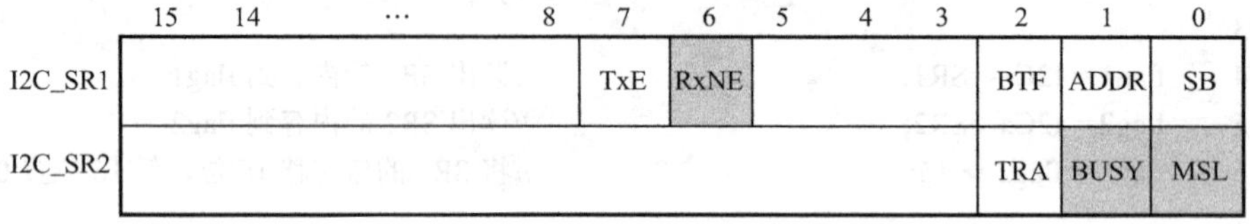

	15	14	...	8	7	6	5	4	3	2	1	0
I2C_SR1					TxE	RxNE				BTF	ADDR	SB
I2C_SR2										TRA	BUSY	MSL

图 8-18 EV7 事件状态位

- SR1.RxNE=1 表示数据寄存器非空，说明有数据到来，软件对数据寄存器的读操作将清除该位。
- SR2.BUSY=1，且 SR2.MSL=1。

在接收数据阶段，主控制器根据此 3 位来确认是否有数据从总线上过来。在代码 8-5 的第 28 行调用 I2C_CheckEvent()来进行检查，如果有数据到来，调用 I2C_ReceiveData() 读取该字符保存于用户缓存 rBuf。

I2C 协议通信过程中的 EV 事件是许多读者感到难以理解的知识点，为帮助大家掌握 I2C 协议的通信，笔者将此"读过程"总结为表 8-3。

表 8-3 I2C 通信过程的各种事件及其状态位

步 骤	操 作 函 数	事 件 检 查	状 态 位
1	I2C_GenerateSTART	EV5	SR1.1-SB，SR2.0-MSL，SR2.1-BUSY
2	I2C_Send7bitAddress	EV6	SR1.2-ADDR，SR1.7-TxE，SR2.0-MSL，SR2.1-BUSY，SR2.2-TRA
3	I2C_Cmd		无事件检查，调用此函数的作用是通过设置 PE 位来清除 EV6 事件的状态位
4	I2C_SendData（EE 内部地址）	EV8	SR1.7-TxE，SR2.0-MSL，SR2.1-BUSY，SR2.2-TRA
5	I2C_GenerateSTART		
6	I2C_Send7bitAddress		
7	I2C_ReceiveData	EV7	SR1.6-RxNE，SR2.0-MS，SR2.1-BUSY

对表 8-3 的总结说明如下。

- 所有事件名的前缀都为 I2C_EVENT_MASTER，以下用"～"来表示。
- 所有事件都具有"MSL（主）和 BUSY（忙）"两位，基于此，以下事件只列出其特殊位。
- EV5：～MODE_SELECT，即模式选择（主），因产生起始条件，故有其特殊的"SB 起始位"。
- EV6：～TRANSMITTER_MODE_SELECTED，即发送模式选择，因为传输地址，

有其特殊的"ADD 地址已发送"、"TRA 数据已发送"和"TxE 发送缓存空"3 位。
- EV7：~BYTE_RECEIVED，即字节已接收，因为接收数据，有其特殊的"RxNE 接收缓存非空"位。
- EV8：~BYTE_TRANSMITTED，即字节已发送，因为发送的是数据（不是地址），与 EV6 相比，只少了一个"ADD 地址已发送"位。

2. 函数 i2cEE_writeBuffer

i2cEE_writeBuffer(uint8_t* wBuf, uint8_t writeAddr, uint16_t bytesCounter);

作用：将缓存 wBuf 中的数据写入 EEPROM 从地址 writeAddr 开始的 bytesCounter 个单元中。

代码 8-7　EEPROM 写函数 i2cEE_writeBuffer()

```
01 void i2cEE_writeBuffer(uint8_t* wBuf, uint16_t writeAddr, uint16_t bytesCounter)
02 {
03     uint8_t numOfPage =0, numOfSingle =0, offsetCount =0, addr =0;
04     uint8_t dataNumber;                              //实际写入存储器的字节数
05
06     addr = writeAddr % EE_PAGESIZE;                  //数据写入的起始地址是否"页对齐"
07     offsetCount = EE_PAGESIZE - Addr;                //起始地址相较于页地址的偏移量
08     numOfPage = bytesCounter / EE_PAGESIZE;          //需要写入多少页
09     numOfSingle = bytesCounter % EE_PAGESIZE;        //不足一页时的字符数
10
11     if (addr ==0) {                                  //如果页地址对齐
12         if (numOfPage ==0) {                         //如果写入的数据不足一页
13             dataNumber = numOfSingle;
14             i2cEE_writePage(wBuf, writeAddr, dataNumber); //向 EEPROM 写入数据
15             i2cEE_waitEepromStandbyState();          //等待数据写入完毕
16         } else {
17             while(numOfPage--) {                     //如果写入的数据有多页
18                 dataNumber = i2cEE_PAGESIZE;
19                 i2cEE_writePage(wBuf, writeAddr, dataNumber);   //写入整页数据
20                 i2cEE_waitEepromStandbyState();
21
22                 writeAddr += i2cEE_PAGESIZE;         //计算下一页起始地址
23                 wBuf += i2cEE_PAGESIZE;              //后移用户缓存 wBuf 指针一页数据量
24             }
25
26             if(numOfSingle !=0) {                    //整页写完后，下面写入不足一页的"尾数"
27                 dataNumber = numOfSingle;
28                 i2cEE_writePage(wBuf, writeAddr, dataNumber);
29                 i2cEE_waitEepromStandbyState();
30             }
31         }
```

对于 EEPROM 存储器（其他存储器件，如 SPI_FLASH、SD 卡等也一样）而言，写比

读更复杂。读操作时只要给出数据块的起始地址即可源源不断地读出数据。但对于写操作，则需要考虑数据块写入地址是否页对齐的情况。

本实验采用的 M24258 具有 32 KB 字节空间，其页尺寸为 64 字节/页，共 512 页，页地址范围为 0x0000～0x7FC0。因此，参数 writeAddr 地址如果不能被 64 整除，即表示没有页对齐。在这种情况下，一定存在写入地址相对于该页首地址的偏移量，即代码 8-7 第 07 行所对应的计算式，count = EE_PAGESIZE-addr。

代码 8-7 的第 11～31 行完成当写入地址与页地址对齐时的两种情况：当不足一页时，直接调用 i2cEE_writePage()写入 numOfSingle 个数据，变量 numOfSingle 由"bytesCounter % EE_PAGESIZE"计算而来，表示不足一页的字符个数；当有多页数据需要写入时，先写入 numOfPage 个整数页数据，最后写不足一页的字符数。

```
32        } else {                                          //当写入地址没有页对齐时
33            if(numOfPage ==0) {                           //不存在整页的数据
34                if(bytesCounter > offsetCount ) {
35                    dataNumber = offsetCount ;
36                    i2cEE_writePage(wBuf, writeAddr, dataNumber);
37                    i2cEE_waitEepromStandbyState();
38
39                    dataNumber =bytesCounter - offsetCount ;
40                    i2cEE_writePage(wBuf+offsetCount , writeAddr+offsetCount , dataNumber);
41                    i2cEE_waitEepromStandbyState();
42                }
```

当写入地址没有页对齐时的第一种情况：待写的字符数不足一页，但由于没有页对齐，造成所写内容跨两页。对于这种情况，需要先写入前一页的偏移部分的数据，如代码 8-7 的第 35～37 行所示；在后一页写入剩余部分的字符，如代码 39～41 行。

```
43            } else {                                      //当没有页对齐并且有多页数据时
44                bytesCounter -= offsetCount ;             //扣除偏移部分数据后，
45                numOfPage = bytesCounter / i2cEE_PAGESIZE; //还有多少页
46                numOfSingle=bytesCounter%i2cEE_PAGESIZE;   //之后不足一页的字符个数
47
48                if (offsetCount !=0) {                    //如果有偏移数据
49                    dataNumber = offsetCount;             //以下代码 49～51 行先写首页偏移部分数据
50                    i2cEE_writePage(wBuf, writeAddr, dataNumber);
51                    i2cEE_waitEepromStandbyState();
52
53                    wBuf += offsetCount;                  //将指针 wBuf 和 writeAddr 后移 offsetCount
54                    writeAddr += offsetCount;             //字节数据，则刚好页对齐
55                }
56
57                while (numOfPage--) {                     //此循环中处理页对齐的数据
58                    dataNumber = i2cEE_PAGESIZE;
59                    i2cEE_writePage(wBuf, writeAddr, dataNumber);
60                    i2cEE_waitEepromStandbyState();
61
```

```
62                    wBuf += i2cEE_PAGESIZE;
63                    writeAddr += i2cEE_PAGESIZE;
64                }
65
66                if (numOfSingle !=0) {                           //这里处理最后不足一页的部分
67                    dataNumber = numOfSingle;
68                    i2cEE_writePage(wBuf, writeAddr, dataNumber);
69                    i2cEE_waitEepromStandbyState();
70                }
71            }
72 }
```

代码 43~72 行处理没有页对齐，并且写入数据有多页时的情形，如图 8-19 所示。

图 8-19　没有页对齐且有多页需要写入时

这种情形需要分三步处理：第一步，先写入由于未对齐而引起的"偏移量"个字符，如代码 8-7 第 48~54 行所做的那样；第二步，写入后续整页的数据，如代码 57~64 行；最后写入尾数不足一页数量的字符，如代码 66~70 行。

在函数 i2cEE_writeBuffer 代码中，反复出现以下两个函数。

（1）i2cEE_writePage()：其作用是以页为单位将数据写入 EEPROM 存储单元，内部的操作过程与 i2cEE_readBuf()类似，即主器件发出起始信号，检查 EV5；主器件送出器件 7 位地址，检查 EV6；主器件发出数据写入地存储单元地址，检查 EV8；然后在 while 循环中，每写入一个字节数据（调用 I2C_SendData()函数），均检查 EV8；最后，主器件发送停止信号，结束这一轮传输。

（2）i2cEE_waitEepromStandbyState()：其作用是等待 EEPROM 进入待命（不忙）状态。因为该函数被调用的前一时刻，有数据正往 EEPROM 存储体写入，因此需要等待 EEPROM 内部数据写入完毕。判断的方法是在 while 循环中，首先主器件发出开始信号，然后保存此时 SR1 值，最后发出器件地址并紧接着查看 SR1 寄存器的第 2 位 ADDR（地址已发出）是否被置 1：如果被置 1，表明 EEPROM 器件已处于"闲"态，可以接收下一个指令，退出循环，代码如下。

```
01 void i2cEE_waitEepromStandbyState(void)
02 {
03     uint16_t SR1_tmp =0;
04
05     do {
06         I2C_GenerateSTART(I2C2, ENABLE);                    //产生起始条件
```

```
07          SR1_tmp = I2C_ReadRegister(I2C2, I2C_Register_SR1);         //读出并保存 SR1 寄存器的值
08          I2C_Send7bitAddress (I2C2, I2C_Register_SR1) &0x0002));      //发送从器件地址
09     } while(!(I2C_ReadRegister(I2C2, I2C_Register_SR1) &0x0002);     //检查当前 SR1.ADDR 位是否
为 1
10
11     I2C_ClearFlag(I2C2, I2C_FLAG_AF);//清除应答位 SR1.AF，表示"无应答失败"
12     I2C_GenerateSTOP(I2C2, ENABLE);           //产生停止条件
13 }
```

8.4.5　shell.c 文件

在完成 I2C 模块的初始化，以及对 EEPROM 存储器底层的读写操作后，接下来就为 Shell 命令系统添加一个新的命令：对 EEPROM 的读写测试命令 i2ctest。

首先，定义全局数组 writeBuf 和 readBuf 及数组大小。

```
#define BUFSIZE   1024
uint8_t writeBuf[BUFSIZE], readBuf[BUFSIZE];
```

其次，在命令数据结构中添加测试命令 i2ctest。

```
static struct comentry commands[] = {
    ……;
    {"i2ctest",i2ctest },
    { NULL, unknown }
};
```

第三，在帮助系统中添加 i2ctest 命令的使用说明。

```
void help(void)
{
    ……;
    xprintf("i2ctest - Read/Write EEPROM via I2C bus to verify I2C Module.\r\n" );
}
```

最后，实现 i2ctest 命令的功能函数 i2ctest()。

```
01   char sendBuf[] = "U-Boot 2016.01-Broadcom XLDK-3.8.101-svn20090 (Oct 04 2016 - 07:22:19 +
+800)\r\n\r\n
I2C:   ready\r\n
DRAM: Reset XGPLL \r\n
Release reset \r\n
Polling \r\n
Locked \r\n
DEV ID = 0xb160\r\n
SKU ID = 0xb160\r\n
DDR type: DDR4 \r\n
MEMC 0 DDR speed = 800MHz\r\n
PHY revision version: 0x00a2f001\r\n
ddr_init2: Calling soc_and28_shmoo_dram_info_set\r\n";
```

```
02
03 #define countof(a)    (sizeof(a) / sizeof(*(a)))
04 #define BUFSIZE     (countof(sendBuf)-1)
05 int size = BUFSIZE;
06 u8 readBuf[size];
07
08 void i2ctest(void)
09 {
10     int i, pass = 1;
11     memset(readBuf, '\0', size);
12
13     i2cEE_writeBuf(sendBuf, 0, size);
14     I2cEE_readBuf(readBuf, 0, size);
15
16     for (i =0; i <= size; i++) {
17         if(readBuf[i] != writeBuf[i])
18             pass = 0;
19     }
20
21     xprintf("\r\n%s\r\n", readBuf);
22
23     if (pass == 0)
24         xprintf("\r\n I2C EEPROM r/w test FAILURE !\r\n");
25     else
26         xprintf(\r\n I2C EEPROM r/w test PASSED !\r\n);
27 }
```

i2ctest 测试命令的代码逻辑很简单，就是将事先准备好的数据（数组 sendBuf 中的字符串），从 EEPROM 的 0 地址开始写入保存（第 13 行代码），然后又从 EEPROM 的 0 地址开始读出刚写入的数据到 readBuf（第 14 行代码），最后将 readBuf 和 sendBuf 中的数据逐字节比较，如果有不相同的字符，则表明读写失败。

8.5 建立工程，编译及运行

8.5.1 创建和配置工程

（1）建立以下工程文件夹。

- project：存放建立工程过程中由 Keil MDK 自动生成的配置文件和工程文件。
- usr：存放由用户实现的源码文件，如 main.c、eeprom.h/c、usart.h/c 等。
- stm32：存放 STM32 库文件，并将整理后的库文件复制到此文件夹下，在此文件夹下再建立三个子文件夹，即 fwlib、cmsis、_usr，分别用来存入原始库文件整理后的各相关文件。
- output：存放编译、链接时产生的输出文件，可执行格式（.HEX）文件也存放于此。

（2）使用 uVision 向导建立工程，完成后，在"工程管理区"创建文件组，并导入/编辑源文件（创建和导入方法详细说明请见第 1 章）。文件组和文件的对应关系如表 8-4 所示。

表 8-4 I2C EEPOM 读写实验工程文件组及其源文件

文件组	文件组下的文件	文件作用说明	文件所在位置
usr	main.c	应用主程序（入口）	i2c/usr
	includes.h	工程头文件集合	i2c/usr
	eeprom.h/c	用户实现的 EEPROM 驱动	i2c/usr
	gpio.h/c	GPIO 操作驱动，如 LED、Beep	i2c/usr
	usart.h/c	用户实现的 USART 模块驱动	i2c/usr
usr	shell.h/c	用户实现的 Shell 外壳文件	i2c/usr
	stm32f10x_conf.h	工程头文件配置	i2c/stm32/_usr
	stm32f10x_it.h/c	异常/中断实现	i2c/stm32b/_usr
stm32	misc.h/c	中断 NVIC 底层操作文件	i2c/stm32/fwlib
	stm32f10x_exti.h/c	外部中断线底层操作文件	i2c/stm32/fwlib
	stm32f10x_i2c.h/c	I2C 接口底层操作文件	i2c/stm32/fwlib
	stm32f10x_rcc.h/c	RCC（复位及时钟）接口	i2c/stm32/fwlib
	stm32f10x_usart.h/c	USART 接口底层操作文件	i2c/stm32/fwlib
cmmis	core_cm3.h/c	Cortex-M3 内核函数接口	i2c/stm32/cmsis
	stm32f10x.h	STM32 寄存器等宏定义	i2c/stm32/cmsis
	system_stm32f10x.h/c	STM32 时钟初始化等	i2c/stm32/cmsis
	startup_stm32f10x_hd.s	系统启动	i2c/stm32/cmsis

8.5.2 编译执行

执行开发环境菜单"build"或"rebuild"命令（对应于工具栏中的 和 ）即可完成工程的编译、链接，最终生成可执行的 i2c.hex 文件。将其烧录到学习板，设置好 PC 端的 SecureCRT 终端软件参数（115200、8N1、无校验、无流控）之后，便可以见到"USART>"提示符。输入"i2ctest"命令，便可看到本章图 8-2 所示的画面。

第9章

DMA 接口

数据传输功能是 CPU 的基本功能之一。无论数据传输量大小，一旦开始，CPU 必须"心无旁骛"全身心地投入。如果数量很大，则整个系统其他部件必须等待，直到数据传输完毕为止。这种情形严重制约了系统性能的进一步提升，比如第 8 章的 I2C EEPROM 数据读/写实验，在通过 I2C 总线每传输一个字符，CPU 都会轮询 I2C SR1 和 SR2 寄存器的 TxE 或 RXNE 等状态位，以确定字符是否成功传输。

针对此种不足，DMA 技术应运而生。DMA（Direct Memory Access），即直接存储访问，既是一种数据传输技术，在传输过程中，它无须 CPU 干预，即可实现在外设和存储器之间或者存储器与存储器之间的批量数据传输；也是一种外设，它为许多外设提供了数据传输通道，各个通道之间同时传输数据而互不干扰。因此，DMA 技术尤其适用于批量数据快速移动的场合。

本章通过使用 DMA 技术，结合 USART 来实现串口双缓冲乒乓收发操作。通过该实验，讲解 STM32 的 DMA 控制器结构原理、配置和使用方法，深刻体会 DMA 技术为系统性能提升带来的明显改善。

9.1 实验结果预览

本章实验逻辑如下：

将事先准备好的两个字符串 Str1 和 Str2，在每一次 sysTick 中断中交替将它们通过 USART3 向 USART1 发送。

为 USART1 准备两个接收缓存（RxBuf、TxBuf）并启用 USART1 的 DMA1_Channel5（接收通道）和 DMA1_Channel4（发送通道）。接收通道完成将 Str1 或 Str2 存入 RxBuf 或 TxBuf；发送通道负责将接收的数据向屏幕打印。在这个过程中，RxBuf 和 TxBuf 的角色不停地交叉改变，在 DMA1_Channel5 通道中断中，将刚接收的数据 RxBuf 通过 DMA 发送通道向屏幕打印（接收缓存变为发送缓存），同时将 TxBuf 置为接收缓存（由发送缓存变为接收缓存），以便接收新的数据；在下一次 DMA1_Channel5 中断中再将它们角色互换，这样做的目的是为了避免已接收数据被新接收的数据覆盖。因此，在 sysTick 中断控制下，源源不断地产生"新"数据,而 USART1 则交替使用 TxBuf 和 RxBuf 进行收发。这种数据处理过程技术被称为"USART 双缓存同步收发"。

图 9-1 为此过程的实例演示:可以看到 USART1 每完成一次接收,触发 DMA1_Channel5 中断,屏幕显示"Interrupt5...";而每完成一次数据的发送(向屏幕打印:This is a usart-demo transfer test1/2)之后,触发 DMA1_Channel4 中断,并打印显示"Interrupt4..."。这说明,数据从源(USART3)向目的地(屏幕)的过程,经过了 2 个 DMA 通道,这不但验证测试了 DMA 的数据传送功能,而且读者也从中学习掌握了一门数据传输处理技术。

图 9-1 用户输入命令"dma 2"中的参数 2,表示对 Str1 和 Str2 中了字符串重复两次发送,以验证"双缓存"机制对连续数据接收和处理(打

图 9-1　USART 双缓存数据收发运行实例

印)能力,由于"新旧"数据使用不同的缓存空间而互不影响。

9.2　通用 DMA 的作用及特征

DMA 方式的主要优点是数据传输过程中,可以解放 CPU 去做其他工作,而且速度快。由于 CPU 根本不参加传输操作,因此就省去了 CPU 取指、取数、送数等操作,有利于 CPU 效率的发挥。DMA 方式主要适用于一些高速的 I/O 设备,这些设备传输字节或字的速度非常快。

需要说明的是:DMA 传输从外设到内存或从内存到内存,仍然需要 CPU 初始化传输控制等参数,只是传输过程本身是由 DMA 控制器来完成的。

DMA 传输方式只是减轻了 CPU 的负担,但系统总线仍然被占用。

当外设要求传输一批数据时,由 DMA 控制器发出一个停止信号给 CPU,要求 CPU 放弃对地址总线、数据总线和相关控制总线的使用权。DMA 获得总线控制权后,开始进行数据传输。在一批数据传输完毕后,DMA 控制器又通过中断告诉 CPU 可以访问内存,并将总线控制权交还给 CPU。在 DMA 传输过程中,CPU 可以进行其他不需要总线操作的工作。

9.3　STM32 DMA 基本知识

9.3.1　DMA 与系统其他模块关系图

DMA 与其他部件的关系如图 9-2 所示,为了便于本章内容的描述,笔者在这里再次将其分别以三种不同的阴影来表示。

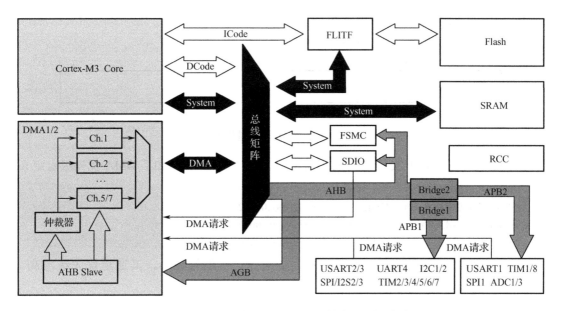

图 9-2 STM32 结构图：DMA 与其他部件的关系

（1）功能描述：DMA 控制器和 CM3 核（左侧浅灰色部分）共享系统数据总线（黑色阴影部分）执行直接存储器数据传输。当 CPU 和 DMA 同时访问相同的目标（RAM 或外设）时，DMA 请求可能会停止 CPU 访问系统总线达若干个周期，总线仲裁器执行循环调度，以保证 CPU 至少可以得到一半的系统总线带宽用于自己的工作。

（2）DMA 通道：两个 DMA 控制器（浅灰色部分）有 12 个通道（DMA1 有 7 个，DMA2 有 5 个），每个通道专门用来管理来自于一个或多个外设对存储器访问的请求。其中仲裁器用来协调各个 DMA 请求的优先权。

（3）DMA 处理：在发生一个事件后，外设发送一个请求信号到 DMA 控制器，DMA 控制器根据通道的优先权处理请求。当 DMA 控制器开始访问外设的时候，DMA 控制器立即发送给该外设一个应答信号；当从 DMA 控制器得到应答信号时，外设立即释放它的请求，与此同时，DAM 控制器撤销应答信号。

9.3.2 STM32 DMA 组成

DMA 由 4 部分组成：仲裁器、DMA 通道、DMA 通道请求映像、DMA 控制器。

1．仲裁器

根据通道请求的优先级来启动外设/存储器的访问，优先级分硬件和软件两个层次。

（1）软件优先级：每个通道的优先级可以在 DMA_CCRx（DMA 通道 x 配置寄存器，对于 DAM1 而言，x=1, 2, …, 7。对于 DMA2 来说，x=1, 2,…, 5）中进行设置，有最高、高、中、低 4 种优先级，如图 9-3 所示。

位[13:12]：PL，通道优先级，这些位由软件设置和清除，00 表示低，01 表示中，10

表示高，11 表示最高。

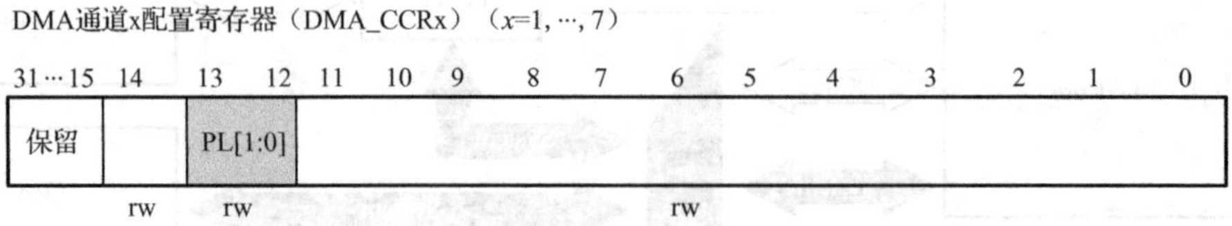

DMA通道x配置寄存器（DMA_CCRx）（x=1,…,7）

图 9-3 DMA_CCRx（DMA 通道优先级寄存器）

在 stm32f10x_dma.h 文件中，根据 CCR 寄存器位定义，完成如下 DMA 优先级宏定义。

```
187 #define DMA_Prioirty_VeryHigh    ((uint32_t)0x00003000)
188 #define DMA_Priority_High        ((uint32_t)0x00002000)
186 #define DMA_Priority_Medium      ((uint32_t)0x00001000)
185 #define DMA_Priority_Low         ((uint32_t)0x00000000)
```

（2）硬件优先级：根据通道的编号大小来确定，编号越小，其通道优先级越高，如图 9-4 所示。

2．DMA 通道请求映像

我们以 DMA1 请求映像图为示例，来揭示其内部通道与外设请求的对应关系，如图 9-4 所示。

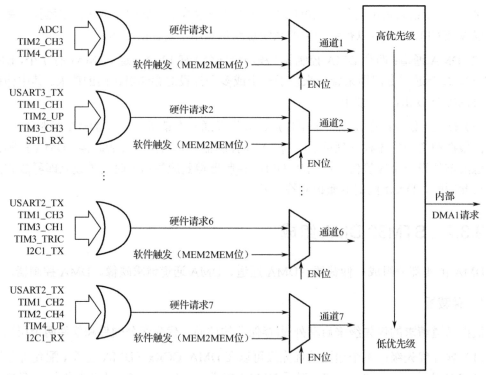

图 9-4 DMA 通道请求映像

可见，从外设（TIMx、ADC1、SPI1、SPI/I2S2、I2Cx 和 USARTx 等）产生的 7 个请求，通过逻辑或输入到 DMA1 控制器，这意味着同时只能有一个请求有效；是否需要响应

DMA 请求可以通过 EN 位进行控制（开/关）。每个通道可以在有固定地址的外设寄存器（如 USART）和存储器地址之间执行 DMA 传输。

3．DMA 通道

DMA 控制器的每一个通道由 4 个寄存器组成：DMA_CCR、DMA_CNDTR、DMA_CPAR 和 DMA_CMAR，由它们来实现通道传输参数的配置。按照惯例，可以将其封装为一个结构体类型。

```
typedef struct {
    IO uint32_t CCR;            //通道配置寄存器
    IO uint32_t CNDTR;          //通道传输量寄存器
    IO uint32_t CPAR;           //通道外设地址寄存器
    IO uint32_t CMAR;           //通道存储器地址寄存器
} DMA_Channel_TypeDef;
```

DMA 通道虽然只是作为 DMA 控制器中的一个子部件，但也有地址。可以将通道视为挂接在 DMA 控制器上的外设，DMA 控制器地址作为其基地址，如下所示（以 DMA1 为示例，在 stm32f10x.h 文件中）。

```
1338 #define DMA1_BASE           (AHBPERIPH_BASE +0x0000 )
1339 #define DMA1_Channel1_BASE  (AHBPERIPH_BASE +0x0008 )
1340 #define DMA1_Channel2_BASE  (AHBPERIPH_BASE +0x000C )
...
1345 #define DMA1_Channel7_BASE  (AHBPERIPH_BASE +0x0080 )
```

将上述 DMA1 的 7 个通道的地址值转换为 DAM_Channel_TypeDef 类型指针后，即代表了相应通道首寄存器的地址，可在代码中直接使用。

```
1431 #define DMA1_Channel1    ((DMA_Channel_TypeDef *) DMA1_Channel1_BASE)
1432 #define DMA1_Channel2    ((DMA_Channel_TypeDef *) DMA1_Channel2_BASE)
...
1437 #define DMA1_Channel7    ((DMA_Channel_TypeDef *) DMA1_Channel7_BASE)
```

例如：

```
DMA_Init (DMA1_Channel6, &DAM_InitStructure );        //对 DMA1 的通道 6 进行初始化
```

可以初始化 DAM1 通道 6。如何初始化？。

从上面的 1338～1345 行代码的宏定义和 4 个通道寄存器功能的定义（请见"4．DMA 控制器"的讲解），我们可以确定，DMA 传输本身是由 **DMA 通道**来执行的（而不是 DMA）。DMA 仅限于定义和控制传输过程的状态和中断位。

4．DMA 控制器

DMA 控制器由 DMA_ISR（DMA 中断状态寄存器）和 DMA_IFCR（DMA 中断标志清除寄存器）两个寄存器组成。每个 DMA 通道都可以在 DMA "传输过半、传输完成和传输错误"时产生中断，DMA 控制器能根据这些状态或中断来控制每个通道的传输过程。图 9-5 所示为 DMA_ISR 位定义。

DMA中断状态寄存器（DMA_ISR）

31…27	27	26	25	24	23…20	19…16
保留	TEIF7	HTIF7	TCIF7	GIF7	...TCIF6...	...TCIF5...
	r	r	r	r	r	r

15…12	11…8	7…4	3	2	1	0
...TCIF4...	...TCIF3...	...TCIF2...	TEIF1	HTIF1	TCIF1	GIF1
r	r	r	r	r	r	r

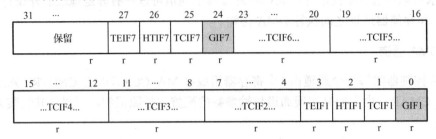

图 9-5　DMA 中断状态寄存器

由图 9-5 可见，DMA 每个通道的状态由 4 个状态位（TE—传输错误、HT—半传输完成、TC—传输完成、G—全局）组成一组来反映，因此，每个通道状态组的起始位是 0、4、8、12、16、20、24（如图阴影部分），分别对应通道 1、2、3、4、5、6、7。

- GIFx：全局中断标志。GIFx=0 表示通道 x 上没有 TE、HT 或 TC 事件；GIFx=1 则产生了这些事件。
- TCIFx：传输完成中断标志。TCIFx=0 表示通道 x 上没有传输完成事件；TCIFx=1 则产生了 TC 事件。
- HTIFx：半传输中断标志。HTIFx=0 表示通道 x 没有半传输事件（HT）；HTIFx=1 则产生了 HT 事件。
- TEIFx：传输错误标志。TEIFx=0 表示通道 x 没有传输错误（TE）；TEIFx=1 则产生了 TE 事件。

在 stm32f10x_dma.h 文件中，根据以上寄存器位定义作出如下 DMA 状态/中断宏定义，其中“FLAG/IT”本应分开书写，分别表示“状态标志”和“中断事件”，但由于其宏值都是根据相同的位图定义，同时为了便于讲解，将它们写在一起，用“/”进行分开。在代码中引用它们时，应该分开表达。比如，DMA1_FLAG_TC1，表示 DMA1 通道 1 的传送完成标志，而 DMA1_IT_TC1 表示通道产生了传送完成中断。

```
#define DMA1_FLAG/IT_GL1 ((uint32_t)0x00000001)    //通道 1 全局状态/中断
#define DMA1_FLAG/IT_TC1 ((uint32_t)0x00000002)    //通道 1 传输完成状态/中断
#define DMA1_FLAG/IT_HT1 ((uint32_t)0x00000004)    //通道 1 半传输完成状态/中断
#define DMA1_FLAG/IT_TE1 ((uint32_t)0x00000008)    //通道 1 传输错误状态/中断
#define DMA1_FLAG/IT_GL2 ((uint32_t)0x00000010)    //通道 2 全局状态/中断
……
```

（1）开/关中断：以上标志（DMA1_FLAG_…）可以通过 DMA_CCRx（DMA 通道 x 配置寄存器）的位 1、2、3 来开或关，将其升级为相应的中断信号，如图 9-6 所示。也就是说，如果通道寄存器 DMA_CCR 的位开关（bit1—TCIE、bit2—HTIE、bit3—TEIE）被置 1，并且相应通道的状态位 DMA1_FLAG_TC1/HT1/TE1 也为 1 的话，则产生 DMA1_TI_TC1/HT1/TE1 中断。

DMA通道x配置寄存器（DMA_CCRx）（x=1, …, 7）

31…15	14～4	3	2	1	0
保留	DMA通道初始配置位定义	TEIE	HTIE	TCIE	EN
	rw rw rw rw rw rw rw rw rw rw rw	rw	rw	rw	rw

图 9-6　DMA 通道 x 配置寄存器

- 位 1：TCIE，允许传输完成中断。TCIE=0 禁止 TC 中断；TCIE=1 允许 TC 中断。
- 位 2：HTIE，允许半传输中断。HTIE=0 禁止 HT 中断；HTIE=1 允许 HT 中断。
- 位 3：TEIE，允许传输错误中断。TEIE=0 禁止 TE 中断；TEIE=1 允许 TE 中断。

例如：

DMA_ITConfig (DMA1_Channel3, DMA_IT_TC, ENABLE);   //开启 DMA1 通道 3 的 TC 中断

（2）清除中断：可以通过 DMA_IFCR（DMA 中断标志清除寄存器）来清除上述 DMA_ISR 中产生的状态位。DMA_IFCR 结构与 DMA_ISR 完全相同，只是在 ISR 的位定义字符前加了字母"C"来表示清除（Clear）之意。例如：

DMA1->IFCR = DMA1_FLAG_GL1;   //清除 DMA1 通道 1 的全局状态标志

同样，由于 DMA_ISR 和 DMA_IFCR 共同完成 DMA 控制器的功能，在 stm32f10x.h 文件 806 行中将它们封装为一个结构体，其类型为 DMA_TypeDef。

```
806 typedef struct {
807     __IO uint32_t ISR;
808     __IO uint32_t IFCR;
809 } DMA_TypeDef;
```

请注意区分 DMA_TypeDef 和 DMA_Channel_TypeDef 的区别和应用场合：前者是 DMA 控制器的结构类型，负责其下的各个通道的状态或中断控制；后者是 DMA 通道的结构类型，真正完成数据传送等方面的设置。

9.4 实验示例分析

图 9-7 直观地反映出了 9.1 节的实验逻辑描述。在第一次传送时，Str1 由 USART3 发往 USART1 的 RX 引脚（硬件上要将 USART3 的 TX 和 USART1 的 RX 引脚相连），并通过 USART1 的 DMA 接收通道（DMA1_Channel5）存入缓存 1（如图 9-7 的左图）；第一次时缓存 2 中没有数据，但程序运行一段时间后，缓存 1 和缓存 2 被交替存储由 USART3 发送过来的数据。此时，缓存 2 中的数据通过 USART1 的 DMA 发送通道（DMA1_Channel4）发送出去（向屏幕打印）；第二次（偶数次）时，Str2 也以相同的路径被存储于缓存 2（如 9-7 右图），此时缓存 1 中的数据正被发送显示；第三次时，Str1 被存储于缓存 1（缓存 2 正被发送显示）……如此反复，直到完成用户所输入的交替发送次数。

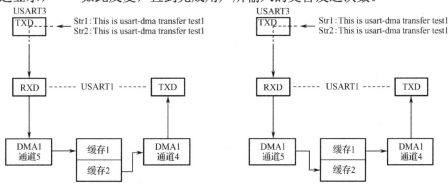

图 9-7 采用 DMA 技术的 USART 双缓存收发数据示意图

9.4.1 main.c 文件中的 main()函数

代码 9-1　工程入口函数 main()

```
01 #include "usart.h"
02 #include "gpio.h"
03 uint8_t Str1[] = "This is a usart-demo transfer test1";
04 uini8_t Str2[] = "This is a usart-demo transfer test2";
05 short USART_BUF[2][40];        //定义一个二维字符数组表示两数据缓存
06 short RECV =0;                 //即 USART_BUF[0][40]表示 USART 的接收缓存
07 short SEND =1;                 //即 USART_BUF[1][40]表示 USART 的发送缓存
08 short DMASEND =1;              //表示 DMA 通道 4 正发送数据
09 short DMARECV =0;              //表示 DMA 通道 5 还没有接收到数据
10 DMA_InitTypeDef DMA_InitStructure4, DMA_InitStructure5;
11
12 int main(void)
13 {
14     gpio_Init();
15     usart_Init();
16     RTC_Init();                 //RTC 模块初始化
17
18     while (1) {
19         xputs ("Shell > ");     //提示输入用户命令
20         xgets (line, BUFSIZE );
21         parse_console_line (line);
22         xprintf("\r\n");
23     }
24 }
```

代码 9-1 第 05 行，定义了一个表示 USART 发送/接收缓存的二维数组；6～7 行定义两个变量，其实质表示二维数组两个行下标，分别表示接收（RECV 这，初始值为 0）和发送（SEND，初始值为 1）缓存，这很有技巧，在后面 DMA1_Channel5 接收中断中，通过将两变量的值互换（RECV 变为 1，SEND 变为 0），便变量名仍保持"接收"和"发送"的字面含义。这样既达到了互换收发缓存的目的，又不至于引起理解上的困难。

从代码行 12 进入 main()函数，完成系统外设接口的初始化，然后进入 Shell 运行环境。在 Shell 提示符下，输入"dma 2"即可开始 USART1 基于 DMA 通道的数据传送。

9.4.2　USART1 的初始化

由于本章实验是基于 USART1 的 DMA 传送，所以除了串口本身的配置之外，还需要添加其与 DMA 相关的设置。综合前面几章的讲解，USART 初始化包括其所用 GPIO 引脚配置、USART 协议参数设置、USART 的 DMA 通道映像设置，最后是前面三步所涉及的相关中断的配置。下面就按这样的顺序列出本实例中的代码，重点分析读者还没有见过的

DMA 通道传输参数的配置。

代码 9-2　USART1 初始化函数 usart_config()

```
01 void usart_Init(void)
02 {
03      usartGPIO_Init();                        //USART1 所用引脚设置，第 6 章已讲
04      usartProtocol_Init();                    //USART1 协议参数设置
05      usartNVIC_Init();                        //注册 USART1 中断处理函数，已讲
06      usartDMA_Init();                         //USART1DMA 通道映像设置
07      dmaNVIC_Init();                          //向 NVIC 注册 DMA 中断处理函数
08
09      DMA_Cmd(DMA1_Channel5, ENABLE);          // 初始化时开启 DMA1 通道 5
10 }
```

代码 9-3　USART1 协议初始化

```
01 void usartProtocol_Init(void)
02 {
03      USART_InitTypeDef USART_InitStructure;
04
05      RCC_APB2PeriphClockCmd(RCC_APB2Periph_USART1, ENABLE );
06
07      USART_InitStructure.USART_BaudRate = 9600;
08      USART_InitStructure.USART_WordLength = USART_WordLength_8b;
09      USART_InitStructure.USART_StopBits = USART_StopBits_1;
10      USART_InitStructure.USART_Parity = USART_Parity_No;
11      USART_InitStructure.USART_HardwareFlowControl = USART_HardwareFlowControl_None;
12      USART_InitStructure.USART_Mode = USART_Mode_Rx | USART_Mode_Tx;
13      USART_Init(USART1, &USART_InitStructure);
14
15      /* 开启 USART1 的 DMA 发送和接收通道 */
16      USART_DMACmd(USART1, USART_DMAReq_Tx | USART_DMAReq_Rx, ENABLE);
17      USART_Cmd(USART1, ENABLE);               //启动 USART1 接口
18 }
```

代码 9-3 基于第 6 章中的 USART 协议初始化设置，添加了第 16 行代码，其作用是开启用 USART1 的 DMA 发送和接收请求，作为 USART 和 DMA 控制器之间的协调（请求与响应）信号。要"打通"USART 的 DMA 通道，除了第 16 行反映的"DMA 请求信号"之外，还得启用 DMA 控制器内部与 USART 相对应的 DMA 发送和接收通道（由代码 9-2 的第 9 行来完成）。只有保证这两个"开关"都使能，才可真正实现 DMA 传输，所有外设的 DMA 传送都是如此。

代码 9-4　DMA 配置函数 usartDMA_Init()

```
01 void usartDMA_Init(void)
02 {
03      DMA_DeInit(DMA1_Channel4);                                   //复位 DMA1_Channel4
```

```
04
05      DMA_InitStructure4.DMA_PeripheralBaseAddr = (u32)SRC_USART1_DR;//外设数据寄存器地址
06      DMA_InitStructure4.DMA_MemoryBaseAddr = (u32)USART1_BUF[SENDBUF][0]; //发送缓存
07      DMA_InitStructure4.DMA_DIR = DMA_DIR_PeripheralDST;       //DMA 传输方向：→USART1
08      DMA_InitStructure4.DMA_BufferSize = RECEBUFSIZE;                   //数据传输数量
09      DMA_InitStructure4.DMA_PeripheralInc = DMA_PeripheralInc_Disable;      //外设地址不变
10      DMA_InitStructure4.DMA_MemoryInc = DMA_MemoryInc_Enable;           //内存地址自增
11      DMA_InitStructure4.DMA_PeripheralDataSize = DMA_PeripheralDataSize_Byte; //传输单位:字节
12      DMA_InitStructure4.DMA_MemoryDataSize = DMA_MemoryDataSize_Byte;
13      DMA_InitStructure4.DMA_Mode = DMA_Mode_Normal;                    //普通方式
14      DMA_InitStructure4.DMA_Priority = DMA_Priority_High;              //中断优先级：高
15      DMA_InitStructure4.DMA_M2M = DMA_M2M_Disable;    //关闭内存到内存传输
16      DMA_Init(DMA1_Channel4,&DMA_InitStructure4);     //按参数 DMA_InitStruture 初始化
17
18      DMA_DeInit(DMA1_Channel5);                       //复位 DMA 通道 5 配置
19      DMA_InitStructure4.DMA_PeripheralBaseAddr = (u32)SRC_USART1_DR;
20      DMA_InitStructure4.DMA_MemoryBaseAddr = (u32)USART1_BUF[RECV][0];    //接收缓存
21      DMA_InitStructure4.DMA_DIR = DMA_DIR_PeripheralSRC;    //DMA 传输方向：→接收缓存
22      DMA_InitStructure4.DMA_BufferSize = RECEBUFSIZE;
23      DMA_InitStructure4.DMA_PeripheralInc = DMA_PeripheralInc_Disable;
24      DMA_InitStructure4.DMA_MemoryInc = DMA_MemoryInc_Enable;
25      DMA_InitStructure4.DMA_PeripheralDataSize = DMA_PeripheralDataSize_Byte;
26      DMA_InitStructure4.DMA_MemoryDataSize = DMA_MemoryDataSize_Byte;
27      DMA_InitStructure4.DMA_Mode = DMA_Mode_Circular;         //循环模式
28      DMA_InitStructure4.DMA_Priority = DMA_Priority_High;
29      DMA_InitStructure4.DMA_M2M = DMA_M2M_Disable;
30      DMA_Init(DMA1_Channel4, &DMA_InitStructure4);
31
32      DMA_ITConfig(DMA1_Channel4, DMA_IT_TC, ENABLE); //开启 DMA 通道 4 的传输完成中断
33      DMA_ITConfig(DMA1_Channel5, DMA_IT_TC, ENABLE); //开启 DMA 通道 5 的传输完成中断
34 }
```

前面提过，真正执行 DMA 数据传输的是 DMA 通道，使用 STM32 库开发时，对通道的初始化当然也得借助于 DMA 通道的初始化结构体。在文件 **stm32f10x_dma.h** 中定义通道初始化结构体类型为：

```
typedef struct {
    uint32_t DMA_PeripheralBaseAddr;            //DMA 通信的外设基地址
    uint32_t DMA_MemoryBaseAddr;                //DMA 通信的内存基地址
    uint32_t DMA_DIR;                           //DMA 通信的方向
    uint32_t DMA_BufferSize;                    //一次 DMA 通信的字符数量（字节为单位）
    uint32_t DMA_PeripheralInc;                 //外设地址自增使能或关闭
    uint32_t DMA_MemoryInc;                     //内存地址自增使能或关闭
    uint32_t DMA_PeripheralDataSize;            //DMA 通信时外设传输单位（字节、字）
    uint32_t DMA_MemoryDataSize;                //DMA 通信时内存传输单位
```

```
    uint32_t DMA_Mode;              //DMA 通信模式：普通和循环
    uint32_t DMA_Priority;          //配置 DMA_Channel 的优先级
    uint32_t DMA_M2M;               //内存到内存 DMA 传输使能或关闭
} DMA_InitTypeDef;
```

DMA 通道的初始化，其配置参数只涉及通道配置寄存器 CCR（每个通道都有这样的配置寄存器）。该寄存器的位定义（仅画出了与初始化相关的位）如图 9-8 所示，根据寄存器位图，在 stm32f10x_dma.h 文件中，定义了相应的宏开关。进行 DMA 通道初始化时，直接使用这些宏比使用相应的十六进制值更直观，代码更易于维护

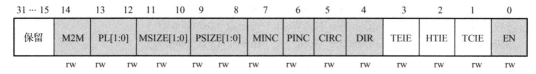

图 9-8　DMA 通道配置寄存器 DMA_CCR

DMA 通道控制寄存器 CCRx 完成两类参数的位定义：传输中断使能控制位（已在前面讲解，此处略）和传输配置位（CCR 寄存器位图的阴影部分）。

● 位[0]：EN，开启通道。RXNE =0，通道不工作；RXNE =1，开启通道。

```
3463 #define DMA_CCR1_EN ((uin16_t)0x0001)        //存在于文件 stm32f10x.h
```

函数 DMA_Cmd() 即完成某个通道传输的开启或关闭操作，其内部代码就使用宏 DMA_CCR1_ EN 来表示开启，用"～DMA_CCR1_EN"来表示关闭。函数调用 DMA_Cmd(DMA1_ Channel5, ENABLE) 代表着开启 DMA1 的通道 5，参数 ENABLE 即对应于函数内部的"DMA_CCR1_EN"宏。

● 位[4]：DIR，数据传输方向。DIR =0 表示外设为源；DIR =1 表示外设为目标。

```
112 #define DMA_DIR_PeripheralDST    ((uint32_t)0x00000010)   // 外设作为 DMA 传送的目的地
113 #define DMA_DIR_PeripheralSRC    ((uint32_t)0x00000000)   // 外设作为 DMA 传送的数据源
```

代码 9-4 的 07 和 21 行分别使用了宏 DMA_DIR_PeripheralDST 和 DMA_DIR_PeripheralSRC 来表示数据传输方向。

● 位[5]：CIRC，循环模式。CIRC =0 普通模式；CIRC =1 执行循环模式。

```
176 #define DMA_Mode_Circular        ((uint32_t)0x00000020)
177 #define DMA_Mode_Normal          ((uint32_t)0x00000000)
```

循环模式用于处理循环缓冲区和连续的数据传输。当启动了此模式，数据传输的数目变为 0 时，将会自动被恢复成配置通道时设置的初值，DMA 操作将会继续进行。很显然，本实验不需要这样的功能，所以在代码 9-4 的第 13 和 27 行选择使用了 DMA_Mode_Normal。

● 位[6]：PINC，外设地址增量模式。PINC =0 不执行外设地址增量操作；PINC =1 执行外设地址增量操作。

```
124 #define DMA_PeripheralInc_Enable    ((uint32_t)0x00000040)
125 #define DMA_PeripheralInc_Disable   ((uint32_t)0x00000000)
```

● 位[7]：MINC，内存地址增量模式。MINC =0 不执行内存地址增量操作；MINC =1 执行内存地址增量操作。

```
136 #define DMA_MemoryInc_Enable    ((uint32_t)0x00000080)
137 #define DMA_MemoryInc_Diable    ((uint32_t)0x00000000)
```

地址增量多指在一片连续内存空间中，随着数据的传输，其地址指针逐渐增大（或减小），以能够存储新的数据，而外设地址基本固定。因此代码 9-4 的第 9、23 和 10、24 行分别采用 DMA_PeripheralInc_Disable 和 DMA_MemoryInc_Enable。

● 位[9:8]：PSIZE[1:0]，外设数据宽度。00 表示 8 位；01 表示 16 位；10 表示 32 位；11 保留。

```
148 #define DMA_PeripheralDataSize_Byte      ((uint32_t)0x00000000 )
149 #define DMA_PeripheralDataSize_HalfWord  ((uint32_t)0x00000100 )
150 #define DMA_PeripheralDataSize_Word      ((uint32_t)0x00000200 )
```

● 位[11:10]：MSIZE[1:0]，位定义的含义同 PSIZE。

```
162 #define DMA_MemoryDataSize_Byte      ((uint32_t)0x00000000)
163 #define DMA_MemoryDataSize_HalfWord  ((uint32_t)0x00000400)
164 #define DMA_MemoryDataSize_Word      ((uint32_t)0x00000800)
```

DMA 传输时，该 4 位定义传输单位。对于外设和存储器，通常以字节为单位。故代码行 11、12、25、27 使用 DMA_PeripheralDataSize_Byte 和 DMA_MemoryDataSize_Byte。

● 位[14]：M2M，存储器到存储器模式。M2M =0 外设到存储器模式；M2M =1 存储器到存储器模式。

```
203 #define DMA_M2M_Enable    ((uint32_t)0x00004000)
204 #define DMA_M2M_Disable   ((uint32_t)0x00000000)
```

M2M 模式应用于内存 A 区域到 B 区域的数据快速移动，显然不是本实验的应用场景，所以代码第 15 和 29 行使用了 DMA_M2M_Disable。

在设置了 DMA 通道的传输参数后，代码 9-4 的第 32、33 行开启 DMA1 通道 4 和通道 5 的传输完成中断，以便当预先设置的传输量（请见代码 9-4 的第 08 和 22 行）传输完成以后，可触发 DMA1_Channel4_IRQHandler()和 DMA1_Channel5_IRQHandler()中断服务。

代码 9-5　DMA 中断配置 dma_nvic_config()

```
01 void dmaNVIC_Init(void)
02 {
03     NVIC_InitTypeDef NVIC_InitStructure;
04
05     NVIC_InitStructure.NVIC_IRQChannel = DMA1_Channel5_IRQn;              //注册 DMA1 通道 5 中断
06     NVIC_InitStructure.NVIC_IRQChannelPreemptionPriority =1;
07     NVIC_InitStructure.NVIC_IRQChannelSubPriority = 2;
08     NVIC_InitStructure.NVIC_IRQChannelCmd = ENABLE;
09     NVIC_Init(&NVIC_InitStructure);
10
11     NVIC_InitStructure.NVIC_IRQChannel = DMA1_Channel4_IRQn;              //注册 DMA1 通道 4 中断
```

```
12        NVIC_InitStructure.NVIC_IRQChannelPreemptionPriority =1;
13        NVIC_InitStructure.NVIC_IRQChannelSubPriority = 2;
14        NVIC_InitStructure.NVIC_IRQChannelCmd = ENABLE;
15        NVIC_Init(&NVIC_InitStructure);
16    }
```

代码 9-5 的 05 和 11 完成向 NVIC 控制器注册 DMA1 通道 4、5 的中断（即传输完成中断）。这样，当有上述中断发生时，就可以进入相应的中断处理函数进行数据处理了。

9.4.3 DMA 通道中断处理函数

本实验 DMA 通道中断处理函数就两个：

- DMA1_Channel4_IRQHandler() -> USART1_DMA TX 通道。
- DMA1_Channel5_IRQHandler() -> USART1 DMA RX 通道。

基于代码 9-4 对 DMA 通道的配置，在 Str1 或 Str2 通过 DMA1_Channel5 传送完成后（假如存储于 RxBuf），触发 DAM1_Channel5_IRQHandler()中断。在此中断函数中，需要完成以下几个任务：

第一，清除 DMA1_IT_GL5 标志；

第二，将接收缓存换为 TxBuf，以便接收下一波数据（Str2）；

第三，将发送缓存更改为 RxBuf，以便接下来向屏幕打印（Str1）；

第四，由于更改了 DMA1_Channel5 的配置参数中的内存地址为 TxBuf，需要重新调用其初始化函数 DMA_Init()，进行设置；

第五，将 DMARECV 标志置 1，以提醒用户程序：接收缓存已有数据，请打印！

上述过程如代码 9-6 所示：

代码 9-6 USART_RX DMA 通道中断处理函数 DMA1_Channel5_IRQHandler()

```
01 void DMA1_Channel5_IRQHandler(void)
02 {
03      uint8_t tmp;
04      if( DMA_GetITStatus( DMA1_IT_TC5 )) {           //如果发生通道 5 传输完成中断
05          DMA_ClearITPendingBit(DMA1_IT_GL5);         //清空通道 5 全部的传输标志
06
07          tmp = RECV;                                 //以下三行代码交换收，发缓存下标值，但名字未变
08          RECV = SEND;
09          SEND = tmp;
10
11          DMA_InitStructure5.DMA_MemoryBaseAddr = (uint32_t)(USART1_BUF[RECV]);
12          DMA_Init(DMA1_Channel5, &DMA_InitStructure5); //初始化
13
14          DMARECV =1;                                 //接收缓存中有数据，可以传输
15      }
16
```

```
17        xprintf("Interrupt5 ...\r\n");        //调试使用，打印 Interrupt5…，表明发生了数据接收中断
18  }
```

代码 9-6 的第 7~9 行完成收发缓存角色互换。需要注意的是，第 11 行 USART1_BUF[] 的下标名 RECV 虽然没有改变，但其值通过代码行 07-09 已发生了互换（由原来的 0 变为现在的 1）。因此，需要第 12 行重新设置通道 5 的内存地址。最后将 DMARECV 置 1，以便在用户程序的 while 轮询中启用 DMA1_Channel4 进行数据发送。

在用户程序中，发现 DMARECV 被置 1，表明接收缓存中有数据可以打印。因此开启 DMA1_Channel4 通道，接收缓存中的数据（Str1 或 Str2）立刻在屏幕上显示出来。完成之后，触发 DMA1_Channel4_IRQHandler()中断，在此中断中，仅需完成如下两步：

第一，清除 DMA1_IT_GL4 中断标志；

第二，由于数据已传送完毕，关闭 DMA1_Channel4。

以上两步对应的代码如 9-7 所示。

代码 9-7   USART_TX DMA 通道中断处理函数 DMA1_Channel4_IRQHandler()

```
01 void DMA1_Channel4_IRQHandler(void)
02 {
03       if( DMA_GetITStatus( DMA1_IT_TC4 )) {        //如果发生通道 4 传输完成中断
04            DMA_ClearITPendingBit(DMA1_IT_GL4);     //清空通道 4 全部的传输标志
05            DMASEND =0;                             //未在传输中
06            DMA_Cmd(DMA1_Channel4, DISABLE);        //关闭通道 4
07       }
08 }
```

从 DMA1_Channel4_IRQHandler 和 DMA1_Channel5_IRQHandler 两个中断处理函数的处理过程可以看出：通道 5 一直处于接收数据的状态，而通道 4 则传送一次关闭一次。因此，在 DMA 通道初始化（代码 9-4 的第 27 和第 13 行）时，它们的传输模式分别被设置为 Circular 和 Normal 模式。

9.4.4 sysTick 中断处理函数

在 sysTick 中断处理函数中，完成两个任务：

第一，递减 nTimes。这个变量的初始值来自于用户输入参数，表明 DMA 传输的次数，值越大，表明 DMA 传输的数据量越多，持续时间越长；

第二，调用函数 USART_SendData()交替将 Str1 和 Str2 发往 USART3，直至 nTimes 自减为 0。

将以上过程用代码表示如下。

```
01 void SysTick_Handler(void)
02 {
03       int i = 0, len;
04       len = strlen(Str1);
05       while (i++ < len) {
```

```
06          if(nTimes%2 == 0)            // 如果是第偶数次，发送 Str1
07              USART_SendData(USART3, (uint8_t)Str1[i]);
08          else
09              USART_SendData(USART3, (uint8_t)Str2[i]);   // 否则发送 Str2
10          while (USART_GetFlagsStatus(USART3, USART_FLAG_TXE)==RESET);
11      }
12      nTimes--;                        // 用户测试次数减 1
13 }
```

9.4.5 DMA 通道配置的其他寄存器

在前面讲 DMA 通道的初始化代码时，只详细讲解了 DMA 通道控制寄存器，其实还有三个配置寄存器也是初始化时必不可少的。它们分别于设置 DMA 传输时数据量，外设和内存地址设置。外设和内存为数据的源或目的地，当所设置的一定量数据被传输完毕时，整个 DAM 传送也就结束了。

（1）DMA_CNDTRx（x=1,…,7，通道 x 传输数量寄存器），如图 9-9 所示，此寄存器设置需要传输的数据块的大小。

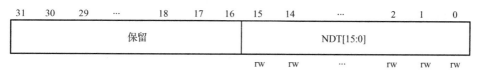

图 9-9　DMA_CNDTR 寄存器

● 位 15～0：NDT[15:0]，数据传输数量，范围为 0～65535。

说明：数据传输结束后，寄存器的内容或变为 0；或当该通道被配置为自动重加载模式时，寄存器的内容将被自动重新加载为之前配置时的数值。当寄存器的内容为 0 时，无论通道是否开启，都不会发生任何数据传输。

（2）DMA_CPARx（x=1,…,7，通道 x 外设地址寄存器），如图 9-10 所示，此寄存器仅就存储外设数据寄存器的基址，作为数据传输的源或目标。

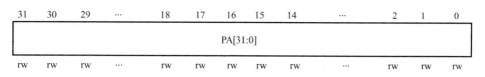

图 9-10　DMA_CPARx 寄存器

（3）DMA_CMARx（x=1,…,7，通道 x 存储器地址寄存器），如图 9-11 所示，此寄存器仅存放存储器地址，作为数据传输的源或目标。

DMA通道x存储器地址寄存器（DMA_CMARx）（x=1, …, 7）
偏移地址：0x14+20d x 通道编号
复位值：0x0000 0000

31	30	29	…	18	17	16	15	14	…	2	1	0
						MA[31:0]						
rw	rw	rw	…	rw	rw	rw	rw	rw	…	rw	rw	rw

图 9-11　DMA_CMARx 寄存器

总结：DMA 传输时，每一个通道都需要用自己的 4 个寄存器（CCR、CNDTR、CPAR、CMAR）来进行配置。

9.4.6　DMA 用户测试命令及其执行函数

本节来完成向 Shell 命令系统添加 DMA 测试命令 "dma <nTimes>"，该命令实现的功能是验证 USART1 的 DMA 收发通道对批量数据的传送功能。参数 nTimes 模拟 DMA 通道连续传送同一批数据的次数。

首先，在命令数据结构中添加测试命令：dma。

```
static struct comentry commands[] = {
    ....;
    {"dma",dma},
    { NULL, unknown }
};
```

其次，在帮助系统中添加 twinkle 命令的使用说明。

```
void help(void)
{
    ....;
    xprintf("dma <nTimes>    - The Times of Transfer Mass-Data by DMA channel.\r\n" );
}
```

最后，实现 dma 命令的功能函数 dma()。

代码 9-8　dma 功能函数 dma()

```
01  void dma(char* str)
02  {
03      int len, nTimes;
04      char count[10];
05
06      memset(count, '\0',10);
07      len = lsize(str);
08      if (len != 2) {                          // 检查参数是否正确
09          xputs("Usage: dma <nTimes> \r\n");
10          return;
11      } else {
12          strcpy(count, lindexStr(str,1));
13      }
```

```
14
15      USART_ITConfig(USART1, USART_IT_RXNE, DISABLE);      //禁用 USART1 接收中断
16      nTimes = atoi(count);                    // nTimes 在此处赋初值，在 sysTick 中断中递减
17      while(nTimes) {
18          if(DMARECV) {                        //如果 DMA 通道 5（USART_RX）有接收到数据
19              DMARECV =0;                      //清通道 5 的接收标志为 0
20              DMA_InitStructure.DMA_MemortyBaseAddr = (u32)USART_BUF[SENDBUF];
21              DMA_Init(DMA1_Channel4, &DMA_InitStructure4);
22
23              DMA_Cmd(DMA1_Channel4, ENABLE);     //发送 USART_BUF[]中的数据
24              LED_OnOff(LED2, ON);                //点亮 LED2，表此时 DMA1 发送通道正发送数据
25              while(DMASEND) {    //在 DMA1 通道 4 发送数据期间，可做其他事情（闪烁 LED3）
26                  LED_OnOff(LED3, ON);
27                  delay(1000);
28                  LED_OnOff(LED3, OFF);
29                  delay(1000);
30              }
31
32              DMASEND=1;
33              LED_OnOff(LED2, OFF);
34          }
35      }
36      USART_ITConfig(USART1, USART_IT_RXNE, ENABLE);      // 开启 USART1 接收中断
37 }
```

程序首先检查用户所输入的命令及参数。无误后进入 while 循环，以轮询的方式查询 DMARECV 变量是否被置 1，DMARECV 在 DMA1_Channel5_IRQHandler 中断处理函数中被设置，表明接收缓存中有数据，同时在此中断处理函数中，对换两个缓存（互换下标值），为接下来（主程序的 17～35 行）的发送过程准备数据。

在确定了命令参数无误之后，代码 9-8 的第 15 行需要先禁用 USART1 的接收中断，以防止用户在键盘上的意外输入而影响程序的执行；当然整个代码退回到 shell 之前，之前禁用的 USART1 接收中断必须重新开启，也便 shell 环境下新命令的输入。

代码 9-8 的 18～34 行将缓存 USART_BUF[RECV]中的数据，通过 DMA1_Channel4 送往 USART1 的输出引脚，并最终传送到 PC 桌面的仿真终端窗口显示出来。由于在 DMA1_Channel5 的中断处理函数中互换了缓存，所以必须重新设置 DMA_Channel4 通道的内存地址，如代码 20，21 行。一切准备妥当之后，调用 DMA_Cmd()开启通道 4 即可开始传输，如代码 22 行那样。

代码 9-8 的第 24～29 行演示了在通道 DMA1_Channel4 发送数据过程中，可以同步闪烁 LED3，以表明 CPU 从纷繁的数据传输任务中解放出来，做其他的事情，提高了 CPU 的利用率。

9.5 建立工程，编译和执行

创建和配置工程的详细步骤请参考第 1 章。

9.5.1 建立以下工程文件夹

- project：存放建立工程过程中由 Keil MDK 自动生成的配置文件和工程文件。
- usr：存放由用户实现的源码文件（即应用层文件），如 main.c、includes。
- stm32：存放 STM32 库文件，并将整理后的库文件复制到此文件夹下，在此文件夹下再建立三个子文件夹，即 fwlib、cmsis、_usr，分别用来存入原始库文件整理后的各相关文件；
- output：存放编译、链接时产生的输出文件，可执行格式（.HEX）文件也存放于此。

9.5.2 创建文件组和导入源文件

使用 uVision 向导建立工程，完成后在"工程管理区"创建文件组，并导入/编辑源文件（创建和导入方法详细说明请见第 1 章）。文件组和文件的对应关系如表 9-1 所示。

表 9-1 工程文件组及源文件

usr	main.c	应用主程序（入口）	dma/usr
	gpio.h/c	GPIO 操作驱动，如 LED、Beep	dma/usr
	usart.h/c	用户实现的 USART 模块驱动	dma/usr
	stm32f10x_conf.h	工程头文件配置	dma/stm32/_usr
	stm32f10x_it.h/c	异常/中断实现	dma/stm32/_usr
cmmis	core_cm3.h/c	Cortex-M3 内核函数接口	dma/stm32/CMSIS
	stm32f10x.h	STM32 寄存器等宏定义	dma/stm32/CMSIS
	system_stm32f10x.h/c	STM32 时钟初始化等	dma/stm32/CMSIS
	startup_stm32f10x_hd.s	系统启动文件	dma/stm32/CMSIS/Startup
fwlib	stm32f10x_rcc.h/c	RCC（复位及时钟）操作接口	dma/stm32/FWlib
	stm32f10x_gpio.h/c	GPIO 操作接口	dma/stm32/FWlib
	stm32f10x_usart.h/c	USART 外设操作接口	dma/stm32/FWlib
	stm32f10x_dma.h/c	DMA 外设操作接口	dma/stm32/FWlib
	misc.c	CM3 中断控制器操作接口	dma/stm32/FWlib

9.5.3 编译运行

执行开发环境菜单"build"或"rebuild"命令（对应于工具栏中的 和 ）即可完成工程的编译、链接，最终生成可执行的 dma.hex 文件。将其烧录到学习板，结果如图 9-1 所示。

第10章 实时时钟 RTC

实时时钟（RTC）是一种能够提供时钟/日历和数据存储等功能的专用模块。即使在掉电的情况下，也能够依靠备份电池维持系统时钟等重要的数据，具有计时准、功耗低等优点，适用于在嵌入式系统中记录事件发生的时间及其相关信息。例如，如文件系统中目录/文件建立、修改时间的记录，以及操作系统中各种事件的时间戳等都需要 RTC 模块提供准确的时间信息。

本章基于 STM32F103ZET6 的 RTC 模块所提供的配置，来实现 RTC 最基本的日期和时钟功能。

10.1 实验结果预览

实验结果如图 10-1 所示。

图 10-1 RTC 实时时钟运行效果

10.2　STM32 RTC 模块

10.2.1　STM32 后备供电区域

在 STM32 中，RTC 模块和时钟配置系统处于后备区域，如图 10-2 所示。系统正常工作时，由主电源 V_{DD} 为后备区供电，系统掉电时，通过备份电池供电，可见保持后备区域信息的重要性。因此，系统复位后，禁止对后备寄存器和 RTC 进行访问，以防止对后备区（BKP）的意外写操作而破坏里边的信息。

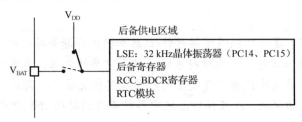

图 10-2　STM32 的后备区域

由图 10-2 可知，对 RTC 的操作涉及后备供电区域中的多个部件，如 LSE、备份域控制寄存器 RCC_BDCR 等。本节就先来讲解这些部件的功能说明及配置。

1. LSE

LSE 为一个外部 32 kHz 晶体振荡器，通过 PC14、PC15 与 RTC 模块相连并为其提供时钟源。

2. RCC_BDCR

RCC_BDCR 即备份域控制寄存器（Backup Domain Control Register），其作用是配置 RTC 相关的部件，主要是 LSE（外部 32 kHz 低速振荡器），如图 10-3 所示。

图 10-3　备份域控制寄存器位定义

- 位 0：LSEON，LSE 使能。LSEON=0 时关闭 LSE；LSEON=1 时开启 LSE。
- 位 1：LSERDY，LSE 就绪。LSERDY=0 时未就绪；LSERDY=1 时就绪。
- 位 9～8：RTCSEL[1:0]，RTC 时钟源选择，由软件设置来选择 RTC 时钟源。
- 位 15：RTCEN，RTC 时钟使能。RTCEN=0 时 RTC 时钟关闭；RTCEN=1 时 RTC

第10章 实时时钟 RTC

时钟开启。
- 位 16：BDRST，备份域软件复位。BDRST=0 时不用复位；BDRST =1 时复位整个备份域。

（1）位 0：LSEON，LSE 使能，由软件设置。LSEON=0 关闭 LSE；LSEON =1 开启 LSE，此时外部的 32 kHz 的振荡源经 PC14 和 PC15 进入 RTC 模块。

在 STM32 库文件 stm32f10x_rcc.h 中，对 LSEON 位进行了如下宏定义。

```
443  #define RCC_LSE_OFF   ((uint8_t)0x00 )         //关闭 LSE
444  #define RCC_LSE_ON    ((uint8_t)0x01 )         //开启 LSE
```

同时定义了函数 RCC_LSEConfig() 来对 LSE 进行控制，参数为 RCC_LSE_ON 或 RCC_LSE_OFF（为便于理解，笔者对代码做了简化，只列出了与 LSE 相关的部分）。

```
829  void RCC_LSEConfig ( uint8_t RCC_LSE )
830  {
831      *(__IO uint8_t * ) BDCR_ADDRESS = RCC_LSE_OFF;     //关闭 LSE 振荡器
832
833      switch (RCC_LSE) {
834          case RCC_LSE_ON:
835              *(__IO uint8_t * ) BDCR_ADDRESS = RCC_LSE_ON;
836              break;
837          default: break;
838      }
839  }
```

（2）位 1：LSERDY，LSE 就绪，由硬件置位或清 0。LSERDY =0 时未就绪；LSERDY =1 时就绪。由硬件自动置 1 或清 0 的位我们可以将其视为"状态位"，STM32 库文件 stm32f10x_rcc.h 中对该位的宏定义为

```
598  #define RCC_FLAG_LSERDY   ((uint8_t)0x41 )         //二进制 01000001
```

说明：以上 LSERDY 的宏定义有点让人费解，按前面章节的做法，它应该被定义为

```
#define RCC_FLAG_LSERDY   ((uint8_t)0x02 )
```

相应地查询此位的操作也理应为

```
uint32_t   state = RCC->BDCR & RCC_FLAG_LSERDY;
```

但实际上，为了兼顾对 RCC 模块中多个寄存器（RCC_CR、RCC_BDCR 和 RCC_CSR）状态位的统一操作，才做了上述"费解"的处理。在获取 RCC 各寄存器状态的函数 RCC_GetFlagStatus()（stm32f10x_rcc.c）中，将上面 598 代码行定义的宏 RCC_FLAG_LSERDY 通过右移 5 位来将其还原处理，如下所示下述代码 1328 所作的那样（代码做了简化处理，在理解该代码段时请将 RCC_FLAG_LSERDY 替换参数 RCC_FLAG）。

```
1326  FlatStatus RCC_GetFlagStatus (uint8_t RCC_FLAG) //获取 RCC 寄存器标志位，此处是 LSE 位
1327  {
1328      tmp = RCC_FLAG >> 5;              //将 RCC_FLAG_LSERDY 右移 5 位
1329      if (tmp == 2) {                   //如果右移 5 位后的值为 2（即 010）
```

```
1330            statusReg = RCC->BDCR;          //则要获取状态的寄存器是RCC_BDCR
1330            tmp = RCC_FLAG &0x1F;           //取RCC_FLAG_LSERDY的低5位（即tmp =00001）
1331            if (statusReg &1 <<tmp)!=RESET) //1<<tmp等于2（即1<<1）
1332                bitstatus = SET;            //BDCR的位1：LSERDY，设返回值为SET
1333            else
1334                bitstatus = RESET;
1335
1336            return bitstatus;
1337    }
```

（3）位9～8：RTCSEL[1:0]，RTC时钟源选择，可供选择的时钟源有：00表示无时钟，01表示LSE，10表示LSI，11表示HSE128分频后作为RTC时钟。

在STM32库文件stm32f10x_rcc.h中，就此位进行了如下时钟源的宏定义。

```
456 #define RCC_RTCCLKSource_LSE       ((uint8_t)0x00000100)    //LSE时钟源
457 #define RCC_RTCCLKSource_LSI       ((uint8_t)0x00000200)    //LSI时钟源
458 #define RCC_RTCCLKSource_HSE_Div128 ((uint8_t)0x00000300)   //HSE128分频时钟源
```

同时，定义函数RCC_RTCCLKConfig()（stm32f10x_rcc.c）来选择RTC的时钟源，如下。

```
879     void RCC_RTCCLKConfig ( uint32_t RCC_RTCCLKSource ) //参数为456～458行代码定义的宏
880     {
881         RCC->BDCR |= RCC_RTCCLKSource;
882     }
```

由于LSE时钟工作稳定，精确度高，本章的实验采用它来作为RTC的时钟源。

（4）位15：RTCEN，RTC时钟使能。RTCEN =0时RTC时钟关闭；RTCEN =1时RTC时钟开启。

（5）位16：BDRST，备份域软件复位。BDRST=0时不用复位；BDRST =1时复位整个备份域。

对于位15和16的操作，STM32库文件没有直接定义相应的宏，而是定义函数RCC_RTCCLKCmd()和RCC_BackupResetCmd()分别来完成开启RTC时钟和对备份域进行复位的操作。在函数的内部采用位带操作，而非传统的"读-改-写"操作寄存器位的方式。这样做的优点是效率更高（一步写入）。有关位带的操作不是本书的重点，有兴趣的读者可以参考文献[1]。

这两个函数的调用方式为：

```
RCC_RTCCLKCmd (ENABLE / DISABLE );          //开启或关闭RTC时钟
RCC_BackupResetCmd ( ENABLE / DISABLE );    //复位或不复位备份域
```

3．PWR_CR（电源控制寄存器）

RCC_BDCR寄存器复位后处于写保护状态，可以通过设置电源控制寄存器（PWR_CR）中的位8（即DBP）为1来解除这种写保护。

位8：DBP，取消后备区域的写保护。DBP =0禁止写入RTC和后备寄存器；DBP =1时允许写入。

在 STM32 库文件 stm32f10x_pwr.c 中，定义了函数 PWR_BackupAccessCmd ( )来启用/取消后备区的写保护操作（函数内部也是采用位带操作的方式），其调用方式为

PWR_BackupAccessCmd (ENABLE);   //解除对后备区域的写保护，允许写入

10.2.2 RTC 组成

10.2.1 节讲述了备份区域中与 RTC 相关的初始设置，这些都是 RTC 能够工作的外部条件。除此之外，RTC 本身也需要做一些设置，本节就这部分内容进行讲解。

STM32 RTC 在实质是一个独立的定时器，在外部 LSE 时钟信号的激励下，通过配置可以产生周期为 1 s 的 TR_CLK 信号，进而为系统提供时钟和日历服务；同时通过修改计数器的值，可以重新设置系统当前的时间和日期，并为报警器的实现提供了可能。RTC 主要由以下两部分组成，如图 10-4 所示。

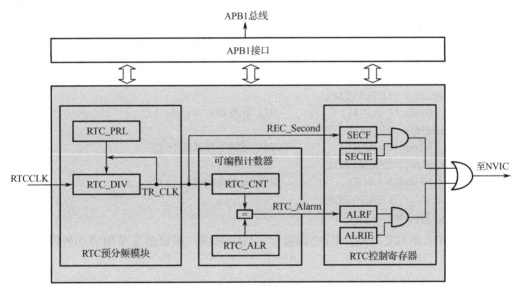

图 10-4　RTC 组成框架图

（1）APB1 接口：用来和 APB1 总线相连。

（2）RTC 核（见图 10-4 阴影部分）：由一组可编程寄存器组成，包括以下内容。

RTC 控制寄存器：负责 RTC 模块的状态标志、中断控制、配置模式的进入等操作。

RTC 预分频模块：包括 RTC_PRL 和 RTC_DIV，它们之间的关系是 RTC_DIV 读入（或被装入）RTC_PRL 中的值，然后向 0 递减。因此，将适当的频率值编程写入 RTC_DIV，可以产生最长为 1 s 的 RTC 时间基准 TR_CLK。在 TR_CLK 的每个周期里，RTC 预分频器计数器（RTC_DIV）都会被重新设置为 RTC_PRL 寄存器的值。用户可通过读取 RTC_DIV 寄存器，以获得预分频计数器的当前值，而不停止分频计数器的工作，从而获得精确的时间测量。

32 位可编程计数器：用来初始化当前系统时间，系统时间按 TR_CLK 周期累加，并与存储在 RTC_ALR 寄存器中的可编程时间相比较，如果 RTC_CR 控制寄存器中设置了相应允许位，比较匹配时将产生一个闹钟中断。

因此，上述寄存器共同构成 RTC 功能模块，用 C 结构体将它们封装为一个整体。

```
1104  typedef struct {
1105    __IO uint16_t  CRH;          //RTC 控制寄存器高 16 位
1106    uint16_t  RESERVED0;         //RESERVER0~RESERVER9 为占位符变量
1107    __IO uint16_t  CRL;          //RTC 控制寄存器低 16 位
1108    uint16_t  RESERVED1;
1109    __IO uint16_t  PRLH;         //RTC 预分频装载寄存器高 16 位
1110    uint16_t  RESERVED2;
1111    __IO uint16_t  PRLL;         //RTC 预分频装载寄存器低 16 位
1112    uint16_t  RESERVED3;
1113    __IO uint16_t DIVH;          //RTC 预分频寄存器高 16 位
1114    uint16_t  RESERVED4;
1115    __IO uint16_t DIVL;          //RTC 预分频寄存器低 16 位
1116    uint16_t  RESERVED5;
1117    __IO uint16_t CNTH;          //RTC 计数器寄存器高 16 位
1118    uint16_t  RESERVED6;
1119    __IO uint16_t CNTL;          //RTC 计数器寄存器低 16 位
1120    uint16_t  RESERVED7;
1121    __IO uint16_t ALRH;          //RTC 闹钟寄存器高 16 位
1122    uint16_t  RESERVED8;
1123    __IO uint16_t ALRL;          //RTC 闹钟寄存器低 16 位
1124    uint16_t  RESERVED9;
1125  } RTC_TypeDef;
```

STM32F103x 系列芯片中，RTC 挂接于 APB1 总线，根据第 2 章所讲的外设地址映射关系，有：

```
1295 #define RTC_BASE   (APB1PERIPH_BASE +0x2800)   // RTC 模块基于 APB1 总线的基址
1389 #define RTC    ((RTC_TypeDef *) RTC_BASE)      //将 RTC 基址转换为 RTC_TypeDef* 类型指针
```

进行如此定义之后，在编码时，可以直接使用宏 RTC 来操作 RTC 模块内部的寄存器。

```
uint32_t prescalerValue =0x7ffff;                  //设置一 32 位的预分频值
RTC->PRLH = prescalerValue &0x000F0000 >>16;       //将此 32 位值右移 16 位存入 RTC 预分频的高
16 位
```

1. RTC_CR（RTC 控制寄存器）

RTC 功能均由此寄存器进行控制，主要体现在：在前一个写操作未完成时（RTOFF=0），软件需要等待，直到 RTOFF=1 为止。对预分频装载寄存器、计数寄存器、闹钟寄存器进行写操作时都是如此。

RTC_CR 的寄存器位按功能分为三部分：标志组（位 0~2）、中断控制组（位 16~18）、同步等待组（位 3~5），如图 10-6 所示。

第 10 章 实时时钟 RTC

RTC控制寄存器（RTC_CR）

31	30	...	20	19	18	17	16
		保留			OWIE	ALRIE	SECIE

15	14	...	7	6	5	4	3	2	1	0
		保留			RTOFF	CNF	RSF	OWF	ALRF	SECF

图 10-5　RTC 控制寄存器位定义

（1）标志组/中断控制组。这两组的位定义有对应关系，比如图 10-5 中标志组位 0、1、2 对应于中断控制组 16、17、18。在以下讲解时，略过溢出标志位。

● 位 0：SECF，秒标志。此标志反映了 RTC 模块周期为 1 s 的信号。SECF =0 无秒标志产生；SECF =1 时产生秒标志。当 32 位可编程预分频器（RTC_DIV）溢出时，此位由硬件置"1"同时 RTC_CNT（计数器）加 1；如果此时位 16，即 SECIE=1，则产生秒中断。

● 位 1：ALRF，闹钟标志。ALRF =0 时无闹钟；ALRF =1 时有闹钟。当 32 位计数器（RTC_CNT）的值达到 RTC_ALR 寄存器所设定值的时候，此位被置位；如果此时位 17，即 ALRIE =1，则产生闹钟中断。

在头文件 stm32f10x.h 中，为以上标志位进行了如下宏定义。

```
4488  #define RTC_CRL_SECF    ((uint8_t)0x01 )       //秒中断标志
4489  #define RTC_CRL_ALRF    ((uint8_t)0x02 )       //闹钟中断标志
```

在文件 stm32f10x_rtc.h 中，为以上中断控制位做了如下宏定义。

```
59    #define RTC_IT_ALR      ((uint8_t)0x0200)      //闹钟中断使能
60    #define RTC_IT_SEC      ((uint8_t)0x0100)      //秒中断使能
```

库文件 stm32f10x_rtc.c 中函数 RTC_ITConfig()用来开/关上面的中断，比如使用"RTC_ITConfig(RTC_IT_SEC, ENABLE);"开启秒中断。

（2）同步等待组。

● 位 3：RSF，寄存器同步标志。RSF =0 时寄存器还未同步；RSF =1 时寄存器已被同步。软件可通过 APB1 接口访问 RTC 核可编程寄存器组，但其前提是这些寄存器与 APB1 接口已经同步。在系统刚开始工作时（复位/上电），APB1 总线还未稳定（此时 RSF 为 0），软件必须等待直到 RSF 位等于 1 时，表明 RTC 已与 APB1 总线同步，才可以读取 RTC 寄存器值。

```
4491  RTC_CRL_RSF    ((uint8_t)0x08)              //stm32f10x.h
```

文件 stm32f10x_rtc.c 中定义了函数 RTC_WaitForSynchro()实现等待 APB1 与 RTC 的同步操作。在函数内部操作中，首先使用寄存器同步标志宏 RTC_CRL_RSF（取反）将控制寄存器的同步标志清 0，然后等待硬件自动设置该位。

```
223   void RTC_WaitForSynchro(void)
224   {
225       RTC->CRL&=(uint16_t)~RTC_CRL_RSF;    //首先清除 RTC->CRL 寄存器的 RSF 位
226       while ((RTC->CRL & RTC_CRL_RSF) == RESET ) ;   //等待 RSF 位为 1
```

227   }

● 位 4：CNF，配置标志。CNF=0 时表示退出配置模式；CNF=1 时表示进入配置模式。

4492   RTC_CRL_CNF   ((uint8_t)0x10)   //stm32f10x.h

在向 RTC_CNT、RTC_ALR 和 RTC_PRL 寄存器写入数据之前，RTC 模块必须进入配置模式。在文件 stm32f10x_rtc.c 中，使用函数 RTC_EnterConfigMode()来进入配置模式，使用函数 RTC_ExitConfigMode()来退出配置模式。无论进入还是退出，都使用 4492 行代码所定义的 CNF 宏。进入配置模式示例代码如下。

```
111    void RTC_EnterConfigMode (void)
112    {
113        RTC->CRL |= RTC_CRL_CNF;//使用宏 RTC_CRL_CNF，将 RTC CRL 位 4 置 1，进入配置模式
114    }
```

● 位 5：RTOFF，RTC 上一次操作完毕标志。RTC 模块利用此位来了解对 RTC 寄存器进行的上一次操作是否完成。如果此位为 0，则表示无法对任何的 RTC 寄存器进行写操作，此时软件必须等待，直至该位为 1。

4493   RTC_CRL_RTOFF   ((uint8_t)0x20)   //上一次 RTC 操作完成标志

文件 stm32f10x_rtc.c 中，定义了函数 RTC_WaitForLastTask()来等待上一次操作完成的操作，在函数内部使用代码行 4493 所定义的宏 RTC_CRL_RTOFF（RTC 上一次操作完毕宏）。

```
207    void RTC_WaitForLastTask ()
208    {
209        while (( RTC->CRL & RTC_FLAG_RTOFF) == RESET );
210    }
```

2．RTC 预分频模块

（1）RTC_PRL（RTC 预分频装载寄存器）：用来保存 RTC 预分频寄存器的周期性计数值，如图 10-6 所示。根据该寄存器值来定义计数器的时钟频率，计算公式为

$$f_{TR\_CLK} = f_{RTCCLK} / (PR[19:0] +1)$$

式中，f_{RTCCLK} 为 LSE 的振荡频率，即 32.768 kHz。

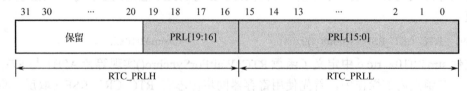

图 10-6   RTC 预分频装载寄存器位定义

库文件 stm32f10x_rtc.c 中，函数 RTC_SetPrescaler()用来设置 RTC_PRL 寄存器。若 LSE 频率 f_{RTCCLK} = 32.768 kHz，向这个寄存器中写入 0x7FFF（十进制数为 32767）可获得周期为 1 s 的信号，即

```
RTC_SetPrescaler(32767);                         //将预分频装载寄存器的值设置为 32767
160   void RTC_SetPrescaler(uint32_t prescalerValue )
161   {
162       RTC_EnterConfigMode();                 //进入配置模式
163       RTC->PRLL = ( prescalerValue ) &0x7FFFF;  //将 prescalerValue 的低 19 位写入 PRL
164       RTC_ExitConfigMode();                  //退出配置模式
165   }
```

（2）RTC_DIV（预分频余数寄存器）：该寄存器结构与 RTC_PRL 相同，因为它本身就是用来加载 RTC_PRL 寄存器的值的，如图 10-7 所示。在其完成一个周期（1 s，32767）的计数后，由硬件自动从 RTC_PRL 加载已设置 OK 的计数值，开始下一周期的计数。

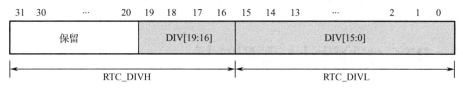

图 10-7　RTC 预分频余数寄存器位定义

3．32 位可编程计数器

（1）RTC_CNT（RTC 计数寄存器）：RTC 核有 1 个 32 位可编程计数器，它以预分频器产生的 TR_CLK 时间基准为参考进行计算，RTC_CNT 寄存器就用来保存该计数器的值，如图 10-8 所示。修改此寄存器的值即修改当前的系统时间，获取此寄存器的值即可知当前的系统时间。

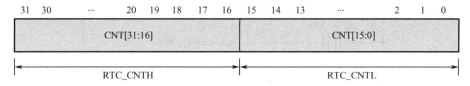

图 10-8　RTC 计数寄存器位定义

库文件 stm32f10x_rtc.c 中定义了函数 RTC_SetCounter(uint32_t counterValue)来设置此寄存器。以秒为单位，如果设置的值是 1200，则系统时间是 00:20:00，调用方式如下。

```
RTC_SetCounter (1200);                  //该值表示从 00:20:00 开始计数，即当前时间为 0 时 20 分 0 秒
145   void RTC_SetCounter ( int32_t counterValue )
146   {
147       RTC_EnterConfigMode();        //进入寄存器配置模式
148       RTC->CNTH = counterValue >>16; //写入计数值的高 16 位
149       RTC->CNTL = counterValue &0x00FF;  //写入计数值的低 16 位
150       RTC_ExitConfigMode();         //退出寄存器配置模式
151   }
```

（2）RTC_ALR（RTC 闹钟寄存器）：当 RTC_CNT（计数寄存器）的值与 RTC_ALR（闹钟寄存器）的值相等时，触发闹钟事件。如图 10-9 所示，如果此时 RTC 控制寄存器中的

ALRIE 位为 1，则产生闹钟中断。

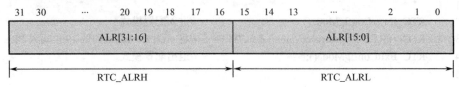

图 10-9　RTC 闹钟寄存器位定义

与 RTC_CNT 一样，stm32f10x_rtc.c 中定义了函数 RTC_SetAlarm()来设置闹钟值，单位是秒。例如，设置 RTC_SetCounter(0)和 RTC_SetAlarm(1200)，则 20 分钟以后，闹钟中断产生，可以根据这一中断事件，在系统中做出相应的反应。

10.3　RTC 实验设计与源码分析

10.3.1　硬件连接和 GPIO 资源

如果 RTC 模块使用外部 LSE 作为时钟源，MCU 的 PC14 和 PC15 分别与 LSE 引脚 OSC32_IN 和 OSC32_OUT 连接。由于 LSE 功能始终优先于通常 I/O 口的功能，因此此时 PC14 和 PC15 不必进行配置，直接使用即可。硬件连接原理图如图 10-10 所示。

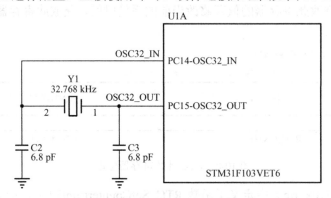

图 10-10　RTC 实验电路原理图

10.3.2　实验源代码逻辑结构

在主程序 main()函数中，首先进行系统初始化，然后进入 Shell 循环，在命令提示符下输入与 RTC 模块相关的命令，如图 10-11 所示。该图所反映的模块代码中，RTC_Init()和命令系统中 RTC 相关的命令是本实验需要着重分析的（Shell 和 USART 相关代码请参考第 7 章）。

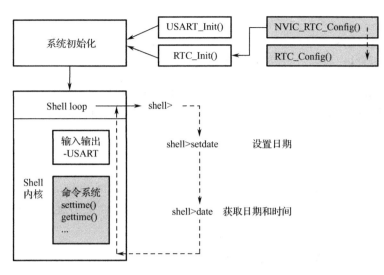

图 10-11 RTC 示例代码逻辑

10.3.3 源代码分析

代码 10-1 main.c 文件中的入口函数 main()

```
01 #include "usart.h"              //终端 I/O 函数，如 xgets()、xprintf()等
02 #include "shell.h"              //Shell 命令结构及命令行解析函数
03 #include "rtc.h"                //RTC 初始及时间、闹钟设置函数
04 #include "gpio.h"               //LED 和蜂鸣器等函数
05 #define BUFSIZE128              //命令行最多可以接收 128 个字符
06 char line[BUFSIZE];             //命令行数组

07 int main (void)
08 {
09      gpio_Init();
10      usart_Init();
11      rtc_Init();                //RTC 模块初始化
12
13      while (1) {
14          xputs ("Shell > ");    //提示输入用户命令
15          xgets (line, BUFSIZE );
16          parse_console_line (line);
17          xprintf("\r\n");
18      }
19 }
```

与第 8 章 I2C 接口一样，main 函数在完成必要模块的初始化之后，即进入 Shell 循环并打印出"shell >"提示符，等待用户输入。就本章的主题而言，用户可以输入的命令是：

shell > setdate   //设置当前日期和时间，执行后，按下面提示输入设定值即可
Date Time Setting:

```
Year(xxxx): 2017              //年份输入必须 4 位，不能超过 9999
Month(01-12):04               //月份输入必须 2 位，范围为 01～12
Day(01-31):14                 //号数输入必须 2 位，范围为 01～31
Hour(01-24):17                //小时数输入必须 2 位，范围为 01～24
Minute(01-59): 23             //分钟数输入必须 2 位，范围为 01～59
Second(01-59): 45             //秒数输入必须 2 位，范围为 01～59

shell > date                  //获取当前系统日期和时间
  --> 2017/4/14/ Fri17:23:48  //回显当前系统的日期、星期和时分秒
```

Shell 系统最终会分别调用在 rtc.c 文件中定义的 date_time_adjust()函数和 show_date()函数来完成命令的执行。下面我们就从 RTC_Init()开始，然后逐一分析刚才提到的两个命令函数。

代码 10-2　rtc.c 文件中的 RTC_Init()函数

```
01 void RTC_Init(void)
02 {
03      NVIC_RTC_Config();                              //向 NVIC 注册 RTC 中断服务
04
05      if (BKP_ReadBackupRegister(BKP_DR1) !=0x5a5a ){//如果备份域数据寄存器 1 内容不是 0x5a5a
06          xputs( "\r\nInitialzing RTC ..." );          //表明 RTC 没有被初始化
07          RTC_Config();                                //开始 RTC 初始设置
08          xput( "\r\nRTC Initialized !!" );
09          date_time_adjust(0);                         //初始化后默认以 0 值设置系统时间
10          BKP_WriteBackRegister(BKP_DR1,0x5a5a);       //将 0x5a5a 写入 BKP_DR1
11      } else {                                         //否则表明 RTC 已经初始化
12          RTC_WaitForSynchro();                        //等待 RTC 和 APB1 时钟同步
13          RTC_ITConfig(RTC_IT_SEC, ENABLE);            //开启秒中断
14          RTC_WaitForLastTask();                       //等待上一次任务"开启秒中断"完成
15      }
16
17      RCC_ClearFlag();                                 //清除 RTC 所有未决标志
18 }
```

03 行代码完成向 NVIC 注册 RTC 中断服务,所有外设中断的注册配置都使用固定的代码样式，这在前面章节的代码中一再出现，在此略过。

05 行代码根据备份寄存器 BKP_DR1 的内容是不是 0x5a5a,来判断 RTC 模块有没有被初始化。如果没有，则 06～10 代码行完成相应操作；否则只需等到 RTC 和 APB1 时钟同步后，启用秒中断，RTC 模块就能正常工作。06～10 代码行完成系统第一次启用时，在完成 RTC 真正的配置后（07 代码行），向 BKP_DR1（也可以是其他 41 个中的其他寄存器）写入标记数据 0x5a5a（内容可以是任何可打印字符，如 10 行代码那样），以表明 RTC 已初始化。以后无论是系统重新上电还是被复位，在代码执行到此处时，都会由于 BKP_DR1 中标记数据的存在（备份域所有寄存器由双电源，即系统 3.3 V 和纽扣电池来维持其内容），而执行 11～14 行的代码。

09 行代码函数 data_time_adjust() 的目的是使用默认的 0 值来设置当前系统的日期和时间，即格林尼治的开始日期：1970/1/1 00:00:00（相关的算法下面小节马上讲述）。

17 行代码 RCC_ClearFlag() 是为将要运行的 RTC 模块准备一个"纯净"的运行环境，即将所有悬而未决的标志位清空。

代码 10-3 rtc.c 文件中的 RTC_Config() 函数（完成 RTC 模块真正的初始化）

```
01 void RTC_Config(void)
02 {
03     RCC_APB1PeriphClockCmd(RCC_APB1Periph_PWR | RCC_APB1Periph_BKP,ENABLE);
04
05     PWR_BackupAccessCmd(ENABLE);                              //取消后备区域的写保护
06     BKP_DeInit();                                             //复位后备区寄存器
07
08     RCC_LSEConfig(RCC_LSE_ON);                                //开启 LSE 振荡器
09     while (RCC_GetFlagStatus(RCC_FLAG_LSERDY)==RESET){}       //等待 LSE 稳定就绪
10
11     RCC_RTCCLKConfig(RCC_RTCCLKSource_LSE);                   //选择 LSE 作为 RTC 时钟源
12     RCC_RTCCLKCmd(ENABLE);                                    //开启 RTC 时钟
13
14     RTC_WaitForSynchro();                                     //等待 RTC 与 APB1 总线时钟同步
15
16     RTC_ITConfig(RTC_IT_SEC, ENABLE);                         //开启 RTC 模块的秒中断
17     RTC_WaitForLastTask();                                    //等待上一次（设置秒中断）操作完成
18
19     RTC_SetPrescaler(32767);                                  //设置 RTC 模块的预分频值 32767,即 1 s 周期
20     RTC_WaitForLastTask();                                    //等待上一次（写预分频值）操作完成
21 }
```

代码 10-3 的大部分配置函数的作用在前面讲解 RTC 模块寄存器的时候已有涉及，在此不再赘述，仅将 RTC 配置的步骤做一总结，以方便读者理解 RTC 的工作流程。RTC 功能的初始配置主要集中于备份域控制寄存器 RCC_BDCR（步骤 A1～A5）和 RTC 控制寄存器（步骤 B1～B3）中。

A1：开启电源和备份区时钟，如代码 10-3 的 03 行。

A2：取消对后备区域的写保护（默认情况下有写保护，通过设置电源控制寄存器位 8 予以取消），如代码 10-3 的 05 行。

A3：复位后备区各寄存器值为默认值，如代码 10-3 的 06 行。

A4：开启 RTC 外部 LSE 振荡器（通过设置 BDCR 位 0 为 1），并查询等待 LSERDY 是否就绪。

A5：选择 LSE 作为 RTC 的时钟源并开启 RTC 时钟。

B1：等待 RTC 模块与 APB1 总线时钟同步，如 14 行代码那样。

B2：开启秒中断，如代码行 16。

B3：写入 1 s 的计数值（32767）到 RTC 预分频寄存器，开始计时，如 16～20 行那样。

到这里，RTC 模块计时功能的配置完成，接下来就是如何向 RTC_CNT（RTC 计数器寄存器）写入正确的值来反映当前的系统时间（在前面初始化时写入的是 0 值），以及读出 RTC_CNT 寄存器值以获取当前系统时间。

代码 10-4   rtc.c 文件中的函数 date_time_adjust()（设置系统日期和时间）

```
01 void date_time_adjust(int value)        //根据参数 value 判断写入的是 0 值还是用户输入值
02 {
03      RTC_WaitForLastTask();             //之前可能有其他函数执行了写 RTC 寄存器操作，等待其完成
04      if (!value)
05          RTC_SetCounter(0);             //向 RTC_CNT 计数器寄存器写入默认的 0 值（初始化时）
06      else
07          RTC_SetCounter(input_date());  //向 RTC_CNT 计数器寄存器写入用户输入值
08
09      RTC_WaitForLastTask();
10 }
```

设置日期和时间原理上很简单，就是调用 RTC_SetCounter()函数将一个 32 位整数值写入 RTC_CNT 寄存器。但是该值要多大才能反映当前的系统日期和时间呢？我们顺藤摸瓜接着分析代码 10-4 的 07 行函数 RTC_SetCounter()的参数，即函数 input_date()。input_date()大致实现思路过程是获取用户的"年月日时分秒"输入，并将其全部转换为秒数后，作为 RTC_SetCouner 的参数写入 RTC_CNT 寄存器。

代码 10-5   rtc.c 文件中的函数 input_data()（接收用户输入）

```
01 uint32_t input_date(void)
02 {
03      struct dateStruct st;              //定义存储用户输入的"年月日时分秒"信息的结构体变量
04      uint8_t *implyStr[7] = {"Year(xxxx):","Month(01-12):","Day(01-31):",  //提示字符串数组
05                              "Hour(01-24):","Minute(01-59):","Second(01-59):"};
06      uint32_t i, tmp;
07
08      xputs("\r\nDate Time Setting:");
09      for(i =0; i < 6; i++) {
10          while(1) {
11              xprintf("\r\n   %s ", implyStr[i]);   //依次提示输入"年月日时分秒"
12              tmp = xscanf();                       //接收用户输入
13              if (!tmp) continue;                   //xscanf()返回值为 0 表示输入错误，返回重新输入
14              switch (i) {
15              case0:if(tmp > 9999) continue;   //年份数大于 9999，超出范围，重输
16                  st.year = tmp;    break;     //年份值存入 st.year，跳出次循环
17              case1: if (tmp >12)    continue;
18                  st.month = tmp;   break;
19              case 2: if (tmp > 31)    continue;
20                  st.day = tmp;     break;
21              case 3: if (tmp > 24)    continue;
```

```
22                    st.hour = tmp;   break;
23              case 4: if (tmp > 59)        continue;
24                    st.minute = tmp; break;
25              case 5: if (tmp > 59)        continue;
26                    st.second = tmp; break;
27            }
28            break;   //本轮输入（年月日时分秒，共 6 轮）结束，进行下一轮输入
29        }
30    }
31    return dateToSeconds(st);      //将正确输入的"年月日时分秒"传入 dateToSeconds()
32 }
```

分析：input_date()函数主要根据"年月日时分秒"的提示（implyStr[]各数组元素）输入当前日期和时间，并且每种类型的时值输入都有其范围（年份 4 位，其他的 2 位），如果范围有误，则要求重新输入，直到正确为止，接着进行下一时值的输入。第 12 行代码中 xscanf()函数的作用是将用户输入的字符型数字转换为真正的整型数值。第 31 行中函数 dateToSeconds(st)完成将输入的"年月日时分秒"（即当前日期和时间）转换为总秒数，也就是说该转换后的秒数值即正确地反映了当前的系统日期和时间，因此将此值返回以作为 RTC_CNT 的计数起点。该段代码还涉及一个用户自定义的日期时间类型结构体数组。

```
struct dateStruct {
    uint16_t   year;                      //记录系统日期中的 年份
    uint8_t    month, day, hour, minute, second;   //记录系统日期中的"月日时分秒"
};
```

代码 10-6   rtc.c 文件中的函数 dateToSeconds()（将日期型结构体变量值转换为秒数值）

```
01 uint32_t dateToSeconds(struct dateStruct st)
02 {
03     uint32_t yearRange, totalSeconds, totalDays =0;
04     uint8_t leapDays;
05
06     if ((((st.year%4 ==0&&st.year%100 !=0)||st.year%400 ==0)&&st.month>2)
07         totalDays +=1;
08
09     leapDays = getLeapDays(st.year);    //求取闰年的年份数，即闰年的个数
10     yearRange = st.year -1970;          //以 1970 为起点，到 st.year 已经历了多少整年
11
12     totalDays = yearRange*365 + leapDays + monthOffset[st.month] + st.day;
13     totalSeconds = totalDays*24*3600 + st.hour*3600 + st.minute*60 + st.second;
14
15     return totalSeconds;
16 }
```

分析：将用户输入的日期转换为秒数有两个关键点：一是计时的起点，二是闰年年份的确定。对于计时起点的确定，现代计算机系统时间的计算和显示都是以距历年（即格林尼治标准时间 1970 年 1 月 1 日的 00：00：00.000，格尼高日历）的偏移量为基准的；关于

闰年有下面的描述，有助于读者明白上面代码算法的含义。

地球绕太阳公转一周被称为一个回归年，长为 365 日 5 时 48 分 46 秒，这与我们理解中的公历年 365 天（平年）相差 5 小时 48 分 46 秒，因此每 4 个回归年增加一天，即 366 天，这就是闰年。但增加的 1 天又比 4 个回归年多 0.0312 日，400 年后将多出 3.12 日，故在 400 年中少设 3 个闰年，即 400 年中只设 97 个闰年，这样一调整，公历年的平均长度也就与回归年相近似了。由此规定：整百数的年份必须是 400 的倍数才是闰年，如 1800 年不是闰年，其他年份可被 4 整除即闰年。

第 09 行代码判断用户输入的年份是否为闰年，其判断条件的依据为上面的平年与闰年的关系。

第 10 行代码得到用户输入的年份距离 1970 年共经历了多少个整年，第 12 行代码计算总的天数时以平年 365 天为基准，再加上闰年数即可得到此期间整年的天数。monthOffset[st.month]则取得从 1 月到用户输入的月份之间整月的累计天数，最后加上用户输入的号数得到总的天数。

数组 monthOffset[]具有 12 个元素，其下标所对应的元素值即表示"下标月"向前累计的天数（累计偏移）。

uint16_t monthOffset[12] = {0, 31, 59, 90, 120, 151, 181, 212, 243, 273, 304, 334};

如果用户输入"2017/4/15"，则 4 月向前（1 月，即偏移）累计天数为 120 天。

计算出距离 1970 年 1 月 1 日的总天数后，将其换算成秒就仅仅是一道算术题，如第 13 行代码所示。随后将换算后的总秒数返回，使用 RTC_SetCounter()将其写入 RTC_CNT 寄存器，即完成系统日期的设定。

设置与获取系统日期和时间互为逆过程，理解了设置过程与原理，获取过程就很容易了。

代码 10-7　rtc.c 文件中的函数 show_date() (获取当前系统日期)

```
01 void show_date(void)
02 {
03     xputs("\r\n");
04
05     while (1) {
06         if (timeDisplay) {        //如果 RTC 秒中断发生，显示当前系统日期
07             secondsToDate();      //此函数完成将秒数换算为"年月日时分秒"
08             timeDisplay =0;       //将 RTC 秒中断标志清 0
09             break;                //显示一次后，中断循环
10         }
11     }
12 }
```

分析：代码 10-7 的第 06 和 08 行中 timeDisplay 为一全局变量，标识 RTC 秒中断的发生。在 RTC 中断处理函数中，将该变量置 1。RTC_IRQHandler()代码如下。

void RTC_IRQHandler(void)

```
    if (RTC_GetITStatus(RTC_IT_SEC) != RESET) {      //如果发生的是秒中断
        RTC_ClearITPendingBit(RTC_IT_SEC);           //首先清除秒中断标志
        timeDisplay =1;                              //置秒中断标志变量为1
        RTC_WaitForLastMask();
    }
}
```

代码 10-7 中第 07 行函数 secondsToDate()完成将秒数换算成"年月日时分秒"的功能，与函数 dateToSeconds()的执行过程相反，读者根据如下代码注释很容易理解，不再详解。

代码 10-8　rtc.c 文件中的函数 secondsToDate() (将系统秒转换为系统年月日)

```
01 void secondsToDate(void)
02 {
03     uint32_t year, totalSeconds, secondsOfYear;
04     uint8_t days, daysOffsetMonth, month=1, day=1, weekDay=7;
05     uint8_t hour =0, minute =0, second =0, i, j;
06
07     secondOfYear = 365*24*3600;                    //计算出平年 365 天的秒总数
08     totalSeconds = RTC_GetCounter();               //从 RTC_CNT 中取出当前计时秒数
09
10     year = totalSeconds/secondsOfYear;             //RTC_CNT 中计时秒数跨越了 N 年（年数）
11     year +=1970;                                   //以 1970 年为基准，算出当前系统的年份
12
13     totalSeconds = totalSeconds%secondsOfYear;     //取模求得不足一年的秒数（月份总秒数）
14     days = totalSeconds/(24*3600);                 //月总秒数跨越了 M 天（累计天数）
15     for (i =0; i <13; i++) {                       //以下循环从 monthOffset[]数组中找出月份数
16         j = i +1;
17         if (days > monthOffset[i] && days < monthOffset[j]) {
18             month = i; break;
19         }
20     }
21
22     daysOffSetMonth = monthOffset[month];          //找到月份数（到 1 月）累计天数
23     day = days - daysOffsetMonth-getLeapDays(year);//算出系统日期中的号数
24     if (day > 31) day =1;
25
26     totalSeconds = totalSeconds%(24*3600);         //取模得到不足一天的秒数（时总秒数）
27     hour = totalSeconds/3600;                      //取余求得小时数
28
29     totalSeconds %= 60;                            //取模得到不足一小时的秒数（分总秒数）
30     minute = totalSeconds/60;                      //取余得到分钟数
31
32     second = totalSeconds %= 60;                   //取模得到不足一分钟的秒数（秒总数）
33
34     weekDay = dateToWeekDay(year, month, day);     //当前系统"年月日"对应的星期
35     xprintf("%d/%d/%d %s %d:%d:%d\r\n", year, month, day,
```

```
36                                              weekName(weekDay), hour, minute, second);
37 }
```

分析：代码 10-8 的逻辑很简单，先通过库函数 RTC_GetCounter()（第 08 行代码）得到当前系统的计时总秒数，随后通过一系列的取整和取余操作分别获得当前的年、月、日、时、分、秒，以及星期，最后打印输出。库函数 RTC_GetCounter()的内部实现是将 RTC_CNTH 和 RTC_CNTL 的值组合为一个 32 位的整数后返回。

```
133 uint32_t RTC_GetCounter(void)                //stm32f10x_rtc.c 文件
134 { uint16_t tmp =0;
135     tmp = RTC->CNTL;                         //取出低计数寄存器 16 位值
136     return (((uint32_t)RTC->CNTH <<16) | tmp );  //将高计数寄存器右移 16 位
137 }
```

10.4 建立工程，编译和执行

创建和配置工程的详细步骤请参考第 1 章。

10.4.1 建立以下工程文件夹

- project：存放建立工程过程中由 Keil MDK 自动生成的配置文件和工程文件。
- usr：存放由用户实现的源码文件（即应用层文件），如 main.c、includes。
- stm32：存放 STM32 库文件，并将整理后的库文件复制到此文件夹下，此文件夹下再建立三个子文件夹，即 fwlib、cmsis、_usr，分别用来存入原始库文件整理后的各相关文件。
- output：存放编译、链接时产生的输出文件，可执行格式（.HEX）文件也存放于此。

10.4.2 创建文件组和导入源文件

使用 uVision 向导建立工程，完成后在"工程管理区"创建文件组，并导入/编辑源文件（创建和导入方法详细说明请见第 1 章），文件组和文件的对应关系如表 10-1 所示。

表 10-1 工程文件及源文件

usr	main.c	应用主程序（入口）	rtc/usr
	rtc.h/c	工程头文件配置	rtc/stmlib/_usr
	eeprom.h/c	用户实现的 EEPROM 驱动	rtc/usr
	gpio.h/c	GPIO 操作驱动，如 LED、Beep	rtc/usr
	usart.h/c	用户实现的 USART 模块驱动	rtc/usr
	shell.h/c	用户实现的 Shell 外壳文件	rtc/usr
	stm32f10x_conf.h	工程头文件配置	rtc/_usr
	stm32f10x_it.h/c	异常/中断实现	rtc/_usr

续表

cmmis	core_cm3.h/c	Cortex-M3 内核函数接口	rtc/lib/CMSIS
	stm32f10x.h	STM32 寄存器等宏定义	rtc/lib/CMSIS
	system_stm32f10x.h/c	STM32 时钟初始化等	rtc/lib/CMSIS
	startup_stm32f10x_hd.s	系统启动文件	rtc/lib/CMSIS/Startup
fwlib	stm32f10x_rcc.h/c	RCC（复位及时钟）操作接口	rtc/lib/FWlib
	stm32f10x_gpio.h/c	GPIO 操作接口	rtc/lib/FWlib
	stm32f10x_usart.h/c	USART 外设操作接口	rtc/lib/FWlib
	misc.c	CM3 中断控制器操作接口	rtc/lib/FWlib
	stm32f10x_bkp.h/c	备份域各组件操作接口	rtc/lib/FWlib
	stm32f10x_pwr.h/c	电源控制操作接口	rtc/lib/FWlib
	stm32f10x_rtc.h/c	RTC 管理操作接口	rtc/lib/FWlib

工程管理区最终结果如图 10-12 所示（cmmis 文件组下包含的文件同前面的工程）。

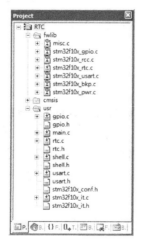

图 10-12 工程管理区文件组及文件

10.4.3 编译执行

执行开发环境菜单"build"或"rebuild"命令（对应于工具栏中的 和 ）即可完成工程的编译、链接，最终生成可执行的 rtc.hex 文件。将其烧录到学习板，在 PC 上运行串口软件 SecureCRT，并在其窗口中敲入"回车键"和本章及前面章节所定义的命令（LED、RTC 等），可以看到如图 10-1 所示的实验结果预览画面。

第11章 系统定时器 SysTick

在第 2 章讲述 STM32 时钟树时，提到芯片的时钟相当于一个节拍器，片上不同外设即使工作频率不同，但都能通过倍频、分频等技术，将同一个基本节拍变化为各自所需要的频率。请注意，那里强调的是各种外设本身工作的节拍。随着多任务系统的出现，协调各任务分时使用 CPU 就显得十分重要，当一个任务时间片用完，调度程序会将 CPU 的使用权交给系统中优先级最高的任务，因此，系统中迫切需要一个可以精确分割时间片的系统级定时器。

STM32 片上系统中的 SysTick（俗称滴答定时器）就是起着这样功能的部件，其时值决定着多任务系统中时间片的长短。本章主要讲解 SysTick 的工作原理及其配置，并在此基础上实现一个真正的延时函数来加深对 SysTick 工程过程的理解。需要说明的是，本章所实现的延时函数在裸板级实验中有其使用价值，在真正的多任务操作系统中，如 μC/OS-II，并不提倡使用它，而通常使用 OS 提供的延时函数（其实现也是基于 SysTick 提供的时基）。这在学习了 μC/OS-III 的移植后，读者就会明白为什么要这样做的原因。

11.1 SysTick 简述

SysTick 定时器被捆绑在 NVIC 中，用于产生 SysTick 异常（异常号为 15），以作为协调各外设（或任务）工作的时基。基于 CM3 的处理器，在内核中都包含了这样一个功能的定时器，该定时器的时钟源通常是内部时钟 FCLK（CM3 核上的自由运行时钟，说它"自由"，是因为它不是来自系统的 HCLK，因而在系统时钟停止时 FCLK 也可继续运行），当然也可以是外部时钟，即 CM3 微控制器上的 STCLK 信号。

由于 SysTick 定时器是 CM3 内核的一部分，不属于 STM 处理器所定义的外设，所以在 STM32 用户手册中找不到有关 SysTick 定时器的详细说明，这方面的内容请参考文献[1]。

11.2 SysTick 工作过程

SysTick 是一个 24 位向下计数的计数寄存器，把它想象成一个顺时针转动的轮盘，刚

第 11 章

系统定时器 SysTick

开始时为最大值 2^{24}，每接收一个脉冲，顺时转动一次，当前计数值变为 $2^{24}-1$（如图 11-1 中的编号 1）。当"当前计数值"减小为 0 时（图 11-1 中编号 2.1），在触发 SysTick 异常的同时，将重载寄存器中的值填入当前计数值寄存器（图 11-1 中编号 2.2），继续下一轮的定时计数。只要 SysTick 的控制和状态寄存器中的使能位没有被关闭，它就会如此一直循环工作下去。

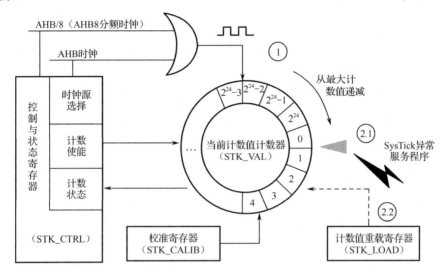

图 11-1 SysTick 定时器工作原理

11.3 SysTick 寄存器位功能定义

11.3.1 控制和状态寄存器：STK_CTRL

SysTick 控制和状态寄存器位定义如图 11-2 所示。

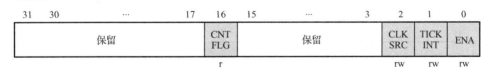

图 11-2 SysTick 控制和状态寄存器位定义

- 位[0]：ENA，SysTick 使能位。ENA =0 关闭 SysTick 定时器；ENA =1 时启用 SysTick 定时器。
- 位[1]：TICKINT，SysTick 异常触发。TICKINT =0，当定时计数值向下计数为 0 时，忽略 SysTick 异常；TICKINT =1，当定时计数值向下计数为 0 时，响应 SysTick 异常。

- 位[2]：CLKSRC，时钟源选择位。CLKSRC=0，SysTick 时钟源为 AHB/8（AHB 的 8 分频）；CLKSRC=1，SysTick 时钟源为 AHB 时钟。
- 位[16]：CNTFLG，计数为 0 标志位。当计数值向下计数为 0 时，此位被硬件置 1。

在 STM32 库的内核支持文件 core_cm3.h 中，对上述 4 个位进行了如下宏定义。

```
383 #define SysTick_CTRL_ENABLE_Pos          0
384 #define SysTick_CTRL_ENABLE_Msk          (1ul << SysTick_CTRL_ENABLE_Pos)
380 #define SysTick_CTRL_TICKINT_Pos         1
381 #define SysTick_CTRL_TICKINT_Msk         (1ul << ysTick_CTRL_TICKINT_Pos)
377 #define SysTick_CTRL_CLKSOURCE_Pos       2
378 #define SysTick_CTRL_CLKSOURCE_Msk       (1ul <<SysTick_CTRL_CLKSOURCE_Pos)
374 #define SysTick_CTRL_COUNTFLAG_Pos       16
375 #define SysTick_CTRL_COUNTFLAG_Msk       (1ul << SysTick_CTRL_COUNTFLAG_Pos)
```

在 stm32f10x.h 文件中相同的寄存器位功能宏定义如下。

```
2889 #define SysTick_CTRL_ENABLE        ((uint32_t)0x00000001)
2890 #define SysTick_CTRL_TICKINT       ((uint32_t)0x00000002)
2891 #define SysTick_CTRL_CLKSOURCE     ((uint32_t)0x00000004)
2892 #define SysTick_CTRL_COUNTFLAG     ((uint32_t)0x00010000)
```

上面涉及两种寄存器位宏定义的方法：在 core_cm3.h 中的定义方法由 ARM 公司实现（这里的方法更易理解，但需要两条宏指令来完成一个寄存器位的宏定义，首先确定某寄存器功能位在寄存器中所在位置的编号，然后将 1 左移位置编号位，如同上面代码 384 等行所做的那样）；在 stm32f10x.h 中的定义方法由 STM 实现。这两种方法异曲同工，读者根据自己的理解在以后自己的工程中采用其中一种即可。

11.3.2 重载寄存器：STK_LOAD

该寄存器存在的意义在于，每当 STK_VAL（SysTick 当前计数值寄存器）中值计数为 0 时，STK_LOAD 中的值就会被加载到 STK_VAL，以进行新一轮的计数。STK_LOAD 的长度为 24 位，即最大计数值为 2^{24}（即全 1 时为最大的计数值），如图 11-3 所示。

SysTick 重载寄存器（STK_LOAD）
基址：0xE000E010   偏移地址：0x04
复位值：0x0000 0000

31 ... 24	23 22 ... 1 0
保留	Count Value（不超过2^{24}）

图 11-3 SysTick 重载寄存器位定义

位[23~0]：Count Value，计数脉冲个数，最大不能超过 2^{24}。

在 STM32 库的内核支持文件 core_cm3.h 中，对计数值（计数脉冲）位段进行了如下宏定义。

```
387 #define SysTick_LOAD_RELOAD_Pos      0
388 #define SysTick_LOAD_RELOAD_Msk      (0x00ffffful << SysTick_LOAD_RELOAD_Pos)
```

或

```
2895 #define SysTick_LOAD_RELOAD         ((uint32_t)0xFFFFFFFF)
```

11.3.3 当前计数值寄存器：STK_VAL

SysTick 定时器每接收一个脉冲，STK_VAL 中的计数值就会减 1，直至计数值变为 0。如果此时 STK_CTRL 中的第 0 位和第 1 位都为 1，则会触发 SysTick 异常（异常号为 15）。因此可以在 SysTick 异常处理程序中进行我们所期望的事情，如任务切换、检查堆栈等操作。系统运行时，STK_VAL 的值来自于 STK_LOAD，因此它的有效长度也为 24 位（默认初始值为全 1），如图 11-4 所示。

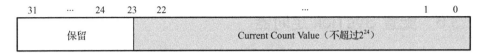

图 11-4 SysTick 当前计数值寄存器位定义

位[23～0]：Current Count Value，当前计数值，其值在 2^{24}～0 之间，由软件设置其初始值，中途由硬件自动向下计数。

在 STM32 库的内核支持文件 core_cm3.h 中，对当前计数值（计数脉冲）位进行了如下宏定义。

```
391 #define SysTick_VAL_CURRENT_Pos     0
392 #define SysTick_VAL_CURRENT_Msk     (0x00fffffful << SysTick_VAL_CURRENT_Pos)
```

或

```
2898 #define SysTick_VAL_CURRENT         ((uint32_t)0x00FFFFFF)
```

11.3.4 校正寄存器：STK_CALIB

SysTick 定时器还提供了走完 10 ms 所需要的格数（TENMS 位段），作为时间校准的参考信息，这就是 STK_CALIB 寄存器的低 24 位值，但由于不是每种芯片都实现了此功能，平时用得很少，在此我们就不对其进行讲解。

11.3.5 SysTick 模块寄存器组

SysTick 定时器的结构及功能较为简单，涉及的配置寄存器少。core_cm3.h 文件中对其做了如下封装。

```
365 typedef struct
366 {
367     __IO uint32_t CTRL;                          //控制与状态寄存器
```

```
368        __IO uint32_t LOAD;                              //（计数值）重载寄存器
369        __IO uint32_t VAL;                               //当前计数值寄存器
370        __IO uint32_t CALIB;                             //校正寄存器
371 } SysTick_Type;

715 #define SCS_BASE        (0xE000E000)                    //系统（控制）空间基址值
718 #define SysTick_BASE    ((SCS_BASE +0x0010)             //滴答定时器基址值
724 #define SysTick         ((SysTick_Type*)SysTick_BASE;   //将 SysTick 基址转为该类型指针
```

说明：以上 724 行代码将滴答定时器基址值转换为滴答定时器结构体类型指针，对于 SCS_BASE 等，其宏值可以参考文献[1]的第 143 和 201 页。

定义了 SysTick 模块（结构体）的地址后，我们可以采用如下方式对 SysTick 定时器的寄存器进行配置操作，以重载寄存器为例。

```
SysTick->LOAD =0x100000;              //初始化重载寄存器值为 0x100000
```

11.3.6 配置 SysTick 定时器

由于 SysTick 是 CM3 内核的一部分，不是 STM32 的片上外设，所以它的初始化与 STM32 外设初始化不同，具体来说，就是没有一个初始化结构体。但只要配置好了 11.3.1 节到 11.3.3 节所讨论的寄存器，SysTick 就可以正常工作了。

要理解 SysTick 定时器的工作原理，最有效的方法是了解其配置函数的实现代码。SysTick 定时器配置函数 SysTick_Config()由 ARM 公司遵循 CMMIS 规范编写实现，与各芯片厂商库自己编写的外设的固件库文件一起，方便开发人员快速设计使用。在 STM32 库，它存在于 core_cm3.h 文件中。

代码 11-1　SysTick 配置函数 SysTick_Config()

```
1694 static __INLINE u32 SysTick_Config(u32 ticks)
1695 {
1696    if (ticks > SysTick_LOAD_RELOAD_Mask)
1697        return1;              //如果设置的计时值超出了范围，错误返回 1
1698    SysTick->LOAD = (ticks & SysTick_LOAD_RELOAD_Mask) -1;
1699    NVIC_SetPriority(SysTick_IRQn, (1<< _NVIC_PRIO_BITS) -1);
1700    SysTick -> VAL =0;
1701    SysTick -> CTRL = SysTick_CTRL_CLKSOURCE_Mask |
1702                      SysTick_CTRL_TICKINT_Mask |
1703                      SysTick_CTRL_ENABLE_Mask ;
1704    return0;
1705 }
```

参数 ticks 是我们所想要的定时脉冲个数（或者称为定时周期），当 ticks 向下计数到 0 时，会产生 SysTick_Handler 异常。为了准确地反映定时周期，ticks 值最好与系统的时钟频率相关，否则，它所反映的时间就不准确。由于我们通常以多少秒（毫秒、微秒）等时间单位作为定时的时间间隔，比如在程序中，我们需要每 10 ms 让 LED 灯闪烁一次，如何将

第 11 章 系统定时器 SysTick

10 ms 转换为 ticks（定时脉冲）个数呢？

在回答这个问题之前，我们先假设系统的时钟频率为 72 MHz，它的物理意义表示在 1 s，时钟会产生 72000000 个脉冲，前面的问题是要求以 10 ms 为间隔，显然，10 ms 等于 10×10^{-3} 秒，即可以产生 $10\times10^{-3}\times72000000=720000$ 个脉冲，因此，ticks 数就为 720000。所以说，ticks 与系统的主时钟频率密切相关，而主时钟频率是可以灵活设置的，因此通常将其定义为一个宏常量，例如：

```
#define SystemCoreClock 72000000        //将系统频率定为 72 MHz
```

上述 ticks 的计算可以改写为 ticks=SystemCoreClock /100，以 10 ms 为时间间隔。再回到代码 11-1 第 1696 行，首先检查 ticks 是否超出了 SysTick 寄存器所能表示的范围，如果 ticks 的值超出了 2^{24}（16777216），则直接返回 1，以示错误。

第 1698 行代码很容易理解，将有效的 ticks 值与寄存器所能表示的最大值相与，减 1 后就得到真正有效的计时脉冲个数。

第 1699 行代码，实际上就反映了 SysTick 定时器属于内核一部分的事实。回忆一下我们前面讲到（系统）异常和（外部）中断的区别，中断由片上外设等触发，其处理函数及优先级的设定通过填充 NVIC 结构体来完成（向 NVIC 控制器注册），比如：

```
NVIC_InitStructure.NVIC_IRQChannel = EXTI15_10_IRQn;        //外设中断处理向量号
NVIC_InitStructure.NVIC_IRQChannelPreemptionPriority =1;    //抢占优先级
NVIC_InitStructure.NVIC_IRQChannleSubPriority = 2;          //运行优先级
NVIC_InitStructure.NVIC_IRQChannelCmd = ENABLE;             //开启外设中断
```

系统异常由 CM3 核内器件产生，因此异常优先级的设定也有别于片上的外设中断优先级，采用函数 NVIC_SetPriority() 予以完成。

```
static _LINLINE void NVIC_SetPriority(IRQn_Type IRQn, u32 priority)
{
    if (IRQn <0) {
        SCB->SHP[((u32)IRQn&0xF)-4]=((priority<<(8-_NVIC_PRIO_BITS))&0xFF);
    } else {
        SCB->IP[ (u32)IRQn ] = ((priority << (8 - _NVIC_PRIO_BITS)) &0xFF);
    }
}
```

读者大可不必去深究此函数代码的含义，我们只要知道内核级异常的优先级使用函数完成即可。代码 11-1 的第 1700 到 1703 行，分别完成将时钟使能位 ENABLE、异常触发位 TICKINT、时钟源选择位 CLKSOURCE 写入 SysTick_CTRL 的 0、1、2 位，至此，SysTick 定时器的设置完成，并且处于开启状态。

最后需要注意提上面的 SysTick 配置函数，成功配置后返回的值是 0，如果返回 1 表明配置出错。这点很重要，用户程序中调用它时，会巧妙地利用这个返回值，这在后面的示例中会表现出来。

11.4 基于 SysTick 的延时函数代码分析

11.4.1 实现原理

在第 4、5 章的跑马灯和按键实验示例中,多次用到了 delay()函数,其实现方式虽然简单,但延时时值粗糙,难以做到毫秒或微秒级的精度。当然在我们没有讲解系统定时器知识之前,可以用这种方式模拟出一定的延时效果。但在真正的项目代码中,所有的延时都必须基于准确的时基来完成。本节就来实现一个以滴答定时器为时基的延时函数 msdelay(),该函数延时的精度为毫秒级。

```
msdelay(int msec);                          //以毫秒为单位的延时函数
```

为此,我们可以直接通过 SysTick_Config()函数将 72000 写入 LOAD 重载寄存器来实现;也可以先完成一个 10 μs 级的延时函数 delay10u(),然后在其基础上实现毫秒级延时函数 msdelay()。这样做的好处是:如果以后系统需要增加微秒级和秒级的延时函数,都统一可以在 delay10u()基础上予以实现。比如,以下代码片断是在 delay10u()的基础上,通过宏定义的方式实现了毫秒级和微秒级的延时函数。

```
#define mdelay(ticks) delay10u(100 * ticks)     //相当于 10×100,即 100 个 10 微秒就是 1 毫秒
#define udelay(ticks) delay10u(0.1 * ticks )    //相当于 0.1×100,即 0.1 个 10 微秒就是 1 微秒
```

对于毫秒级延时来说,100 次 delay10u()就代表了 1 ms,因此上面宏定义中,delay10u()的参数系数为 100;同理 0.1 次 delay10u()就代表 1 ms,其宏定义中 delay10u()的参数系数就为 0.1。

11.4.2 实现代码分析

为了验证延时函数的实际效果,我们结合前面的跑马灯和按键实验,将原来粗糙的延时函数换为本章精确的延时函数。开始 LED 灯以默认 1 s 的频率进行闪烁,每按一次 BTN1,频率加快 0.05 s;当闪烁频率小于 0.1 s 时(很快),再以默认的 1 s 进行闪烁(为了节省篇幅,本节没有列出 LED 和 BTN 的源码文件,读者可以回头阅读)。

首先,按惯例将此实验代码封装为一个 Shell 内部命令,主函数 main()的代码完成 GPIO,EXTI 和 SysTick 的初始化工作。

代码 11-2　main.c 文件中的入口函数 main()

```
01 #include "usart.h"              //终端 I/O 函数,如 xgets()、xprintf()等
02 #include "shell.h"              //Shell 命令结构及命令行解析函数
03 #include "rtc.h"                //RTC 初始化及时间、闹钟设置函数
04 #include "gpio.h"               //LED 和蜂鸣器等函数
05 #include "sysTick.h"            //系统时钟头文件
06 u32 gDelay =100;                //默认延时值为 100
07 #define BUFSIZE128              //命令行最多可以接收 128 个字符
```

```
08    char line[BUFSIZE];                     //命令行数组
09
10 int main (void)
11 {
12        ledBtnInit();                       //LED GPIO 初始化
13        usart1_Init();                      //串口 1 初始化
14        rtc_Init();                         //RTC 模块初始化
14        EE_Init();                          //I2C EEPROM 初始化
15        sysTick_Init();                     //系统时钟初始化
16
17        while (1) {
18            xputs ("Shell > ");             //提示输入用户命令
19            xgets (line, BUFSIZE );
20            parse_console_line (line);
21            xprintf("\r\n");
22        }
23 }
```

函数 Main()的 06 代码行定义了全局变量 gDelay，它被用来在函数 delay10u()中接收用户传递的参数 nTicks，之后该变量的值由 sysTick 中断处理函数进行递减（每中断一次，减少一次）。SysTick 中断在代码 11-2 第 15 行的系统时钟初始化函数 sysTick_Init()中被初始化为 10 μs 一次。因此，全局变量在 06 代码行被定义为 100，表示它被递减为 0 需要 100×10 μs=1 ms，也就是实现 1 ms 的延时。

代码 11-3   sysTick.h 文件

```
01 #ifndef __systick_h
02 #define __systick_h
03 #include "stm32f10x.h"
04
05 void sysTick_Init (void);                   //初始化配置滴答计时器
06 void delay10u ( u32 nTime );                //10 μs 的时基函数，与 SysTick 配置密切相关
07
08 #define mdelay (mTime)    delay10u(100 * mTime)
09 #define udelay (uTime)    delay10u(0.1 * uTime)
10
11 #endif
```

sysTick.h 文件除了声明其初始化配置函数 sysTick_Init()和基础延时函数 delay10u()外，在代码 11-3 第 08～09 行使用宏定义的方式，基于 delay10u()实现了微秒和毫秒级的延时函数 udelay()和 mdelay()。这在前面 11.4.1 节中已做过讲述。

代码 11-4   sysTick.c 文件中的系统时钟初始化函数 sysTick_Init()

```
01 #include "sysTick.h"
02
03 extern u32 gDelay;                          //引用在 main.c 文件中定义的全局变量 gDelay
05 void sysTick_Init ( void)
```

```
06 {
07      //配置滴答定时器每 10 μs 中断一次
08      if (SysTick_Config ( SystemCoreClock /100000 ) {      //配置成功返回 0
09          while(1);
10      }
11
12      SysTick->CTRL &= ~SysTick_CTRL_ENABLE_Msk;    //禁止 SysTick 启用
13 }
```

系统时钟初始化（配置）函数实现比较简单，在 STM32 库中定义的全局变量 SystemCoreClock 被赋值为 72000000，因此第 08 行代码通过调用 SysTick_Config(720)实现滴答时钟 10 s 中断一次的功能。可见，通过调整第 08 行代码中的 100000 为其他的值，可以改变时基的长短。

完成 SysTick 模块 LOAD 寄存器初始值的配置之后，在代码 11-4 中第 12 行暂时关闭 SysTick，只在我们需要的时候启用它并开始延时。

代码 11-5   sysTick.c 文件中的基础延时函数 delay10u()

```
01 void delay10u ( u32 nTime )
02 {
03      gDelay = nTime;                          //gDelay 在此处接收用户传递的延时参数 nTime
04      SysTick->CTRL|=SysTick_CTRL_ENABLE_Msk;  //启动 SysTick 计时器，开始向下计数
05
06      while ( gDelay !=0) ;                    //延时等待，直到 gDelay =0，实现延时
07 }
```

基础延时函数 delay10u()只做了两件事：第一件事是接收用户传递进来的延时参数 nTime（代码 11-5 第 03 行），如 nTime=1000，表示延时 10 ms；第二件事就是开启 SysTick 计时器（代码 11-5 第 04 行），从 gDelay 的最大值（1000）开始向下倒数计时，在 gDelay 没有被倒计为 0 之前，程序流在 while 循环中空转，占据着 CPU 的使用权。全局变量 gDelay 在哪里被修改而最终向下递减为 0 呢？根据前面的分析，显然只能通过 SysTick 中断处理函数才能实现。

```
11 void gDelay_decrement(void)
12 {
13      if (gDelay !=0x0 )
14          gDelay --;                //全局变量 gDelay 每中断一次，在这里被递减修改一次
15 }
```

代码 11-5 第 11 行处的函数 gDelay_decrement()被 SysTick 中断服务函数所调用，在其内部完成对全局变量 gDelay 的递减修改。一旦第 14 行代码处的 gDelay 变为 0 时，delay10u()函数第 06 行的循环条件就变为不成立，则退出，延时完成。

代码 11-6   stm32f10x_it.c 文件中的中断处理函数 SysTick_Handler()

```
01 void SysTick_Handler(void)
02 {
03      gDelay_decrement();//调用 gDelay_decrement()完成对全局变量 gDelay 递减修改
04 }
```

第 11 章 系统定时器 SysTick

代码 10-7   main.c

```c
01 #include "sysTick.h"
02 #include "led.h"
03 int gDelay =1000;                    //将全局变量设置为1000,即默认延时 1 s
05
06 int main(void)
07 {
08     ledBtn_Init();                   //配置 LED 灯和按键
09     usart1_Init();
10
09     sysTick_config();                //配置 SysTick 定时器
10
11     while (1)  {                     //以下为 3 颗 LED 灯轮流亮灭,亮灭间隔为 gDelay 毫秒
12         LED_OnOff( LED1, ON );
13         mdelay (gDelay);
14         LED_OnOff (LED1, OFF );
15         LED_OnOff ( LED2, ON );
16         mdelay (gDelay);
17         LED_OnOff (LED2, OFF );
18         LED_OnOff ( LED3, ON );
19         mdelay (gDelay);
20         LED_OnOff (LED3, OFF );
21     }
22 }
```

11.4.3 基于 SysTick 延时的 LED 闪烁命令

本节来完成向 Shell 命令系统添加一个新的命令,该命令实现的功能是可以根据用户输入的延时值精确地延时,实现 LED 灯闪烁频率的改变。

首先,在命令数据结构中添加测试命令:twinkle。

```c
static struct comentry commands[] = {
    ....;
    {"twinkle",ledtwinkle},
    { NULL, unknown }
};
```

其次,在帮助系统中添加 twinkle 命令的使用说明。

```c
void help(void)
{
    ....;
    xprintf("twinkle <delayValue>      - Via parameter delayValue to changed LED
                                         twinkle freqency.\r\n" );
}
```

最后,实现 twinkle 命令的功能函数 twinkle()。

代码 11-8　LED 灯闪烁命令的执行函数 twinkle()

```
01 void twinkle(char* str)
02 {
03     int len,ndelay,loopTimes = 64;          //闪烁 64 次
04     char para[10];
05
06     memset(para, '\0',10);
07     len = lsize(str);
08     if (len != 2) {                         //检查参数是否正确
09         xputs("Usage: ledtwinkle <num> \r\n");
10         return;
11     }
12
13     strcpy(para, lindexStr(str,1));         //取命令行参数
14     ndelay = atoi(para);                    //将参数（字符型）转化为整型，并赋给变量 ndelay
05     xputs("All LEDs start to twinkle, 64 times later stop twinkle!\r\n");
05     while(loopTimes) {
12         LED_OnOff ( LED3, OFF );
12         LED_OnOff ( LED2, OFF );
13         mdelay (ndelay);
12         LED_OnOff ( LED3, ON );
12         LED_OnOff ( LED2, ON );
16         mdelay (ndelay);
09     }
27 }
```

11.5　建立工程，编译和执行

创建和配置工程的详细步骤请参考第 1 章。

11.5.1　建立以下工程文件夹

- project：存放建立工程过程中由 Keil MDK 自动生成的配置文件和工程文件。
- usr：存放由用户实现的源码文件（即应用层文件），如 main.c、includes。
- stm32：存放 STM32 库文件，并将整理后的库文件复制到此文件夹下，此文件夹下再建立三个子文件夹，即 fwlib、cmsis、_usr，分别用来存入原始库文件整理后的各相关文件；
- output：存放编译、链接时产生的输出文件，可执行格式（.HEX）文件也存放于此。

11.5.2　创建文件组和导入源文件

使用 uVision 向导建立工程，完成后在"工程管理区"创建文件组，并导入/编辑源文件（创建和导入方法详细说明请见第 1 章）。文件组和文件的对应关系如表 11-1 所示。

第 11 章 系统定时器 SysTick

表 11-1 工程文件组及其源文件

文件组	文件组下的文件	文件作用说明	文件所在位置
usr	main.c	应用主程序（入口）	sysTick/usr
	gpio.h/c	GPIO 操作驱动，如 LED、Beep	sysTick/usr
	usart.h/c	用户实现的 USART 模块驱动	sysTick/usr
	shell.h/c	用户实现的 Shell 外壳文件	sysTick/usr
	eeprom.h/c	用户实现的 EEPROM 驱动	sysTick/usr
	rtc.h/c	实时时钟驱动源码文件	sysTick/usr
	sysTick.h/c	系统时钟，延时函数	sysTick/usr
	stm32f10x_conf.h	工程头文件配置	sysTick/stmlib/_usr
	stm32f10x_it.h/c	异常/中断实现	sysTick/stmlib/_usr
cmmis	core_cm3.h/c	Cortex-M3 内核函数接口	sysTick/lib/CMSIS
	stm32f10x.h	STM32 寄存器等宏定义	sysTick/lib/CMSIS
	system_stm32f10x.h/c	STM32 时钟初始化等	sysTick/lib/CMSIS
	startup_stm32f10x_hd.s	系统启动文件	sysTick/lib/CMSIS/Startup
fwlib	stm32f10x_rcc.h/c	RCC（复位及时钟）操作接口	sysTick/lib/FWlib
	stm32f10x_gpio.h/c	GPIO 操作接口	sysTick/lib/FWlib
	stm32f10x_usart.h/c	USART 外设操作接口	sysTick/lib/FWlib
	misc.c	CM3 中断控制器操作接口	sysTick/lib/FWlib
	stm32f10x_bkp.h/c	备份域各组件操作接口	sysTick/lib/FWlib
	stm32f10x_pwr.h/c	电源控制操作接口	sysTick/lib/FWlib
	stm32f10x_rtc.h/c	RTC 管理操作接口	sysTick/lib/FWlib
	Stm32f10x_i2c.h/c	I2C 外设操作接口	sysTick/lib/FWlib

按表 11-1 所建立的工程管理区最终结果如图 10-5 所示（cmmis 文件组下包含的文件同前面的工程）。

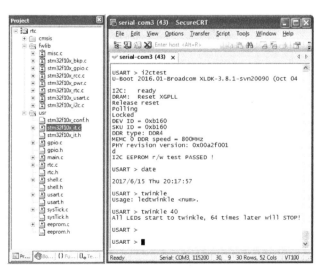

图 11-5 sysTick 工程管理区及最终运行效果图

11.5.3 编译运行

执行开发环境菜单"build"或"rebuild"命令（对应于工具栏中的▦和▦）即可完成工程的编译、链接，最终生成可执行的 sysTick.hex 文件。将其烧录到学习板，设置好 PC 端的 SecureCRT 终端软件参数（115200、8N1、无校验、无流控）之后，便可以见到"USART >"提示符。输入"twinkle <50/100/30...>"命令，可在开发板上观察到 LED2 和 LED2 闪烁的速度随着延时参数的大小不同而改变，同时在 Shell 界面可以看到"All LEDs start to twinkle, 64 times later will STOP!"。

需要说明的是，本章只是为了说明系统定时器 SysTick 的工作原理，而自行实现了微秒级和毫秒级的延时函数，该函数在裸板级实验中有其使用价值，因为它毕竟比单纯采用在循环中递减某变量值要精确得多。但是在有 OS 的系统中，如果一个任务要延时，则会调用 OS 实现的延时函数，此时因为任务的延时，OS 会将 CPU 的使用权移交给系统中的其他任务。这样的好处是提高了 CPU 的利用率。而不像本章的延时函数，在延时时间未到之前，CPU 只能在 while 循环中"空等"，而这恰恰是我们在开发过程中需要尽量避免的。

第12章 SPI 接口

SPI（Serial Peripheral Interface）总线是由 Motorola 公司开发的用于 IC 器件之间连接的四线制串行总线，主要用于连接微控制器及其外围器件。总线上的主器件向与之通信的从器件发出串行时钟同步信号 SCL，在此信号作用下，主从器件各自通过 MOSI 和 MISO 数据线交换信息。当有多个从器件时，通过片选信号 CS 来选择通信对象。其典型的特点有：

- 简单：需要的芯片引脚少（4 线），节省电路空间。
- 高速：通信速率在 5 Mbps 以上，最高可达 18 Mbps。
- 组网模式：采用一主多从的主从配置结构。

本章首先就通用 SPI 结构及协议工作原理进行简要讲述，在此基础上具体深入讲解 STM32 SPI 接口框架、工作模式及其流程，并梳理出 STM32 库对 SPI 接口相关功能函数及宏的封装，最后应用以上所讲知识完成 SPI Flash（W25Q128）读/写实验。

12.1 实验现象预览：轮询写入/读出 SPI Flash 数据

整个实验流程：主机首先将内存 Tx Buffer 中的字符串通过 SPI 总线写入 Flash（W25Q128）保存；然后从 Flash 中读出刚才写入的字符内容，并重新保存于另一个内存 Rx Buffer；最后将 Tx Buffer 和 Rx Buffer 中的内容逐一比较检测。如果两个 Buffer 中的内容完全一致，则在串口中打印"SPI Flash 读写数据正确"；之后，将前一步所写数据全部擦除，再检查 Flash 被擦除的区域，内容是否为空白（0xFF），以判定擦除是否成功。流程如图 12-1 所示。

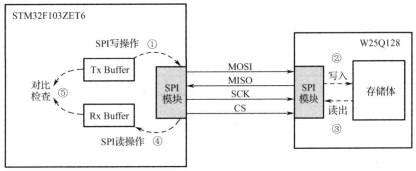

图 12-1　SPI Flash 写入/读出流程

实验的运行效果如图 12-2 所示。

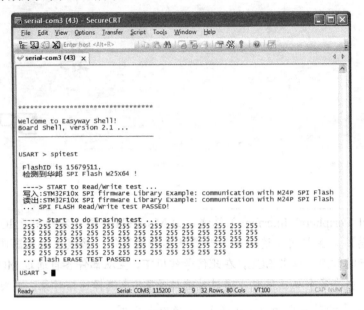

图 12-2　SPI Flash 实验运行图

12.2　SPI 总线协议

12.2.1　总线信号及其应用结构

SPI 即串行外围设备接口，是由 Motorola 公司开发的一种四线制串行总线协议，主要用于连接 CPU 与 EEPROM、ADC、Flash 和显示驱动电路（LED、LCD）之类的外围器件。因此，在嵌入式系统中常采用一主多从的配置结构，如图 12-3 所示，其四线分别是：

- MISO：主入从出（主←从），主设备该引脚标注为 MI，从设备引脚标注为 SO。
- MOSI：主出从入（主→从），主设备该引脚标注为 MO，从设备引脚标注为 SI
- SCK：同步时钟信号，由主片产生。
- CS：从设备片选信号，它决定了在某一时刻唯一能与主设备通信的从设备。如果从设备没有被选中，则其 MISO、MOSI 端呈高阻态，从而与外接电路隔绝。

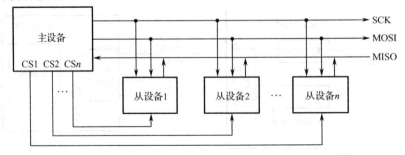

图 12-3　SPI 典型的主从应用结构

从 SPI 总线信号和连接配置上可以明显看得出其特点如下。
- 主从之间分别有独立的信号线用于发送和接收数据，具有全双工通信能力。
- 由主设备向从设备提供串行时钟信号以控制通信同步。
- 依靠主设备引出的连接每个从设备的片选信号线来选择通信对象，因此占用主设备宝贵的引脚资源。
- 没有应答机制确认是否已收到数据（与 I2C 协议不同）。

12.2.2 SPI 内部结构与工作原理

SPI 接口内部构造实际上是一个简单的 8/16 位移位寄存器，所以一次最多可以发送 2 个字节，如图 12-4 所示。

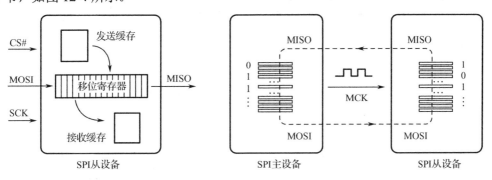

图 12-4　SPI 内部结构及主/从设备字节数据传输过程

主/从器件的 MOSI、MISO 和 SCK 引脚相互连接。通信由主器件发起，在其同步串行时钟作用下，数据在主/从器件之间两个方向同时串行传输，也就是说主器件和从器件可以同时发送和接收数据。这意味着 SPI 总线接口具有全双工通信的能力，所以传输速率很高。（请读者回想一下，I2C 总线是否具有"全双工"的通信能力？）

SPI 主器件为了与不同的外设进行数据交换，需要根据外设的工作特点和要求，配置调整自己输出的 CPOL（同步时钟极性）和 CPHA（相位）。CPOL 和 CPHA 的组合可以确定数据采样和发送的时机。

- CPOL：表示设备处于空闲时，时钟信号 SCK 的电平状态。当 CPOL=0 时，SCK 为低电平；CPOL=1 时，SCK 呈高电平。
- CPHA：其值决定使用何种时钟边沿进行数据采样。当 CPHA=0 时，在时钟的上升沿采样；当 CPHA=1 时，在时钟的下降沿采样。

下面以一个字符传输过程的实例来阐明 SPI 主/从器件是如何交换数据的。

初始时（如图 12-5 所示），主/从器件的移位寄存器里存放的数字分别是 10101010、01010101，并且规定数据传输时

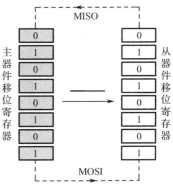

图 12-5　主/从器件内部初始数据

MSB 在前，时钟上升沿采样数据，下降沿锁存并改变数据位。

数据传输开始时，时钟 1 的上升沿（采样沿），主/从器件分别将待发送字节数据的第 0 位发送到 MOSI/MISO 线上，同时主/从器件的采样电路对总线上的数据位进行采样，如图 12-6（a）所示；时钟 1 的下降沿，主/从器件锁存刚接收到的数据位，并准备将要传送的下一个数据位，即变化数据位。如图 12-6（b）所示。

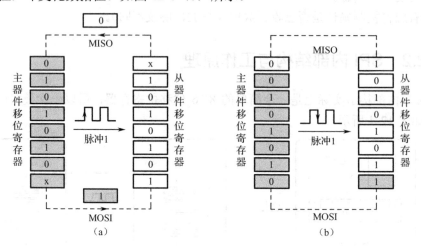

图 12-6　字节数据的 bit0 交换

在第 2 个时钟的上升沿（采样沿），主/从器件分别将待发送字节数据的第 1 位发送到 MOSI/MISO 线上，同时主/从器件的采样电路对总线上的的数据位进行采样，如图 12-7（a）所示；在第 2 个时钟的下降沿（锁存沿），主/从器件锁存电路分别锁存刚刚所接收的数据位，并准备要传送的下一个数据位，如图 12-7（b）所示。以这样的方式，直至将一个字节的 8 位全部送出。

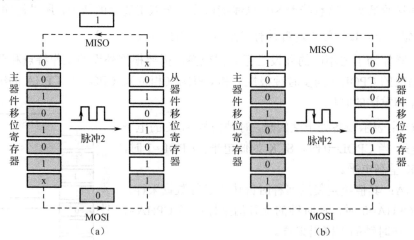

图 12-7　字节数据的 bit1 交换

当字节数据的全部 8 位都传输完成后，主/从器件的移位寄存器状态如图 12-8 所示。此时，SPI 主/从模块内部会发生两个事件：TxE（发送缓存空）中断事件和 RxNE（接收缓存满）中断事件。系统根据此两个中断信号分别将下一个需要传输的字符数据放进发送缓存，将接收缓存中的字符取走处理。

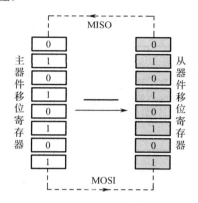

图 12-8　字节数据交换后主从器件状态

12.3　STM32 SPI 模块

在 STM 公司所定义的大容量产品线（比如 STM32F103ZET6 芯片）上，SPI 接口可以配置为 SPI 或 I2S（音频）协议，它们分别是一种四线制或三线制协议，但它们共用了 3 个引脚。

- I2S_SD（收发 2 路时分复用通道数据）和 SPI_MOSI（主输出/从输入）。
- I2S_WS（控制信号，主输出/从输入）和 SPI_NSS（从器件的片选）。
- I2S_CK（时钟信号，主输出/从输入）和 SPI_SCK（时钟信号，主输出/从输入）。

SPI 接口默认工作模式为 SPI 模式，通过软件配置可以切换其工作模式为 I2S 模式。本章主要就 SPI 协议进行讲解，而忽略涉及 I2S 协议方面的知识点（如 I2S 的寄存器、SPI 寄存器中的 I2S 功能位等）。

12.3.1　SPI 组成框图

SPI 模块主要由三大块构成，如图 12-9 所示，用三种不同阴影所标识的 A、B、C。

（1）控制逻辑（B 部分）模块，负责工作模式的设置、时钟信号的产生，以及各种中断事件的启停等，包括两个关键的对外控制引脚。

- SCK：波特率发生器产生串口时钟，主设备时为输出；从设备时为输入。
- NSS：从设备选择，这是一个可选的引脚，用来选择主/从设备，用来作为片选引脚，让主设备可以单独地与特定的从设备通信，避免数据线上的冲突。

（2）数据的收发（A 部分）模块是对外的"窗口"，根据控制逻辑所设置的工作参数，将数据写出（发送）或读入（接收）内部总线。

- MISO：该引脚在从模式下发送数据，在主模式下接收数据。
- MOSI：该引脚在主模式下发送数据，在从模式下接收数据。

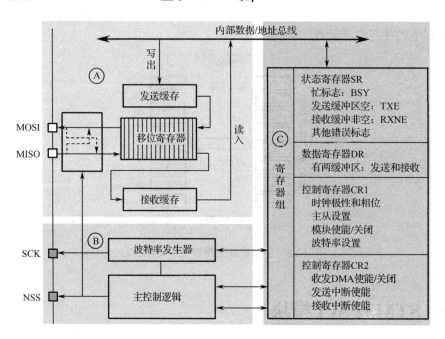

图 12-9 STM32 SPI 组成框架图

（3）寄存器组（C 部分）模块是"数据仓库"，接口的工作配置参数、运行中诸多状态标志都存放于此，它是控制逻辑施加控制影响的数据源。对于 SPI 协议来说，主要涉及下面几个寄存器。

- 控制寄存器（CR1 和 CR2）：CR1 主要负责接口工作参数的配置（如时钟极性和相位、波特率）、主/从模式、模块的启停等；CR2 主要负责模块各种中断事件、DMA 方式的启停。
- 数据寄存器（DR）：存放待发送和已收到的数据，内部有两个缓冲区，分别用于写（发送）和读（接收）。
- 状态寄存器（SR）：动态反映了模块工作的情形，常用的状态有 BSY（忙）、TXE（发送缓冲区空）、RXNE（接收缓冲区满）等，几乎所有外设接口都包括这 3 个状态标志。
- CRC 多项式寄存器：包括 SPI_CRCPR、SPI_RXCRCR、SPI_TXCRCR，CRC 用于校验，以保证全双工通信的可靠性。

12.3.2 STM32 SPI 主模式数据收发过程

对于一般的嵌入式应用，凡是支持主/从工作模式的外设接口，如 I2C、I2S、SPI 等，主控制器件只有一个，即 MCU 本身，而其他与之通信的器件，如 SPI Flash、I2C EEPROM、I2C 温度传感器等都不具有总线控制能力。因此，对于这些外设接口的工作模式重点讲解其主模式下数据的收发过程。

1. STM32 SPI 主模式下数据发送过程（见图 12-10）

（1）当字节数据写进发送缓存时，发送过程开始（SR 中 TXE 标志被置位，如果 CR2 中 TXEIE 位被设置，产生中断）。

（2）在发送第一个数据位的同时，数据字并行地（通过内部总线）传入移位寄存器。

（3）在 SCK 作用下，将移位寄存器中的数据位串行地移出到 MOSI 引脚上。

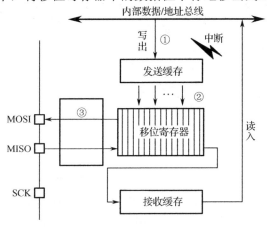

图 12-10　STM32 SPI 数据发送

2. STM32 SPI 主模式下数据接收过程（见图 12-11）

（1）在 SCK 作用下，从 MISO 引脚上来的数据位被串行移入移位寄存器。

（2）移位寄存器里的数据（并行地）传输到接收缓冲器（SR 中的 RXNE 标志被置位，如果 CR2 中的 RXNEIE 被设置，产生中断）。

（3）读 SPI_DR 寄存器时，SPI 设备返回接收到的数据，同时清除 RXNE 位，接收过程结束。

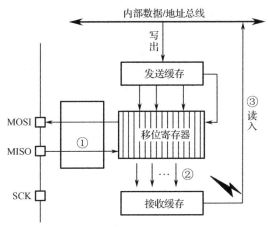

图 12-11　STM32 SPI 数据接收

12.3.3　SPI 中断及 DMA 请求

所有外设都支持中断机制，当某事件发生时，外设状态寄存器的相应位会被置 1，如果开启了中断使能位，则产生相应的中断。表 12-1 列出了 SPI 模块 SPI 工作模式下所有的事件标志以及其中断请求，请读者重点掌握前面 3 个（BSY、TXE、RXNE）。

表 12-1　SPI 常见的状态（事件）标志及其中断开关

事 件 标 志	事 件 说 明	事件中断开启位
BSY	表明 SPI 通信层的状态，置 1 时，表明 SPI 忙于通信	无
TXE	发送缓冲区空闲标志	TXEIE
RXNE	接收缓冲区非空	RXNEIE
MODF	主模式错误事件	ERIE
OVR	溢出错误	ERIE
CRCERR	CRC 错误标志	

使用 SPI 总线的器件之间一般都有大量的数据需要传输，仅依靠中断方式会严重影响系统的性能。为了方便高速率的数据传输，SPI 实现了一种采用简单请求/应答的 DMA 机制。将 SPI_CR2 寄存器上 TXDMA 或 RXDMA 置 1，发送或接收缓冲区的 DMA 传输请求就被激活，此时就可以使用 DMA 中的 SPI 通道实现各自方向上的批量数据传输。

12.4　W25Q128FV 规格说明

以下内容整理来源于 SPI-FLASH（W25Q128）芯片数据手册（Datasheet）。

W25Q128FV 串行 Flash 为 PCB 尺寸、引脚数目和功耗受限的嵌入式应用提供了一个优秀的存储解决方案。3.3 V 的工作电压和超低的 4 mA 工作电流，使其适合存储语音、文本和数据。其 128 Mbit（16 MB）的存储空间足以应付大多数的嵌入式应用，它内部存储体划分为三级：块（256）、扇区（4096）和页（65536），它们之间的组织构成和大小如表 12-2 所示。

表 12-2　W25Q128FV 存储体分级及其大小

块（Block）	扇区（Sector）	页（Page）
Block 255(64 KB)	Sector15(4 KB)	Page15(256 B)
		...
		Page0(256 B)
	...	
	Sector0(4 KB)	Page15(256 B)
		...
		Page0(256 B)
	...	

续表

块（Block）	扇区（Sector）	页（Page）
Block0(64 KB)	Sector15(4 KB)	Page15(256 B)
		...
		Page0(256 B)
	...	
	Sector0(4 KB)	Page15(256 B)
		...
		Page0(256 B)

对存储体内容擦除可以以扇区、块或 chip（整个存储体）为单位进行，以页为单位进行写入。为了方便利用这些空间，可以将所有的块、扇区进行诸如以下的宏定义。

```
#define BLOCK0_START_ADDR    0x00000
#define BLOCK1_START_ADDR    0x10000
#define BLOCK2_START_ADDR    0x20000
```

12.4.1　W25Q128FV 状态和控制管理

Flash 存储芯片内部除了存储单元之外，也包括控制和状态寄存器，以方便外部电路对其实施控制和状态查询。W25Q128 内部有 3 个控制和状态寄存器，强大的安全管理能力是 W25Q128 的显著特点。为了提供粒度为扇区的保护机制，SR2 和 SR3 寄存器提供许多位来进行控制管理。但对于基本的读、写、擦除等操作而言，我们只需要留意 SR1 寄存器中的低 2 位即可，如图 12-12 所示。

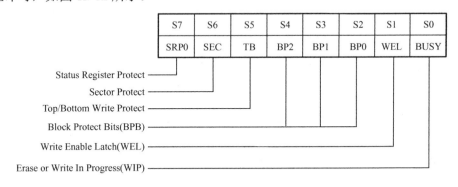

图 12-12　W25Q128 状态寄存器 1 位定义图

位[0]：BUSY，忙，只读。当主设备对 Flash 正执行"页写，扇区、块、Chip 擦除，写状态寄存器"指令时，此位会置为 1。在 Flash 处于 BUSY 期间，会忽略绝大部分指令，当这些操作完成后，BUSY 位由硬件清 0。

```
#define sFLASH_WIP_FLAG 0x01        //Flash 写操作进行中（spiflash.h 文件中）
```

位[1]：WEL 写使能门拴，只读。当执行了写使能指令后，此位被置 1，直至写除能被执行。

12.4.2　W25Q128FV 常用指令

W25Q128VF 支持 SPI 总线操作模式 0 和 3（模式 0 指 CPOL 和 CPHA 均为 0，模式 3 指 CPOL 和 CPHA 均置 1），其指令集中 45 条基本指令通过 SPI 总线从 MCU 到达 Flash。指令长度可以不同，但其执行都是从片选信号（CS#）的下降沿开始，第一字节是指令码，随后的可以是一个或多个字节的地址、数据或 Dummy（哑数据）。

表 12-3 总结出了 W25Q128VF 的常用操作指令，接下来会根据此表来定义操作 W25Q128FV 的宏指令，请读者认真理解该表每一条指令所表示的含义（表中的一行代表一条指令）。

表 12-3　W25Q128VF 常用的操作指令

指令字节序	Byte1（指令码）	Byte2	Byte3	Byte4	Byte5	Byte6
时钟编号	0~7	8~15	16~23	24~31	32~39	40~47
JEDEC ID	9fh	（MF7~MF0）	（ID15~ID8）	（ID7~ID0）		
	如果 MF7~MF0=0xef，则 Manufacture ID = Winbond Serial Flash;					
	如果 ID15~ID0 = 0x4018，则 Device ID = W25Q128FV (SPI Mode)					
Read Data	03h	A23~A16	A15~A8	A7~A0	（D7~D0）	
Read SR1	05h	（S7~S0）				
Write Enable	06h					
Write Disable	04h					
Page program（Page Write）	02h	A23~A16	A15~A8	A7~A0	D7~D0	D7~D0
Sector Erase（4 KB）	20h	A23~A16	A15~A8	A7~A0		
Block Erase（64 KB）	d8h	A23~A16	A15~A8	A7~A0		
Chip Erase	c7h					
Power-down（PD）	b9h					
Release PD /ID	abh	Dummy	Dummy	Dummy	Dummy	（ID7~ID0）
Reset Device	99h					

注意：上面表格中的使用 "( )" 括起来部分，如 "(D7~D0)" 等表示是指令返回的数据。

根据表格 12-3 的内容，对 W25Q128FV 常用的指令进行宏定义，这些宏定义由 W25Q128FV 的驱动头文件 spiflash.h 来管理。

代码 12-1　spi flash.h（部分）

```
01 #ifndef __spi_flash_h
02 #define __spi_flash_h
```

```
03 #define "stm32f10x.h"                        //STM32 外设公共库头文件
04
05 /*根据表格 12-3，得到如下 SPI-Flash W25Q128FV 常用的指令码宏定义*/
06 #define sFLASH_SPI              SPI2          //本实验所用的 SPI 接口为 SPI2
07 #define sFLASH_CMD_SE           0x20          //Flash 扇区擦除指令
08 #define sFLASH_CMD_BE           0xc7          //整个 Flash 擦除指令
09 #define sFLASH_CMD_WRITE        0x02          //数据写入（Flash）指令
10 #define sFLASH_SPI_PAGESIZE     0x100         //256 B
11 #define sFLASH_CMD_READ         0x03          //从 Flash 读出数据指令
12 #define sFLASH_CMD_WREN         0x06          //写允许指令
13 #define sFLASH_CMD_RDSR         0x05          //读 Flash 状态寄存器指令
14 #define sFLASH_CMD_RID          0x9f          //获到 Flash 的制造厂商等 ID 信息
15 #define sFLASH_WIP_FLAG         0x01          //写操作进行中标志
16 #define sFLASH_DUMMY_BYTE       0x01          //读命令所必须的跟随字节，可以为任意值
17 #define sFLASH_ID 0xEF4018                    //表示"Winbond Serial Flash W25Q128FV (SPI Mode)"
（ spiflash.h 待续未完 ...）
```

12.5　程序入口与 SPI 初始化代码

12.5.1　实验硬件资源

（1）确定硬件连接关系。STM32F103ZET6 上有 3 个 SPI 接口，本实验选用的是 SPI2。在图 12-13 所示的原理图中，MCU 芯片的 PA1 引脚被复用为 SPI2 的片选信号并连接到 W25Q128(Flash)的引脚 1 上；MCU 的 PB13、PB14、PB15 引脚被分别复用为 SPI2 的 SCK、MISO、MOSI，引脚连接到 Flash 的 6、2、5 引脚。

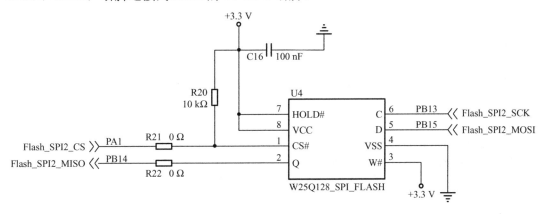

图 12-13　SPI 实验电路原理图

（2）查阅 STM32F103ZET6 的 Datasheet，整理出 SPI2 所用 GPIO 引脚功能定义，如表 12-4 所示。

表 12-4 SPI2 所用 GPIO 引脚功能定义表

Pin Number	Pin Name	Type	Main function (after reset)	Alternate function Default	电路功能	（W25Q128）
35	PA1	I/O	PA1	USART2_RTS	1 号引脚	片选
73	PB13	I/O	PB13	SPI2_SCK / I2S2_CK	6 号引脚	时钟输入
74	PB14	I/O	PB14	SPI2_MISO / USART3_RTS	2 号引脚	数据输出
75	PB15	I/O	PB15	SPI2_MOSI / I2S2_SD	5 号引脚	数据输入

根据表 12-4，我们可以写出 SPI2 所用 GPIO 引脚的初始化代码。

代码 12-2　SPI Flash 所用引脚配置函数 spiFlash_GPIOInit()

```
01 void spiFlash_GPIOInit()
02 {
03     GPIO_InitTypeDef GPIO_InitStructure;
04
05     RCC_APB2PeriphClockCmd( RCC_APB2Periph_GPIOA | RCC_APB2Periph_GPIOA, ENABLE );
06
07     GPIO_InitStructure.GPIO_Pin = SPI_SCK_Pin| SPI_MISO_Pin| SPI_MOSI_Pin;
08     GPIO_InitStructure.GPIO_Speed = GPIO_Speed_50MHz;
09     GPIO_InitStructure.GPIO_Mode = GPIO_Mode_AP_PP;
10     GPIO_Init(GPIOB, &GPIO_InitSturcture);
11
12     GPIO_InitStructure.GPIO_Pin = SPI_CS_Pin;
13     GPIO_InitStructure.GPIO_Mode = GPIO_Mode_AP_PP;
14     GPIO_Init(GPIOA, &GPIO_InitSturcture);
15
16     SPI_CS_HIGH();                    //拉高 SPI Flash 的片选信号，使其未被选中
17 }
```

其中宏 SPI_SCK_Pin、SPI_MISO_Pin、SPI_MOSI_Pin 和 SPI_CS_Pin 在 spiflash.h 文件中定义。

```
#define SPI_SCK_Pin     GPIO_Pin_13
#define SPI_MISO_Pin    GPIO_Pin_14
#define SPI_MOSI_Pin    GPIO_Pin_15
#define SPI_CS_Pin      GPIO_Pin_1
```

12.5.2　工程入口文件 main.c

代码 12-3　工程入口函数 main()

```
01 #include "usart.h"
02 #include "gpio.h"
03 #include "shell.h"
```

第12章 SPI接口

```
04 #include "eeprom.h"
05 #include "rtc.h"
06 #include "sysTick.h"
07 #include "spiflash.h"
08
09 int const BUFSIZE =128;
10 char line[BUFSIZE];              //Shell 命令行最多可接收的字符
11
12 void systemInit()
13 {
14     ledBtnInit();                //第 4、5 章的 LED、BTN 之 GPIO、EXTI 初始化
15     usart1Init();                //第 6 章的 USART1 端口初始化
16     i2cEE_Init();                //第 8 章的 I2C 模块初始化
17     rtc_Init();
18     sysTick_Init();
19     spiFlash_Init();             //本章讲解的重点
20 }
21
22 int main(void)
23 {
24     systemInit();
25
26     xputs("*************************************\r\n");
27     xputs("\r\nWelcome to USART Shell!\r\n");
28     xputs("Board Shell, version 2.1 ...\r\n);
29     xputs("_____\r\n");
30
31     while(1) {
32         xputs("USART > ");
33         xgets(line, BUFSIZE);
34         parse_console_line(line);
35         xprintf("\r\n" );
36     }
37 }
```

读者一定不会对代码 12-3 感到陌生,作为工程源程序的入口,主要完成各外设的初始化,然后进入 Shell 的内循环,等待用户输入。本章讲解的知识点是 SPI Flash,因此第 19 行代码所在的 SPI 初始化函数 spiFlash_Init()是本节分析的重点。

12.5.3 spiflash.c 文件中的 spiFlash_Init()函数

代码 12-4　SPI 初始化函数 spiFlash_Init()

```
01 void spiFlash_Init(void)
02 {
03     SPI_InitTypeDef SPI_InitStructure;
04
```

```
05      spiFlash_GPIOInit();                                         //SPI Flash 所用 GPIIO 引脚初始化
06
07      RCC_APB2PeriphClockCmd(RCC_APB2Periph_SPI2, ENABLE );         //开启 SPI2 时钟
08
09      SPI_InitStructure.SPI_Direction = SPI_Direction_2Lines_FullDuplex;   //全双工
10      SPI_InitStructure.SPI_Mode = SPI_Mode_Master;                 //MCU 作为 I2C 总线主器件
11      SPI_InitStructure.SPI_DataSize = SPI_DataSize_8b;             //帧格式采用 8 位
12      SPI_InitStructure.SPI_CPOL = SPI_CPOL_High;                   //时钟极性采用高电平
13      SPI_InitStructure.SPI_CPHA = SPI_CPHA_2Edge;                  //时钟相位选择下降沿
14      SPI_InitStructure.SPI_NSS = SPI_NSS_Soft;                     //用软件来管理片选信号
15      SPI_InitStructure.SPI_BaudRatePrescaler = SPI_BaudRatePrescaler_4;
16      SPI_InitStructure.SPI_FirstBit = SPI_FirstBit_MSB;            //最高位优先发送
17      SPI_InitStructure.SPI_CRCPolynomial = 7;                      //CRC 多项式长度
18      SPI_Init(sFLASH_SPI, &SPI_InitStructure);                     //将以上配置参数写入 SPI 寄存器
19
20      SPI_Cmd(sFLASH_SPI, ENABLE);                                  //开启 SPI2 外设
21  }
```

使用 STM32 库进行开发时，对外设的初始化都有定义一个初始化结构体类型。对于 SPI 接口而言，此初始化结构体在 stm32f10x_spi.h 文件中定义为：

```
50  typedef struct {
51      uint16_t SPI_Direction;            //数据传输方向：双向或单向
52      uint16_t SPI_Mode;                 //SPI 工作模式
53      uint16_t SPI_DataSize;             //数据帧格式
54      uint16_t SPI_CPOL;                 //时钟极性
55      uint16_t SPI_CPHA;                 //时钟相位
56      uint16_t SPI_NSS;                  //NSS 引脚管理：硬件 PIN 或 SSI 位软件管理
57      uint16_t SPI_BaudRatePrescaler;    //指定波特率发生器的预分频值，决定 SCK 信号
58      uint16_t SPI_FirstBit;             //决定传输时的第一位是最高位还是最低位
59      uint16_t SPI_CRCPolynomial;        //指定进行 CRC 计算的多项式位数
60  } SPI_InitTypeDef;
```

根据 SPI_InitTypeDef 类型成员组成，并查询 SPI 模块各寄存器的功能位定义，SPI 初始化涉及两个寄存器：SPI_CRC 和 SPI_CR1。

1．SPI_CRC（SPI 多项式寄存器）

CRC 多项式寄存器共 3 个（SPI_CRCPR、SPI_RXCRCR、SPI_TXCRCR），它们是为了提高数据传输的可靠性而设置的。这不是本书的重点，其位功能定义不再画出和说明。我们只需要知道在代码 12-4 第 17 行"SPI_InitStructure.SPI_CRCPolynomial = 7"，值 7（7 位 CRC）最终被写入 SPI_CRCPR 寄存器。

2．SPI_CR1（SPI 控制寄存器 1）

SPI 接口初始化主要涉及 SPI_CR1（SPI 控制寄存器 1）的相关寄存器位，根据其位定义（如图 12-14 所示，只画出了与初始化相关的位），在 stm32f10x_spi.h 文件中，定义了相应的宏常量。在初始化 SPI 接口，填充初始化结构体时，就使用了这些宏（常量）。

- 位[0]：CPHA，时钟相位。CPHA=0 数据采样从时钟上升沿开始；CPHA=1 数据采样从时钟下降沿开始。

控制寄存器1（SPI_CR1）
地址偏移：0x00

15	14	13	12	11	10	9	8	7	6	5	4	3	2	1	0
BIDI MODE	CRC，单线双向			DEF	RX ONLY	SSM	SSI	LSB FIRST	SPE	BR[2:0]			MSTR	CPOL	CPHA
rw	rw			rw	rw	rw	rw	rw	rw	rw			rw	rw	rw

图 12-14　SPI_CR1 寄存器位定义

```
180 #define SPI_CPHA_1Edge    ((uint16_t)0x0000)
181 #define SPI_CPHA_2Edge    ((uint16_t)0x0001)
```

代码 12-4 第 13 行就采用 SPI_CPHA_2Edge（选择时钟的后沿采样数据）来初始化 SPI_CPHA。

- 位[1]：CPOL，时钟极性。CPOL=0 空闲时 SCK 保持低电平；CPOL=1 空闲时 SCK 保持高电平。

```
168 #define SPI_CPOL_Low     ((uint16_t)0x0000)
169 #define SPI_CPOL_High    ((uint16_t)0x0002)
```

代码 12-4 第 12 行就采用 SPI_CPOL_High（时钟极性采用高电平）来初始化 SPI_CPOL。

因此，根据 CPHA 和 CPOL 在初始化中的设置，它们的组合值为 11，说明 SPI 主设备工作于模式 3。通过阅读 W25Q128 芯片手册，发现它支持 SPI 协议的模式 1 和模式 3，因此，本实验中的主从器件的工作模式是一致的。这点很重要，如果我们将这里的主器件配置为模式 0 或模式 2，经实验验证，主从之间是无法进行数据通信的。

- 位[2]：MSTR，主设备选择。MSTR=0 配置为从设备；MSTR=1 配置为主设备。

```
144 #define SPI_Mode_Master   ((uint16_t)0x0104)
145 #define SPI_Mode_Slave    ((uint16_t)0x0000)
```

代码 12-4 第 10 行就采用 SPI_Mode_Master 初始化本 SPI2 为主设备。

- 位[5:3]：BR[2:0]，波特率控制。其频率选择，从 SPI 所挂接总线频率的 2 分频到 256 分频。000 表示 $f_{pclk}/2$，001 表示 $f_{pclk}/4$，010 表示 $f_{pclk}/8$，011 表示 $f_{pclk}/16$，100 表示 $f_{pclk}/32$，101 表示 $f_{pclk}/64$，110 表示 $f_{pclk}/128$，111 表示 $f_{pclk}/256$。

```
204 #define  SPI_BaudRateRrescaler_2      ((uint16_t)0x0000)
...
211 #define  SPI_BaudRateRrescaler_256    ((uint16_t)0x0038)
```

代码 12-4 第 15 行采用了 SPI_BuadRatePrescaler_4（APB2 的 4 分频）来设置波特率控制器。

- 位[6]：SPE，SPI 使能。SPE=0 禁止 SPI 设备；SPE=1 开启 SPI 设备

在 stm32f10x_spi.c 文件中，根据此寄存器位，进行了如下宏定义。

```
49 #define CR1_SPE_Set   ((uint16_t)0x0040)
50 #define CP1_SPE_Reset ((uint16_t)0xFFBF)
```

代码 12-4 第 20 行调用的函数 SPI_Cmd()，当传入的参数分别是 ENABLE 和 DISABLE 时，在函数内部就使用宏 CR1_SPE_Set 和 CR1_SPE_Reset 来设置 SPI 的控制器 CR1 的 SPE 位。

- 位[7]：LSBFIRST，LSBFIRST 帧格式。LSBFIRST =0 先发送 MSB；LSBFIRST =1 先发送 LSB。

```
228 #define SPI_FirstBit_MSB        ((uint16_t)0x0000)
229 #define SPI_FirstBit_LSB        ((uint16_t)0x0080)
```

代码 12-4 第 16 行就采用了"SPI_FirstBit_MSB（最高位优先发送）"来设置 SPI 的帧格式。

- 位[8]：SSI，内部从设备选择。该位只在 SSM 位为"1"时才有意义，它决定了 NSS 上的电平。

```
347 #define SPI_NSSInternalSoft_Set     ((uint16_t)0x0100)
348 #define SPI_NSSInternalSoft_Reset   ((uint16_t)0xFEFF)
```

- 位[9]：SSM，软件从设备管理。当 SSM 位被置位时，NSS 引脚上的电平由 SSI 位决定。SSM =0 禁止软件从设备管理；SSM =1 启用软件从设备管理。

```
192 #define SPI_NSS_Soft  ((uint16_t)0x0200)
193 #define SPI_NSS_Hard  ((uint16_t)0x0000)
```

这两位用于管理总线的 NSS 引脚：直接使用 NSS 引脚进行硬件管理，或者使用 SSI 位进行软件管理。

代码 12-4 的第 14 行选择使用 SPI_NSS_Soft 的方式，使用软件模式来管理 SPI 的 NSS 引脚，因此 CR1 控制寄存器的位 8（SSI）和位 9（SSM）都被置为 1。

- 位[10]：RXONLY，只接收。该位和 BIDIMODE 位一起决定在双线双向模式下的传输方向。在多个从设备的配置中，在未被访问的从设备上该位被置 1，使得只有被访问的从设备有输出，从而不会造成数据线上数据的冲突。RXONLY =0 全双工（发送和接收）；RXONLY =1 禁止输出（只接收模式）
- 位[11]：DFF，数据帧格式。DFF =0 使用 8 位帧格式进行收发；DFF =1 使用 16 位帧格式进行收发。

```
156 #define SPI_DataSize_16b   ((uint16_t)0x0800)
157 #define SPI_DataSize_8b    ((uint16_t)0x0000)
```

代码 12-4 的第 11 行选择 SPI_DataSize_8b，表明 SPI 总线以字节作为数据传输单位，即内部的移位寄存器一次移出或移入的数据位数为 8。

- 位[15]：BIDIMODE，双向数据模式使能。BIDIMODE=0 选择双线双向；BIDIMODE=1 选择单线双向。

```
180 #define SPI_CPHA_1Edge   ((uint16_t)0x0000)     // 时钟相位：前沿
181 #define SPI_CPHA_2Edge   ((uint16_t)0x0001)     // 时钟相位：后沿
```

代码 12-4 的第 09 行采用 SPI_Direction_2Lines_FullDuplex，说明本 SPI 主设备与从设备之间的通信采用全双工工作模式。

在完成了给 SPI 初始化结构体各成员赋值之后，调用 SPI 初始化函数 SPI_Init()（代码 12-4 的第 18 行）将这些成员值写入 SPI 的 CR1 和 CRCPR 寄存器，完成 SPI 初始化配置。

3. STM32 芯片的 NSS 引脚

STM32 MCU 芯片的每一个 SPI 接口的片选信号都是 NSS 引脚（见图 12-15），当所在 SPI 器件作为从机，该引脚主要用作被其他主设备片选时的片选信号。因为如果 STM32 MCU 作为主机，在一主多从的结构中，仅靠一根 NSS 是无法实现对某一具体的从器件进行片选的，在这种情况下，需要使用 MCU 的其他 GPIO 引脚来分别作为不同从器件的片选信号。理解这一点很关键。

但是无论作为主设备还是从设备，都需要对 STM32 的 SPI NSS 引脚进行管理才能正常进行通信。对 NSS 引脚管理涉及 STM32 SPI 内部构造的一些知识，在其内部也有一个 NSS 引脚（见图 12-15），该引脚可以与外部 NSS 引脚物理相连（NSS 的硬件模式，HW），也可以与内部 CR1 寄存器的 SSI 位进行逻辑连接（NSS 的软件模式，SW），连接方式由 SPI CR1（控制寄存器 1）的 SSM 位来控制。

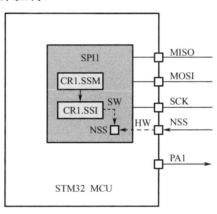

图 12-15　SPI NSS 引脚

以本示例 SPI 作为主模式配置为例（CR2.MSTR=1）。

（1）硬件模式：CR1.SSM=0，内部 NSS 引脚与外部 NSS 引脚直接相连。

- 输入模式，SSOE=0，在内外 NSS 引脚都为高电平时，才能进行数据传输。需要额外的 GPIO 引脚作为从设备的片选信号。
- 输出模式，SSOE=1，外部 NSS 引脚输出低电平，使能从设备，进行数据传输。不需要额外的 GPIO 引脚就能片选从设备（只能用在一对一的情况）。

（2）软件模式：CR1.SSM=1，内部 NSS 引脚的电平由 CR1.SSI 位决定。SSI=1 时，内部 NSS 引脚被设置为高电平，这样才能传输数据。需要额外的 GPIO 引脚片选从设备，本章的示例就采用软件模式，使用 GPIOA.Pin1 作为向外从器件的片选信号。

12.6 SPI Flash 测试代码分析

在了解了 W25Q128FV 的基本操作指令和完成了 SPI 接口初始化以后，接下来我们按程序执行的流程来对 SPI Flash 进行一些读、写和擦除操作了。

本章将 W25Q128FV 的测试代码放在 spiflash.c 文件中，而不像前面几章那样将外设的测试代码全部写在 shell.c 文件中，这样可以减少 shell.c 文件的尺寸，使得编译后的代码执行得更快。

12.6.1 spiflash.c 文件中的 SPI Flash 测试函数 spiTest()

代码 12-5　SPI Flash 的测试函数 spiTest()

```
    uint8_t spiRxBuffer[],
    spiTxBuffer[] = "STM32F10x SPI firmware Library Example: communication with W25Q SPI Flash";
    #defein SPI_BUFSIZE        (countof(spiTxBuffer)-1)
    #define PASSED             0
    #define FAILED             1
    #define OPERATION_ADDR     0                        //表示读、写、擦除操作的起始地址
01  void spiTest (void)
02  {
03      u32 flashID, k;
04      u8 resultFlag =0;
05
06      flashID = sFLASH_ReadID();                      //读取 W25Q128FV 的 ID
07      xprintf("\r\nFlashID is0x%x. \r\n", flashID);
08
09      if (flashID != sFLASHID ) {                     //读出的 ID 与默认的 ID 不匹配，错误
10          LED_OnOff ( LED2, ON);
11          xprintf("\r\n Couldn't get W25Q128 ID!\r\n");
12      } else {
13          mdelay(1000);                               //延时 1 s
14          LED_OnOff (LED3, ON);
15          xprintf(" Checked SPI FLASH W25Q128 ID!\r\n");
16
17          sFLASH_eraseSector(OPERATION_ADDR);         //擦除传入地址所在的扇区
18          sFLASH_writeBuffer ( spiTxBuffer, OPERATION_ADDR, SPI_BUFSIZE); //写内容到扇区
19          sFLASH_readBuffer ( spiRxBuffer, OPERATION_ADDR, SPI_BUFSIZE);  //读指定地址扇区
20
21          xprintf("\r\n 写入：%s\r\n", spiTxBuffer);
22          xprintf("\r\n 读出：%s\r\n", spiRxBuffer);
23      }
24
25      xprintf("Now is erasing ....\r\n" );
```

```
26      sFLASH_eraseSector ( OPERATION_ADDR);           //擦除传入地址所在的扇区
27      sFLASH_readBuffer ( spiRxBuffer, OPERATION_ADDR, SPI_BUFSIZE);    //读指定地址扇区
28
29      for (k =0; k < SPI_BUFSIZE; k++)    {
30          if (spiRxBuffer[k] !=0xFF )                 //如果读出的扇区内容不为 0xFF（空白）
31              resultFlag = FAILED;                    //擦除测试失败
32      }
33
34      if (PASSED == resultFlag )
35          xprintf( "\r\nFlash ERASE test PASSED !! \r\n" );
36      else
37          xprintf( "\r\nFlash ERASSE test FAILED !!\r\n" );
38 }
```

程序 12-5 所示的对 SPI Flash 的读、写、擦除测试代码流程简单，无须多讲。我们主要来就代码中出现的 4 个操作函数来进行分析。

12.6.2　SPI Flash ID 读取函数 sFLASH_readID()

代码 12-6　sFLASH_readID()

```
01 uint32_t sFLASH_readID(void)                         //在文件 spiflash.c 文件中
02 {
03      uint32_t temp =0, temp0 =0, temp1 =0, temp2 =0;
04
05      sFLASH_CS_LOW();                                //拉低片选信号，选中 W25Q128FV
06      sFLASH_SendByte(sFLASH_CMD_RID);                //指令序列的第 1 字节：发送指令码
07      temp0 = sFLASH_SendByte(sFLASH_DUMMY_BYTE);     //指令序列的第 2 字节，获得 1 B 数据
08      temp1 = sFLASH_SendByte(sFLASH_DUMMY_BYTE);     //指令序列的第 3 字节，获得 1 B 数据
09      temp2 = sFLASH_SendByte(sFLASH_DUMMY_BYTE);     //指令序列的第 4 字节，获得 1 B 数据
10
11      temp = ((temp0 <<16) | (temp1 << 8) | temp2 );  //将所获得的 3 个字节组合而成 Flash ID
12
13      sFLASH_CS_HIGH();                               //拉高片选信号，放弃选择 W25Q128FV
14
15      return temp;
16 }
```

我们已经知道，在基于 SPI 总线结构的应用中，主设备在向从设备发起通信之前，首先需要选定通信对象，这一步是通过主/从设备之间的片选信号来确定的（提醒：I2C 协议中主/从设备之间通信是基于从设备的地址进行的）。主设备将与之通信的从设备片选信号拉低，表示选中该从设备，之后开始通信。通信完成后，需要再将片选信号拉高，以结束与该从设备的通信。代码 12-6 的第 05 行中的宏 sFLASH_CS_LOW()和第 13 行的 sFLASH_CS_HIGH()分别实现选中和放弃选择两种操作，它们在 spiflash.h 文件中的定义如下：

（接代码 12-1 ...）

```
17 #define sFLASH_CS_LOW()   GPIO_ResetBits(GPIOA, GPIO_Pin_4)    //复位PA1引脚，拉低
18 #define sFLASH_CS_HIGH() GPIO_SetBits(GPIOA, GPIO_Pin_4)       //设置PA1引脚为高电平
```

另外，W25Q128FV 数据手册告诉我们，在发出读取 ID 的指令 0x9F 后，需要紧跟 3 字节"哑数据"，以便从 MISO 引脚同时接收 Flash ID 数据。代码 12-6 的 06～09 行遵循了这个操作序列，将接收的 ID 字节信息按从高到低的顺序分别存储在 temp0、temp1、temp2 中，完成以后将它们重新组合形成一个完整的 ID 数据。程序代码中的宏 sFLASH_DUMMY_BYTE 即所谓的"哑数据"，根据 SPI 协议通信原理，"出和入"是同时进行的，为了得到从器件的输出，就必须向从器件"输入"数据，此时该数据之目的仅仅是作为"诱饵"引蛇出洞，可以为任意字节数据，故称为"哑数据"。sFLASH_DUMMY_BYTE 在 spiflash.h 文件中被定义为：

```
#define sFLASH_DUMMY_BYTE    0xa5           //也可以被定义为其他的任意值
```

12.6.3 扇区擦除函数 sFLASH_eraseSector()

代码 12-7　sFLASH_eraseSector(uint32_t sectorAddr)

```
01 void sFLASH_eraseSector()                           //在文件 spiflash.c 中实现
02 {
03     sFLASH_WriteEnable();                           //允许写操作
04     sFLASH_WaitForWriteEnd();                       //等待上一次写操作完成，确定 W25Q128FV 空闲
05
06     sFLASH_CS_LOW();                                //拉低片选引脚信号，选择 W25Q128FV
07     sFLASH_SendByte (sFLASH_CMD_SE);                //发送扇区擦除指令 0x20
08     sFLASH_SendByte((sectorAddr &0xFF0000) >>16);   //扇区地址高 8 位
09     sFLASH_SendByte((sectorAddr &0xFF00) >> 8);     //扇区地址中 8 位
10     sFLASH_SendByte(sectorAddr &0xFF);              //扇区地址低 8 位
11     sFLASH_CS_HIGH();                               //拉高片选引脚信号，放弃 W25Q128FV
12
13     sFLASH_WaitForWriteEnd();                       //等待上面刚执行的擦除操作完成
14 }
```

W25Q128FV 的状态和控制管理由其 SR1 寄存器来负责。在主设备对 Flash 进行"页写，扇区/块/chip 擦除，以及写状态寄存器"这些操作时，Flash 的 SR1 寄存器的 BUSY 位会置 1。因此，任何涉及写性质的操作之前，都就检查 BUSY 是否为 1。代码 12-7 中第 04 行调用函数 sFLASH_WaitForWriteEnd() 来检查 SR1 的 BUSY 位是否为 1。

```
01 void sFLASH_WaitForWriteEnd(void)
02 {
03     uint8_t flashStatus =0;
04     sFLASH_CS_LOW();
05     sFLASH_SendByte(sFLASH_CMD_RDSR);                             //发送读状态寄存器指令
06     do {
07         flashStatus = sFLASH_SendByte(sFLASH_DUMMY_BYTE);  //发送"哑数据"带出 SR1 值
08     } while((flashStatus&sFLASH_WIP_FLAG)==SET);                  //如果 BUSY 位为 1，则等待
09 }
```

W25Q128FV 除了扇区擦除以外，还提供了块擦除指令，驱动中相应的函数为 sFLASH_eraseBulk()，其代码实现与 sFLASH_eraseSector() 类似，在此不再赘述。

12.6.4　Flash 页写函数 sFLASH_writePage()

在代码 12-5 的 spiTest() 函数中，在擦除了 OPERATION_ADDR 所在的扇区后，紧接着将 spiTxBuffer 中的一段字符串写入刚刚被擦除的扇区。虽然擦除时能够以块（64 KB）、扇区（4 KB）为单位进行，但进行写操作时，必须以页（256 B）为单位进行。

因此，首先需要将待写入的字符串（数量）以页为单位进行细分：当写入地址与 Flash 的页地址对齐的时候，需要计算出有多少整页，以及不足一页的字符个数；当写入地址没有页对齐时，还多出了计算首页中没有页对齐的字符个数，等等。整个过程的算法与第 8 章的 I2C EEPROM 的 I2C_EE_bufferWrite() 函数完全一样，在那里笔者对该算法进行过详细的分析介绍，由于篇幅关系，在此略过而直接进入页写函数的实现。

代码 12-8　页写函数 sFLASH_writePage()

```
01 void sFLASH_writePage(uint8_t* pBuffer, uint32_t sectorAddr, uint16_t numByteToWrite)
02 {
03     sFLASH_WriteEnable();                              //允许写操作
04
05     sFLASH_CS_LOW();                                   //拉低片选引脚信号，选择 W25Q128FV
06     sFLASH_SendByte (sFLASH_CMD_WRITE);                //发送页写 0x02
07     sFLASH_SendByte((sectorAddr &0xFF0000) >>16);      //页所在扇区地址高 8 位
08     sFLASH_SendByte((sectorAddr &0xFF00) >> 8);        //页所在扇区地址中 8 位
09     sFLASH_SendByte(sectorAddr &0xFF);                 //页所在扇区地址低 8 位
10
11     while (numByteToWrite--) {
12         sFLASH_SendByte(*pBuffer);
13         pBuffer++;
14     }
15
16     sFLASH_CS_HIGH();                                  //拉高片选引脚信号，放弃 W25Q128FV
17
18     sFLASH_WaitForWriteEnd();                          //等待上面刚执行的擦除操作完成
19 }
```

在擦除和写操作函数的最开始，都出现函数 sFLASH_WriteEnable()（写允许操作）。在该函数内部封装了 W25Q128FV 的 Write Enable 指令码（如下表），这表明在 SPI Flash 相关的写性质的操作中，写允许是一个必备的操作。

指令字节序	Byte1 (指令码)	Byte2	Byte3	Byte4	Byte5	Byte6
Write Enable	06h					

至于页写本身的操作，很简单。指令序列"写指令+页地址"发送出去以后，代码 12-8 的 11~14 行通过 while 循环完成 numByteToWrite 个字符的写入。

12.6.5　Flash 读函数 sFLASH_readBuffer()

W25Q128FV 的读操作与写操作类似，在送出读指令及要读的开始地址以后，进入 while 循环读出 numByteToRead 个字符。

代码 12-9　页读函数 sFLASH_readBuffer()

```
01 void sFLASH_readBuffer(uint8_t* pBuffer, uint32_t readAddr, uint16_t numByteToRead)
02 {
03
04     sFLASH_CS_LOW();                                          //拉低片选引脚信号，选择 W25Q128FV
05     sFLASH_SendByte (sFLASH_CMD_READ);                        //发送页写 0x02
06     sFLASH_SendByte((readAddr &0xFF0000) >>16);               //页所在扇区地址高 8 位
07     sFLASH_SendByte((readAddr &0xFF00) >> 8);                 //页所在扇区地址中 8 位
08     sFLASH_SendByte(readAddr &0xFF);                          //页所在扇区地址低 8 位
09
10     while (numByteToRead--) {
11         *pBuffer = sFLASH_SendByte(sFLASH_DUMMY_BYTE);        // "哑数据" - 引蛇出洞，
12         pBuffer++;
13     }
14
15     sFLASH_CS_HIGH();                                         //拉高片选引脚信号，放弃 W25Q128FV
16
17 }
```

在有关 SPI Flash 的读、写和擦除操作中，无一避免地调用了函数 sFLASH_SendByte()。该函数具有全双工的功能，在传输一个字节数据的同时，同时会返回一个字节的数据（SPI 通信协议所决定）。那么它的内部是如何做到这一点的呢？下面就进入其实现代码一探究竟。

12.6.6　Flash 字节发送函数 sFLASH_SendByte()

字节发送函数 sFLASH_SendByte()可以说是 SPI Flash 驱动的最基本的操作，主机向 W25Q128FV 发送的所有指令和从 W25Q128FV 返回的数据都是通过它来实现的，因此，其名虽为发送，但实际上也包含了接收数据的功能。

代码 12-10　字节收发函数 sFLASH_()

```
01 uint8_t sFLASH_SendByte ( uint8_t byte)
02 {
03     while(SPI_I2S_GetFlagStatus ( sFLASH_SPI, SPI_I2S_FLAG_TXE) == RESET );
04     SPI_I2S_SendData ( sFLASH_SPI, byte);
05     while (SPI_I2S_GetFlagStatus(sFLASH_SPI,SPI_I2S_FLAG_RXNE)==RESET);
06
07     return SPI_I2S_ReceiveData(sFLASH_SPI);
08 }
```

从代码 12-10 的第 03 和 05 行代码可见，SPI 字节发送指令采用轮询机制，通过检查 SPI

接口 SR（状态寄存器的）TXE 位来确定数据是否发送成功，并且检查 RXNE 位来确定是否有接收数据到来。SPI_SR 寄存器与 TX 和 RX 相关的位定义如图 12-16 所示（阴影部分）。

状态寄存器（SPI_SR）
地址偏移：0x08
复位值：0x0002

15 14 … 9 8	7	6	5	4	3 2	1	0
保留	BSY	OVR	MODF	CRC ERR	I2S相关	TXE	RXNE
	rw	rw	rw	rw	rw	rw	rw

图 12-16　SPI_SR（状态寄存器）位定义图

位[0]：RXNE，接收缓冲区非空标志。RXNE =0 接收缓冲区空；RXNE =1 接收缓冲区非空（满）。

```
404 #define SPI_I2S_FLAG_RXNE                ((uint16_t)0x0001)
```

位[1]：TXE，发送缓冲区空标志。TXE =0 发送缓冲区非空（满）；TXE =1 发送缓冲空。

```
405 #define SPI_I2S_FLAG_TXE     ((uint16_t)0x0002)
```

位[7]：BSY，忙标志。BSY =0 时 SPI 不忙；BSY =1 时 SPI 忙于通信或发送缓冲非空。

```
411 #define SPI_I2S_FLAG_BSY     ((uint16_t)0x0080)
```

在代码 12-10 中第 03 和 05 行，将 SPI_I2S_FLAG_TXE 和 SPI_I2S_FLAG_RXNE 传入 SPI_I2S_GetFlagStatus()，以获得当前 SR1 寄存器中这些位的状态，并以此作为依据来处理数据。第 03 行代码查询 TXE 位的状态，如果函数返回为 RESET，说明 TXE 位为 0，表明数据寄存器（SPI_DR）中有数据（还没有完全放入移位寄存器），所以要等待。第 05 行代码查询 RXNE 位的状态，如果函数返回 RESET，表明 SPI_DR 为空还没有接收到数据，所以要等待直到有数据到来时，才跳出循环，并将 SPI_DR 中的数据返回。

12.7　向 Shell 添加 SPI 测试指令 spitest

首先，在命令数据结构中添加测试命令 spitest。

```
static struct comentry commands[] = {
    ….;
    {"spitest",spitest},
    { NULL, unknown }
};
```

其次，在帮助系统中添加 spitest 命令的使用说明。

```
void help(void)
{
    ….;
    xprintf("spitest    - Read/Write SPI Flash W25Q128FV, and compare their contents.\r\n" );
}
```

最后，在命令 spitest 的执行函数 spitest() 中调用 spiflash.c 文件中已实现的函数 spiTest()，完成 Shell 命令的添加。

```
    extern void spiTest(void);           //引用外部文件中定义的函数
01  void spitest(void)
02  {
03      spiTest();
04  }
```

12.8 建立工程，编译和执行

创建和配置工程的详细步骤请参考第 1 章。

12.8.1 建立以下工程文件夹

- project：存放建立工程过程中由 Keil MDK 自动生成的配置文件和工程文件。
- usr：存放由用户实现的源码文件（即应用层文件），如 main.c、includes。
- stm32：存放 STM32 库文件，并将整理后的库文件拷贝到此文件夹下，此文件夹下再建立三个子文件夹，即 fwlib、cmsis、_usr，分别用来存入原始库文件整理后的各相关文件。
- output：存放编译、链接时产生的输出文件，可执行格式（.HEX）文件也存放于此。

12.8.2 创建文件组和导入源文件

使用 uVision 向导建立工程，完成后在"工程管理区"创建文件组，并导入/编辑源文件（创建和导入方法详细说明请见第 1 章）。文件组和文件的对应关系如表 12-5 所示。

表 12-5 工程文件组及源文件

文 件 组	文件组下的文件	文件作用说明	文件所在位置
usr	main.c	应用主程序（入口）	spiflash/usr
	gpio.h/c	GPIO 操作驱动，如 LED、Beep	spiflash/usr
	usart.h/c	用户实现的 USART 模块驱动	spiflash/usr
	shell.h/c	用户实现的 Shell 外壳文件	spiflash/usr
	eeprom.h/c	用户实现的 EEPROM 驱动	spiflash/usr
	rtc.h/c	实时时钟驱动源码文件	spiflash/usr
	sysTick.h/c	系统时钟，延时函数	spiflash/usr
	spiflash.h/c	SPI Flash 操作函数	spiflash/usr
	stm32f10x_conf.h	工程头文件配置	spiflash/stmlib/_usr
	stm32f10x_it.h/c	异常/中断实现	spiflash/stmlib/_usr
cmmis	core_cm3.h/c	Cortex-M3 内核函数接口	spiflash/lib/CMSIS
	stm32f10x.h	STM32 寄存器等宏定义	spiflash/lib/CMSIS

续表

文 件 组	文件组下的文件	文件作用说明	文件所在位置
	system_stm32f10x.h/c	STM32 时钟初始化等	spiflash/lib/CMSIS
	startup_stm32f10x_hd.s	系统启动文件	spiflash/lib/CMSIS/Startup
fwlib	stm32f10x_rcc.h/c	RCC（复位及时钟）操作接口	spiflash/lib/FWlib
	stm32f10x_gpio.h/c	GPIO 操作接口	spiflash/lib/FWlib
	stm32f10x_usart.h/c	USART 外设操作接口	spiflash/lib/FWlib
	misc.c	CM3 中断控制器操作接口	spiflash/lib/FWlib
	stm32f10x_bkp.h/c	备份域各组件操作接口	spiflash/lib/FWlib
	stm32f10x_pwr.h/c	电源控制操作接口	spiflash/lib/FWlib
	stm32f10x_rtc.h/c	RTC 管理操作接口	spiflash/lib/FWlib
	Stm32f10x_i2c.h/c	I2C 外设操作接口	spiflash/lib/FWlib
	Stm32f10x_spi.h/c	SPI 外设操作接口	spiflash/lib/FWlib

按表 12-3 所建立的工程管理区最终结果如图 12-17 所示（cmmis 文件组下包含的文件同前面的工程）。

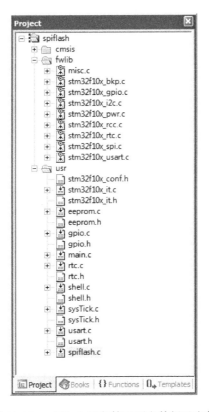

图 12-17　spiFlash 工程管理区文件组及文件

12.8.3　编译运行

执行开发环境菜单"build"或"rebuild"命令（对应于工具栏中的▣和▣）即可完成工程的编译、链接，最终生成可执行的 spiflash.hex 文件。将其烧录到学习板，设置好 PC 端的 SecureCRT 终端软件参数（115200、8N1、无校验、无流控）之后。在"USART >"提示符下输入"spitest"命令，即可看到本章最开始图 12-2 所示的效果图。

第13章 网络接口：以太网

信息社会需要"万物"接入网络。嵌入式设备作为整个网络中的某个信息节点，其接入网络的途径有很多，如常用的 Wi-Fi、蓝牙、ZigBee、以太网等。而以太网作为一种有线接入网技术，在局域网中应用最为广泛。ENC28J60 是一款基于 SPI 接口的独立以太网控制器，其内部集成 MAC 和 10Base-T PHY，支持全/半双工工作模式，最高速率可达 10 Mbps。

本章首先对以太网协议进行简要的讲解，在此基础上结合 ENC28J60，讲解其内部构成、工作流程和操作指令，进而编写其基本的驱动程序。uIP 是一个精简版的 TCP/IP 协议栈，它去掉了通用 TCP/IP 栈中复杂的功能，设计重点放在了 ARP、IP、ICMP、UDP、TCP 这些网络通信必须使用的协议上，从而保证了其代码的通用性和结构的稳定性。因此除了网络通信的底层协议之外，本章还会就 uIP 协议栈的功能结构进行详细的分析。

13.1 网络体系结构简介

网络体系结构也称为网络模型，是进行网络系统设计和故障排除时的重要理论依据。由于计算机网络是一个非常复杂的系统，需要解决的问题很多且性质各不相同，将这些庞大而复杂的问题细分为若干小而易于处理的局部问题，不啻为一种好的思路。因此网络体系是一个层次分明的模块式结构，这样既能保证各层功能相对独立，又不至于各层的优化改动影响其他层次，从而保证体系结构的稳定。

13.1.1 三种网络模型

OSI/RM、TCP/IP 和 LAN/RM 是计算机网络领域最常接触的三种网络模型。

1. 理论化模型——OSI/RM

OSI/RM 的全称是 Open System Interconnection Reference Mode，即开放系统互联参考模型，它是为了解决 20 世纪 80 年代以来，不同网络技术之间难以连网兼容而产生一种通用体系结构模型，由于其被划分为七层，所以常被称为 OSI 七层结构，如图 13-1 所示。

图 13-1　OSI 七层模型

由于 OSI/RM 各层涵盖的内容很不均衡（会话层和表示层包括的内容太少，而链路层和网络层的内容又太多），并且其描述的服务及协议极其复杂，很难真正实现，所以它仅仅是一个供工程技术人员理解网络体系结构，方便网络工程人员交流讨论的一个理想模型。

2．实用模型——TCP/IP 四层协议簇

TCP/IP，即传输控制协议（Transmission Control Protocol / Internet Protocol），首先由美国国防部高级研究规划署于 20 世纪 60 年代发起研究，发展到今天已成为使用最为广泛的一种网络模型，Internet 就是基于这一模型而设计的。

TCP/IP 协议模型与 OSI/RM 各层之间的对应关系如图 13-2 所示。

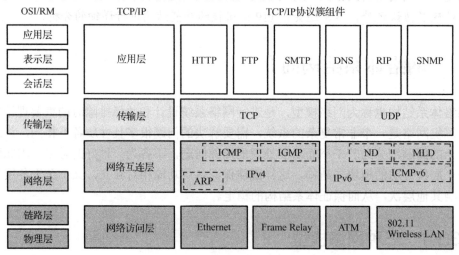

图 13-2　TCP/IP 四层协议簇

（1）网络访问层：也称为网络接入层，负责向（从）网络发送（接收）数据帧。该层作用范围有限，属于局域网层次，具有不同的组网技术，如令牌环、以太网、FDDI 等，最常用的是以太网（Ethernet）和 Wireless 接入。实际上该层并不是由 TCP/IP 协议簇所设计和实现的，但很好地适应了其上层所具有的各种技术，从基于网络模型的完整性上考虑，也将其视为 TCP/IP 协议模型的一部分。

说明：网络访问层涵盖了 OSI/RM 的下面两层（物理层和链路层），一般而言，网卡和

第 13 章 网络接口：以太网

交换机就工作于这两层，所以也称网卡和交换机为二层设备。二层设备基于 MAC 地址在局域网中进行通信。

（2）网络互连层：该层的主要任务是通过 IP 地址为传输层提供了点到点的连接服务。该层协议（IPv4/IPv6）完成对上层数据进行分组和路由选择，涉及 3 个关键技术：分组形式（包格式）、路由选择和拥塞控制。

在 TCP/IP 协议簇中，IP 协议能够承载不同高层协议的数据，这些协议使用一个唯一的"协议类型号"进行标识，如 ICMP 和 IGMP 分别使用 1 和 2。

说明： 网络互连层对应于在 OSI/RM 的网络层，即第 3 层。一般而言，路由器工作于第三层，因此称路由器为三层设备，路由器基于 IP 地址在广域网中进行通信。

（3）传输层：提供了基于端口号的进程间通信（端到端连接），为应用层提供会话和数据报通信服务，该层协议（TCP、UDP）主要解决诸如可靠性和保证数据按序到达的问题。

TCP（Transport Control Protocol），传输控制协议，提供了一个可靠的（保证数据完整，无损并且按序到达目的端）、面向连接（TCP 三次握手和数据传输过程中的确认机制）的服务。实时性高的数据需要使用此协议进行传输。TCP 的协议类型号为 6。

UDP（User Datagram Protocol），用户数据报协议，提供了无连接的不可靠（它不检查数据包是否到达目的地，也不保证数据包按发送时的顺序到达）传输服务，采用一种"尽力而为"的机制。音频和视频流是 UDP 的典型应用。UDP 的协议类型号为 17。

（4）应用层：该层涉及与网络相关的程序，如一些特定的程序（HTTP、FTP、SMTP、SSH、DNS 等）运行在应用层上，它们提供的服务直接支持用户应用，即：将从应用程序来的"纯数据"以某个协议（HTTP 等）封装，然后传输到 TCP/IP 协议栈的下一层；或接收从传输层而来的"协议数据"，剥离"协议封装信息"，还原为"纯数据"后交给应用程序。

TCP/IP 协议栈最突出的缺陷是：没有区分物理层与数据链路层，但其实这两层是完全不同的概念。物理层考虑的是物理传输介质和接口特征，而数据链路层则考虑的是帧的界定，并把帧可靠地从一端传输到另一端。

3．局域网两层结构——LAN/RM

LAN/RM 模型也被称为 IEEE 802 系列标准，是 IEEE 802 LAN/RM 标准委员会制定的局域网技术规范，其下有很多局域网标准，其中使用最广泛的有以太网、令牌网、无线局域网。

局域网体系结构分为两层：物理层和数据链路层，此两层与 OSI/RM 的对应关系如图 13-3 所示。

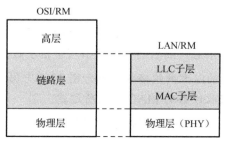

图 13-3　LAN/RAM 和 OSI/RM

(1) 物理层（PHY）：负责物理连接的建立、编码、传输介质、传输速率，以及电平和功能特性。比如，信号编码采用曼彻斯特编码，传输介质多为双绞线和光纤，传输速率为 10 Mbps～10 Gbps。

(2) 链路层：通过检测、确认、重传等机制将物理层提供的不可靠的物理连接改造为可靠的数据链路。

MAC 子层：由于局域网中的多台设备一般共享公共传输介质，需要设置介质访问控制的功能，以解决介质访问冲突。比如，以太网标准 802.3 定义了 48 位的 MAC 地址来标识网络中不同的通信设备，并采用 CSMA/CD 规范解决设备间对链路的争用冲突。不同的物理层传输介质，其访问控制的方法有所不同，因此，MAC 子层与物理层紧密相关。

说明：网卡和交换机就是基于数据链路层（OSI/RM 的第二层）的 MAC 地址进行数据帧的过滤转发的，所以网卡和交换机属于二层设备。

LLC（逻辑链路控制）子层：由于局域网中采用的介质类型有多种，对应的介质访问控制方法也有多种，为了使数据帧的传输独立于所采用的物理介质和介质访问控制方法，IEEE 802 标准特意将 LLC 独立出来，形成一个单独的子层，使 LLC 与介质无关。

13.1.2 以太网标准（Ethernet）

以太网属于链路层协议，最早由 Xerox 于 70 年代早期发明，后来由 Xerox、Intel 和 DEC 公司于 1978 年将其标准化。随后 IEEE 用标准号 802.3 发布了一个与之兼容版本的标准，使其成为一种最为流行的局域网技术，其特点是共享介质、广播式传输。

(1) CSMA/CD（Carrier Sense Mul-tiple Access with Collision Detect）：链路层的 MAC（Media Access Control，媒体访问控制）子层需要设置介质访问控制的功能。对于以太网，采用一种称为 CSMA/CD（即带碰撞检测的载波侦听/多路访问）的机制，其大体的控制思路是这样的：当多台主机在某一时刻都同时向共享介质上发送数据时，信号的叠加会导致传输失败，继而大家分别以不同的延时时间"礼让"他人先进行传输，经多次"礼让"后，每台设备都能将自己的数据发送出去。

(2) 以太网 MAC 地址：以太网定义了一个 48 位（6 字节）的寻址方案，每个网络接口都分配了这样一个唯一的地址（MAC 地址只存在于局域网中，广域网中没有 MAC 地址这种说法）。

(3) 以太网帧格式：符合 IEEE 802.3 标准的以太网帧的长度一般为 64～1518 B，由 5 或 6 个不同的字段组成，如图 13-4 所示。

为了数据帧可以在网络中被不同的设备正确地接收、转发，需要统一它们的时钟，前导字段就携带源主机的时钟信息，随后的一个字节用于指示数据帧的真正开始。

说明：但实际上，真正的以太网帧格式只包含图 13-4 中阴影部分的几个字段，而前导字段和帧起始定界符会被接收设备的 MAC 子层所过滤。

① 目的地址（DA）：6 B，装有数据帧发往设备的 MAC 地址，可以是以下三类：
- 单播地址：MAC 地址中首字节的最低有效位为 0。

第13章 网络接口：以太网

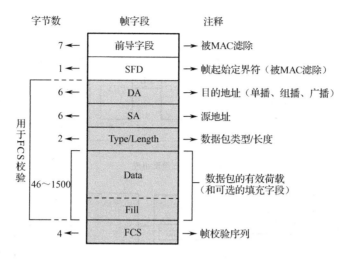

图 13-4 以太网帧格式

- 组播地址：MAC 地址首字节的最低有效位为 1。
- 广播地址：MAC 地址字节的所有位均为 1，即 FF-FF-FF-FF-FF-FF。

② 源地址（SA）：6 B，标识数据帧的来源设备。

③ 类型/长度（Type/length）：定义其后的数据帧属于何种协议。另外，如果该字段被填充的数值小于等于 1500，则该字段被视为长度字段，以指定数据字段非填充数据的长度。

④ 数据（Data）：数据字段可以在 0～1500 B 之间变化，超过此范围的数据帧被视为违反以太网标准，会被绝大多数以太网站点丢弃。

⑤ 填充（Fill）：是一个长度可变的字段，当使用较小的数据有效荷载时，添加该字段以满足 IEEE 802.3 规范的要求：以太网帧的目标、源、类型、数据和 CRC 字段加在一起不能小于 64 B，如果数字字段小于 46 B，则需要使用填充字段。

⑥ CRC：通过对目标、源、类型、数据和填充字段中的数据进行计算而得。当发送时，MAC 子层将其封装在以太网帧中发送；接收时，MAC 将接收到的 CRC 值与对该帧重新计算而得的 CRC 比较，如果不一致表明传输过程中数据发生了无法恢复的错误，因而丢弃。

13.2 ENC28J60 知识

13.2.1 ENC28J60 概述

ENC28J60 是带标准串行外设接口（Serial Peripheral Interface，SPI）的独立以太网控制器。说它独立，是因为其内部集成了 MAC 和 10Base-T PHY，不必借助 STM32F103ZET6 中的 MAC 控制器模块就可以实现 10 Mbps 的全双工端口速率。任何具有 SPI 接口的 MCU 均可以使用 ENC28J60 来添加网络功能。图 13-5 为 ENC28J60 使用 SPI 总线连接 MCU 的一个典型应用框图。

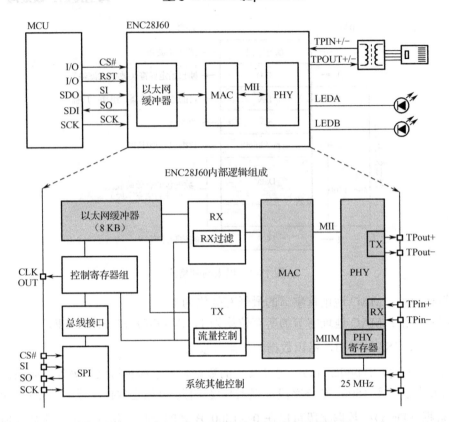

图 13-5 ENC28J60 的应用框图及内部逻辑组成

图 13-5 反映了 ENC28J60 的应用框图和其内部的组成模块，其内部主要有 5 个部件：控制寄存器组、以太网缓冲器（以太网收/发缓冲器）、TX/RX 模块、MAC 和 PHY。我们选择其中最重要的 3 个来进行讲解，理解了这个三部件就能够理解 ENC28J60 的工作流程。这三个部件其实质就是 3 种类型的存储器。

- 控制寄存器组：用于进行 ENC28J60 的配置、控制和状态获取，可以通过 SPI 接口直接读取这些控制寄存器，被划分为 4 个区，Bank0～Bank3。
- 以太网缓冲器：以太网控制器使用的发送和接收存储空间，主控制器可以使用 SPI 接口通过读/写缓冲器指令来访问以太网缓冲器。
- PHY 寄存器：用于进行 PHY 模块的配置、控制和状态获取。不能通过 SPI 接口直接访问这些寄存器，只可通过 MAC 的 MII（Media Independent Interface）接口访问这些寄存器。

这三种存储器之间的关系如图 13-6 所示。

其中，控制寄存器组被划分为 4 个 Bank（Bank0～Bank3），每个 Bank 最后的 5 个单元（0x1B～0x1F）都指向同一组寄存器（即通用寄存器），可以通过寄存器 ECON1 的低 2 位来进行设置选择不同的 Bank；每个 Bank 都有一个指针指向以太网缓冲器，以方便读取其中的数据。

说明：虽然 ENC28J60 仅支持 10Base-T，但其功能也较为完善，其配置寄存器数量众多，在以下对其功能原理的描述中不可能、也没有必要面面俱到。笔者只能选择其主要部分，尽可能地将这些主干串在一起形成完整的知识体系，以方便读者掌握以太网控制器底层驱动的编写和相关知识点。要想彻底掌握 ENC28J60 的底层细节，还需要参考 ENC28J60 中文手册。本章涉及 ENC28J60 驱动的相关代码注释也尽可能注明其知识点在中文手册中的页号，以方便读者对照验证。

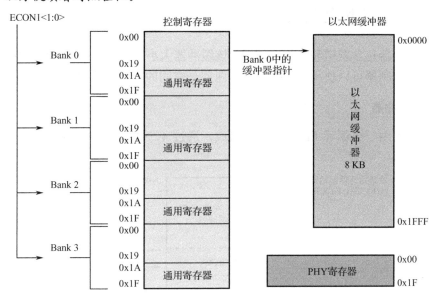

图 13-6　ENC28J60 三类寄存器的关系图

13.2.2　控制寄存器

控制寄存器提供了 MCU 和以太网控制电路之间的主要接口，写这些寄存器可控制接口操作，而读这些寄存器则允许 MCU 监控这些操作。

（1）控制寄存器又被分为 ETH（以太网）、MAC（MAC 控制）和 MII（MII 接口操作）三组寄存器。

（2）控制寄存器存储空间分为 4 个 Bank，可用 ECON1 寄存器的"区选择位 BSEL1:BSEL0"进行选择。

（3）每个存储区都为 32 字节，可以用 5 位地址值进行寻址。

（4）每个区的最后 5 个单元（0x1B～0x1F）都指向同一组寄存器（EIE、EIR、ESTART、ECON2 和 ECON1），它们都是控制和监视器件工作的关键寄存器，由于被映射到同一个存储空间，因此可以在不切换存储区的情况下很方便地访问它们。

- EIE：以太网中断允许寄存器。
- EIR：以太网中断请求（标志）寄存器。
- ESTAT：该寄存器反映以太网状态，如 RXBUSY（接收忙位）、CLKRDY（时钟就绪位）、INT（中断标志位）等。
- ECON1：用于控制 ENC28J60 的主要功能，如 RXEN（接收使能）、TXRTS（发送请求）、DMA 控制和 BSEL1:BSEL0（存储区选择）、TXRST（发送逻辑复位位）、

RXRST（接收逻辑复位位）等。
- ECON2：用于控制 ENC28J60 的其他主要功能，如 AUTOINC（缓冲器指针自动递增使能位）、数 PKTDEC（数据包递减位）等。

13.2.3 以太网缓冲器

以太网缓冲器包含发送和接收存储器，该缓冲器大小为 8 KB，分为独立的接收和发送缓冲空间。主控制器可以使用 SPI 接口对这两部分空间的容量和位置进行编程设置。

1. 接收缓冲器

接收缓冲器由一个循环 FIFO 缓冲器组成，通过 4 个寄存器对来管理这片存储空间，如图 13-7 所示。

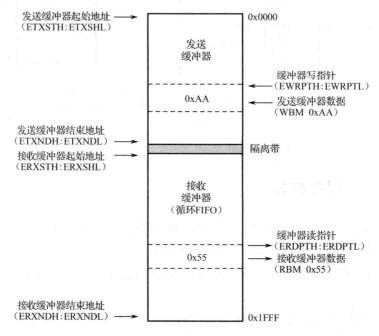

图 13-7 ENC28J60 缓冲器及其指针示意图

（1）ERXST:ERXND：此寄存器对（ERXSTH:ERXSTL 和 ERXNDH:ERXNDL）作为指针用来定义接收缓冲器的容量及其在整个以太网缓冲器的位置（ST=START，ND=END）。

（2）当从以太网接口接收到数据时，它们被顺序写入接收缓冲器。但是当写入由 ERXND 指向的存储单元后，硬件会自动将接收的下一个字节写入由 ERXST 指向的存储单元。

（3）ERXWRPT（高低两个，未在图中反映）：该寄存器相当于指向 FIFO 当前数据位置的指针，在成功接收到一个数据帧后，硬件会自动将其更新，它可以用于判断 FIFO 内剩余空间的大小。

（4）ERXRDPT（高低两个，未在图中反映）：此寄存器定义禁止接收硬件写入的 FIFO 中的位置，在正常操作中，接收硬件将数据顺序写入，直到 ERXRDPT 所指单元（不包括该单元)。

2. 发送缓冲器

8 KB 存储器内没有被设定为接收 FIFO 缓冲器的空间,均可作为发送缓冲器。主控制器负责管理数据包在发送缓冲器内的存放,当主控制器决定发送数据帧时,ETXST 和 ETXND 指针将被编程指向发送缓冲器内待发送数据包的地址。硬件不检查起始和结束地址是否与接收缓冲器重叠。要防止缓冲器遭到破坏,在 ETXND 指针靠近接收缓冲器时,主控制器要确保在上述时刻不应发送数据包。

3. 读写缓冲器

主控制器通过独立的读写指针(ERDPT 和 EWRPT),以及读/写缓冲器的 SPI 指令访问以太网缓冲器的内容。当顺序读取接收缓冲器时,在读完接收缓冲器的底部数据后会返回到开始部分继续读取;当顺序写缓冲器时不会发生这种情况。

13.2.4 PHY 寄存器

PHY 寄存器提供 PHY 模块的配置和控制功能,以及操作的状态信息。所有 9 个可用的 PHY 寄存器都是 16 位,与 ETH、MAC 和 MII 控制寄存器或缓冲器不同,PHY 寄存器不能通过 SPI 控制接口直接访问,而是通过一组名为 MII(Media Independent Interface for management)的特殊 MAC 控制寄存器来访问,这些控制寄存器称为 MII 寄存器,主要包括:

- MICMD:MII 命令寄存器,暂存从 SPI 接口传入的对 PHY 进行某种操作的指令。
- MIREGADR:MII 地址寄存器,暂存欲操作的 PHY 之地址。
- MISTAT:MII 状态寄存器,反映当前 PHY 寄存器的状态。
- MIRD:存放从 PHY 寄存器读出的数据(到 MAC 寄存器)。
- MIWR:存放将要写入 PHY 寄存器的数据(来自 MAC 寄存器)。

下面举一个读 PHY 寄存器操作的示例。

- 将要读取的 PHY 寄存器的地址写入 MIREGADR 寄存器。
- 将 MICMD.MIIRD 置 1,开始读操作,同时将 MISTAT.BUSY 置 1。
- 查询 MISTAT.BUSY 位以确定操作是否完成:当忙时,主控制器等待;当 MAC 得到寄存器的内容时,BUSY 位会自动清 0。
- 将 MICMD.MIIRD 位清 0。
- 从 MIRDL 和 MIRDH 寄存器中读取所需要数据。

13.2.5 ENC28J60 SPI 指令集

与 SPI Flash(W25Q128FV)有自己的指令集一样,ENC28J60 所执行的操作完全依据外部主控制器通过 SPI 总线发出的命令。这些命令用于访问控制存储器和以太网缓冲器。指令至少包含一个 3 位操作码和一个用于指定寄存器地址或常量的 5 位参数;写指令还会有一个或多个字节的数据。

表 13-1 ENC28J60 SPI 操作指令集

指令名称和助记符	字节 0		字节 1
	操作码	参数	数据
读控制寄存器（RCR）	000	寄存器地址	N/A
读缓冲器（RBM）	001	11010	N/A
写控制寄存器（WCR）	010	寄存器地址	数据
写缓冲器（WBM）	011	11010	数据
位域置 1（BFS）	100	ETH 寄存器地址	数据
位域清 0（BFC）	101	ETH 寄存器地址	数据
系统命令（软件复位）（SC）	111	11111	N/A

因此，可以借鉴 SPI Flash 驱动代码的开发，对表 13-1 中的指令进行宏定义（说明：以下宏定义位于驱动文件 spienc28j60.h，相关知识点在"中文手册"第 26 页 4.2 节）。

```
222 #define ENC28J60_READ_CTRL_REG    0x00    //读控制寄存器
223 #define ENC28J60_READ_BUF_MEM     0x3A    //读缓冲器
224 #define ENC28J60_WRITE_CTRL_REG   0x40    //写控制寄存器
225 #define ENC28J60_WRITE_BUF_MEM    0x7A    //写缓冲器
226 #define ENC28J60_BIT_FILED_SET    0x80    //位域置 1
227 #define ENC28J60_BIT_FILED_CLR    0xA0    //位域清 0
228 #define ENC28J60_SOFT_RESET       0xFF    //软件复位 ENC28J60
```

1．读/写控制寄存器命令（RCR/WCR）

RCR/WCR 允许主控制器随意读取/写入 ETH、MAC 和 MII 寄存器，并通过特殊的 MII 寄存器接口读取/修改 PHY 寄存器的内容。

首先将 CS#引脚拉低为低电平，启动 RCR（WCR）命令（即片选 ENC28J60）。

其次将 RCR 操作码和随后的 5 位寄存器地址（5 位地址决定了将使用当前存储区 32 个控制寄存器中的哪一个）发送给 ENC28J60。

最后选定寄存器中的数据会立即开始从 SO 引脚移出（在发送了 WCR 命令和地址之后，MCU 中的数据即从 SI 引脚移入 ENC28J60）到 MCU。如果地址指向了一个 MAC 或 MII 寄存器，首先移出一个无效字节，然后才是有效数据。

2．读/写缓冲存储器指令（RBM/WBM）

RBM/WBM 允许主控制器从 8 KB 的收发缓存中读取字节（或将需要发送的字节写入 8 KB 收发缓存）。

首先将 CS#引脚拉为低电平，启动 RBM（WBM）指令。

其次将 RBM 操作码及随后的 5 位常量 0x1a 发往 ENC28J60。

最后将缓冲区中由 ERDPT 指向的数据从 SO 引脚移往主控制器（或者将 EWRPT 指向

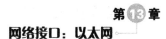

的数据移入 ENC28J60）；如果主控制器持续保持 CS#低电平并提供时钟信号，ERDPT/EWRPT 指向的字节将源源不断地经由 SO 移出（SI 移入）。

3．位域置 1（或清 0）命令（BFS/BFC）

该命令仅用于 ETH 寄存器，用于将 ETH 控制寄存器中最多 8 位置 1/清 0。

首先将 CS#引脚拉为低电平，启动"BFS/BFC"指令。

其次发送 BFS/BFC 操作码及随后的 ETH 寄存地址。

最后发送包含位域置 1/清 0 信息的数据字节（高位在前）。

4．系统命令（SC）

SC 允许主控制器发送 ENC28J60 系统复位指令，SC 不对任何寄存器执行操作。

首先将 CS#引脚拉为低电平，启动 BFS/BFC 指令。

其次发送 SC 操作码及随后的 5 位常数 0x1f。

如果想要停止以上 7 种指令的执行，只需要拉高 CS#引脚信号即可结束它们的操作。

13.2.6　ENC28J60 初始化

ENC28J60 正常工作之前，应该使用 13.2.5 节介绍的指令对其进行必要的初始设置。ENC28J60 需要对以下几个模块进行初始化：接收缓冲器、发送缓冲器、接收过滤器、MAC 控制器和 PHY 控制器。下面一一进行详细介绍。

1．接收缓冲器

在接收数据包之前，必须编程 ERXST 和 ERXND 指针来对接收缓冲区进行初始化。ERXST 和 ERXND 之间的存储空间（包括它们）专供接收硬件使用，建议使用偶地址编程 ERXST 指针。

当编程 ERXST 指针时，会用相同的值自动更新 ERXWRPT 寄存器。接收硬件将从 ERXWRPT 指向的地址开始写入收到的数据。为跟踪接收的数据，ERXRDPT 寄存器也需要使用相同的值编程。要编程 ERXRDPT，主控制器必须首先写入 ERXRDPTL，然后写入 ERXRDPTH。

以下宏定义将 8 KB 的以太网缓冲区分为两块：接收区（1518 B）和发送区。

```
#define RXSTART_INIT    0x0              //从 0 地址处开始接收数据帧
#define RXSTOP_INIT     (0x1FFF-1518-1)  //接收区末地址，准备了 1518 B 空间
#define TXSTART_INIT    (0x1FFF-1518)    //数据发送区紧邻数据接收区高地址
#define TXSTOP_INIT     0x1FFF           //发送区末地址
#define MAX_FRAMELEN    1518             //数据帧最大长度为 1518 B
```

从以上宏定义可以看出：接收缓冲区远（8KB-1518B）大于发送缓冲区（1518B）以下代码初始化以太网接收缓存的开始和结束指针：ERXST 和 ERXND。

//将接收区起始地址（RXSTART_INIT）低 8 位赋给 ERXST 的低字节寄存器 ERXNDL

```
enc28j60_write(ERXSTL, RXSTART_INIT&0xFF);
enc28j60_write(ERXRDPTL, RXSTART_INIT&0xFF);          //以相同的值更新 ERXRDPTL

//将接收区起始地址（RXSTART_INIT）高 8 位赋给 ERXST 的高字节寄存器 ERXNDH
enc28j60_write(ERXSTH, RXSTART_INIT >> 8 );
enc28j60_write(ERXRDPTH, RXSTART_INIT >> 8);          //以相同的值更新 ERXRDPTH

//将接收区结束地址（RXSTOP_INIT）低 8 位赋给 ERXND 的低字节寄存器 ERXNDL
enc28j60_write(ERXNDL, RXSTOP_INIT&0xFF);

//将接收区结束地址（RXSTOP_INIT）高 8 位赋给 ERXND 的高字节寄存器 ERXNDH
enc28j60_write(ERXNDH, RXSTOP_INIT >>8 );
```

2. 发送缓冲器

所有未被用作接收缓冲器的存储空间都可以作为发送缓冲器，要发送的数据应写入此空间，这个空间的起始和结束由寄存器 ETXST 和 ETXND 指示。

```
//将发送区起始地址（TXSTART_INIT）低 8 位赋给 ETXST 的高字节寄存器 ETXNDL
enc28j60_write(ETXSTL, TXSTART_INIT&0xFF);

//将发送区起始地址（TXSTART_INIT）高 8 位赋给 ETXST 的高字节寄存器 ETXNDH
enc28j60_write(ETXSTH, TXSTART_INIT >> 8);

//将发送区结束地址（TXSTOP_INIT）低 8 位赋给 ETXST 的高字节寄存器 ETXNDL
enc28j60_write(ETXNDL, TXSTOP_INIT&0xFF);

//将发送区结束地址（TXSTOP_INIT）高 8 位赋给 ETXST 的高字节寄存器 ETXNDH
enc28j60_write(ETXNDH, TXSTOP_INIT >> 8);
```

3. 接收过滤器

为了能最大限度地降低 MAC 的处理工作量，ENC28J60 配备了一些不同的过滤器，能自动拒绝不需要的数据包。所有的过滤器都由 ERXFCON 寄存器（8 位）进行配置，任何时候均可有一个以上的过滤器同时有效，如图 13-8 所示。

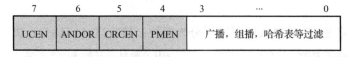

图 13-8 ERXFCON 寄存器

（1）位 4：PMEN，格式匹配过滤器使能位。PMEN =1 时，数据包必须符合格式匹配条件，否则被丢弃。

说明：所谓格式匹配，是指从传入数据包至多选择 64 B，计算这些字节的 IP 校验和，然后将校验和与 EPMCS 寄存器的内容进行比较，如果两者匹配，则表示数据包符合格式过滤条件。

第13章 网络接口：以太网

（2）位 5：CRCEN，CRC 过滤使能位。CRCEN =1 时，开启 CRC 过滤位，所有 CRC 无效的数据包会被丢弃。

（3）位 6：ANDOR，过滤器选择位。1 表示 AND，除非满足所有的过滤器条件，否则数据包被丢弃；0 表示 OR，只要满足某一个过滤器条件，数据包被接收，为默认值。

（4）位 7：UCEN，单播过滤器使能位。UCEN =1 时，目的 MAC 与本地 MAC 不匹配的数据包将被丢弃。

将寄存器各位位值进行以下宏定义。

```
#define ERXFCON           (0x18|0x20)      //ERXFCON 寄存器地址
#define ERXFCON_UCEN   0x80              //单播过滤器使能位
#define ERXFCON_CRCEN  0x20              //CRC 过滤使能位
#define ERXFCON_PMEN   0x10              //格式匹配过滤器使能位

/*将 ERXFCON 寄存器中以上三个过滤器以或（OR）逻辑开启，其他的关闭*/
enc28j60_write (ERXFCON, ERXFCON_UCEN | ERXFCON_CRCEN | ERXFCON_PEMN );
```

4．MAC 控制器

MAC 控制器初始化配置包括以下内容：

首先，需要使 MAC 控制器退出复位状态，使 MAC 准备接收数据，这可以通过将寄存器 MACON2 所有位清 0 来实现（说明：该寄存器共 8 位，位值为 0 时表示正常工作状态。详情见 ENC28J60 数据手册 P61 "11.5 MAC 和 PHY 子系统复位"）。

```
072 #define MACON2 (0x01|0x04|0x08)     //MACON2 寄存器地址
238 enc28j60_write(MACON2,0x00);         //将 MACON2 寄存器写 0 复位
```

其次，使能 MAC 以使其可以接收数据，同时设置流量控制（即允许暂停帧的收/发），可通过设置 MAC 控制器 1 来完成（手册 P34 6.5 MAC 初始化设置），如图 13-9 所示。

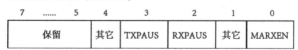

图 13-9　MAC 控制器 1（MACON1）

- 位 0：MARXEN，MAC 接收使能位。MARXEN =1 允许 MAC 接收数据包。
- 位 2：RXPAUS，暂停控制帧接收使能位。RXPAUS =1 当接收到暂停控制帧时，禁止发送。
- 位 3：TXPAUS，暂停控制帧发送使能位。TXPAUS =1 允许 MAC 发送暂停控制帧。

以上暂停控制帧用于全双工模式下的流量控制，将寄存器各位位值进行以下宏定义。

```
077 #define MACON1              (0x00|0x04|0x08)   //MACON1 寄存器地址
175 #define MACON1_MARXEN   0x01                //MAC 接收使能位
173 #define MACON1_RXPAUS   0x04                //暂停控制帧 接收使能位
172 #define MACON1_TXPAUS   0x08                //暂停控制帧 发送使能位
/* 以下代码完成设置 MACON1 的接收使能位，暂停控制帧（发送和接收）使能位 */
```

250 enc28j60_write(MACON1, MACON1_MARXEN | MACON1_RXPAUS |MACON1_TXPAUS);

第三，配置小数据帧的自动填充（达到至少 60 字节）和自动添加有效的 CRC，可以通过设置 MAC 控制器 3 来实现（ENC28J60 手册第 35 页 6.5 MAC 初始化设置_寄存器 6-2），如图 13-10 所示。

图 13-10 MAC 控制器 3（MACON3）

位 0：FULDPX，MAC 全双工使能位。FULDPX =1 时 MAC 工作在全双工模式，此时寄存器 PHCON1 的 PDPXMD 位也必须置 1。

位 1：FRMLNEN，帧长度校验使能位。FRMLNEN =1 时，校验发送和接收帧的类型/长度字段。

位 4：TXCECEN，发送 CRC 使能位。TXCECEN =1 时，无论 PADCFG 位如何，MAC 都会在发送帧的末尾追加一个有效 CRC。

位[7:5]：PADCFG[2:0]，自动填充和 CRC 配置位。默认值为 111，表示用 0 填充所有短帧到 64 B，并追加一个有效的 CRC。

将寄存器各位位值进行如下宏定义。

```
079 #define MACON3              (0x02 |0x04 |0x08 )       //MACON3 寄存器地址
186 #define MACON3_PADCFG0      0x20
187 #define MACON3_TXCRCEN      0x10                      //发送 CRC 使能位
190 #define MACON3_FRMLNEN      0x02                      //帧校验长度使能
191 #define MACON3_FULDPX       0x01                      //开启 MAC 的全双工
262 enc28j60_write(MACON3, MACON3_PADCFG0 | MACON3_TXCRCEN |
                  MACON3_FRMLNE | MACON3_FULDPX );
```

第四，配置最大帧的长度寄存器 MAMXFL 为 1518 B（手册 14 页，TABLE 3-2），该寄存器分为高低 2 个 8 位寄存器，都需要配置。

```
86 #define MAMXFLL    (0x0A |0x40 |0x80 )                 //MAMXFLL 地址
87 #define MAMXFLH    (0v0B |0x40 |0x80 )                 //MAMXFLH 地址
284 enc28j60_write    (MAMXFLL, MAX_FRAMELEN &0xFF);      //最大帧长度的低字节
285 enc28j60_write    (MAMXFLH, MAX_FRAMELEN >> 8);       //最大帧长度的高字节
```

第五，配置背对背包间间隔寄存器 MABBIPG，全双工模式时应使用 0x15 来编程该寄存器。

说明：在持续的数据帧发送过程中，从前一次发送结束到下一次发送之间有半字节时间的延时，以避免帧之间的干扰，这个过程称为背对背序列。

```
277 enc28j60_write ( MABBIPG,0x15);         //全双工时的背对背包间隔
```

最后，将本地 MAC 地址写入 MAADR5～MADDR0 寄存器，这个配置最简单，将用户自定义的 MAC 地址数组元素逐一写入 MADDR0～MADDR5 寄存器即可。

第 13 章
网络接口：以太网

说明：我们知道，ENC28J60 的控制寄存器分布在 4 个不同的 Bank 中，每个 Bank 有 32 字节空间，即 32 个地址，每个地址指向一个字节大小的空间。在 ENC28J60 的设计上，每个地址映射了一个 8 位寄存器（部分地址保留未使用）。因此，32 个寄存器的地址就被分为两部分：高 3 位为寄存器所在的 Bank 编号，从 0 到 3；低 5 位为寄存器本身的地址，从 0x0 到 0x1F；

比如：MADDR1 寄存器在 Bank3，其在所处 Bank 的偏移为 0，故它的完整地址就是 01100000b，即 0x60。

```
097 #define MADDR1    (0x00 |0x60 |0x80 )    //MAC1 寄存器地址
098 #define MAADR0    (0x01 |0x60 |0x80 )    //MAC2 寄存器地址
099 #define MADDR3    (0x02 |0x60 |0x80 )    //MAC3 寄存器地址
100 #define MAADR2    (0x03 |0x60 |0x80 )    //MAC2 寄存器地址
101 #define MADDR5    (0x04 |0x60 |0x80 )    //MAC5 寄存器地址
102 #define MAADR4    (0x05 |0x60 |0x80 )    //MAC4 寄存器地址

048 const uint8_t mac[6] = {0x03,0x04,0x05,0x06,0x07,0x08 };
```

第 048 行代码定义了一个包含 6 个整型元素（8 位）的数组：03，04，05，06，07，08，该数组元素被赋予了 MAC 地址的含义，即 ENC28J60 的 MAC 地址。请注意数组下标元素与 MAC 地址字节的对应关系：数组低下标元素，如"03"，对应于 MAC 地址字节的低位字节。

```
290 enc28j60_write ( MADDR0, mac[0] );    //03
291 enc28j60_write ( MADDR1, mac[1] );    //04
292 enc28j60_write ( MADDR2, mac[2] );    //05
293 enc28j60_write ( MADDR3, mac[3] );    //06
294 enc28j60_write ( MADDR4, mac[4] );    //07
295 enc28j60_write ( MADDR5, mac[5] );    //08
```

5. PHY 控制器

PHY 控制器主要设置 LED 灯的点亮方式及 PHY 双工模式。

LED 灯配置：通常以太网接口以全双工模式工作，因此电路设计上需要采用灌电流的方式点亮 LED 灯。对于 PHY 控制器而言，全双工的工作模式设置由寄存器 PHCON1 来完成（见数据手册第 8 和 9 页、第 63 页），如图 13-11 所示。

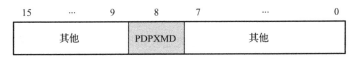

图 13-11　PHY 控制器 1（PHON1）

位 8：PDPXMD，PHY 双工模式位。PDPXMD =1 时，PHY 工作于全双工模式。

```
114 #define PHCON1              0x00
203 #define PHCON1_PDPXMD       0x0100
306 enc28j60_writePhy(PHCON1,  PHCON1_PDPXMD);
```

注意：主控制器不能直接访问 PHY 寄存器，需要通过 MII 接口，所以此处使用的函数为 enc28j60_writePhy()，它与前面的 enc28j60_write() 不同。同时，要设置正确的全双工模式，寄存器 PHCON1 的 PDPXMD 位值和寄存器 MACON3 的 FULDPX 位值必须匹配（都要置为 1）。

6. 使能 ENC28J60 的接收功能

在主要寄存器工作参数都设置完成后，最后一步就是通过 ECON1 寄存器（见图 13-12）来打开 ENC28J60 的接收功能。ECON1 寄存器用于控制 ENC28J60 的主要功能，包括接收使能、发送请求、DMA 控制和存储区选择等，初始化时我们只关注 RXEN 位。

以太网寄存器1（ECON1）
复位值：00000000

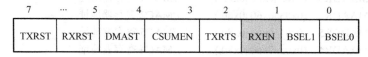

7	…	5	4	3	2	1	0
TXRST		RXRST	DMAST	CSUMEN	TXRTS	RXEN	BSEL1	BSEL0

图 13-12 以太网控制器 1（ECON1）

RXEN：接收使能位。RXEN=1 时，表示通过当前过滤器的数据包将被写入接收缓冲器。

```
025 #define ECON1              0x1F        //ECON1 寄存器地址
167 #define ECON1_RXEN         0x04        //接收使能位
342 enc28j60_write(ECON1, ECON1_RXEN);
```

13.2.7 使用 ENC28J60 收发数据

在完成上述的初始化设置以后，接下来我们就来分析如何实现 ENC28J60 数据接收和发送功能。

1. 发送数据包

ENC28J60 内的 MAC 在发送时会自动生成前导字符和帧起始定界符，还可根据配置生成填充和 CRC 字段。以太网帧的其他字段由主控制器完成，并将它们写入缓冲存储器，以待发送；此外，ENC28J60 还要求在待发送的数据包前添加一个包控制字节（包控制字节值常设置为 0，这意味着使用前面初始化 MACON3 时的配置值进行包的控制，如全双工、帧长校验、自动填充短帧和发送 CRC 使能，详情请见 ENC28J60 手册第 39 页图 7-1）。

发送包结构如图 13-13 所示。

根据图 13-13 所示的发送包结构，包发送过程可以按如下步骤进行配置。

（1）发送缓冲区的写指针 EWRPT：在初始化时已经对发送缓冲区进行过最大化的设置。实际上为了充分利用仅有的 8 KB 缓冲空间，在发送时常常根据实际包的大小来进行重新设置，发送时需要将 EWRPT 指向发送缓冲区中第一个空白地址（TXSTART_INIT）。

（2）使用 WBM SPI 指令写入包控制字节、目标和源 MAC 地址、类型/长度和数据有效负载。

（3）配置 ETXND 指针，使它指向有效荷载的最后一个字节（发送状态向量，由硬件

第13章 网络接口：以太网

自动添加）。

（4）置 ECON1.TXRST 为 1，开发发送。

（5）检查以太网中断标志寄存器 EIR 是否产生发送中断错误标志，如果有，则停止发送。

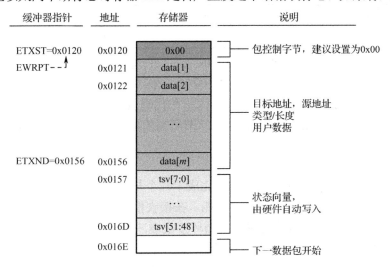

图 13-13 发送包的结构

代码 13-1 数据包发送函数 enc28j60SendPacket()

```
371 void enc28j60SendPacket(unsigned int len, unsigned char* packet)
372 {
373     enc28j60_write(EWRPTL, TXSTART_INIT &0xff);     // EWRPT 写指针指向缓冲器区开始位置
374     enc28j60_write(EWRPTH, TXSTART_INIT >> 8);      // EWRPT 写指针指向缓冲器区开始位置
375
375     /*根据包的实际大小设置 发送缓冲区结束地址（低、高字节）*/
376     enc28j60_write(ETXNDL, (TXSTART_INIT + len) &0xff);
377     enc28j60_write(ETXNDH, (TXSTART_INIT + len) >> 8);
378
378     /*设置包控制字节，值为 0，表示使用 MACON3 寄存器的配置进行控制*/
379     enc28j60_writeOp(enc28j60_WRITE_BUF_MEM,0,0x00);
380
381     enc28j60_writeBuffer(len, packet);              //将数据包写入 ENC28J60 发送缓冲器
382
382     /*使能 ENC28J60 的发送请求，将缓冲区的数据向网络上发送*/
383     enc28j60_writeOp(enc28j60_BIT_FIELD_SET, ECON1, ECON1_TXRS);
384     /*检测 EIR（以太网中断标志寄存器）的 TXERIF 位，如果没有发生"发送中断错误"，
            复位发送模块。实际上这里是将发送完成后的检测简单化了。*/
385     if (!(enc28j60_read(EIR&EIR_TXERIF)
386         enc28j60_writeOp(enc28j60_BIT_FILED_CLR, ECON1, ECON1_TXRTS);
387 }
```

数据包发送必然涉及"写缓存"这样的操作，那么缓存的地址是在哪里呢？在前面的知识讲解中，似乎并没有显式地指出这一点。其实不然，答案隐藏在 ENC28j60 的 SPI 指令集关于读/写缓存的指令中（即 11010）。如表 13-2 所示。

表 13-2　ENC28J60 缓存读写指令

指令名称和助记符	字节 0		字节 1
	操作码	参数	数据
读缓冲器（RBM）	001	11010	N/A
写缓冲器（WBM）	011	11010	数据

```
223 #define ENC28J60_READ_BUF_MEM    0x3A    //读缓冲器
225 #define ENC28J60_WRITE_BUF_MEM   0x7A    //写缓冲器
```

可见，缓存的地址与指令码封装为一体。在代码 13-1 第 379 行，通过写缓存指令 ENC28J60_WRITE_BUF_MEM，将包控制字节所需的参数"0x00"写入缓存的首字节中。

2．接收数据包

在 ENC28J60 的初始化时，我们已经完成了几个与接收相关的准备工作，如接收过滤器配置、接收缓冲区的起始地址和接收使能。在接收使能后，任何不符合过滤条件的数据包将被丢弃，没有过滤掉的数据包将写入循环接收缓冲器，此时 EPKCNT 寄存器中的值将递增，同时硬件写指针 ERXWRPT 自动递增。

与发送包有其结构一样，接收包的结构中除以太网帧以外，最重要的就是接收状态向量，接收函数需要解析该状态向量以判断所接收到的包是否正确。

接收包的结构如图 13-14 所示，接收包由一个 6 字节的报头开始，该报头除包含反映接收状态（比如数据包的大小）的状态向量外，还包含"下一个数据包"的指针。如果数据包的最后一个字节结束于奇地址处，硬件在递增写指针前会自动填充一个字节，使得所有数据包起始于偶地址。

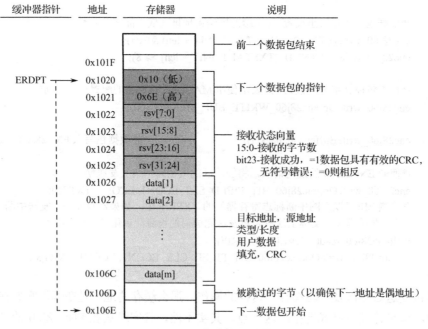

图 13-14　接收包的结构

第13章 网络接口：以太网

根据接收包结构示意，包的接收函数可以按以下几步展开：

（1）判断寄存器 EPKTCNT 值是否为大于 0（表示有收到的数据包需要处理）。
（2）读取包头中下一数据包的指针并保存。
（3）读取包头中当前接收包的大小并保存。
（4）读取包头中代表当前接收包 CRC 是否有效的标志。
（5）从接收缓冲区复制以太帧到主控制器。
（6）移动接收缓冲器读指针（ERDPT）到下一包地址处。

代码 13-2　数据包接收函数 enc28j60ReceivePacket()

```
402 unsigned int enc28j60ReceivePacket(unsigned int maxlen, unsigned char* packet)
403 {
404     unsigned int rxStatus, len;            //变量用于暂存接收包的状态和长度
405
406     if (enc28j60_read(EPKTCNT) ==0 )
407         return0;                           // EPKTCNT 寄存器记录已在接收缓存中包的数量
408
409     enc28j60_write(ERDPTL, (NextPacketPtr));   //将缓冲器读指针指向未处理包的开始
410     enc28j60_write(ERDPTH, (NextPacketPtr) >> 8);
411
411     //从包头中获取下一包的地址
412     NextPacketPtr = enc28j60ReadOp(Enc28j60_READ_BUF_MEM,0);
413     NextPacketPtr |= enc28j60ReadOp(Enc28j60_READ_BUF_MEM,0) << 8;
414
414     //从包头中获取接收状态向量前 2 个字节：当前接收包的大小
415     len = enc28j60_readOp(Enc28j60_READ_BUF_MEM,0);
416     len |= enc28j60_readOp(Enc28j60_READ_BUF_MEM,0) << 8;
417     len -=4;                               //将当前包的 CRC 字段去掉
418     if (len > maxlen-1)
419         len = maxlen-1;
420     /*从包头中获取接收状态向量后 2 字节：位 8 表示 CRC 是否有效标志位：=1 有效
            详情请见 ENC28J60 手册的第 43 页，7.2.1 小节 */
421     rxStatus = enc28j60_readOp(Enc28j60_READ_BUF_MEM,0);
422     rxStatus |= enc28j60_readOp(Enc28j60_READ_BUF_MEM,0) << 8;
423     if ((rxStatus &0x80) ==0)              //析取状态向量的第 23 位，即 CRC 是否有效字段
424         len =0;                            //若为 CRC 无效包，则将 len 置 0
425     else
425     //将当前接收包中的以太帧复制到主控制器的接收缓存
426         enc28j60ReadBuffer(len, packet);
427
428     enc28j60_write(ERXRDPTL, (NextPacketPtr));   //将接收读指针指向一个接收包
429     enc28j60_write(ERXRDPTH, (NextPacketPtr) >> 8);
430
431     enc28j60_writeOp(Enc28j60_BIT_FIELD_SET, ECON2, ECON2_PKTDEC);
```

```
432
433       return len;
434 }
```

代码 13-2 第 406 行通过读取寄存器 EPKTCTN 来判断接收缓存是是否有新的数据包到来。如果有，则将缓冲区读指针指向未处理包的开始（代码行 409 和 410），其中 NextPacketPtr 指针是一个全局变量，在 enc28j60 初始化函数中被设置指向 RXSTART_INIT，即接收缓存的开始位置。

根据接收包结构可知，代码行 412，413 取得下一数据包的地址；行 415 和 416 获得接收向量的前 2 字节，并从中解析出包的长度；行 421 和 422 提取出接收向量中的 CRC 位是否有效，如果有效，则调用 enc28j60ReadBuffer()函数将当前以太网帧复制到接收缓存。

另外，第 431 行代码所涉及的寄存器 ECON2 是 ECN28J60 除 ECON1 寄存器（主要完成接收使能、发送请求、DMA 控制和存储区选择等）之外的另一个主要控制器，其位定义如图 13-15 所示。

图 13-15　以太网控制器 2（ECON2）

位 5：PKTDEC，数据包递减位。PKTDEC =1 时，EPKTCNT 寄存器值减 1；PKTDEC =0 时，保持 EPKTCNT 不变。

位 7：AUTOINC，缓冲器指针自动递增使能位。AUTOINC =1 时，当使用 SPI RBM/WBM 指令时，自动递增 ERDPT 和 EWRPT；AUTOINC =0 时，在访问缓冲器后不会自动递增 ERDPT 和 EWRPT。

上面 431 行代码通过位域置 1 指令将 ECON2 的 PKTDEC 位设置为 1，因而待处理的数据包数就减少 1 个。在 ENC28J60 的驱动头文件 enc28j60.h 中，将寄存器 ECON2 和 PKTDEC、AUTOINC 位进行如下宏定义。

```
024 #define ECON2              0x1E     //ECON2 寄存器地址
157 #define ECON2_AUTOINC      0x80     //AUTOINC 位在 ECON2 中"位置"掩码，即第 7 位
158 #define ECON2_PKTDEC       0x40     //同 AUTOINC 说明
```

13.2.8　ENC28J60 驱动代码总结

至此，有关 ENC28J60 工作原理及部分关键驱动代码已讲解完毕。为了让读者对 ENC28J60 的驱动有一个全局的认识，本节首先对前面介绍的部分函数进行补充说明，然后梳理 ENC28J60 的工作流程框架。

enc28j60_write(uint8_t address, uint8_t data);

作用：向 ETH、MAC 和 MII 三类控制寄存器写控制指令。

第13章
网络接口：以太网

代码 13-3 函数 enc28j60_writel

```
01 enc28j60_write(uint8_t address, uint8_t data)
02 {
03     enc28j60_setBank ( address );         //根据操作寄存器地址，选择相应的存储分区
04
05     //对正确存储分区下的控制寄存器执行写操作
06     enc28j60_writeOp ( Enc28j60_WRITE_CTRL_REG, address, data );
07 }
```

例如：

enc28j60_write (ERDPTL, (NextPacketPtr));

完成向缓冲器读指针写入新的地址值，使其指向下一个包的地址。

分析：ENC28J60 的三类控制寄存器分布在 4 个存储分区，每一个分区为 32 B，因此可以用 5 位地址来寻址。为了区分某寄存器所在分区和地址，在驱动头文件中构造相应寄存器的地址时，采用"分区号 | 寄存器地址"的形式。例如，Bank3 中的 MAC 地址寄存器 1 和 2 的定义方式为：

```
#define MAADR1    (0x00 |0x60)    //显然，Bank 区号占字节地址的高 3 位
#define MAADR2    (0x01 |0x60)    //而低 5 位则为区内寄存器的地址
```

当我们需要对 ERDPT 寄存器进行操作时，首先确定其所在的区号，然后根据其寄存器地址进行读写控制。为此在驱动代码中又设计了控制寄存器的地址掩码、分区掩码，如下所示。

```
17 #define ADDR_MASK    0x1F         // 地址掩码
18 #define BANK_MASK    0x60         // 区号掩码
```

在代码 13-3 的第 03 行，enc28j60_setBank(address)的作用就是选择存储区，其内部实现如代码 13-4 所示。

代码 13-4 分区设置函数 enc28j60_setBank()

```
01 enc28j60_setBank(u8 addr)
02 {
03     //bankAddr 为一全局变量，保存前一个 Bank 地址
04     if ((addr & BANK_MASK) != bankAddr ) {
05         enc28j60_writeOP (Enc28j60_BIT_FIELD_CLR, ECON1, (ECON1_BSEL1 | ECON1_BSEL0));
06         enc28j60_writeOP (Enc28j60_BIT_FIELD_SET, ECON1, ((addr & BANK_MASK) >> 5));
07         bankAddr = (addr & BANK_MASK);        // 将新选择的分区设置为当前分区
08     }
09 }
```

分析：如果本条指令分区与当前分区（bankAddr，即前一条指令所在的分区）不一样，则表示重新选择了分区（代码 04 行）。代码首先将 ECON1 控制寄存器的低 2 位（存储区选择位）清 0，如代码 13-4 第 05 行所示，然后从地址参数中析取出高 3 位（区号，代码 06 行的 addr & BANK_MASK）并写入 ECON1 的低 2 位，完成存储区的选择。随后将新分区设置为当前分区，如代码行 07。选择了寄存器分区以后，所有在此之后的操作都是对该

存储区内的寄存器的操作，一直到再次调用本函数选择下一个存储分区。

在上面两个函数中都调用了 enc28j60_writeOp()，此函数才真正完成了控制寄存器写的动作。

```
01 void enc28j60_writeOp ( u8 op, u8 addr, u8 data)
02 {
03      uint8_t dat =0;
04
05      Enc28j60_CSL();                       //拉低 SPI 的片选信号线，开始读写数据
06      dat = op | (addr & ADDR_MASK);        //将 op 和 addr 组合为操作指令
07      SPI_readWrite( dat);                  //将组合好的指令通过 SPI 总线发往 ENC28J60
08      dat = data;
09      SPI_readWrite ( dat);                 //最后将指令的操作数也发往 ENC28J60
10      Enc28j60_CSH();
11 }
```

有了以上三个具体 ENC28J60 写控制寄存器的操作代码分析，剩下的诸如：

enc28j60_writeBuffer(uint32_t len, uint8_t* data);
enc28j60_readBuffer(uint32_t len, uint8_t* data);
Uint8_t enc28j60_readOp(uint8_t op, uint8_t address);

的实现原理相信读都能够轻易理解，在此不再赘述。

13.3　uIP 协议栈简介

对于接入网络的嵌入式设备，由于其有限的内存资源，在集成 TCP/IP 协议栈时既要完成基本的网络通信功能，又不能过多耗费内存，因此为它们量身定制一个精简的实现就显得很有价值和必要。LwIP 和 uIP 是这类实现的杰出代表，考虑到 uIP 具有以下优点，它更适合应用于"简单"的智能设备，因此本节只对 uIP 的应用相关知识进行讲解。

13.3.1　uIP 特性

uIP 协议栈专门为 8 位或 16 位嵌入式系统而设计，它去掉了通用 TCP/IP 协议栈中不常用的功能，保留网络通信必需要的协议，如 ARP、IP、TCP、TCMP、UDP 等，使之也适用于 32 位单片机系统中，它具有如下优点：

- 代码量小，适合作为学习网络协议栈工作原理的实例。
- 占用的内存数非常少，RAM 占用仅几百字节。
- 其硬件处理层、协议栈层和应用层共用一个全局缓存区，不存在数据的复制；同时发送和接收部件也共享这个缓存区，极大地节省空间和时间。
- 通用性强，作少量修改就可以移植。
- 对数据的处理采用轮询机制，可以不需要操作系统的支持。

13.3.2　uIP 应用接口

uIP 相当于一个代码库，它作为应用层和硬件件（网卡）的桥梁，提供了不同的函数实现与底层硬件和高层应用程序间的通信。对于整个系统来说，它内部的协议簇是透明的，从而增加了协议的通用性。

uIP 协议栈与系统底层和高层应用程序之间的关系如图 13-16 所示。

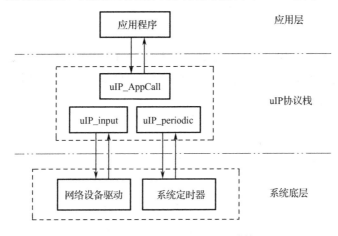

图 13-16　uIP 协议栈的层次结构

1．uIP 系统底层

全局变量 uip_buf 和 uip_len：uip_buf 用于存储接收到的和要发送的数据包（收发都使用相同的缓冲区，以下简称收发缓存），以便减少对内存的使用；uip_len 表明收发缓存中数据的长度，通过查看 uip_len 是否为 0 来判定是否有接收到或需要发送的新数据。

2．uIP 协议栈

（1）uIP 与网络设备驱动的接口函数 uip_input()：当网卡驱动程序接收到一个 IP 包时，将其放入 uip_buf 并将其长度赋给 uip_len，然后调用 uip_input()函数，由它来处理接收到的数据包。以太网内使用 uIP 需要 ARP 协议支持，因此在调用此函数之前先调用 uIP 的 ARP 代码。

当 uip_input()返回后，如果有数据包要发送（uip_len>0），则调用网络设备驱动来发送。上述过程的代码如下。

代码 13-5　uIP 对收发数据的处理

```
01 uip_len = tapdev_read(uip_buf);              //读网卡接收缓存区，以判断是否有数据
02 if(uip_len >0)  {
03     if(BUF->type==htons(UIP_ETHTYPE_IP)){    //检查以太网帧头的类型字段是否 IP 包
04     /*在调用 uip_input 之前先调用 uIP 的 ARP 代码，以便根据新接收的数据包（可能）
05       更新 ARP 缓存表 */
06     uip_arp_ipin();
07     uip_input();                             //接收并处理数据
```

```
08      if(uip_len >0)    {              //uip_input 返回后如果又有数据,表示是待发送的数据
09          uip_arp_out();                //查看 ARP 缓存表,看是否需要更新 ARP 缓存表
10          tapdev_send(uip_buf,uip_len); //调用网卡驱动,发送数据
11      }
12    } else if(BUF->type == htons(UIP_ETHTYPE_ARP)){   //类型字段表明为 ARP 包
13        uip_arp_arpin();
14        if(uip_len >0)    {
15            tapdev_send(uip_buf,uip_len);
16        }
17    }
18 }
```

代码 13-5 第 01 行中的 tapdev_read()函数完成从网卡读入数据。如果 uip_len>0,表明有数据到来。此时 uIP 读取以太网帧的类型字段以判断该帧所携带的上层数据包的类型,并分别做出不同的处理。如果是 IP 包(03 行),先根据帧头的源和目 MAC 地址来更新自己的 ARP 缓存,然后交由 uip_input()函数进行处理(07 行)。由于采用轮询机制,在接收处理完毕的当下,如果 uip_len 仍然大于 0,则说明有新数据需要发送(在接收处理完毕后,协议内部清 uip_len 为 0)。在查询了 ARP 缓存表过后,调用 tapdev_send()发送数据。

如果在 01 行代码接收到的以太帧,承载的是 ARP 包(代码 12 行),处理则很简单,更新 ARP 缓存然后向对端设备返回一个 ARP 响应包(代码 15 行)。

(2) uIP 与系统定时器的接口函数 uip_periodic():该函数对 uIP 的 TCP 连接进行必要的周期性处理(如定时器更新、轮询等),它应该在周期性 uIP 定时器期满消息到来时被调用。每一个 TCP 连接都应该调用该函数,不论连接是否打开。

该函数返回时,若缓冲区内有待发送的数据包,就将 uip_len 设置为大于零的数。同样,在调用 uip_periodic()之前先调用 uIP 的 ARP 代码 uip_arp_out(),然后将数据包发送出去。

上述过程如代码 13-6 所示。

代码 13-16   TCP 定时器周期性处理

```
01 if (timer_expired ( &periodic_timer) ) {         //如果某个定时器到时
02     timer_reset ( &periodic_timer);              //复位该定时器
03     for ( uint32_t i =0; i<UIP_CONNS; i++ ){     //UIP_CONNS 表示 TCP 的连接个数
04         uip_periodic(i);
05         if(uip_len >0)    {                      //有数据需要发送
06             uip_arp_out();
07             tapdev_send(uip_buf,uip_len);
08         }
09     }
10 }
```

在 uIP 收发数据过程中,对于每一对 TCP 连接,在数据包发出那一刻,会启动一个定时器去度量该数据包是否成功到达接收方:如果在此定时器耗尽之前,收到对方的"数据已到达"的确认,则将定时器清 0,然后发送下一个包;如果定时器超时了,却没有收到确认信息,则表明数据包传输过程中发生了差错,此时需要重传。因此,代码 13-16 的作

用就是对每一对 TCP 连接进行超时重传处理。

ARP 协议对于构建在以太网上的 TCP/IP 协议是必需的。为了结构化的目的，uIP 将 ARP 作为一个可添加的模块单独实现，因此，ARP 表项的定时更新要单独处理。系统定时器对 ARP 表项的更新进行定时，时间到则调用 uip_arp_timer()函数对过期的表项进行删除。

（3）uIP 应用程序接口宏 uip_appcall()：由于使用 TCP/IP 的应用场景很多，因此上层应用作为单独的模块由用户实现，但必须由 uIP 协议栈提供相应的接口函数供用户程序调用。例如，在 Telnet 应用（其他如 Web、HTTP 应用操作方法也相同）中，用户首先需要将应用的功能代码放在接口函数 telnetd_appcall()中，然后通过 C 语言的宏定义，将该接口函数与 uIP 协议栈内置的宏 UIP_APPCALL()关联起来。

```
#define UIP_APPCALL    telnetd_appcall
```

这样，uIP 在接收到底层传来的数据包后，在需要送到上层应用程序处理时调用 uip_appcall()，这就相当于调用了 telnetd_appcall()进行处理，在不用修改协议栈的情况下可以适配不同的应用程序。

13.3.3　uIP 的初始化及配置函数

除了 uIP 的初始化函数外，uIP 的配置函数均是以宏定义的方式实现的。初始化函数。

```
void uip_init(void);                    //用来加载 uIP 协议栈
```

设置主机的 IP 地址、主机的默认路由 IP、主机的子网掩码，可分为三步。

首先定义一个存储 IP 地址类型的变量，如

```
uip_ipaddr_t ipaddr;
```

其次，调用 uip_ipaddr()函数，将 IP 地址写入 ipaddr 变量，IP 地址的 4 个变量之间用逗号分隔，如

```
uip_ipaddr(ipaddr,192,168,1,22);
```

最后，将填好 IP 地址的变量 ipaddr 传入 uip_sethostaddr()。完成主机 IP 地址的设置。剩余的默认路由和子网掩码设置方式如法炮制。

```
uip_ipaddr(ipaddr, 192, 168, 1, 1);      //将默认路由 IP 置入变量 ipaddr
uip_setdraddr(ipaddr);                   //调用 uip_setdraddr()设置默认路由
uip_ipaddr(ipaddr, 255, 255, 255, 0);    //将掩码置入变量 ipaddr
uip_setnetmask(ipaddr);                  //调用 uip_setnetmask()设置子网掩码
```

13.3.4　uIP 的主程序循环

当所有的初始化、配置等工作完成后，uIP 就进入其个主循环里一直运行，如图 13-17 所示，这个主循环实际上才真正说明了 uIP 大部分时间里做了些什么。

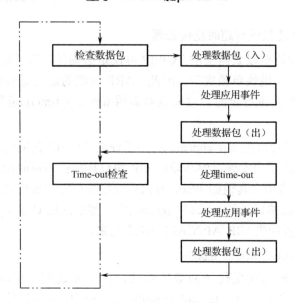

图 13-17 uIP 轮询处理的"大循环"

代码 13-7 uIP 协议栈内部的"轮询"

```
01 while(1)   {
02 /* 首先 uIP 要不停地读网卡（ENC28J60），看网卡里有没有新的数据出现。底层网卡
03    ENC28J60 驱动在这里与 uIP 打交道，uIP 的其他地方的代码与设备无关。*/
04
05    uip_len = tapdev_read(uip_buf);
06
07    if(uip_len >0)   {              // 如果 len>0，表示网卡里有新数据，下面对新数据进行处理。
08      if(BUF->type == htons(UIP_ETHTYPE_IP))  {         // 表示收到的是 IP 数据包
09
10    /* ARP 对收到的 IP 包进行处理，如果收到的 IP 包中的源 IP 地址是局域网络上主机的 IP 地
11       址，则只进行 ARP 缓存表的更新（更新源 IP 地址对应的 MAC 地址）或者插入（若表中
12       没有该 IP 地址项，插入源 IP->MAC 对应关系）操作。uip_arp_ipin()就完成这样的功能 */
13
14        uip_arp_ipin();
15
16        uip_input();             // 对接收到的数据包进行处理
17        if(uip_len >0)   {       // 接收数据包处理完成后，如果立即产生了要发送的数据
18           uip_arp_out();        // 根据 ARP 表中的 IP 与 MAC 地址关系，为 IP 包添加以太网头
19           tapdev_send(uip_buf,uip_len);            //调用驱动程序发送缓存中的以太网帧
20        }
21      } else if (BUF->type == htons(UIP_ETHTYPE_ARP))  {    //要处理的是 ARP 包：请求或应答
22    /* 直接进行 ARP 处理。若为对方的应答，则从包中取出需要的 MAC 地址加入 ARP 缓存表，
23       ；若为对方请求，则将自己的 MAC 地址打包成一个 ARP 应答，发送给请求的主机。*/
24
25        uip_arp_arpin();
26        if(uip_len >0)   {          //表示有 ARP 应答要发送
27          tapdev_send(uip_buf,uip_len);         //发送 ARP 应答
```

```
28        }
29     /* 以下进行超进重传处理 */
30     } else if (timer_expired(&periodic_timer))    {
31        timer_reset(&periodic_timer);    //复位定时器，将开始时间设为当前时间，使重新开始计时
32        for (uint32_t i =0; i < UIP_CONNS; i++ )    {
33           uip_periodic(i);            //对每一个连接进行周期性处理
34           if(uip_len >0)    {       //表示缓存中有数据要发送
35              uip_arp_out();    //根据 ARP 表中的 IP 与 MAC 地址关系，为 IP 包添加以太网头
36              tapdev_send(uip_buf,uip_len);        //发送缓存中的以太网帧
37           }
38        }
39
40        if(timer_expired(&arp_timer))    { //检查 ARP 缓存中的表项是否到期，若是则将该表项清 0
41           timer_reset(&arp_timer);
42           uip_arp_timer();
43        }
44     }
45 }
```

由以上 uIP 对数据包处理流程代码分析可知，uIP 在不停地读设备、发数据，同时，当周期性定时器期满时，对定时器进行复位，并对连接和 ARP 表项进行周期性处理操作。

13.4 uIP 移植分析

13.4.1 下载 uIP1.0 版源码文件

1．源码文件组织结构（见图 13-18）

图 13-18 uIP 的源码组织结构

- apps 文件夹下的文件主要是基于 uIP 协议栈而实现的一些应用程序，如 telnetd、webserver、dhcp 等，在自己的应用工程中，可以参考这些文件的源代码。
- doc 文件夹下的文件为 uIP 的例程使用说明，以及 uIP 的协议实现原理说明等。
- lib 文件夹下主要是 2 个实现内存分配的源文件，即 memb.h 和 memb.c。

- uip 文件夹下的文件则为真正 uIP 协议栈的实现源码文件。
- unix 下的文件主要是协议栈开发者对 uIP 协议进行测试时所编写的一些文件，如时钟处理、uIP 配置等。其中最主要的文件是 tapdev.c，其内使用 Linux 虚拟设备文件"/dev/net/tun"来模拟底层物理网卡，并以此实现了数据包的读（接收）写（发送）函数。我们在移植 uIP 时，必须包含此文件并对其内的数据包收发函数基于 ENC28J60 驱动进行修改。

2．重新组织源码文件

清楚了上面对 uIP 源文件结构的说明，我们对其结构作一下重新分类，以便更易于理解 uIP 的移植过程，重新分类后的文件结构图如 13-19 所示。

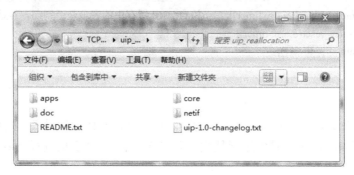

图 13-19　uIP 新的组织结构

重新归类后的源文件结构实际上做了以下三个动作：

（1）将原来的 lib 和 uip 下的文件归为新结构的 core 文件夹下。

（2）将原来 unix（虚拟网卡文件）文件夹中的以下文件复制出来，放入新结构中的 netif 文件夹下面，表示实际的网卡驱动文件。

- clock-arch.h/c：此文件为 MCU 中的 sysTick 与 uIP 栈中各种定时器之间的一个桥梁。
- tapdev.h/c：为底层物理网卡与上层 uIP 协议栈之间的一个中间文件，起桥梁作用。
- uip-conf.h：主要完成与工程相关的各种配置信息，其中的配置项可以覆盖 uipopt.h 中的配置项，如数据类型的重新定义。

（3）将"apps/telnetd/"下的 shell.h/shell.c、telnetd.h/telnetd.c 存入"/apps"文件夹下，与用户其他源码文件放在一起，表示应用层面的代码。

13.4.2　理解两个中间层文件与应用层和协议层之间的关系

在前面我们提及过，uIP 协议栈基于轮询机制来处理数据包的收发，对于如 TCP、ARP 之类的协议，其内部有许多与时间相关的操作，如 TTL 值、ARP 表项的生存期等，则必须通过相应协议的定时器来管理。因此，定时器是 uIP 协议栈很重要的一个模块，需要借助于底层的硬件支持。

第13章 网络接口：以太网

1. 定时器管理（涉及 5 个文件）

在内核层中，timer.h/c 和 clock.h 是 uIP 协议所有定时器（如 ARP 缓存定时器）需要用到的函数；中间层中，clock-arch.h/c 起承上（协议定时器）启下（底层硬件定时器 SysTick）的作用；硬件层中，即 MCU 上的定时器模块，使用滴答中断（sysTick）来为中间层提供时钟基准。

下面就从最底层的硬件时间滴答中断开始，来一步一步进行讲解。

（1）硬件层文件 sysTick.c：该层文件主要完成 MCU 系统时钟的初始化，这在第 11 章已经详细讲解过。我们只需要注意，uIP 全局定时器变量 uip_timer 需要在 STM32 的中断处理文件 stm32f10x_it.c 中定义，在滴答中断处理函数中对其值进行改变，而在 uIP 其他的源文件进行引用，如下。

```
01 u32 uip_timer =0;                    //全局变量 uip_time 定义
02 void SysTick_Handler(void)           //滴答中断处理函数
03 {
04     //如果系统时钟设置为每 10 μs 中断一次，则 uip_timer 累加一次
05     uip_timer++;
06 }
```

（2）中间层：从 uIP 源码对中间层文件的命名（ARCH）可以看出，它与底层处理器架构密切相关，这主要是向上层（内核层）返回 uip_timer 的当前计数值，以及完成 uIP 中的时钟时间类型定义，包括文件 clock-arch.h 和 clock-arch.c。

① 文件 clock-arch.h。

```
#ifndef _CLOCK_ARCH_H
#define _CLOCK_ARCH_H

typedef int clock_time_t;               //uIP 中的时间类型定义
#define CLOCK_CONF_SECOND100000         //定义 1 s 所需要的滴答值
```

时钟计时 1 s 的参考计数值，该值的确定需要根据在底层滴答定时器的中断间隔而定，如果滴答中断间隔为 10 μs 一次，则表示 1 s 时间需要 100000 次中断计数，即 uip_timer 在某时间段的累计值为 100000，即表示 1 s。为帮助读者回忆，请阅读下面代码片断。

```
void sysTick_Init(void)    //函数 SysTick_Init()执行成功时，返回 0；否则返回 1
{
    //分母 100000 表示将 1 s 分为 100000 等份，即每 10 μs，uip_timer 计数一次
    if (SysTick_Config ( SystemCoreClock /100000 ) ) {
        while (1);
    }

    SysTick -> CTRL &= ~SysTick_CTRL_ENABLE_Mask;
}
#endif
```

② 文件 clock-arch.c。

```c
#include "clocl-arch.h"
#include "stm32f10x.h"        //clock-arch.c 中要用到 STM32 中的 u32 类型，包含此头文件
extern u32 uip_timer;         //全局的定时器变量，在 sysTick 的中断服务文件中定义

clock_time_t clock_time(void)
{
    return uip_timer;         //返回 uIP 全局定时器自开机到现在以来的中断计数值
}
```

(3) uIP 内核层：为协议栈各类定时器提供诸如（定时器）设置、复位、重启及定时器时间是否用完等操作函数，包括文件 clock.h、timer.h 和 timer.c。

① 文件 clock.h。

```c
#ifndef _CLOCK_H
#define _CLOCK_H
#include "clock-arch.h"
//void clock_init(void);              //原文件中的这个文件没有作用，可注释掉
clock_time_t clock_time(void);        //此函数的实现已在 clock-arch.c 中实现，这里只引用

#ifdef CLOCK_CONF_SECOND
#define CLOCK_SECOND CLOCK_CONF_SECOND          //uip_timer100000 次中断计数表示 1 s
#else
#define CLOCK_SECOND (clock_time_t)32
#endif

#endif
```

② 文件 timer.h。

```c
#ifndef _TIMER_H
#define _TIMER_H
#include "clock.h"
struct timer {                        //uIP 定时器结构体，包括两个成员
    clock_time_t start;               //表示该定时器启动时计数值
    clock_timer_t interval;           //interval 表示该定时器的时间长度，用多少个 uip_timer 来表示
};
void timer_set (struct timer *t, clock_time_t interval );   //设置定时器的间隔
void timer_reset (struct timer *t );    //复位定时器
void timer_restart (struct timer *t);   //重置定时器
int timer_expired ( struct timer *t );  //检查定时器的时间是否到期，如果是则返回 1
#endif
```

③ 文件 timer.c。

```c
#include "timer.h"

/* 作用：设置 uIP 某个协议定时器（TCP 定时器、ARP 定时器等）的开始时值和定时长度
   参数 t：在程序中需要用到的定时器，如 TCP 定时器、ARP 定时器
```

参数 interval：该定时器的间隔长度 */
void timer_set (struct timer *t, clock_time_t interval)
{
    t->interval = interval;
    t->start = clock_time();
}

/* 作用：复位 uIP 某个协议定时器
   参数 t：需要复位的某个协议定时器 */
void timer_reset (struct timer *t)
{
    t->start += t->interval;   //使用与定时器自身的间隔值来设定定时器新的起始值
}

/* 作用：重启 uIP 某个协议定时器
   参数 t：需要重启的某个协议定时器 */
void timer_restart (struct timer *t)
{
    t->start = clock_timer();   //使用当前 uip_timer 的计数值来设置定时器的起始值
}

/* 作用：判断某个定时器是否到期
   参数 t：需要进行到期判断的某个协议定时器 */
int timer_expired (struct timer *t)
{
    return (clock_time_t) clock_timer()-t->start>=(clock_time_t) t->interval;
}
```

## 2．网卡驱动管理

（1）文件 tapdev.h 是 uIP 协议栈中与具体的网络芯片进行衔接的一个中间文件，实现对网络芯片的初始化函数，以及读和写函数的封装（调用底层网络芯片驱动真正的读/写函数）。底层网络芯片驱动指的就是 12.3 节中所涉及的各种操作，所以在 tapdev.h 中要包含 ENC28j60 的头文件。

```
#ifndef _TAPDEV_H
#define _TAPDEV_H
#include "spi3_enc28j60.h"          //底层网络驱动头文件
#include "uip-conf.h"

u8 tapdev_init(void);               //底层网卡芯片初始化函数，在前面已详细分析过
u16 tapdev_read(void);              //接收（读）从底层网络芯片进来的数据
void tapdev_send(void);             //向底层网络芯片写（发送）数据
#endif
```

（2）文件 tapdev.c 是底层网络硬件与 uIP 协议栈之间的衔接文件，有关 MAC 地址的设置就是在这个文件中进行的。
```

```c
#include "tapdev.h"
#include "uip.h"              //uip_ethaddr.addr[]数组是在 uip.c 文件中定义，要包含 uip.h 文件

const u8 mymac[6] = {0x03,0x04,0x05,0x06,0x07,0x08};       //自定义 MAC 地址

//网络硬件初始化代码，内部调用 ENC28J60 初始化函数。返回值：0 表示正常，1 表示失败；
u8 tapdev_init(void)
{
    u8 i, res=0;

    //使用自定义 MAC 初始化 ENC28J60，注意将整型数组强制转换为字符指针
    res=Enc28j60Init((u8*)mymac);
    for (i =0; i < 6; i++)                    //把 MAC 地址写入缓存区
        uip_ethaddr.addr[i]= mymac[i];

    Enc28j60PhyWrite(PHLCON,0x0476);          //调用 ENC28J60 底层函数，点亮网卡指示灯
    return res;
}

//读取一帧数据：MAX_FRAMELEN（在 enc28j69.c 中定义），uip_buf：数据缓存区
uint16_t tapdev_read(void)
{
    return  Enc28j60PacketReceive(MAX_FRAMELEN,uip_buf);//读取 ENC28J60 缓冲区数据到 uip_buf
}

void tapdev_send(void)          //发送数据包
{
    Enc28j60PacketSend(uip_len,uip_buf);      //将 uip_buf 的数据送往 ENC28J60 缓冲区
}
```

3. 主文件（main()函数所在的文件，包括以下内容）

（1）应该包含的头文件。

```c
#include "led.h"              //开发板上的各种 LED 灯功能头文件
#include "sysTick.h"          //系统定时器所涉及的头文件
#include "usart.h"            //会用到打印输出函数 xprintf()
#include "tapdev.h"           //网卡驱动中间文件
#include "uip.h"              //uIP 协议栈操作函数，如设置 IP 地址、掩码等
#include "uip_arp.h"          //uIP 协议栈中，ARP 作为一个单独的模块，所以需要包含
#include "timer.h"            //uIP 协议栈"协议定时器"头文件，需要单独引用

#include "telnetd.h"          //main.c 中会用到 telnetd_init()函数，故需要包含它
#define BUF ((struct uip_eth_hdr *)&uip_buf[0])    //后面的 while 循环需要用到 BUF

#ifndef NULL                  //整个 uIP 协议栈都会用到 NULL，所以这里需要定义
```

```
#define NULL (void *)0
#endif
```

（2）工程配置文件 uip-conf.h 和 uipopt.h。

uip-conf.h：uIP 工程配置选项文件，针对不同的应用（如 Telnet、Webserver、DHCP 等）选用不同的协议配置，在工程管理区，它应与 main.c 函数放在同一级目录下。

uipopt.h：uIP 协议配置选项文件（完成诸如网络字节序、碎片重组、碎片最大尺寸、IP 包的生存时间（TTL）等纯 TCP 协议选项配置），开发时尽量不要修改里边的内容，该文件位于 uIP 协议栈（uipopt.h 在 uip 文夹下）。

13.4.3　添加 uIP 协议栈后的工程文件组

与前面所有章节中建立步骤一样，除了基本的 startup、fwlib、cmmis、usr 等几个工程文件组外，添加 uip-core、uip-eth 两个文件组，并按如下描述在此两文件组中添加 uIP 源码文件。

- uip-core 文件组下加入 timer.h/c、uip.h/c、uip_arp.h/c、memb.h/c、uipopt.h，共 9 个文件。
- uip-eth 文件组下加入 clock-arch.h/c、tapdev.h/c、uip-conf.h，共 5 个文件。

最后的工程文件结构如图 13-14 所示。

本章内容较多，从 ENC28J60 网卡驱动到 uIP 协议栈的工作细节都是重要的知识点，最后讲解了 uIP 移植后的工程文件组管理。由于本章与第 14 章的内容联系紧密，具体的示例代码及分析放在第 14 章中进行讲解。

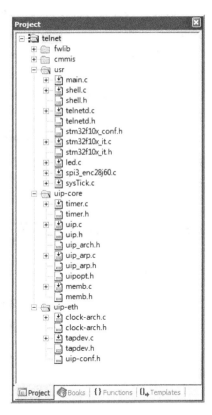

图 13-20　加入 uIP 后的工程文件组

第 14 章
综合示例：基于 uIP 的 Telnet 服务

在第 13 章，我们首先通过对网络芯片 ENC28J60 组成及工作原理的讲解，实现了其基本功能的驱动；其次，对 uIP 协议栈的工作过程及原理进行大致讲解，理解它的重点应放在两个全局变量（uip_len、uip_buffer）和内核中的循环处理函数；并基于此详细说明了 uIP 协议栈的移植步骤，尤其是移植过程中所涉及的几个与时钟有关文件之间的关系；最后实现了一个基于 ENC28J60 网卡和 uIP 协议栈的网络应用模板，此模板框架实现了简单的网络连通性检测，这是一切网络应用的基础。

本章就在第 13 章的基础上实现一个远程登录服务程序：向远程设备下达控制指令（加快/降低风扇转速、设定温度报警值等），并获取当前系统的各种应用信息（如被监测对象的压力、温湿度等）。

14.1 实验现象预览

实验操作过程如下。

（1）设置 PC 的 IP 地址为 192.168.1.20（网卡 IP 地址在编写驱动时固定为 192.168.1.10）。

（2）使用 CAT5 网线将学习板与 PC 连接起来。

（3）在 PC 上开启 DOS 窗口，在命令提示符下输入运行"ping192.168.1.10 -t"，检查网络的连通性。

（4）无误后，在命令提示符下输入运行"telnet192.168.1.10"，此时，交互界面进入学习板的 Telnet Shell。在 Shell 下执行各种操作命令，如 led on/off、beep on/off 等指令，会发现学习板的行为发生相应的响应，如图 14-1 所示。

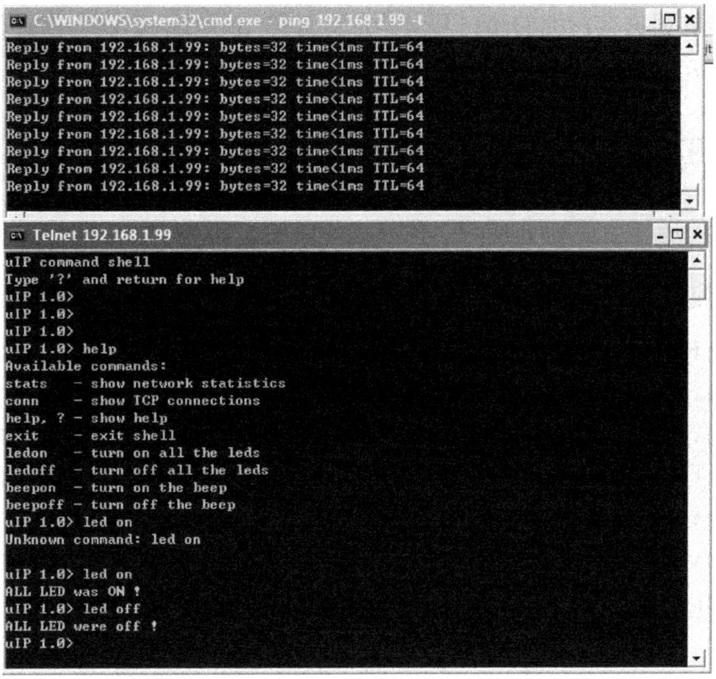

第14章
综合示例：基于 uIP 的 Telnet 服务

图 14-1　基于 ENC28J60 的连通性检测和 Telnet 远程控制

14.2　Telnet 远程登录协议

14.2.1　Telnet 概述

Telnet 是美国高级研究计划署开发的一种远程通信网（Telecommunications Network），用来实现远程登录的功能，即用户通过网络登录到远程主机并使用远程主机提供的服务。这种远程登录可以看成客户机/服务器（C/S）模式，在这种模式下，用户计算机被看成远程服务器的虚拟终端。

一般而言，Telnet 远程登录服务可以分为 4 个过程。

（1）建立连接：用户通过执行"telnet IP_address"命令的方式调用本地主机上的 Telnet 客户端程序与远端服务器建立 TCP 连接。

（2）身份认证：TCP 连接建立起来以后，客户端程序将用户输入的用户名和密码，以及之后的任何输入（某种服务请求）以 NVT（Network Virtual Terminal）的格式传输到远程服务器。

（3）服务：远程服务器响应客户请求并以 NVT 格式回传相应的服务信息，客户端程序将其转化为本地计算机所能理解的格式后显示在屏幕上。

（4）结束：服务结束，由本地用户发出结束连接的命令，撤销之前建立的 TCP 连接。

Telnet 服务是基于 TCP 协议的，其服务端口号是 23，因此服务器会保持对端口 23 号的监听，并且能够根据客户端的端口号（客户计算机 IP 地址+客户程序进程号）区别多路不同的客户请求，并做出响应。

14.2.2 Telnet 协议主要技术

Telnet 协议的运行主要基于 NVT（网络虚拟终端）和选项协商两种技术。

1. 网络虚拟终端（NVT）

为适应通信环境的异构性（不同的平台、终端和操作系统），Telnet 协议定义了一个想象中的标准设备，它消除了服务器和客户机之间终端设备的差异，而用大家都能理解的规则语言直接通信，这样的规则语言集合就是 NVT，它更正式的说法是：**数据和命令序列在 Internet 上传输的标准表示方式**。服务器和客户端都必须具有在 NVT 格式和本地支持的格式之间进行相互转换的能力。因此，所有的主机，虽然它们有自己本地的设备特点，但在网络中被当作 NVT 来对待，任何一方都可以认为对方使用的是相同类型的设备。

NVT 在客户端和服务器之间充当桥梁的作用，如图 14-2 所示。

图 14-2　Telnet 协议中的 NVT

2. 选项协商

虽然 NVT 技术解决了由于网络中设备的异构性所带来的通信难题，但现实网络内部许多设备或主机期望在现有的 NVT 基础上提供另外的服务。例如，多数用户有比较复杂的终端，他希望有可选的服务来协调通信双方设备的公共特性。因此，Telnet 协议也包含了对这类不同需求进行支持的选项码，如改变终端类型、窗口大小等，并且将这些选项码封装于"DO，DONT，WILL，WONT"协商结构中，以允许在用户和服务器之间建立一种更加细腻的会话连接。

设置选项的基本方式是任何一方提出一个选项生效的请求，而另一方可以接受也可以拒绝这一请求：如果接受，则此选项立刻生效；如果被拒绝，连接仍然保持最基本的 NVT 连接属性。

14.2.3 Telnet 命令

Telnet 命令提供给用户控制通信过程的能力，请注意这种命令与服务器提供的服务（通常也是以命令的方式提供的，如显示目录、回退到上一级目录、下载等）的区别，前者是一种协议控制命令，后者则是普通的程序。

第14章 综合示例：基于 uIP 的 Telnet 服务

1．Telnet 的命令格式

Telnet 的命令格式为：IAC + 命令码 + 选项码。

IAC：命令解释符，此字符后面的数据会被视为命令来解释，Telnet 命令都必须以它为前缀。

命令码：将要执行命令的代码，表 14-1 为部分最基本的 Telnet 命令码。

表 14-1 Telnet 命令编码

命 令	编 码	描 述
IAC	255	命令解释符，其后的数据被当成命令
DONT	254	发送方想让接收方去禁止选项
DO	253	发送方想让接收方激活选项
WONT	252	发送方本身想禁止选项
WILL	251	发送方本身想激活选项
SB（子协商开始）	250	表示后面所跟的命令序列是某一选项的子协商
GA（继续）	249	允许以半双工的通信方式传输
SE（子协商结束）	240	表示某一选项的子协商序列结束
······		
EOF（文件结束）	236	表示所传文件中的数据已全部传输出去

选项码：用来扩展 Telnet 功能以适应复杂的设备，表 14-2 为常用的选项及其编码。

表 14-2 Telnet 常用选项及其编码

选 项 名 称	选 项 编 码	选 项 解 释
Transmit Binary	0	以 8 位二进制方式传输数据
Echo	1	回显从另一方接收的数据
Status	5	发起交换 Telnet 选项的当前状态
Terminal Type	24	发起交换可能的终端类型并从中选择最佳的终端
Window Size	31	发起协商数据流的窗口大小
Terminal Speed	32	发起协商数据交换速度
······		

2．Telnet 数据传输示例

首先客户端发送 3 个字节的字符序列来激活协调终端类型的选项。

255 251 24 　　＜ICA，WILL，24＞　　"我想商量下终端类型，可以吗？"

如果接收方（服务器进程）同意协商终端类型，则其响应序列为

255 253 24 　　＜ICA，DO，24＞　　"可以呀"

接着服务器进程再发送终端细项序列：

255 250 241 255 240   <ICA,SB,24,1,ICA,SE>   "那把你的终端类型发过来吧"

其中第 4 个字节"1"表示协商终端类型（24）中的子选项 1，代表客户端的类型。

如果客户端的终端类型是 IBMPC，那么它的响应序列为

255 250 240 73 66 77 80 67 255 240   <ICA,SB,24,0,I,B,M,P,C,ICA,SE>

其中第 4 个字节"0"表示协商终端类型（24）中的子选项 0，代表客户端类型。

14.3 Telnetd 服务框架及实现

14.3.1 本实验 Telnetd 服务框架

本实验源代码采用 uIP 协议栈提供的 Telnetd 示例，位于文件夹"apps\telnetd"下。该 Telnetd 示例的逻辑模块组成如图 14-3 所示，除去网卡驱动外，Telnetd 服务和 Telnetd 功能模块是我们本节理解的重点。

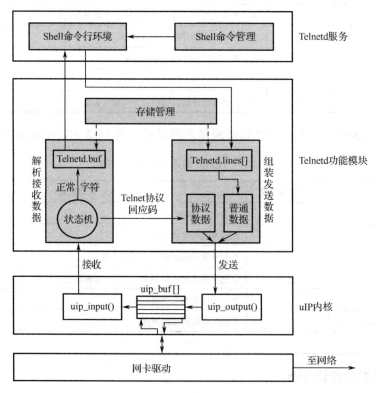

图 14-3 本实验的 Telnetd 服务程序框架

1. Telnetd 服务

Telnetd 服务是为方便远程客户端操作而提供的一些便利，包括两类服务。

- 为客户提供的运行环境 Shell，使原本在服务器上的运行界面映射到客户端，让客户感觉就在服务器对面对其进行操作一样。

- 为远程客户提供的一系列操作控制本服务器（学习板）的命令，这是 Telnetd 服务器价值的真正体现。

2．Telnetd 功能

本实验的 Telnet 服务程序采用最基本的 NVT 连接属性，即对于客户端发起的任何可能的"WILL，WONT，DO，DONT"选项协商，一律以"DONT"和"WONT"响应，这使连接最终保持在没有任何选项的状态。在此基础上，根据每一次会话的上下文，uIP 协议内部自动设置当前会话的状态，开发人员只需调用 uIP 提供的 uip_rexmit()、uip_acked()、uip_timeout()等函数来对这些会话状态做出响应，如解析新来的数据、数据超时重传等。

14.3.2 Telnetd 服务框架的实现

从代码的实现角度而言，对于 Telnetd 的理解侧重于存储管理和 Shell 外壳及命令结构，对接收数据的解析（这其中涉及 Telnet 协议的协商选项的操作，以及 Telnetd 状态机的状态翻转）和对发送数据的组装处理，也是理解本实验代码的关键。

1．存储管理

Telnetd 内存管理模块提供了一套简单却功能强大的管理固定尺寸内存块的机制，这套固定大小的内存块由宏 MEME()静态地声明，程序运行过程中需要的内存就使用 memb_alloc()从事先声明的内存块中分配，相应的内存回收则调用 memb_free()进行释放。理解 Telnet 存储管理实现的关键是在理解宏 MEME 的使用。

（1）内存规格定义：在 telnetd.c 源代码的第 50 行，使用宏 MEME 声明了一个名为 linemem 的内存块，源码行如下。

```
50 MEMB(linemem, struct telnetd_line, TELNETD_CONF_NUMLINES);
```

分析：MEMB 的定义（memb.h 第 98 行）如下。

```
98 #define MEMB (name, structure, num) \
        static char MEMB_CONCAT(name, _memb_count)[num]; \
        static structure MEMB_CONCAT(name, _memb_mem)[num]; \
        static struct mem_blocks name = { sizeof(structure), num, \
                                 MEMB_CONCAT(name, _memb_count), \
                                 (void*)MEMB_CONCAT(name, _memb_mem));
```

代码中宏 MEMB_CONCAT 的作用是合并两字符串为一个，将第 50 行的实参依次替换第 98 行的宏参，显然可以得到：

(1) static char linemem_memb_count[16];

定义了一个静态字符型数组 linemem_memb_count[16]，可以存储 16 个字符。

(2) static telnet_line linemem_memb_mem[16];

定义了一个静态 telnet_line 型结构体数组 linemem_memb_mem[]，包括 16 个元素，每个元素都是 telnetd_line 类型，其实质是大小为 40 字节的字符数组，即 linemem_memb_mem

是一个二维字符数组，共 16 行，每行 40 个字符。telnetd_line 类型的定义在 telnetd.c 代码第 45~48 行。

```
45  struct telnetd_line {
46      char line[TELNETD_CONF_LINELEN];      /*TELNETD_CONF_LINELEN = 40*/
47  }
```

(3) static struct mem_blocks linemem = { 40,16, linemem_memb_count, linemem_memb_mem };

定义了一个静态 mem_blocks 类型的结构体变量 linemem，将它的 4 个实际成员值与结构体中对应的 4 个成员变量一对照，即可大体明白此代码行的目的，如图 14-4 所示。

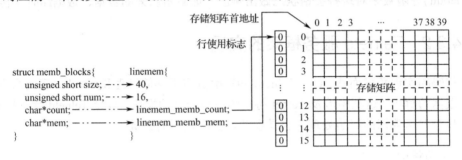

图 14-4 mem_blocks 类型成员及其内存形式

图 14-4 中代码的含义是：linemem 代表了一个内存块的"规格"，该内存块有 16 行，每行 40 个字节（列），其中指针 count 指向了字符数组 linemem_memb_count[]，表示行使用标志：当该行被使用时，计数为 1，否则计数为 0。指针 mem 指向一个共有 16 行，每行 40 字节的字符串数组 linemem_memb_mem。上面的代码可以形象地用图 14-5 表示。

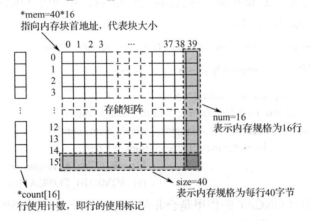

图 14-5 mem_blocks 类型成员及其内存形式

（2）内存初始化：既然代码第 50 行的最终作用是定义了一个内存块的规格 linemem，那么实际程序运行时的空间就得按此规格来进行定义。在文件 telnetd.c 第 135 行代码 memb_init (&linemem) 也正是这样来使用的，将内存块规格 linemem 的地址作为参数传入内存初始化函数 memb_init() 后，一个真正可以使用的存储空间就出现了。内存块的初始化操作如代码 14-1 所示（位于文件 memb.c 第 51~55 行）。

第14章 综合示例：基于 uIP 的 Telnet 服务

代码 14-1　内存初始化函数 memb_init()

```
51 void memb_init ( struct memb_blocks *m )
52 {
53      memset (m->count,0, m->num);              //行使用计数标志置为 0
54      memset (m->mem,0, m->size * m->num );     //整个存储单元全部清 0
55 }
```

（3）内存申请：存储空间一旦初始化，就可以随时投入使用，存储空间的申请和释放分别使用内存管理函数 memb_alloc() 和 memb_free()。

代码 14-2　内存分配函数 memb_alloc()

```
58 void* memb_alloc ( struct memb_blocks *m)
59 {
60      int i;
61
62      for ( i =0; i < m->num; ++i) {    //共 16 行，从第 0 行开始，逐行检查
63          if ( m->count[i] ==0 ) {       //如果某行"使用与否"标识为 0，则表明该行未使用
64              ++(m->count[i]);           //首先赋值该行为 1，标识该行为"已使用"状态
65              return (void*)((char *)m->mem + (i*m->size));  //返回该行的指针，分配成功
66          }
67      }
68      return NULL;                       //否则返回空，表明分配失败
69 }
```

（4）内存释放：经过对上述代码的分析在可知，Telnet 对存储空间的申请是以行为单位（每行 40 字节）来进行的。在分配过程中，对字符串数组（linemem_memb_mem）进行逐行扫描，如果某行的"使用标志"（m->count[i]）为 0，则表明此行可以进行分配使用，返回该行相对于内存块起始位置第 i 行的地址。

代码 14-3　内存释放函数 memb_free()

```
//释放内存块 m（16 行 40 列）中指针 ptr 所指向的某行存储空间
78 char memb_free ( struct memb_blocks *m, void* ptr )
79 {
80      int i;
81      char* ptr2;
82
83      ptr2 = (char*) m->mem;             //ptr2 指向内存块 m->mem（即 linemem）首地址
84      for (i =0; i < m->num; ++i ) {     //对整个字符串数组（16 行）逐行扫描检查
85          if (ptr2 == (char*)ptr ) {     //如果某行的首地址与想要释放的地址相同
86              if (m->count[i] >0)        //并且"使用标志"为 1
87                  --(m->count[i]);       //设置"使用标志"为 0，使其可用
88              return m->count[i];        //返回 0，表示内存释放成功
89          }
90          ptr2 += m->size;               //如果欲释放地址与当前行地址不匹配，则指向下一行
91      }
```

```
92        return -1;
93 }
```

2. 对发送数据的处理

本案例服务器程序 Telnet 有三个数据源需要向网络发送：一是 Telnet Shell 命令的提示符，当本地客户端与远程服务器建立起了 TCP 连接后，Telnet 服务器即会向客户端发送一个 Shell 提示符，表示服务器已准备 OK，可以接收客户的输入；二是指令执行后的反馈信息，如执行指令 ledon 后，除了实验板上的 LED 灯全亮之外，还会向客户端返回"All LED ON."信息提示；三是服务器程序对客户端的协议字符的回应字符。

无论以上三种数据源的哪一种，在其被发送到网络之前，都要经历以下处理过程。

（1）申请可以容纳一行（40 字节）的存储空间，用指针 line 来指向它并置该行使用计数为 1，如图 14-6 所示。

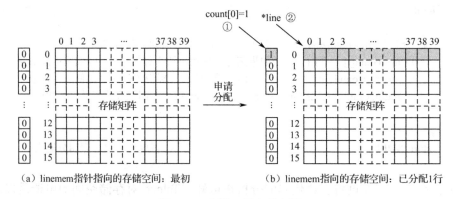

图 14-6　申请一行内存空间

（2）将需要发送的字符串复制到 line 所指向的空间，如图 14-7 所示。

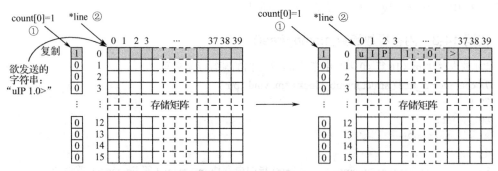

图 14-7　将需要发送的字符串复制到新申请的空间

（3）将 line 所指向的字符串转存到反映 Telnet 状态的结构体缓存 s.line[] 中，如图 14-8 所示。

（4）将缓存 s.line[] 中的多行字符串逐行复制到应用程序数据指针 uip_appdata 所指向空间。

第 14 章 综合示例：基于 uIP 的 Telnet 服务

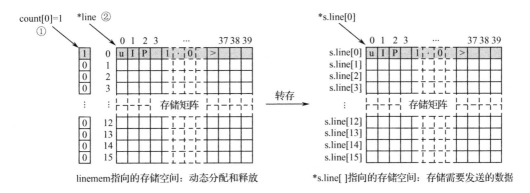

图 14-8 转移字符串到 s.line[]

（5）调用 uIP 内核函数 uip_send() 将 uip_appdata 所指数据由底层的网卡发送，如图 14-9 所示。

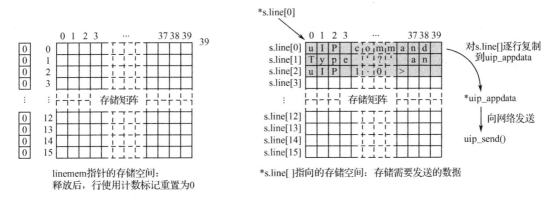

图 14-9 从 s.line[] 中转移字符串到 uip_appdata 缓存并发送

现在我们对以上过程所涉及的几个关键函数逐一进行分析。

（1）shell_output()：主要完成组装需要传输的字符串，比如两个字符串连接成一个，并在串尾添加"回车（ISO_cr）"、"换行（ISO_nl）"和字符串结束符。

代码 14-4 函数 shell_output()

```
01 void shell_output (char* str1, char* str2 )
02 {
03     static unsigned len;
04     char* line;
05
06     line = alloc_line();              //新申请一行字符空间，并用指针 line 来指向它
07     if (line != NULL) {
08         len = strlen(str1);            //取得 str1 的长度 len
09         strncyp (line, str1, TELNETD_CONF_LINELEN );  //将 str1 指向的字符串复制到 line
10         if ( len < TELNETD_CONF_LINELEN)              //如果长度 len 小于 40 字节
11             strncpy (line + len, str2, TELNETD_CONF_LINELEN - len );  //str2 串接在 str1 后
12         len = strlen (line );         //获得 str1+str2 后的新串长度
13         if (len < TELNETD_CONF_LINELEN - 2) {         //如果新串长度小于 38 字节
```

```
14          line[len] = ISO_cr;                    //将回车符添加到串尾
15          line[len+1] = ISO_nl;                  //将换行符添加到串尾
16          line[len+2] =0;                        //添加字符串结束符，完成字符串的构造
17       }
18
19       sendline(line);                           //调用 sendline()发送组装好的字符串
20   }
21 }
```

（2）sendopt()：完成向客户端发送 Telnet 协议字符，如协商选项及选项值。

代码 14-5 发送协议字符函数 sendopt()

```
01 static void sendopt (u8_t option, u8_t value )
02 {
03    char* line;
04
05    line = alloc_line();                         //新申请一行字符空间，并用指针 line 来指向它
06    if (line != NULL) {
07       line[0] = TELNET_IAC;                     //Telnet 协议命令解释符打头
08       line[1] = option;                         //Telnet 协议选项编码
09       line[2] = value;                          //选项值
10       line[3] =0;                               //字符串结束符
11       sendline(line);
12    }
13 }
```

（3）sendline()：将 shell_output()或 sendopt()组装后的新串放入 s.line[]（反映 Telnet 会话状态的结构体缓存）。

代码 14-6 函数 sendline()

```
01 static void sendline(char* line)
02 {
03    static unsigned int i;
04
05    /*依次检查 telnetd 的 16 行字符串空间*/
06    for (i =0; i < TELNETED_CONF_NUMLINES; ++i ) {
07       if (s.line[i] == NULL ) {                 //如果某一行空间为 NULL，表明可用
08          s.line[i] = line;                      //将本函数传入的字符串存入 Telnetd 的该行 Buffer
09          break;                                 //找到存放空间并存入字符串后，退出寻找循环
10       }
11    }
12
13    if ( i == TELNETD_CONF_NUMLINES )
14       dealloc_line (line );                     //如果最后没有空间可以利用，则丢弃需要发送的数据
15 }
```

（4）senddata()：将保存于 s.line[]（反映 Telnet 会话状态的结构体缓存）结构体缓存中

第14章
综合示例：基于 uIP 的 Telnet 服务

之字符串用 uip_send()发送出去。

代码 14-7　函数 senddata()

```
01 static void senddata(void)
02 {
03    static char *bufptr, *lineptr;
04    static int buflen, linelen;
05
06    bufptr = uip_appdata;                          //指针 bufptr 指向 uIP 应用层数据
07    buflen =0;
08
09    /* 逐行扫描反映 Telnet 会话状态的结构体缓存，将其中每行数据移存到 uIP 应用层数
10       据指针 uip_appdata 所指向的空间。结构体成员 s.numsent 表示本次 Telnet 会话需要发送
11       的字符串行数；成员 s.lines[]为字符数组，保存本次 Telnet 会话每一行需要发送的数据。 */
12
13    for (s.numsent =0; s.numsent < TELNETD_CONF_NUMLINES &&
14                       s.lines[s.numsent] != NULL; ++s.numsent ) {
15       lineptr = s.lines[s.numsent];               //用 lineptr 指向状态结构体中当前行字符串
16       linelen = strlen (lineptr);                 //获取 lineptr 所指字符串的长度
17       if (linelen > TELNETD_CONF_LINELEN)         //如果所获取的长度大于宏定义的行长度
18          linelen = TELNETD_CONF_LINELEN;          //截断，字符串长度就使用宏定义行长度
19
20       /* 如果多行累计的字符串长度小于 uIP 所定义的发送包最大段尺寸，则继续将状态结
21          构体的行数据移存到 bufptr 所指向的应用层数据空间，并更新 bufptr 和 buflen 的值，
22          准备接收下一行数据。*/
23
24       if (buflen + linelen < uip_mss()) {         //如果累计字符串长度小于最大段尺寸
25          memcpy (bufptr, lineptr, linelen);       //将状态结构体行数据复制到 bufptr
26          bufptr += linelen;                       //更新 bufptr 和 buflen
27          buflen += linelen;
28       } else {
29          break;            //如果累计字符串长度大于发送包最大段尺寸，则丢弃后面数据
30       }
31    }
32    uip_send(uip_appdata, buflen);                 //发送 uip_appdata 所指向的数据
33 }
```

（5）Telnet 状态结构体。上面的几个函数反复使用反映 Telnet 状态的结构体，其具体定义在 telnetd.h 文件中。

```
struct telnetd_state {
    /*字符串指针数组：每次 Telnet 会话可以有 16 行字符串，用于保存将要发送的字串*/
    char *lines[TELNETD_CONF_NUMLINES];

    /*将接收的字符串被逐一分析，将剔除协议字符后的普通字符组装在 buf 中*/
    char buf[TELNETD_CONF_LINELEN];
    char bufptr;           //buf 的下标，配合 buf 来标识当前正组装字符的位置
```

```
    u8_t numsent;           //配合字符串指针数组 lines，标识当前正处理某行输出字符串
    u8_t state;             //根据 Telnet 会话上下文，暂存当前 Telnet 会话的状态
};
```

根据上面 telnetd_state 结构体定义及其成员的作用说明，可以理解该结构体的主要作用。

- 存储当前 Telnet 会话需要发送的多行数据于字符串指针数组 char *lines[]。
- 存储当前 Telnet 会话所接收的字符串，经逐字符分析后存入字符数组 char buf[]。
- 存储当前 Telnet 会话所处的状态，在 telnetd.c 中定义了以下 7 状态。

```
51 #define STATE_NORMAL      0     //正常数据接收状态
52 #define STATE_IAC         1     //协议协商状态：命令解释符
53 #define STATE_WILL        2     //协议协商状态：发送方本身想激活选项
54 #define STATE_WONT        3     //协议协商状态：发送方本身想禁止选项
55 #define STATE_DO          4     //协议协商状态：发送方想让接收方激活选项
56 #define STATE_DONT        5     //协议协商状态：发送方想让接收方禁止选项
57 #define STATE_CLOSE       6     //Telnet 会话关闭（结束）状态
```

在 telnetd.c 文件中，定义了 telneted_state（Telnet 会话状态）类型的全局变量 s，用于记录当前 Telnet 会话的收发数据和状态等重要信息，这在前面的函数中已得到充分体现。

```
59 static struct telnetd_state s;
```

在 telnted.c 文件中还宏定义了与上面 7 个 STATE 相关的 Telnet 协议指令码。

```
61 #define TELNET_IAC        255   //命令解释符
62 #define TELNET_WILL       251   //发送方本身想激活选项
63 #define TELNET_WONT       252   //发送方本身想禁止选项
64 #define TELNET_DO         253   //发送方想让接收方激活选项
65 #define TELNET_DONT       254   //发送方想让接收方禁止选项
```

以上关于 telnetd_state 结构体的知识点对于理解本案例 Telnetd 代码如何处理待发送和新接收数据相当重要。对于待发送的字符串，统一交由 sendline() 处理后，将其复制到字符指针数组 s.line[] 中，然后将 s.line[] 中的所有 Telnet 行数据交由 uip_send() 发送出去（一次发送可以处理 16 行数据）。

3．对接收数据的解析

Telnetd 服务程序所接收的数据来源有两个：一个是从客户端发送过来的 Telnet 协议字符；另一个是客户端用户在 Telnetd Shell 提示符下输入的操作命令等。这两种数据统一由函数 newdata() 来处理，该函数处理的逻辑是"根据所接收的字符，当前 Telnet 的会话会在 NORMAL、IAC、WILL、WONT、DO、DONT 这几种状态之间进行转换"，我们简称为 Telnetd 状态机的状态变换，如图 14-10 所示。为了充分理解其算法思想，我们还用前面讲解 Telnet 协议时的一个示例片断来梳理一下它（状态机）的转化过程。

首先客户端发送 3 个字节的字符序列来激活协调终端类型的选项。

255 251 24   <ICA，WILL，24>   "我想商量下终端类型，可以吗？"

如果接收方（服务器进程）同意协商终端类型，则其响应序列为：

255 253 24   <ICA，DO，24>   "可以呀"

第14章
综合示例：基于 uIP 的 Telnet 服务

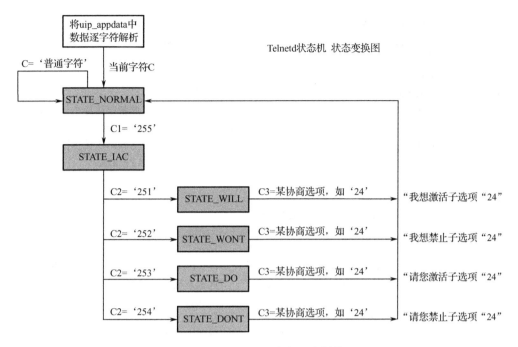

图 14-10 Telnet 状态机状态转换

最初状态机处于默认的 STATE_NORMAL 状态，如果当前字符 C='普通字符'，则状态机维持 STATE_NORMAL 状态；如果当前字符 C1='255（IAC）'时，状态机进入 STATE_IAC 状态，表明服务器与客户端之间的协议字符开始，在此状态下所接收的下一个字符 C2 会是 Telnet 协议命令码，如示例中的 "251（TELNET_WILL）"。状态机根据协议命令码 251，进入 STATE_WILL 状态，在此状态下所接收的下一个字符 C3 会是选项码，如示例中的 "24"。进行到此，一个完整的 "ICA WILL 24" 协商序列接收完毕。相当于客户端在问服务器 "我想商量下终端类型，可以吗？"，而服务器可以在这里将其响应信息 "ICA DONT 24" 发送出去，表示不同意。这样一个完整的协商会话结束，状态机又进入 STATE_NORMAL 状态。图 14-10 每一种可能组合表达的意思如图中浅灰色文字所描述的那样，本实验对客户端传送过来的协议字段统一以"拒绝"的方式回应，保持最原始的 NVT 连接属性。

（1）newdata()：处理接收到数据（包括用户输入的命令数据和 Telnet 协议数据）。

代码 14-8 接收数据处理函数 newdata()

```
01 static void newdata ( void )
02 {
03     u16_t len;
04     u8_t c;
05     char *dataptr;
06
07     len = uip_datalen();                    //计算 uIP 协议应用层收发缓存中字符个数
08     dataptr = (char *) uip_appdata;         //dataptr 指向 uIP 协议应用层收发缓存
09
```

```
10    /* 当应用层收发缓存中有数据（长度大于 0），并且 s.buf 中还有未处理数据：以换行符为
11       结束标志组装 s.buf 中累计接收的非协议字符为新的行数据（字符串），s.bufptr 为当
12       前接收的字符在 s.buf 中的下标位置。*/
13    while ( len >0 && s.bufptr < sizeof(s.buf) ) {
14        c = *dataptr;                           //取出应用层缓存中的第一个字符
15        ++dataptr;                              //指针下移一个位置，准备取缓存中第二个字符
16        --len;                                  //缓存待处理字符数减少一个
17        switch (s.state) {                      //以下代码请对照上面的状态机转换图进行阅读
18          case STATE_IAC:                       //如果当前状态为 STATE_IAC
19            if (c == TELNETD_IAC){
20                get_char(c);
21                s.state = STATE_NORMAL;
22            } else {
23                switch (c) {
24                  case TELNET_WILL:             //在 STATE_IAC 状态下，收到 WILL 命令码
25                    s.state = STATE_WILL;       //置状态机为 STATE_WILL 状态
26                    break;
27                  case TELNET_WONT:             //在 STATE_IAC 状态下，收到 WONT 命令码
28                    s.sate = STATE_WONT;        //置状态机为 STATE_WONT 状态
29                    break;
30                  case TELNET_DO:               //在 STATE_IAC 状态下，收到 DO 命令码
31                    s.state = STATE_DO;         //置状态机为 STATE_DO 状态
32                    break;
33                  case TELNET_DONT:             //在 STATE_IAC 状态下，收到 DONT 命令码
34                    s.state = STATE_DONT;       //置状态机为 STATE_DONT 状态
35                    break;
36                  default:                      //其他情况下，置状态机为 STATE_NORMAL 状态
37                    s.state = STATE_NORMAL;
38                    break;
39                }
40            }
41            break;
42          case STATE_WILL:                      //在 STATE_WILL 状态下
43            sendopt(TELNET_DONT, c);            //反馈"DONT + c"拒绝信息
44            s.state = STATE_NORMAL;  break;     //置状态机为 STATE_NORMAL 状态
45
46          case STATE_WONT:                      //在 STATE_WONT 状态下
47            sendopt(TELNET_DONT, c);            //反馈"DONT + c"拒绝信息
48            s.state = STATE_NORMAL;  break;     //置状态机为 STATE_NORMAL 状态
49
50          case STATE_DO:                        //在 STATE_DO 态下
51            sendopt(TELNET_WONT, c);            //反馈"WONT + c"拒绝信息
52            s.state = STATE_NORMAL;  break;     //置状态机为 STATE_NORMAL 状态
53
54          case STATE_DONT:                      //在 STATE_DONT 态下
55            sendopt(TELNET_WONT, c);            //反馈"WONT + c"拒绝信息
56            s.state = STATE_NORMAL;  break;     //置状态机为 STATE_NORMAL 状态
```

```
57
58              case STATE_NORMAL:                          //在 STATE_NORMAL 态下
59                if ( c == TELNET_IAC )  {                 //如果收到的字符是命令解释符
60                  s.state = STATE_IAC;                    //置状态机为 STATE_IAC 状态
61                } else {
62                  get_char ( c );                         //收到的字符为普通字符,则调用 get_char 处理
63                }
64                break;
65            }
66        }
67 }
```

理解了图 14-10 所描述的 Telnetd 状态的转换过程,掌握代码 14-8 所表达的功能就容易了。在初始时,状态机处于 STATE_NORMAL(58 行);在解析所接收字符的过程中,如果某个字符是"255"(59 行),则状态机会进入 Telnetd 的协议协商状态,然后程序会进入代码行 23~35 某个分支运行。如果状态机当前已处于协商状态(18 行,即所接收的前一个字符为"255"),此时再接收的字符仍然为"255"(19 行),则刚接收的"255"被视为普通字符,状态机再次进入 NORMAL 状态。Telnet 协议规定:为了区别协议指令码 255,普通 255 为两个连续的 255。

(2)get_char(u8_t c):将 newdata()函数解析的每一个"非协议字符",以换行符为标志,组装为新的字符串。

代码 14-9　函数 get_char()

```
01 static void get_char (u8_t c )
02 {
03      if ( c == ISO_cr )        return;              //如果是回车符,直接返回
04
05      s.buf [(int)s.bufptr]=c;                       //将字符 c 存入 s.buf 中下标 s.bufptr 指示的位置
06
07      //若字符 c 为换行符或下标 s.bufptr 已走到了 s.buf 的最大长度位置,则一行结束
08      if(s.buf[(int)s.bufptr] ==ISO_nl||s.bufptr ==sizeof(s.buf)-1){
09          shell_input (s.buf );                      //将 s.buf 作为字符串传入 Shell 处理函数
10          for (s.bufptr =0; s.bufptr < 40; s.bufptr++ )
11              s.buf[s.bufptr] =0;                    //清空 s.buf,准备接收下一批字符
12          s.bufptr =0;                               //并设置下标 s.bufptr 初始值为 0
13      } else {            //如果行没有结束,即没有出现换行字符或行下标未到最大值
14          ++s.bufptr;     //将下标 s.bufptr 指向下一个位置,准备接收新字符
15      }
16 }
```

4.Shell 外壳及命令结构

本节所讲的 Shell 相关知识与第 7 章相同,理解了第 7 章的知识,接下来的任务就会很轻松。

Shell 中文意思就是"外壳"之意,顾名思义,它就是"壳内"和"壳外"之间的一个

界面。在基于命令行提示符的人机交互方式中，外部用户了解系统内部功能或服务的界面也就被称为 Shell 了。为了方便客户使用和控制实验板功能，也必须为服务器程序 Telnet 实现一个这样的外壳界面，称为 Telnet Shell，它主要由三部分组成：提示符（prompt）、系统命令结构（structure）、命令解析（parse）。

提示符就是提供一个有意义的字符串来提醒用户："你现在可以输入命令，让我为你执行"。本案例采用字符串"uIP1.0 >"作为提示符。为了让提示符呈现于客户端，提示符及其他版本说明信息需要通过 shell_prompt()和 shell_output()传输到网络，这两个函数就是专门来输出 Shell 界面信息的，这在前面已经讲过。

在提示符前，当用户输入有效的字符串（命令）后，Shell 会立即查询自己命令系统。Shell 命令系统采用如下的 C 结构体来搭建命令结构，将命令字符串和一个函数指针关联起来。

```
01 struct ptentry {
02     char *commandstr;              //字符指针 commandstr 代表命令名
03     void (* pfunc)(char *str);     //函数指针 pfunc 指向一个带参函数（命令的执行体）
04 };
```

上面的结构体仅仅是命令系统的结构，为了管理众多的 Shell 命令，需要一个 ptenty 类型的数组来容纳它们。这样数组中的每一个元素（命令+函数）就是一条 Shell 指令信息，找到了命令名，也就能够定位它对应的执行函数。

```
01 static struct ptentry parsetab[] = {
02     { "help", help },
03     { "command list", list_command },      //列出系统提供的命令
04     { "exit", shell_quit },
05     { "led on", led_on },                  //开启 LED 灯指令
06     { "get temperature" get_temperature }, //获取当前系统温度
07     { "read flash", read_flash},           //读取 spi_flash 内容
08     ......
09     { NULL, unkown }                       //"哨兵"元素，表明已最后一个指令
10 };
```

用户可以通过此静态数组任意地扩充 Shell 的命令，比如还可以添加{"led off", led_off}。

当 Shell 在 parsetab 数组中查询到用户所输入的命令时，如何调用对应的函数去执行呢？顺着前面 get_char(c)函数中调用的 shell_input()，我们一步步解开这个迷团。

在源码文件 shell.c 中是这样来定义 shell_input()函数的。

代码 14-10　接收用户输入函数 shell_input()

```
01 void shell_input (char *cmd)
02 {
03     parse(cmd, parsetab);              //在命令数组 parsetab 中查找命令 cmd
04     shell_prompt(SHELL_PROMPT);        //输出打印提示符
05 }
```

可见，真正完成查找命令的功能是由函数 parse()来完成的。如果找到匹配的命令，则

调用相应的函数指针所指向的函数完成命令的执行，完成后再打印输出命令提示符。

代码 14-11　解析命令行函数 parse()

```
01 static void parse ( register char *str, struct ptentry *t )
02 {
03     struct ptentry *p;
04
05     for (p = t; p->commandstr != NULL; ++p) {        //遍历命令数组 parsetab[]
06     //如果在命令数组中找到用户输入的命令，则中止遍历
07         if (strncmp (p->commandstr, str, strlen(p->commandstr)) ==0)
08             break;
09     }
10     P->pfunc(str);
11 }
```

上面的遍历只有两种结果：找到或没有找到用户输入的命令。如果找到了，则执行相应的函数指针所指向的函数；否则就会碰见最后的"哨兵"元素，执行对应的 unkown 函数。

例如，用户当初输入的命令是"led on"，在遍历命令数组到元素 {"led on", led_on} 时，用户命令与元素中的命令字段匹配，停止遍历并执行此时函数指针指向（即调用）的 led_on() 函数（还有一个传入的参数 str），假设 led_on()定义形式如代码 14-12 所示。

代码 14-12　Shell 中的外设控制命令 led_on()

```
01 void led_on ( void )
02 {
03     led(led1, ON);
04     shell_output（"LED1 was ON！"，""）;
05 }
```

此时学习板上的 LED1 灯会被点亮，并且在 Shell 窗口有"LED1 was ON！"输出提示。

假如用户输入的是换行或无效命令，情况又会如何呢？这两种情况下命令数组都会被遍历到最后一个"哨兵"元素{NULL, unknown}，因此函数 unknow()会被调用，如代码 14-13 所示。

代码 14-13　Shell 中的未知命令 unknown()

```
01 static void unknown ( char *str )
02 {
03     if ( (strlen (str) -1) >0 )
04         shell_output（"Unknown command："，str);
05 }
```

代码中"strlen(str)-1"主要是为了区别"无效命令"和"回车"（回车符也会被算进命令串的长度，减去 1，则只有命令字符串本身）；减 1 后命令串长度为 0，表明只输入了回车，此时 Shell 什么也不做；否则，表明输入的是无效字符串，此时在 Shell 窗口会有"Unknown command: xyz！"输出提示。

如果用户输入"exit"命令,解析查询后最终函数 shell_quit()被调用。

```
void shell_quit ( char *str ) {
    s.state = STATE_CLOSE;
}
```

函数直接将状态机置为 STATE_CLOSE 状态,在 Telnetd 回调函数 telnetd_appcall()中,会根据此状态,直接断开 uIP 的连接。

14.4 上层应用与 uIP 协议的接口:telnetd_appcall()

为了在不修改 uIP 协议栈的情况下,使 uIP 能够适应不同的应用场景,uIP 提供了一个应用程序接口 UIP_APPCALL 供用户程序调用。而应用程序的功能实现,都被按一定的逻辑封装为一个名如"xxx_appcall"的接口函数中。这两类"接口"通过 C 语言的宏定义语句关联起来以后,任何涉及 uIP 与应用进行数据交互(uIP 在接收到底层传来的数据包需要上层应用处理或上层用户数据需要向网络传输)的地方,内核都会调用 UIP_APPCALL 而进入"xxx_appcall"函数处理。本章的应用程序接口函数取名为 telnetd_appcall(),它与 UIP_APPCALL 通过下面的语句进行关联。

```
#define UIP_APPCALL    telnetd_appcall
```

下面就来看一下按什么样的逻辑将 14.3 节所涉及的 4 个功能模块有机地组合在一起来完成 Telnetd 的命令服务的功能。

代码 14-14 Telnet 的应用程序接口函数 telnetd_appcall()

```
01 void telnetd_appcall ( void )
02 {
03     static unsigned int i;
04     if ( uip_connected () ) {              //检查 TCP 连接是否已经建立
05         for ( i =0; i < TELNETD_CONF_NUMLINES; ++i )
06             s.lines[i] = NULL;             //初始化 Telnetd 会话状态发送缓存 s.buf
07         s.bufptr =0;                       //初始化 Telnetd 会话状态接收字符位置指针
08         s.state = STATE_NORMAL;            //置 Telnetd 会话状态为 STATE_NORMAL
09
10         shell_start();                     //打印 Shell 开始信息及提示符
11     }
12     /*如果当前 s.state 状态为 STATE_CLOSE,当用户在 Shell 提示符下输入 exit 指令时,就会直接
        将 s.state 置为 CLOSE 状态;当 uIP 再次调用 UIP_APPCALL 时,执行到此,连接就会中断*/
13     if (s.state == STATE_CLOSE) {
14         s.state = STATE_NORMAL;
15         uip_close();
16         return;
17     }
18     /*如果上一次发送的数据已经得到回应,则调用 acked(),其他完成释放 Telnetd 会话状态缓存
s.line[]所用内存*/
19     if (uip_acked())
```

```
20      acked();
21
22    if( uip_newdata())        //如果有新数据到来，则调用 newdata()处理 newdata()
23        newdata();            //对接收数据逐字符解析，将普通字符重组为新字符串
24
25    if(uip_rexmit() || uip_newdata() || uip_acked() || uip_connected() || uip_poll() )
26        senddata();           //如果发生了第 25 行所示的事件之一或它们的组合，则处理发送数据
27 }
```

分析：每一轮 telnetd_appcall 调用主要响应了 4 种事件：连接事件、数据包确认事件、新数据待处理事件和重传事件。换句话讲，当有此 4 类事件之一或组合发生时，uIP 就会调用一次 UIP_APPCALL，在 UIP_APPCALL 中对相应的事件进行响应。

如果连接事件发生（04 行），表明通信双方的 TCP 连接已建立成功，此时应用程序先负责初始化 Telnetd 会话状态发送缓存 s.lines[]，置 Telnetd 状态机为 STATE_NORMAL，并向客户端传输打印 Shell 提示符及说明信息。

如果前次发送的数据包已得到对方确认（19 行），则调用 uip_acked()来清空发送缓存，准备发送下一个包。

如果缓存中有新数据待处理（22 行），此时一定是接收的数据，因此调用 uip_newdata()对收到的数据逐字符解析，之后交由 Shell 处理。

说明：由于 uIP 使用同一个缓存来存放欲发送和已接收的数据，每一轮数据交互（即 UIP_APPCALL 被调用时），优先处理接收的数据，因此如果第一次 uip_newdata 事件发生时，uIP 缓存中待处理之数据一定是刚被接收的。

在同一轮数据交互中，接收的数据被处理后，接下来就应该处理待发送的数据。在以下事件发生时，如 uip_connected（连接已经建立），uip_acked（前一个数据包发送后得到对方确认），uip_rexmit（重传事件发生），uip_poll（轮询请求事件发生），uip_newdata（同一轮数据交互第二次新数据待处理事件），uIP 内核需要调用 UIP_APPCALL()来询问应用程序是否有数据需要发送，如代码第 25 行所示。

很显然，这些事件能否得到响应依赖于这些事件标志的状态。那么这些标志是如何被设置的呢？同时上面提到的"任何涉及 uIP 与应用进行数据交互的地方，内核都会调用 UIP_APPCALL 而进入 xxx_appcall 函数处理"，这其中"任何涉及 uIP 与应用进行数据交互的地方"是指些什么场合呢？

答案是，在 uIP 协议内部设置了一个 8 位全局标志 uip_flags，其涵盖了以下 8 个反映（应用程序与 uIP）数据交互状态的标志，uIP 内核在根据内部 TCP 状态机的状态翻转情况设置这些标志在 uip_flags 中的同时，调用一次 UIP_APPCALL 来处理与上层应用程序的交互。

```
160 u8_t uip_flags;    //uip.c 中定义，此标志变量用于 TCP/IP 栈和应用程序之间的通信

//以下宏定义出现于 uip.h 文件
1314 #define UIP_ACKDATA    1    //收到对方关于"前一个包已收到"的确认，发送新数据
1318 #define UIP_NEWDATA    2    //表示对方设备给我们发送了新数据
```

```
1320 #define UIP_REXMIT       4      //告诉应用程序重传上一次发送的数据

1322 #define UIP_POLL         8      //长时间无数据传输，uIP 被置此位，以轮询应用是否有数据发送
1325 #define UIP_CLOSE        16     //标志通信的某一方关闭了连接
1330 #define UIP_ABORT        32     //标志通信的某一方中止了连接
1335 #define UIP_CONNECTED    64     //标志与远端设备成功建立了新连接
1340 #define UIP_TIMEOUT      128    //标志由于太多的重传事务连接被中止
```

假如连接已建立，并且有新数据待处理，uip_flags 的状态会被这样设置为 uip_flags = UIP_CONNECTED, uip_flags |= UIP_NEWDATA，uip_flags 的值会是 01000010。

而代码 14-14 的第 04 和 22 行进行标志状态进行判断的 uip_connected()和 uip_newdata()等函数，其实质是对一个表达式进行的宏定义（uip.h）。

```
637 #define uip_newdata()    (uip_flags & UIP_NEWDATA)
660 #define uip_connected()  (uip_flags & UIP_CONNECTED)
```

很显然，此时第 04 和 22 行的条件表达式值为 1，因而相应的分支就会得到处理。

为了让读者对以上"答案"的描述有更充分的理解，我们需要对 TCP 建立连接的三次握手过程，以及连接建立起来以后的数据传输有一个了解（由于与理解本案 telnetd_appcall 代码关联不大，忽略断开连接的四次握手过程），最后在此基础上以伪代码的方式对 uIP 内部 TCP 状态机的工作过程做一个大致的交代，供读者参考。

1. TCP 的三次握手

TCP 报文字段很多，要理解三次握手过程，我们需要掌握以下字段的含义。

初始序号：数据包的序号（seq）是一个随机值，有两个作用，首先，接收方按序号来重组还原接收到的数据；其次接收方必须基于序号向发送方发送前一个数据包是否收到的确认信息（ACK），确认方式为 ACK=seq+1，即接收方期望的下一个包序号，因此，通信双方都必须让对方了解自己的初始序号以便数据包的确认和重组。

确认序号：接收方发出的"前一数据包是否已收到"的确认，确认方式为 ACK=seq+1，即接收方期望的下一个包序号。

控制标志位：控制 TCP 通信过程（连接和异常处理）的一些标志（大写），共 6 个。

- URG：值为 1 时，紧急指针（Urgent Pointer）有效。
- ACK：值为 1 时，确认序号有效。
- PSH：值为 1 时，接收方就尽快将此数据包交给应用层。
- RST：值为 1 时，重置连接。
- SYN：值为 1 时，发起一个新连接。
- FIN：值为 1 时，释放一个连接。

三次握手过程如图 14-11 所示。

（1）客户端发送第一个报文段：SYN 报文，SYN 标志位置 1，表示希望建立从客户端到服务器的连接；报文内不携带数据，只是设置初始序号 seq=1200。当数据传输开始时，每发送一个字节，初始序号应该加 1。在接收端可以根据序号得到数据包的正确顺序，也

可以发现丢包的情况。

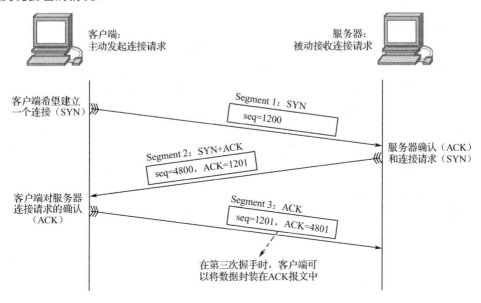

图 14-11　TCP 连接过程的三次握手

（2）服务器发送第二个报文段：SYN+ACK 报文，SYN 和 ACK 同时置 1。SYN 表示服务器端也希望建立到客户端的连接（因为 TCP 连接是双向的，每个方向都要向对方发送自己的初始序号以建立到对方的连接），它的初始序号为 4800。ACK 置 1 表示确认序号有效（ACK=1201，即基于初始序号加 1，意思是说可以发序号为 1201 的下一个数据包，间接表明上一个数据包是 OK 的）。

（3）客户发送第三个报文段：ACK 报文，ACK 标志置 1（意义与前面相同）。内容 seq=1201 意味着本次数据包的序号；ACK=4801 则向服务器端确认它（服务器）的上一次数据包已正确收到（请服务器接下来发送 4801 的数据包）。客户端发送第三个报文时，可以携带，也可以不携带用户数据。

经过以上三次握手，客户端和服务器之间的连接便宣告建立成功，接下来就可以正式传送数据了。

2．uIP 内部 TCP 状态机的工作过程

了解了 TCP 连接建立的三次握手机制后，接下来理解 uIP 内部 TCP 状态机工作原理就容易了，其过程用伪代码表示如下。

代码 14-15　uIP 中建立 TCP 连接的伪代码

```
01 switch (tcpStateFlags)
02   case UIP_SYNC_RCVD:
03     if (uip_ackdata())                    //如果收到客户端对上次发送的 SYN 的 ACK 确认
04       tcpStateFlags = UIP_ESTABLISHED;    //连接成功，TCP 状态机改变为 ESTABLISHED
05       uip_flags = UIP_CONNECTED;          //同时置标志 uip_flags 为连接已建立
06       if (tcpseg.datalen >0)              //如果报文中含有数据，置全局标志
```

```
07        uip_flags |= UIP_NEWDATA;           //uip_flags 为有新数据
08        UIP_APPCALL();                       //调用 UIP_APPCALL 与上层应用交互数据
09    else
10        goto drop;                           //没有收到客户端的确认信息，丢包返回
```

分析：代码 14-15 第 02 行中的 UIP_SYNC_RCVD 是 uIP 中定义的一个反映 TCP 状态的宏，表示服务器端已发送 SYN+ACK，即处于 SYN+ACK 状态，等待客户端的确认报文。这个状态正好对应于三次握手的 Segment2。尤其要注意 03～07 行代码的意义：在收到客户端确认后（三次握手的 Segment3），表明 TCP 连接成功建立，在改变 TCP 状态机状态为 UIP_ESTABLISHED 的同时，也将我们在前面提到的全局标志 uip_flags 置为 UIP_CONNECTED；如果此时报文中携带有新数据，即 TCP 数据段长度大于 0，也置 uip_flags |= UIP_NEWDATA。这些标志和状态都设置完成后，调用 UIP_APPCALL() 与上层应用进行一轮数据交互。进入应用接口函数 telnetd_appcall() 之后，uip_connected() 和 uip_newdata() 分支将得到执行。

```
11    case UIP_SYN_SEND:                      //已发送 SYN，等待 ACK，对应于三次握手中的 Segmeng1
```

分析：对于服务器来，一般而言都是被动等待，即在端口 80 上监听客户端的连接请求。所以由它衍生出来的状态与本例无关，在此略过，但读者自己要清楚 UIP_SYN_SEND 对应于三次握手的 Segment1。

```
12    case UIP_ESTABLISHED:
13        if (uip_fin_request()){              //如果收到 FIN（关闭连接）请求
14            uip_flags |= UIP_CLOSE;          //首先置 uip_flags 标志为 UIP_CLOSE
15            if (tcpseg.datalen >0) {/*如果此数据包中还有数据，则同时置 uip_flags 为有新数据，并调用
                                              UIP_APPCALL()与上层应用交互数据*/
16                uip_flags |= UIP_NEWDATA;
17                UIP_APPCALL();
18            }
19            uip_post(TCP_FIN, TCP_ACK);      //发送 TCP_FIN 和 TCP_ACK，关闭连接
20        if (uip_newdata() || uip_ackdata()) { //如果有新数据或确认信息到来
21            uip_flags |= UIP_NEWDATA;
22            UIP_APPCALL();
23        }
24 }
```

分析：TCP 连接一旦建立起来以后，就是正常的数据传输了，所以在大多数情况下，TCP 状态机都会被置于 UIP_ESTABLISHED 状态。在该状态下：

如果 1（代码 13～19 行）：收到远端发送过来的 FIN 报文（关闭连接），首先置 uip_flags 标志为 UIP_CLOSE（第 14 行），假如报文中携带有数据，还要置 uip_flags 为 UIP_NEWDATA（第 15 行），并调用 UIP_UIPAPPCALL 与应用程序交换数据（第 17 行），最后才回应一个标有 TCP_FIN 和 TCP_ACK 的报文，以关闭连接。

如果 2（代码 20～23 行）：有新数据或确认信息到来，置标志 uip_flags 为 UIP_NEWDATA，并调用 UIP_APPCALL() 与应用程序交换数据。

至此，关于 uIP 内核与应用层数据交互的原理已剖析完毕。剖析所用的伪代码只对 TCP

第14章 综合示例：基于 uIP 的 Telnet 服务

连接的三次握手，以及连接建立后的数据传输状态进行了演示，简化了 uIP 中 TCP 状态机的工作过程，其目的是去繁就简，帮助读者更容易理解 uIP 内核工作的主要流程。希望读者能够有效掌握，为以后完全理解 uIP 内核代码打下基础。

14.5 建立工程，编译和运行

14.5.1 创建和配置工程

（1）按图 14-12 建立工程目录结构。

- project：存放建立工程过程中由 Keil MDK 自动生成的配置文件和工程文件。
- usr：存放由用户实现的源码文件（即应用层文件）。
- stm32：存放 STM32 库文件。
- uip：存放 uIP 协议的内核源文件。
- output：存放编译、链接过程的输出文件，可执行格式（.HEX）文件也存放于此。

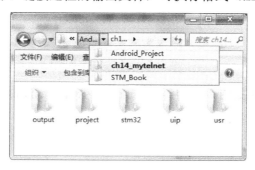

图 14-12 基于 uIP 的工程目录结构

（2）使用 uVision 向导建立工程完成后，在工程管理区创建文件组，并导入/编辑源文件（创建和导入方法详细说明请见第 1 章）。文件组和文件的对应关系如表 14-3 所示。

表 14-3 Telnet 工程文件组及其源文件

文件组	文件组下的文件	文件作用说明	文件所在位置
usr	main.c	应用控制逻辑及入口程序	telnetd/usr
	shell.h/c	Shell 外壳文件	telnetd/usr
	telnetd.h/c	Telnet 服务文件	telnetd/usr
	enc28j60.h/c	网卡驱动文件	telnetd/usr
	gpio.h/c	LED 灯外设驱动文件	telnetd/usr
	sysTick.c	系统定时器驱动文件	telnetd/usr
	stm32f10x_conf.h	工程头文件配置	telnetd/usr
	stm32f10x_it.h/c	异常/中断实现	telnetd/usr

续表

文件组	文件组下的文件	文件作用说明	文件所在位置
Cmmis	core_cm3.h/c	Cortex-M3 内核函数接口	telnetd/stm32/CMSIS
	stm32f10x.h	STM32 寄存器等宏定义	telnetd/stm32/CMSIS
	system_stm32f10x.h/c	STM32 时钟初始化等	telnetd/stm32/CMSIS
	Startup_stm32f10x_hd.s	系统启动文件	telnetd/stm32/CMSIS/Startup
Fwlib	stm32f10x_rcc.h/c	RCC（复位及时钟）操作接口	telnetd/stm32/FWlib
	stm32f10x_gpio.h/c	GPIO 操作接口	telnetd/stm32/FWlib
uip-core	timer.h/c	uIP 内核定时器源文件	telnetd/uip/core
	uip.h/c	uIP 内核核心源文件	telnetd/uip/core
	uip_arp.h/c	uIP ARP 协议文件	telnetd/uip/core
	uip_arch.h	uIP 对于 32 位处理器提供的进行 32 位加法运算以应对协议中的各种校验和的计算	telnetd/uip/core
	uipopt.h	uIP 内核的配置文件	telnetd/uip/core
	memb.h/c	uIP 内存管理文件	telnetd/uip/core
uip-eth	clock_arch.h/c	uIP 与 sysTick 之间的衔接文件。	telnetd/uip/netif
	tapdev.h/c	uIP 与网卡驱动之间的衔接文件	telnetd/uip/netif
	uip-conf.h	uIP 与上层应用相关的配置文件	telnetd/uip/netif

工程管理区最终结果如图 14-13 所示（startup、fwlib、cmmis 目录下面同前面的工程，在这里隐藏）。

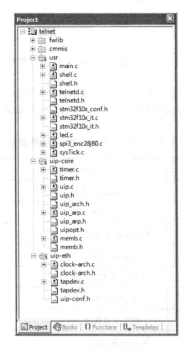

图 14-13　Telnet 工程文件组及文件

14.5.2 编译执行

执行开发环境菜单"build"或"rebuild"命令（对应于工具栏中的▣和▣）即可完成工程的编译、链接，最终生成可执行的 telnetd.hex 文件。将其烧录到学习板后，按 14.1 节设置 PC 的 IP 地址、掩码，使其与学习板在同一个网段。在 PC 上开启两个命令行终端，在它们上面分别执行：

```
ping192.168.10.20 -t
telnet192.168.10.20
```

即可看到如图 14.1 所示的画面。当执行命令"led on"之后，学习板上的 LED 灯全部被点亮，同时在 Shell 中输出"ALL LED was ON"这样的提示，这样就实现了远程对设备的控制。结合已经学习过的诸如 I2C、SPI、GPIO、EXTI 等外设，读者可以自己再添加一些命令来丰富 Telnet 的命令系统。

第15章 SDIO 总线协议与 SD 卡操作

在第 8 和第 12 章我们分别讲解过两种在嵌入式系统中广泛使用的串行读/写的存储器件：基于 I2C 总线的 EEPROM 和 SPI 总线的 Flash。其优点是引脚数目少，对它们读/写操作都是对其接口控制器（MCU 上的 I2C 和 SPI 控制器）的操作；同时由于它们具有良好的在线擦除和编程能力，所以在嵌入式系统中成为程序存储器首选的器件类型。本章将介绍的 SD 卡作为另外一种广泛使用的存储器，与前面两者相比，存储容量更大（可以达到 32 GB），速度也更高，主要作为外置式存储器，来扩充移动数码设备存储空间。

15.1 SD 卡简介

15.1.1 SD 卡家族

SD 卡（Secure Digital Memory Card，安全数字存储卡），是一种由松下、东芝和美国的闪迪（SanDisk）公司共同研制的基于半导体闪存工艺的存储卡。现在 SD 卡存储技术规范由成立于 2000 年的 SD 协会负责制定和维护。经过十几年的努力，SD 卡技术获得了长足的发展，广泛应用于消费类数码产品和移动终端等设备。为了适应数码产品对存储卡体积不断缩小的要求，SD 卡逐渐演变出了 MiniSD 卡和 MicroSD 卡两种规格，如图 15-1 所示。

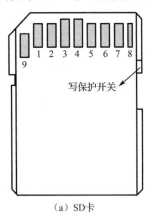

图 15-1 SD 卡家族

（1）标准的 SD 卡：SD 卡背面共用 9 引引脚，包括 4 根数据线，支持 1 bit 和 4 bit 两种数据传输宽度。理论最高数据传输速率为 12.5 Mbps，工作电压为 2.7～3.6 V。

（2）MiniSD 卡：接口规范保持与标准 SD 卡兼容，外形上更加小巧，但需要 11 根引脚。若将 MiniSD 插入特定的转接卡中，可当作标准 SD 卡来使用。

（3）MicroSD 卡：即 TF（Trans Flash Card）卡，TF 卡也保持与标准 SD 卡兼容，只需 8 根引脚，将 TF 卡插入特定的转接卡中，也可以当作标准 SD 卡或 Mini SD 卡来使用，TF 卡应用最广泛。

15.1.2 SD 卡引脚功能定义

根据图 15-1 所示的 3 种 SD 卡的引脚编号，它们的信号引脚功能定义如表 15-1 所示。

表 15-1 SD、MiniSD、MicroSD 信号引脚功能

Pin 脚编号			SD 接口规范		
SD	MiniSD	MicroSD	信号名	输入/输出	功能
1	1	2	CD/DAT3	I/O	卡检测/数据 3
2	2	3	CMD	I/O	指令/响应
3	3	/	VSS1	/	GND
4	4	4	VDD	/	电源为+3 V
5	5	5	CLK	I	时钟
6	6	6	VSS2	/	GND
7	7	7	DAT0	I/O	数据 0
8	8	8	DAT1	I/O	数据 1
9	9	1	DAT2	I/O	数据 2
/	10	/	NC	/	N/A
/	11	/	NC	/	N/A

可以发现，三种卡中引脚功能定义完全相同的是引脚 4～8，引脚 4 表示 VDD，引脚 5 表示 CLK，引脚 6 表示 VSS（GND），引脚 7 表示 DAT0，引脚 8 表示 DAT1。

由于 TF 卡所需的引脚少而应用更广，而且本章实验也是基于 TF 卡进行的，所以我们重点关注 TF 卡剩余的引脚之功能定义：引脚 1 表示 DAT2，引脚 2 表示 CD/DAT3，引脚 3 表示 CMD（命令线）。

SD 卡可以采用两种通信协议进行数据传输：一种是 SPI 协议（无应答确认）；另一种是具有应答机制的 SDIO 协议，主机到 SD 卡的命令和 SD 卡到主机的应答都是通过 CMD 引脚来完成的，而真正的数据传输则经由 DAT0～DAT3 来实现。SPI 协议的优点是硬件连接和协议本身简单，但通信速率较低（字节型传输）；而 SD 协议则相反，虽然协议的复杂性有所增加，但通信速率却获得了极大的提高（块数据连续传输），故本章实验所采用的电路设计和实验代码都是基于 SDIO 协议的。

15.1.3 SD 卡内部组成

SD 卡不仅仅是一个存储体，其内部还包括了保证其安全特性的控制电路和相关寄存器。图 15-2 是 TF 卡内部的一个大致组成，作为开发人员，除了要知道其引脚功能定义之外，更重要的是要熟悉其内部 5 个主要寄存器的作用，这在后面对 SD 卡进行操作时会经常用到。

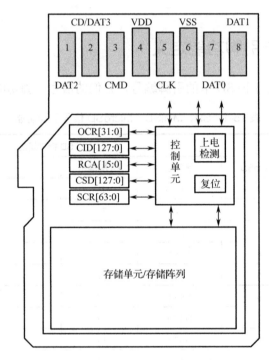

图 15-2 SD（TF）卡内部组成

（1）OCR[31:0]（操作条件寄存器）：只读属性。根据 SDIO 协议，在 SD 卡工作之前，SD 控制器需要知道 SD 卡的工作电压，这些内容就存储在 OCR 寄存器中。主要包括 3 个位段。

- [23:15]：支持的电压列表（或 VDD Voltage Window），从 2.7 V 到 3.6 V 共 9 个级别，每级相差 0.1 V。当 SD 卡支持某级别的电压时，相应的控制位会被置 1。控制器就是根据置 1 的位来获知卡所支持的工作电压的。
- [30]：卡容量状态（Card Capacity Status，CCS），如果是 SDHC 卡，该位置 1。只有卡上电状态位置 1 时，该位的值才是有效的。控制器读取该位来判断 SD 卡的类型（SDHC 或 SDSC，15.1.4 节将要讲到）。
- [31]：卡上电状态（Card Power Up Status），标识 SD 卡的上电过程是否结束，置 1 时，上电过程结束，否则表明控制器还在向 SD 卡查询其工作电压条件。

（2）CID[127:0]（卡身份寄存器）：只读，存储该 SD 卡制造商、品牌、版本和序列号等信息。

第15章
SDIO 总线协议与 SD 卡操作

（3）RCA[15:0]（卡相对地址寄存器）：可写，控制器和 SD 卡之间通信标识。在上电或复位时，默认地址为 0x0000；在卡识别过程中，控制器会向 SD 卡写入一个新的地址，以作为双方通信时的标识。

（4）CSD[127:0]（卡规格数据寄存器）：定义了卡容量，最大传输速率，读/写操作的最大电流、电压，读/写擦出块的最大长度等参数，其可编程部分可以使用指令 CMD27 进行改变。该寄存器位域很多，颇为复杂，在后面分析代码时，涉及相关位域时再详细讲解。

（5）SCR[63:0]（卡配置寄存器）：可写，存储了 SD 卡支持的一些特殊配置信息，如安全特性、数据位宽（1 位或 4 位）等。

15.1.4　SD 卡容量规格

SD 卡发展至今，为了适应不同电子产品对存储容量差异化的要求，发展出了 SDSC 卡和 SDHC 卡。

遵循 SD Spec Ver1.1 规范的卡为 SDSC（SD Standard Card），其最大容量上限仅 2 GB；2006 年 SDA 发布了 SD Spec Ver2.0 规范，可支持的 SD 卡容量超过 2 GB，遵循这种规范的卡被称为 SDHC（SD High Capacity）卡。

支持 SDHC 卡的设备可以向下兼容 SD 标准卡，也就是说，在这类设备上 SDSC 卡和 SDHC 卡均可被识别并进行读/写操作；另外，SDA 协会为 SDHC 卡定义了 3 个速率等级：2、4、6，其含义是各等级分别可以忍受的最低写速率为 2 Mbps、4 Mbps、6 Mbps。

15.1.5　SDIO 接口规范和总线应用拓扑

SDIO 是在 SD 标准上定义的一种 I/O 接口规范，其主要用途是作为一种总线接口，以扩展设备功能，如 SDIO 蓝牙、SDIO 无线网卡等，这些符合 SDIO 接口规范的卡统称为 SDIO 卡。

SDIO 卡外形与 SD 卡一致，可以直接插入 SD 卡槽中。它与 SD 卡规范的一个重要区别是增加了低速标准，其目标应用是以最小的硬件开支来支持低速 I/O 能力，如调制调解器、条码扫描仪等。图 15-3 为基于 SDIO 总线的 SD 卡和 SDIO 卡的应用拓扑。

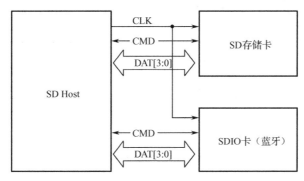

图 15-3　SDIO 总线及应用拓扑

图 15-3 展示了 1 主 2 从的 SDIO 总线应用拓扑。对于 MicroSD 卡而言，在 8 只引脚信号中，除了 VDD、CLK、VSS（地）共用之外，其他如 CMD、DAT0～DAT3 对于每个 SDIO 卡而言都是独立的。

15.2 SD 协议

15.2.1 工作模式与状态

SD 卡从上电启动到可以进行数据读/写，期间会经历卡识别和数据传输两种模式，每种模式下 SD 卡可以处于多种不同的状态。

（1）卡识别模式：在 SD Host 和 SD 卡进行通信之前，Host 并不知道 SD 卡所支持的工作电压范围、地址等信息，因此，Host 获取这些信息的过程就是卡识别。卡识别是后续数据传输的基础，在此过程中的信息交互通过 CMD 信号线进行。

（2）数据传输模式：一旦完成对 SD 卡的识别，SD 卡就进入就绪（Stand-by）态，即准备好与主机进行数据传输，此时 SD 卡就工作于数据传输模式，数据的传输通过 DAT[3:0] 进行。

15.2.2 命令和响应格式

卡识别模式向数据传输模式演进过程，以及在此过程中各种状态间的变换，都离不开一系列命令的执行。该系列命令组成了 SD 卡的命令集，被分为 11 类（Class）共 51 条，但只有 Class0（基础命令）、2（块读）、4（块写）、5（擦除）、7（锁）和 8（应用相关）是所有类型的 SD 卡所强制执行的。

说明：为简化学习难度，本章只对 SD 存储卡个别重要的基本操作命令（读、写、擦除等）进行讲解，其他命令请参阅《SD Specifications Part1 Physical Layer Simplified Specification Version 2.00》。

所谓命令，即用于开始一项操作，主机通过 CMD 线向一个指定的卡或所有的卡串行地发出带地址的命令。所有命令的长度固定为 48 位，SDIO（包括 SD 存储卡）卡一般的命令组成格式如图 15-4 所示。

Bit position	47	46	[45:40]	[39:8]	[7:1]	0
Width（bits）	1	1	6	32	7	1
Value	'0'	'1'	x	x	x	'1'
Description	start bit	传输方向	命令索引	命令参数	7	停止位

图 15-4 SDIO 卡命令格式

指令传输遵循 MSB 在前，由一个 0 起始位开始；紧接着的位表示传输的方向（1 代表控制器向 SD 卡下达指令，0 代表 SD 卡向控制器的回应）；第 3 个位域表示当前执行命令的索引编号（如初始化 SDHC 卡的 CMD8 指令，其索引编号为 8，指令格式中该域的值就为 001000b）；第 4 个位域表示当前命令的参数，如操作地址等；指令需要 CRC 校验字段以保证其有效和正确性，第 5 个位域（倒数第 2 个）即 CRC 校验；所有命令都是以位 1 结束的。

由于在 SD/SDIO 总线上的基本操作都是基于命令/响应结构的，所以有命令就一定有响应（个别指令没有响应，在具体讲到相关命令时会单独说明）。所谓响应，就是一个指定地址的卡对自己的前一条命令向主机发送的一个应答（通过 CMD 线串行地发送）。SDIO 支持两种类型的响应，如图 15-5 所示。

SD 卡（或 SDIO 卡）命令短响应格式

Bit position	47	46	[45:40]	[39:8]	[7:1]	0
Width（bits）	1	1	6	32	7	1
Value	'0'	'0'	x	x	x	'1'
Description	start bit	传输方向	命令索引	命令参数	7	停止位

SD 卡（或 SDIO 卡）命令长响应格式

Bit position	135	134	[133:128]	[127:1]	0
Width（bits）	1	1	6	127	1
Value	'0'	'0'	111111	x	'1'
Description	start bit	传输方向	保留	响应信息：CID 或 CSD（包含内部 CRC7）	停止位

图 15-5　SDIO 卡的命令响应格式

15.2.3　卡识别模式

卡识别模式分三个阶段，即上电/复位、工作电压确定，以及身份地址确定，分别对应于卡识别模式的三个状态：空闲、准备和识别，它们的演进过程如图 15-6 所示。

每个阶段所用指令及其作用详述如下。

1．SD 卡上电或复位阶段（进入 Idle 状态）

系统上电或工作中执行 CMD0（GO_IDLE_STATE）后，系统中所有 SD 卡就会进入 Idle 状态：CMD 引脚处于输入状态，等待接收控制器的指令。此时所有的卡采用默认的相对地址（RCA=0x0000）和最低的速率、最高的驱动电流工作。CMD0 指令是无响应指令。

2．工作电压确定阶段（Idle→Ready）

此阶段需要执行 CMD8、CMD55 和 ACMD41 三条指令，它们的作用分别如下。

（1）CMD8（SEND_IF_COND）/R7：首先向 SD 卡传输 CMD8 指令，识别卡的类型（初始化 SDHC 卡），检测 SD 卡是否能在主机给定的电压下工作；然后，SD 卡对于 CMD8 指令的回应采用 R7 格式。

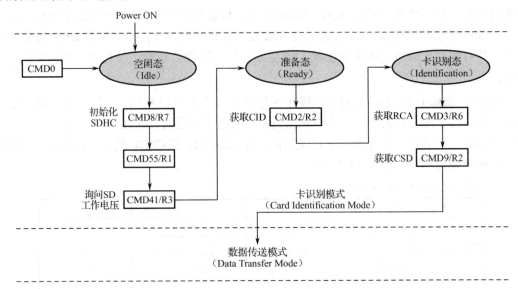

图 15-6 卡识别流程

说明：根据 SD 物理层规范 2.0 要求，在进一步确定 SD 卡的工作电压条件之前，需要向 SD 卡发送 CMD8 指令，用以初始化 SDHC 卡。SD 卡通过检测 CMD8 的参数来确定控制器所使用的工作电压，而控制器则通过分析 SD 卡对 CMD8 指令的响应信息来判断 SD 卡是否可以在给定的电压下工作，如果可以，则表明它是 SDHC 卡；没有任何响应信息则表明是 SDSC 卡，继续处于 Idle 状态。

（2）CMD55（APP_CMD）/R1：在应用相关命令之前需要首先执行 CMD55 指令，以告诉 SD 卡接下来的命令是与应用相关的。CMD55 指令参数是 RCA（SD 卡相对地址），用位段[39:8]来表示，当该位段值为 0，表示广播到所有的 SD 卡；每张 SD 卡以 R1 格式回应，回应信息中包含了完整的 RCA 寄存器内容。

在 CMD55 指令送出之后，控制器可以从 R1 回复信息的域[39:8]中获取卡当前状态，以判断 SD 卡的行为是否正确。卡状态域是 R1 回应中所携带的最重要的信息，在规范中对卡状态的定义十分详细。例如，卡的各种出错状态，如擦除错误、块长度错误、地址错误等；卡的运行状态，如空闲、就绪、传输等；以及清除这些状态所要的条件，如读清除等。

（3）ACMD41（SD_SEND_OP_COND）/R3：向 SD 下达 ACMD14 指令，作用是执行 SD 卡的初始化并检查是否完毕。根据规范描述，可以这样来理解初始化：以一个电压窗口（窗口中罗列了 9 个级别的电压，2.7～3.6 V）作为 ACMD14 指令的参数，向 SD 卡询问其可以接收的工作电压是窗口中的哪一个（向 SD 卡轮询每一级电压）；SD 卡以 R3 作为回应，回应信息中包含了完整的 OCR 寄存器内容，如图 15-7 所示。

ACMD41 指令参数域的 HCS 位，如果 SD 卡正确响应了 CMD8 指令（在前面的步骤中），控制器在配置 ACMD41 指令参数时，则该位应该置 1，即表明目标 SD 卡为 SDHC 类型；在其他情况时，该位应设置为 0。R3 的回复域包含了整个 OCR 寄存器的内容，其中：

第15章 SDIO 总线协议与 SD 卡操作

- 位域 OCR[23:15] 列出 9 级电压，2.7～3.6 V，当某级所在位的值为 1 时，即表示 SD 卡接收的工作电压（图 15-7 的阴影部分）。
- 位 OCR[30] 是卡容量位 CCS（Card Capacity Status），该位置 1 时表明 SD 卡属于 SDHC 类型。
- 位 OCR[31] 是卡上电状态位，该位为 0 时表示 SD 卡初始化完毕；否则 SD 卡正在初始化。

说明：在控制器查询 SD 卡所接收的电压时，依次向 SD 卡询问电压窗口中的每一级电压，因此总共需要 9 次循环才可完成。在此过程中，上电状态位 OCR[31] 值始终为 1，表示"忙"；假如在第 4 次询问，即"3.0 V 是你接受的电压吗？"，而如果此时 SD 卡的 OCR[23:15] 的此位[18]正好为 1，则电压匹配。如此完成 SD 卡工作电压的确定，上电状态位变为 0。

因此，可以利用 R3 回应信息中的卡上电状态位来判断 SD 卡是否准备就绪，方法就是在一个循环中反复执行 ACMD41 指令，直至 OCR[31] 位为 0。

CMD41 指令格式
作用：开始 SD 卡的初始化并检查初始化是否完成。

Bit position	47	46	[45:40]	[39:8]	[7:1]	0
Value	'0'	'1'	'101001'	32位	x	'1'
Description	start bit	传输方向：=1向SD卡	命令索引：CMD41	参数，其中：OCR[30]HCS OCR[23:0]电压窗口	7	停止位

说明：在 CMD41 指令的参数由 HCS 位和一个电压窗口（列表）所组成，它们分别处于 32 位参数的[30]和[23:15]。

R3：SD 卡对 CMD41 指令的回应格式
作用：响应 CMD41 的查询，向控制器返回 SD 卡的工作电压条件。

Bit position	47	46	[45:40]	[39:8]	[7:1]	0
Value	'0'	'0'	'101001'	OCR值	x	'1'
Description	start bit	传输方向：=0向HOST	命令索引：CMD41	SD向控制器返回其OCR寄存器内容	CRC7	停止位

说明：在 R3 的响应域[39:8]，包含了 OCR 寄存器的值，其中位域[23:15]反映了 SD 卡接收的电压，此外：OCR[30] 为 CCS（Card Capacity Status），OCR[31] 表示 Card Power UP Status bit（Busy）。

图 15-7 ACMD41 命令及其回应 R3 格式

3. SD 卡身份识别和地址确定阶段（Ready→Identification）

SD 卡的初始化完成后，控制器执行以下三条指令来完成卡识别模式。

（1）CMD2（ALL_SEND_CID）/R2：首先发送 CMD2 指令，以查询总线上每张卡的 CID 值，还没有被识别的 SD 卡（处于 Ready 状态）会发送其 CID 值作为响应（R2 格式），SD 卡进入卡识别状态。

（2）CMD3（SEND_RELATIVE_ADDR）/R6：卡识别完成之后，控制器发送 CMD3 指令并从各个 SD 卡响应（R6 格式）中获得了它们的 RCA 地址。所谓 RCA 地址，即 SD 卡的单播地址，CMD3 指令之前所有通信均使用保留地址 0 作为通信地址，表示广播到总线上所有的 SD 卡。

（3）CMD9（SEND_CSD）/R2：最后，控制器基于 RCA 以点对点的方式逐一向每张 SD 卡发出 CMD9 指令，SD 卡则以其完整的 CSD（卡规格数据寄存器）的内容（如块、扇区大小及数量等）作为回应（R2 格式）。

15.2.4 数据传输模式

在卡识别模式结束后，SD 卡进入数据传输模式，并处于 Stand-by（就绪）态，可以随时准备数据的读、写、擦除等操作。

1．数据传输模式状态转换图

图 15-8 是简化后的数据传输模式，有 5 种状态（就绪状、传输态、发送态、接收态和编程态）和 3 种操作（选择卡、读、写）。

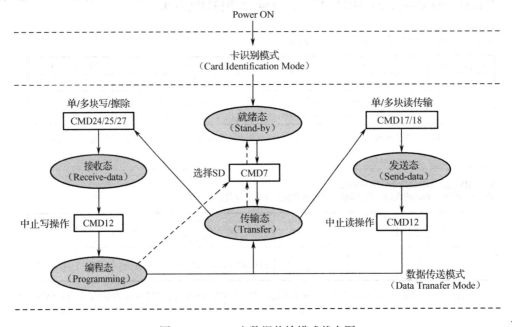

图 15-8　SDIO 卡数据传输模式状态图

（1）就绪态（Stand-by）与卡选择。卡识别模式完成后，SD 卡就进入了数据传输模式的就绪态（Stand-by）。在此状态下，执行 CMD7(SELECT/DESELECT_CARD)/R1，该指令用来选择某张 SD 卡，使其进入传输态（某个时间段，只能有一张 SD 卡可以处于此状态）；处于传输态的 SD 卡若再次收到 CMD7 指令，则释放与控制器的连接，回到就绪态。

（2）传输态（Transfer）衍生出发送、接收两种子状态。

发送态（Send-data）：控制器执行 CMD17/R1（单块读）或 CMD18/R1（多块读）指令后，SD 卡就会将相关的数据发往控制器。

接收态（Receive-data）：控制器执行 CMD24/R1（单块写）或 CMD25/R1（多块写）或 CMD27/R1（编程写入）后，系统内存 Buffer 中的数据将被移送到 SD 卡的缓存中。

因此,发送和接收是站在 SD 卡的角度而言的;而上面描述中的"读和写"是从 Host 主机的角度而言的。

(3)编程态(Programming):一旦数据传输完成,SD 卡即进入编程状态,即将其缓存中的数据真正写入 SD 卡的存储单元。此状态下,DAT0 会保持低电平(BUSY),表明其忙,告诉控制器暂停发送数据或发送设置参数指令。

在任意时刻当 SD 卡收到 CMD12/R1b 指令后,无论是读还是写操作,都会被中止并返回到传输态,在编程态执行 CMD7 指令可以回到就绪态。

2. 数据传输模式的操作细项

(1)总线宽度选择和取消选择。在卡识别模式下,SD 卡数据总线宽度默认为 1 位,不能改变;进入传输模式后,为了提高传输速率,可以通过指令 ACMD6(SET_BUS_WIDTH)来将其设置为 4 位模式。

(2)设置数据传输大小。SD 卡数据传输的基本单位是块,每块多少字节需要在数据读写操作之前确定下来。这可以通过指令 CDM16(SET_BLOCKLEN)来完成,Maximum Block Length 最大只能设置为 512 B。注意:即便如此,小于 512 字节的内容,如果其地址范围物理上跨越两个块的空间(没有块对齐),也只能分两次传输。

(3)读(传输)数据。DAT 线上没有数据传输时,由外部上拉电阻保持为高电平。数据传输由 1 或 4 位低电平开始,后面紧跟着有效数据载荷(包括 4 位 CRC 校验码),最后以 1 或 4 位高电平结束,如图 15-9 所示。

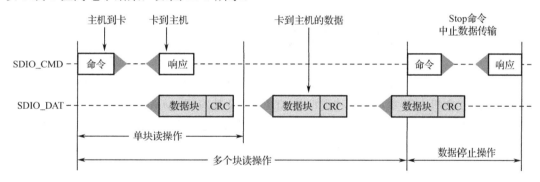

图 15-9 SDIO 单/多数据块读操作

CMD17(READ_SINGLE_BLOCK)发起单块传输,结束后,SD 卡回到传输状态。

CMD18(READ_MULTIPLE_BLOCK)发起多块传输,并且传输会持续,除非收到中止传输指令 CMD12(STOP_TRANSMISSION)。如果多块中的部分块不是块对齐的,在第一个非对齐块时 SD 卡会探测到这种错误,并且设置状态寄存器的 ADDRESS_ERROR 位进而中止传输,最后回到传输态。

(4)写(传输)数据。与读操作一样,在每块数据后面都附加有 CRC 校验码,并且当出现 BLOCK_LEN_ERROR 或 ADDRESS_ERROR 时,写操作会被中止,传输的数据会被舍弃,而且后续传输的数据块(多块写模式中)都会被忽略。一次多块写操作比连续的单块写操作速率更快。

CMD24 指令（WRITE_BLOCK）发起单块写传输，当 SD 接收到一个数据块并完成 CRC 校验后，卡会开始编程，将收到的数据写入自己的存储单元。如果写缓冲满且不能从一个新的 WRITE_BLOCK 命令接收新数据时，DAT0 则呈低电平，主机此时可以通过 CMD13（SEND_STATUS）获取卡的状态，其参数部分的状态位（READ_FOR_DATA）询问卡是否可以接收新的数据，或者写操作是否还在进行。结束后，SD 卡回到传输态。

CMD25 指令（WRITE_MULTIPLE_BLOCK）发起多块写传输。在此指令之前，建议先执行 ACMD23 指令以加快写操作。ACMD23 指令（SET_WR_BLK_ERASE_COUNT）执行多块写传输之前的存储单元预擦除操作，这有利用数据的快速写入。在块擦除过程中，SD 卡保持 DAT0 为低电平以指示擦除操作正在进行，如图 15-10 所示。

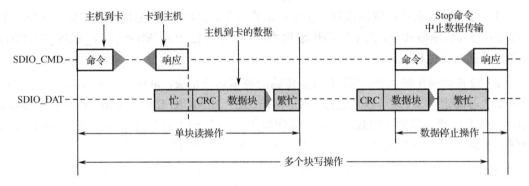

图 15-10 SDIO 单/多数据块写操作

15.3 STM32 SDIO 控制器

前面两节从 SD 卡的角度讲解了 SDIO 规范的工作模式及相关指令，作为 SDIO 通信的控制方，SDIO 主机由于要兼顾多种类型的 SDIO 卡及其应用（MMC 多媒体卡、SD 存储卡、SDIO 卡和 CE-ATA 设备），其构成则更为复杂。本节以 SD 存储卡为应用线索，讲解 STM32 SDIO 控制器的构成和工作原理，使读者对 SDIO 卡的应用有一个更详细的了解与掌握。

15.3.1 控制器总体结构描述

SDIO 控制器由两部分组成：SDIO 适配器模块（实现 SD 卡诸如时钟产生、命令和数据的传输等功能），以及 AHB 总线接口（操作 SDIO 适配器模块的寄存器，产生中断和 DMA 请求信号等），如图 15-11 所示。

复位后默认情况下只有 SDIO_D0 用于数据传输，但初始化后可以通过配置，采用 SDIO_D[3:0]四线总线宽度；用于命令传输的 SDIO_CMD 线和所有的数据线都工作在推挽模式；SDIO_CK 是 SD 卡的时钟，其频率可以在 0～25 MHz 之间变化。整个 SDIO 模块使用两个时钟信号。

- SDIO 适配器时钟：采用系统总线时钟 HCLK，即 SDIO_CLK = HCLK。

- AHB 总线时钟：系统总线的 2 分频，即 HCLK/2。

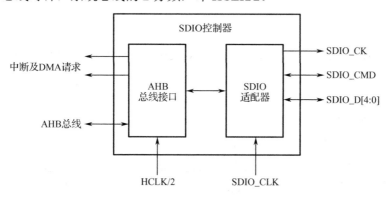

图 15-11　SDIO 控制器结构

15.3.2　SDIO 适配器模块

图 15-12 是简化后的 SDIO 适配器框图，由适配器寄存器组、数据 FIFO、控制单元、命令通道和数据通道 5 个部分组成。其中，适配器寄存器组包含了 SDIO 所有的系统寄存器，负责对右边的控制单元、命令通道和数据通道各模块进行配置。

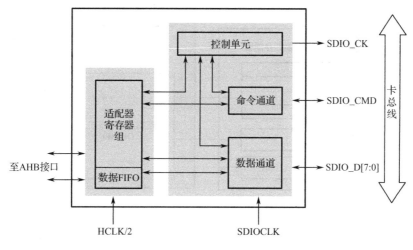

图 15-12　SDIO 适配器结构

1．控制单元

控制单元由电源管理和时钟管理子系统组成。在启动阶段，电源管理子系统会关闭 SDIO 总线上的信号输出，时钟管理子系统会产生和控制 SDIO_CK 信号。

（1）SDIO_CLKCR（SDIO 时钟控制寄存器）：主要完成 SDIO 适配器模块的初始化设置，如总线宽度、SDIO 时钟相位、硬件流控制等。时钟控制寄存器掌握着 SD 卡能否工作的"生杀大权"，只有对它进行了正确的配置才能进行下一步的卡识别过程，其详细介绍会后面进行 SD 初始化代码分析时进行。

（2）SDIO_POWER（SDIO 电源控制寄存器）：其作用相当于 SD 卡的电源开关，通过它来开启或断开 SD 卡的电源。

2. 命令通道

命令通道的作用是向卡发送命令，以及从卡接收命令响应，由命令通道状态机和命令系统所构成。

（1）CPSM（命令通道状态机）根据命令执行的上下文，协调命令通道在空闲、发送、等待、接收等状态间的转换。

（2）SDIO 命令系统由命令本身、命令参数和命令的回应信息三部分组成，它们分别使用 SDIO_CMD（SDIO 命令寄存器）、SDIO_ARG（SDIO 命令参数寄存器）、SDIO_RESPCMD（SDIO 响应寄存器命令索引）和 SDIO_RESPx（SDIO 响应寄存器_信息，x=1,…,4）来表示。

3. 数据通道

数据通道负责在主机与卡之间传输数据，主要由数据通道状态机（见图 15-13）、传输参数系统和数据 FIFO 所构成。

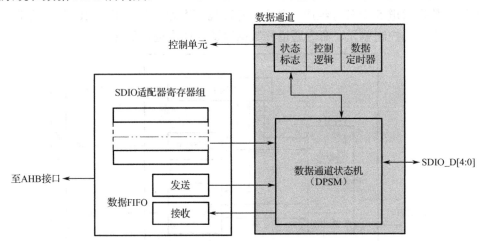

图 15-13　SDIO 数据通道状态机

（1）数据通道状态机：根据控制器和卡之间数据传输上下文，协调数据通道在空闲、等待、发送、接收和繁忙等状态间的相互转换。在这几种状态中，状态机一旦进入等待或繁忙状态，通道计时器开始倒数计时，当计时为 0 时，设置超时标志。

（2）传输参数系统：作用是建立数据传输环境，如数据的长度、传输方向、传输等待超时设置等，这些参数有 SDIO_DCTRL（SDIO 数据控制寄存器）、SDIO_DTIMER（SDIO 数据定时器寄存器），以及 SDIO_DLEN（SDIO 数据长度寄存器，包含需要传输的数据字节长度，24 位。当数据传输开始时，SDIO_DLEN 被加载到 SDIO_DCOUNT（SDIO 数据计数器寄存器）中。

（3）数据 FIFO：数据 FIFO 是一个发送和接收互斥共享的一个数据缓冲区，当 SDIO_STA 状态寄存器位 TXACT =1 时，它代表发送缓冲区；当 RXACT =1 时，它代表接收缓冲区。

该缓冲区由 32 个 32 位寄存器组成,为了在代码中方便访问该数据缓冲区,通常将数据 FIFO 的基地址进行以下宏定义。

#define SDIO_FIFO_BASE ((uint32_t)SDIO_BASE +0x80)

15.3.3 SDIO AHB 接口

AHB 接口产生中断和 DMA 请求,它包含一个数据通道(访问 SDIO 适配器寄存器组和数据 FIFO),以及中断/DMA 控制逻辑。

(1) SDIO 状态寄存器(SDIO_STA):反映 SDIO 控制器各子单元的工作状态(标志)。在这些工作状态中,被分为两部分:位段[21:11]涉及数据收发过程中 FIFO 的动态变化,被称为动态标志;除此之外的其他位段属于静态标志,静态标志可以使用中断清除寄存器(SDIO_ICR)予以清除(动态标志则不能)。

(2) 无论动态还是静态标志,都可以使用中断屏蔽寄存器(SDIO_MASK)予以控制,从而决定哪个状态标志可以产生中断。

(3) 中断清除寄存器(SDIO_ICR)和中断屏蔽寄存器(SDIO_MASK)的位与状态寄存器的位有一定程度的对应关系:中断清除寄存器设置状态寄存器中相同位为 0(因此命名为状态清除寄存器更合适),中断屏蔽寄存器则决定状态寄存器中相同位是否产生中断。

这三种寄存器位定义众多,在这里只选择 SD 卡操作过程中常用到的几个位,并将其反映到图 15-14 所示的 SDIO 状态寄存器位定义中(只画出状态寄存器位图,其他两个寄存器位图与之对应)。

SDIO状态寄存器: SDIO_STA
地址偏移: 0x34
复位值: 0x0000 0000

31…22	21	20…17	16	15 14 13	12	11	10	9	8	7	6	5	4	3	2	1	0
保留	RX DVAL	其他	RX FIFOHF	其他	RX ACT	TX ACT	其他	DBCK END	STBIT ERR	DATA END	CMD SENT	CMD REND	RXOV ERR	其他	DTIME OUT	CTIME OUT	DCRC FAIL	CCRC FAIL

说明: 阴影部分代表SDIO中断清除寄存器SDIO_ICR不能作用的位

图 15-14 SDIO 状态寄存器位定义

在 stm32f10x_sdio.h 中,基于以上寄存器位定义进行以下状态宏和中断宏。

```
373 #define SDIO_FLAG_CCRCFAIL    ((uint32_t)0x00000001)    //已收到命令响应(CRC 错误)
...
381 #define SDIO_FLAG_DATAEND     ((uint32_t)0x00000100)    //DMA 传输时,数据结束标志
385 #define SDIO_FLAG_TXACT       ((uint32_t)0x00001000)    //正在发送数据
385 #define SDIO_FLAG_RXACT       ((uint32_t)0x00002000)    //正在接收数据
...
```

在 stm32f10x_sdio.c 中,定义了以下两个函数对以上的宏进行查询和设置,其内部代码实现与前面章节所讲外设相应的函数实现相似,在这里不再详细列出。

```
666 FlagStatus SDIO_GetFlagStatus(uint32_t SDIO_FLAG)    //得到 SDIO 某给定标志位的状态
704 void SDIO_ClearFlag(uint32_t SDIO_FLAG)              //清除 SDIO 某给定标志位的状态
```

中断宏与标志宏的宏值相同，只是将相应宏名中的 FLAG 替换为 IT，如

```
197 #define SDIO_IT_CCRCFAIL    ((uint32_t)0x00000001)    //已收到命令响应（CRC 错误）中断
205 #define SDIO_IT_DATAEND     ((uint32_t)0x00000100)    //DMA 传输时，数据结束中断
```

其他的表示中断源的宏名请参考 stm32f10x_sdio.h 文件。同样，stm32f10x_sdio.c 中也定义了操作这些中断源宏的函数。

```
313 void SDIO_ITConfig(uint32_t SDIO_IT, Bool NewState)      //开启或关闭 SDIO 某中断源
749 ITStatus SDIO_GetITStatus(uint32_t SDIO_IT);            //判断 SDIO 某指定中断是否发生
785 void SDIO_ClearITPendingBit(uint32_t SDIO_IT);          //清除 SDIO 中断待处理标志位
```

15.4 工程入口及配置

15.4.1 实验硬件资源

（1）确定硬件连接关系。本章介绍的 TF 卡读写实验原理图如 15-15 所示。

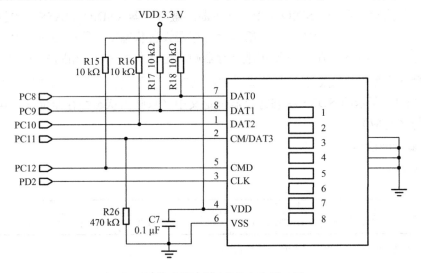

图 15-15 TF 卡读写实验电路原理图

（2）查阅 STM31F103ZET6 的 Datasheet，整理出 TF 卡所用 GPIO 引脚的功能定义，如表 15-2 所示。

表 15-2 SDIO Card（TF 卡）所用 GPIO 引脚功能定义表

Pin Number	Pin Name	Type	Main function (after reset)	Alternate function Default	TF 卡引脚编号及功能	
98	PC8	I/O	PC8	TIM8_CH3/SDIO_D0	#7 脚	数据 0
99	PC9	I/O	PC9	TIM8_CH4/SDIO_D1	#8 脚	数据 1
111	PC10	I/O	PC10	UART4_TX/SDIO_D2	#1 脚	数据 2
112	PC11	I/O	PC11	UART4_RX/SDIO_D3	#2 脚	侦测/数据 3

第15章 SDIO 总线协议与 SD 卡操作

续表

Pin Number	Pin Name	Type	Main function (after reset)	Alternate function Default	TF 卡引脚编号及功能	
113	PC12	I/O	PC12	UART5_TX/SDIO_CK	#3 脚	命令线
116	PD2	I/O	PD2	UART5_RX/SDIO_CMD	#5 脚	时钟线

根据表 15-2，我们可以写出 SDIO 存储卡所用 GPIO 引脚的初始化代码。

代码 15-1　SD 卡所用引脚配置函数 sdioCard_GPIOInit()

```
01 void sdioCard_GPIOInit()
02 {
03     GPIO_InitTypeDef GPIO_InitStructure;
04
05     RCC_APB2PeriphClockCmd( RCC_APB2Periph_GPIOC | RCC_APB2Periph_GPIOD, ENABLE );
06     RCC_AHBPeriphClockCmd(RCC_AHBPeriph_SDIO, ENABLE);      //开启 SDIO 时钟
07     RCC_AHBPeriphClockCmd(RCC_AHBPeriph_DMA2, ENABLE);      //开启 DMA2 时钟
08
09     GPIO_InitStructure.GPIO_Pin = SDIO_D0_Pin | SDIO_D1_Pin | SDIO_D2_Pin |
10                                   SDIO_D3_Pin | SDIO_CK_pin;
11     GPIO_InitStructure.GPIO_Speed = GPIO_Speed_50MHz;
12     GPIO_InitStructure.GPIO_Mode = GPIO_Mode_AF_PP;
13     GPIO_Init(GPIOC, &GPIO_InitSturcture);                  //GPIO 端口 C
14
15     GPIO_InitStructure.GPIO_Pin = SDIO_CMD_Pin;             //GPIO 端口 D
16     GPIO_Init(GPIOD, &GPIO_InitSturcture);
17 }
```

代码 15-1 中第 09 和 15 行所涉及的宏常量，在用户头文件 sdiocard.h 中定义。

```
#define SDIO_D0_Pin     GPIO_Pin_8
#define SDIO_D1_Pin     GPIO_Pin_9
#define SDIO_D2_Pin     GPIO_Pin_10
#define SDIO_D3_Pin     GPIO_Pin_11
#define SDIO_CK_Pin     GPIO_Pin_12
#define SDIO_CMD_Pin    GPIO_Pin_2
```

15.4.2　工程入口文件 main.c

代码 15-2　工程入口函数 main()

```
01 #include "usart.h"
02 #include "gpio.h"
03 #include "shell.h"
04 #include "eeprom.h"
05 #include "rtc.h"
```

```
06 #include "sysTick.h"
07 #include "spiflash.h"
08 #include "sdiocard.h"
09
10 int const BUFSIZE =128;
11 char line[BUFSIZE];                  //Shell 命令行最多可接收的字符
12
13 void systemInit()
14 {
15      gpio_Init();                    //第 4、5 章的 LED、BTN 之 GPIO、EXTI 初始化
16      usart_Init();                   //第 6 章的 USART1 端口初始化
17      i2cEE_Init();                   //第 8 章的 I2C 模块初始化
18      rtc_Init();                     //第 10 章 RTC 模块初始化
19      sysTick_Init();                 //第 11 章系统时钟初始化
20      spiFlash_Init();                //第 12 章 SPI 控制器的初始化
21      sdioCard_Init();                //本章内容 SDIO 控制器的初始化
22 }
23
24 int main(void)
25 {
26      systemInit();
27
28      xputs("**********************************\r\n");
29      xputs("\r\nWelcome to USART Shell!\r\n");
30      xputs("Board Shell, version 2.1 ...\r\n");
31      xputs("_____\r\n");
32
33      while(1) {
34          xputs("USART > ");
35          xgets(line, BUFSIZE);
36          parse_console_line(line);
37          xprintf("\r\n");
38      }
39 }
```

代码 15-2 作为工程源程序的入口，主要完成各外设初始化，然后进入 Shell 的内循环，等待用户输入。本章的知识点是 SD 卡读写，第 21 行代码中的 SDIO 控制器的初始化函数 sdioCard_Init()是下面分析的重点。

15.5　SDIO 初始化

与前面章节所学外设的初始化一样，SDIO 控制器的初始化也包括三部分：所用的 GPIO 配置、SDIO 协议参数配置、NVIC 中断配置。SDIO 所用 GPIO 的配置已在 15.4.1 节介绍实验原理图时完成，本节实现后两部分。

代码 15-3　SDIO 初始化函数 sdioCard_Init()

```
00 SD_CardInfo SDCardInfo;                          //SD 卡信息结构体全局变量，存放读取的卡信息
01 SDIO_InitTypeDef SDIO_InitStructure;             //SD 卡初始化结构体变量
02 void sdioCard_Init(void)
03 {
04     int result;
05
06     sdioCardGPIO_Init();                         //SDIO 所用 GPIO 引脚设置
07     sdioNVIC_Init();                             //向 NVIC 注册 SDIO 中断服务程序
08     SDIO_DeInit();                               //复位 SDIO 接口各寄存器值
09
10     result = (int)SD_PowerON();                  //SD 卡上电识别过程
11     if (result !=0)     return result;
12
13     result = (int)SD_InitializeCards();          //SD 卡身份识别和地址确定
14     if (result !=0)     return result;
15
16     result = (int)SD_GetCardInfo(&SDCardInfo);   //获取 SD 卡信息
17     if (result ==0)
18         result = (int)SD_SelectDeselect((uint32_t)(SDCardInfo.RCA <<16));   //选定通信对象卡
19
20     if (result ==0)
21         result = (int)SD_EnableWideBusOperation(SDIO_BusWide_4b);   //设定 SDIO 总线宽度
22
23     xprintf("\r\n SDIO Card Information:\r\n");
24     xprintf("\r\n        Card type is: %d ", SDCardInfo.CardType);
25     xprintf("\r\n        Card Capacity: %d ", SDCardInfo.CardCapacity);
26     xprintf("\r\n        Card block size: %d ", SDCardInfo.CardBlockSize);
27     xprintf("\r\n        Card RCA: %d ", SDCardInfo.RCA);
28     xprintf("\r\n        ManufactureID: %d ", SDCardInfo.SD_cid.ManufactureID);
29     return result;
30 }
```

SD 卡的初始化除了 GPIO 和 NVIC 相关的设置之外，重点在于代码 15-3 中第 10 和 13 行对应的函数。SD_PowerON()完成 SD 卡的识别过程（即 SD 卡协议中卡工作电压确定和卡信息获取），是初始化过程的关键部分；SD_InitializeCards()在上一步的基础上得到 SD 卡 ID，并设置 SD 卡 RCA 地址。第 16 行代码将获取的 SD 信息并保存在全局结构体 CardType 变量中，并在后面第 23~28 行打印出 CardType 变量成员值，完成 SD 卡的初始化。

15.5.1 SD 卡上电初始化函数 SD_PowerON()

1. 初始化 SDIO 控制器参数

代码 15-4-1 SD 卡上电初始化函数 SD_PowerON()

```
01 SD_Error SD_PowerON()
02 {
03     SD_Error errorstatus = SD_OK;                                  //SD 卡初始状态为 SD_OK
04     uint32_t response =0, count =0, validvoltage =0;
05     uint32_t SDType = SD_STD_CAPACITY;                             //SD 卡初始类型为标准容量卡 (2 GB)
06
07     SDIO_InitStructure.SDIO_ClockDIV = SDIO_INIT_CLK_DIV;          //时钟分频系数
08     SDIO_InitStructure.SDIO_ClockEdge=SDIO_ClockEdge_Rising;//在主时钟上升沿产生 SDIO_CK
09     SDIO_InitStructure.SDIO_ClockBypass = SDIO_ClockBypass_Disable;       //关闭旁路
10     SDIO_InitStructure.SDIO_ClockPowerSave = SDIO_ClockPowerSave_Disable; //关闭省电模式
11     SDIO_InitStructure.SDIO_ClockBusWide = SDIO_BusWide_1b;               //1 位总线宽度
12     SDIO_InitStructure.SDIO_HardwareFlowControl = SDIO_HardwareFlowControl_Disable;
13     SDIO_Init(&SDIO_InitStructure);
14
15     SDIO_SetPowerState(SDIO_PowerState_ON);                        //开启 SD 卡电源
16     SDIO_ClockCmd(ENABLE);                                         //开启 SDIO_CK 时钟
17     // 函数 SD_PowerON( )分为 4 部分：从代码 15-4-1 到 15-4-4。待续未完，下一步为：15-4-2
18
```

与其他外设一样，对 SDIO 控制器的初始化也有一个初始化结构体类型，在 stm32f10x_sdio.h 文件中定义为：

```
typedef struct {
    uint32_t SDIO_ClockEdge;              //设置 SDIO_CK 的相位
    uint16_t SDIO_ClockBypass;            //是否选择旁路
    uint16_t SDIO_ClockPowerSave;         //是否开启节能模式
    uint16_t SDIO_BusWide;                //设置总线宽度
    uint16_t SDIO_HardwareFlowControl;    //是否需要硬件流控制功能
    uint16_t SDIO_ClockDiv;               //选择时钟分频系数
} SDIO_InitTypeDef;
```

由 SDIO_InitTypeDef 类型成员可见，SDIO 控制器初始化参数全部集中在 SDIO_CLKCR（SDIO 时钟控制寄存器），如图 15-16 所示。

（1）位[8]：CLKEN，时钟使能位。CLKEN =0 时 SDIO_CK 关闭 CLKEN；CLKEN=1 时 SDIO_CK 开启。

说明：在 stm32f10x_sdio.c 中，并没有定义普通的宏名来操作 SDIO_CK 时钟，而是使用一种称为位带的操作方式，该方式的好处就是只需一条语句即可完成对寄存器位的操作，而不像普通的位操作那样的 "读—改—写" 三步曲，因而效率更高，但不容易理解，有关位带的概念及其操作举例请见文献[1]的第 5 章。

SDIO时钟控制寄存器：SDIO_CLKCR
地址偏移：0x04
复位值：0x0000 0000

31	30	...	16	15	14	13	12 11	10	9	8	7 6 5 4 3 2 1 0
	保留				HW FC_EN	NEG EDGE	WID BUS	BY PASS	PWR SAV	CLK EN	CLKDIV
					rw	rw	rw	rw	rw	rw	rw

图 15-16 SDIO 时钟控制寄存器位图

```
void SDIO_ClockCmd ( FunctionalState NewState )
{
    *(__IO uint32_t*)CLKCR_CLKEN_BB = (uint32_t)NewState;
}
```

例如：

SDIO_ClockCmd(ENABLE);   //开启 SDIO_CK 时钟

（2）位[9]：PWRSAV，省电配置位。为了省电，当总线为空时可以设置此位关闭 SDIO_CK 的输出。PWRSAV=0 时始终输出 SDIO_CK；PWRSAV=1 时仅在总线活动时才输出 SDIO_CK。

```
#define SDIO_ClockPowerSave_Disable    ((uint32_t)0x00000000)
#define SDIO_ClockPowerSave_Enable     ((uint32_t)0x00000200)
```

代码 15-4-1 的第 10 代码行使用了 SDIO_ClockPowerSave_Disable，表示关闭省电模式。

（3）位[12～11]：WIDBUS[12:11]，宽总线模式使能位。WIDBUS =00 时表示默认总线模式（SDIO_D0）；WIDBUS =01 时使用 4 位总线模式（SDIO_D[3:0]）。

```
#define SDIO_BusWidth_1b    ((uint32_t)0x00000000)
#define SDIO_BusWidth_4b    ((uint32_t)0x00000800)
```

代码 15-4-1 的第 11 行使用了 SDIO_BusWidth_1b，设置总线位宽为 1，这是 SD 卡上电初始化时所必须采用的默认值。

（4）位[13]：NEGEDGE，SDIO_CK 相位选择位。NEGEDGE =0 表示在主时钟 SDIOCLK 的上升沿产生 SDIO_CK；NEGEDGE =1 在 SDIOCLK 的下降沿产生 SDIO_CK。

```
#define SDIO_ClockEdge_Rising    ((uint32_t)0x00000000)
#define SDIO_ClockEdge_Falling   ((uint32_t)0x00002000)
```

（5）位[14]：HWFC_EN，硬件流控制功能。HWFC_EN =0 时关闭 HWFC_EN；HWFC_EN=1 时开启，通常不用开启。

```
#define SDIO_HardwareFlowControl_Disable    ((uint32_t)0x00000000)
#define SDIO_HardwareFlowControl_Enable     ((uint32_t)0x00000400)
```

代码 15-4-1 的第 12 行使用了 SDIO_HardwareFlowControl_Disable，关闭硬件流控功能。

（6）位[7:0]：CLKDIV[1:0]，时钟分频系数。定义了输入时钟（SDIOCLK）和输出时钟（SDIO_CK）间的分频系数：SIDO_CK = SDIOCLK/(CLKDIV+2)。

根据 SDIO 接口规范，当 SD/SDIO 卡在卡识别模式阶段，SDIO_CK 的频率必须小于

400 kHz。在上面的公式中,已知 SDIO_CK=400 kHz(400000),SDIOCLK 为 72 MHz(72000000),因此很容易计算出时钟分频系统 CLKDIV=178,即十六进制的 0xB2。请注意,此结果是在 BYPASS 位被关闭的情况下才有意义,即在关闭时钟旁路后,SDIO_CK 的输出频率由上面的公式确定。

(7)位[10]:BYPASS,旁路时钟分频器。BYPASS =1 时关闭旁路;BYPASS =0 时开启旁路,在开启旁路时,SDIO_CK 信号由 SDIOCLK 直接驱动 SDIO_CK 输出信号,一般都关闭旁路功能。

```
#define SDIO_ClockBypass_Disable    ((uint32_t)0x00000000)
#define SDIO_ClockBypass_Enable     ((uint32_t)0x00000400)
```

代码 15-4-1 的第 09 行使用了 SDIO_ClockBypass_Disable,关闭 SDIO_CK 的旁路选择。

2. 构造 CMD0 指令并发送

代码 15-4-2　SD 卡上电初始化函数 SD_PowerON()

```
// 接代码 15-4-1 SD_PowerON() 第 18 行:以下开始卡识别流程
19 SDIO_CmdInitStructure.SDIO_Argument =0x0;                          //命令参数
20 SDIO_CmdInitStructure.SDIO_CmdIndex = SD_CMD_GO_IDLE_STATE;         //命令 CMD0 宏名,值为 0
21 SDIO_CmdInitStructure.SDIO_Response = SDIO_Response_No;             //CMD0 无须回应
22 SDIO_CmdInitStructure.SDIO_Wait = SDIO_Wait_No;                    //不使用中断等待来管控命令回应
23 SDIO_CmdInitStructure.SDIO_CPSM = SDIO_CPSM_Enable;                //开启命令通道机
24 SDIO_SendCommand(&SDIO_CmdInitStructure);                          //开始发送指令
25
26 errorstatus = CmdError();                                          //针对类似 CMD0 无回应指令的检查
27 if (errorstatus != SD_OK)
28     return errorstatus;
// 函数 SD_PowerON()分为 4 部分:从代码 15-4-1 到 15-4-4。待续未完,下一步为:15-4-3
```

代码 15-4-2 完成对命令 CMD0(作用是置 SD 卡于复位状态,无须应答)的构造,包括命令参数、命令本身(索引)和命令响应类型,这在前面讲解命令通道机时曾提过。上述命令的构造内容与 15.2.2 节所讲 SDIO 命令及其响应格式相一致,除命令参数(由 SDIO_ARG,即 SDIO 命令参数寄存器来保存)外,其他项都在 SDIO_CMD(SDIO 命令寄存器)中定义,如图 15-17 所示。

SDIO命令寄存器:SDIO_CMD
地址偏移:0x0C
复位值:0x0000 0000

31 30	...	16 15	14 13 12 11	10	9	8	7 6 5 4 3 2 1 0
保留			其他配置	CPSM EN	WAIT PEND	WAIT INT	WAIT RESP　　CMDINDEX
				rw	rw	rw	rw　　　　rw

图 15-17　SDIO 命令寄存器位定义

- 位 5~0:CMDINDEX[5:0],命令索引,相当于命令的 ID 号,它作为命令的一部分被发送到卡中。

代码 15-4-2 第 20 行使用 SD_CMD_GO_IDLE_STATE 来表示命令 CMD0，所有表示 SDIO 命令的宏在 sdio_sd.h 文件中进行定义，如下所示（部分）。

```
218 #define SD_CMD_GO_IDLE_STATE    ((uint8_t)0)    //CMD0
219 #define SD_CMD_SEND_OP_COND     ((uint8_t)1)    //CMD1
220 #define SD_CMD_ALL_SEND_CID     ((uint8_t)2)    //CMD2
......
```

- 位 7~6：WAITRESP[7:6]，指示 CPSM 是否需要等待响应，如果需要则指示响应类型。WAITRESP =01 表示短响应（48 位）；WAITRESP =11 为长响应（127 位）；其他组合为无响应。

```
239 #define SDIO_Response_No      ((uint32_t)0x00000000)    //无响应
240 #define SDIO_Response_Short   ((uint32_t)0x00000040)    //短响应
241 #define SDIO_Response_Long    ((uint32_t)0x000000C0)    //长响应
```

代码 15-4-2 第 21 行使用了 SDIO_Response_No，表明命令 CMD0 没有回应信息。

- 位 8：WAITINT，等待中断请求。WAITINT =1 时，CPSM 会关闭命令超时控制并等待中断请求。

```
253 #define SDIO_Wait_No    ((uint32_t)0x00000000)    //无等待
254 #define SDIO_Wait_IT    ((uint32_t)0x00000100)    //等待中断请求
```

在命令发送出去以后，需要一种机制来管控获得 SD 卡的回应：采用命令计时器的超时控制，在计时器耗尽仍未收到回应时，则产生超时错误并使命令状态机回到空闲状态；或者等待 SD 卡的中断请求的方式。一般采用计时器超时控制。代码 15-4-2 第 22 行使用了 SDIO_Wait_No，表明代码采用超时控制来处理应用响应。

- 位 9：WAITPEND，等待数据传输结束。WAITPEND =1 时 CPSM 在开始发送一个命令之前会等待数据传输结束。

```
255 #define SDIO_Wait_Pend    ((uint32_t)0x0x000000200)    //等待传输结束
```

- 位 10：CPSMEN，CPSM 使能位。CPSMEN =1 时开启命令通道状态机（CPSM）。

```
266 #define SDIO_CPSM_Disable    ((uint32_t)0x00000000)    //关闭 CPSM
267 #define SDIO_CPSM_Enable     ((uint32_t)0x00000400)    //开启 CPSM
```

代码 15-4-2 第 23 行使用了 SDIO_CPSM_Enable 开启命令状态机。

将命令寄存器的各位封装成一个 C 结构体类型来代表执行一条命令所需要的全部信息（以下结构体定义于文件 stm32f10x_sdio.h）。

```
70 typedef struct {
71     uint32_t SDIO_Argument;                //命令参数
72     uint32_t SDIO_CmdIndex;                //命令索引
73     uint32_t SDIO_Response;                //命令响应类型
74     uint32_t SDIO_Wait;                    //中断请求
75     uint32_t SDIO_CPSM;                    //是否开启命令状态机
76 } SDIO_CmdInitTypeDef;
```

3. 构造并发送 CMD8 命令

代码 15-4-3　SD 卡上电初始化函数 SD_PowerON()

```
// 接代码 15-4-2 SD_PowerON( ) 第 28 行
29 SDIO_CmdInitStructure.SDIO_Argument = SD_CHECK_PATTERN;    //命令参数：SD 卡会返回该参数
30 SDIO_CmdInitStructure.SDIO_CmdIndex = SDIO_SEND_IF_COND;   //指令 CMD8 宏名，值为 8
31 SDIO_CmdInitStructure.SDIO_Response = SDIO_Response_Short; //响应类型：短响应
32 SDIO_CmdInitStructure.SDIO_Wait = SDIO_Wait_No;            //不使用中断等待来管控命令回应
33 SDIO_CmdInitStructure.SDIO_CPSM = SDIO_CPSM_Enable;        //开启命令通道机
34 SDIO_SendCommand(&SDIO_CmdInitStructure);                  //开始发送指令
35
36 errorstatus = CmdResp7Error();                             //CMD8 的响应检测：R7
37 if (errorstatus == SD_OK) {                                //如果对 CMD8 的响应正确
38     CardType = SDIO_STD_CAPACITY_SD_CARD_V2_0;             //卡遵循 SD2.0 标准
39     SDType = SD_HIGH_CAPACITY;                             //SD 控制器支持"高容量"标准
40 }
// 函数 SD_PowerON( )分为 4 部分：从代码 15-4-1 到 15-4-4。待续未完，下一步为：15-4-4
```

根据 SD 物理层规范 2.0 版本要求，在进一步确定 SD 卡的工作电压条件之前，应先取得 SDIO 控制器和 SD 卡的类型一致。代码 15-4-3 中，SDIO 控制器将"询问对方是否是 SDHC 卡的信息"封装在 CMD8 的命令参数中，如果对方是 SDHC 卡，则会有正确的响应，此时，SDIO 控制器也将自己设置为"高容量卡"类型（如代码 15-4-3 第 39 行所示），因而通信双方以"一致的类型"进行交流；否则会造成通信失败（因为双方的类型如果不一致，可能造成访问不存在的空间）；如果没有正确的回应，则 SDIO 控制器采用默认的 SDSC 卡的类型进行工作。代码 29 行中的参数宏 SD_CHECK_PATTERN，宏值为 0x00001AA，其构造原理请参考表 15-3（表格内容来源于 SD Specification Part1 Physical Layer Simplified Specification v2.0）进行理解。

表 15-3　命令 CMD8 的参数构造

指令 CMD8：参数及响应，作用说明

命令索引	参　　数	回应类型	指令简写	指令说明
CMD8	[31:12]-保留 [11:8]-VHS，Support voltage. [7:0]-Check Pattern	R7	SEND_IF_COND	询问 SD 卡是否是 SDHC 卡。VHS 始终为 1 说明 SDIO 控制器是支持 SDHC 卡的
说明：VHS-Support Voltage，任何时候都设置为 1。 　　　CheckPattern-用于保证 SD 卡和主设备之间通信的有效性，该值建议为 10101010，即 0xAA				

根据规范描述，只有高容量卡 SDHC 才会对 CMD8 指令有正确的回应。如果 SD 控制器获得了 SD 卡的正确回应，则表明 SD 卡支持 SD 规范 2.0，因此控制器相应将自己设置为支持"高容量卡"类型（如代码 15-4-3 第 37～39 行所示）。

说明：在使用 SDIO_CmdInitStructure 构造命令的 6 句代码中，对于所有指令以下三句代码完全相同，为了节约篇幅，在本章后续的代码分析中，将其省略过以"……"代替。

```
SDIO_CmdInitStructure.SDIO_Wait = SDIO_Wait_No;
SDIO_CmdInitStructure.SDIO_CPSM = SDIO_CPSM_Enable;
SDIO_SendCommand(&SDIO_CmdInitStructure);
```

4. 确定 SD 卡工作电压

代码 15-4-4　SD 卡上电初始化函数 SD_PowerON()

```
//接代码 15-2x SD_PowerON( ) 第 40 行
41      do {
42          SDIO_CmdInitStructure.SDIO_Argument =0x00;                          //参数为 0
43          SDIO_CmdInitStructure.SDIO_CmdIndex = SD_CMD_APP_CMD;               //CMD55 指令
44          SDIO_CmdInitStructure.SDIO_Response = SDIO_Response_Short;
45          ......
49          errorstatus = CmdResp1Error(SD_CMD_APP_CMD);    //CMD55 命令的响应检查：R1
50          if (errorstatus != SD_OK)
51              return errorstatus;
52
53          SDIO_CmdInitStructure.SDIO_Argument = SDIO_VOLTAGE_WINDOW_SD | SDType;//指令参数
54          SDIO_CmdInitStructure.SDIO_CmdIndex = SD_CMD_SD_APP_OP_COND;//ACMD41 指令
55          SDIO_CmdInitStructure.SDIO_Response = SDIO_Response_Short;
59          ......
60          errorstatus = CmdResp3Error();                  //ACMD41 指令的响应检查：R3
61          if (errorstatus != SD_OK)
62              return errorstatus;
63
64          response = SDIO_GetResponse(SDIO_RESP1);        //获取对 ACMD41 回应信息
65          validvoltage = (((response >> 31) ==1) ?1 :0);  //上电状态位为 1 吗
66          count++;                                        //计数器增 1
67      }while ((!validvoltage) && (count < SD_MAX_VOLT_TRAIL));    //上电状态位为 0
68
69      if (count >= SD_MAX_VOLT_TRIAL) {                   //如果计数值大于窗口中电压个数
70          errorstatus = SD_INVALID_VOLTRANE;              //返回无效电压
71          return errorstatus;
72      }
73
74      if (response &= SD_HIGH_CPACITY)                    //如果回应信息中卡容量 CCS 位为 1
75          cardType = SDIO_HIGH_CAPACITY_SD_CARD;          //说明 SD 卡为高容量卡
76
77      return errorstatus;
78 }
```

在前面讲解 SDIO 规范的时候提及过，在执行应用类指令之前，需要先执行 CMD55。ACMD41 就是一条应用类指令，其作用是获取 SD 卡的工作电压。由于 SDIO 的电压窗口中有多种电压，所以需要构造一个循环，对窗口中的每一个电压与 SD 卡所支持的电压进行比较。具体过程如下。

（1）控制器将自己所支持的电压和支持高容量卡这两个信息放入 ACMD41 指令的参数中。第 53 行代码所构造的参数，其十六进制就是 0xC0100000，其含义是支持高容量卡且所使用的电压为 3.3～3.4 V，电压窗口所代表的电压范围请见表 15-4。

表 15-4 命令 ACMD41 的参数构造

命令索引	参　　数	回应类型	指令简写	指令说明
ACMD41	[31,29:24]：保留 [30]：HCS(OCR[30]) [23:0]：电压窗口，对应于 OCR[23:0]	R3	SD_SEND_OP_COND	向 SD 卡发送主控制器电压、卡容量等信息并请求 SD 卡回应其 OCR 寄存群内容
说明	HCS 高容量支持位，如果前面 CMD8 指令获得了正确的回应，在构造参数时此位需置 1。 电压窗口：主控制器将自己所支持的电压位置 1 后，构造到参数中与 HCS 一起发往 SD 卡			

（2）SD 卡根据这个参数信息执行 ACMD41 指令，在自己 OCR 寄存器的电压列表中寻找匹配的电压，执行一次对比一个电压位，如果不成功则置 CPS（Card Power up Status bit，卡上电状态位）为 1，表明初始化过程没有完成，并将本次操作的结果信息存储于 SDIO 的响应寄存器 RESP1。

（3）初始化代码可以基于这个特点构造一个循环，不停地向 SD 卡传输 CMD55 和 ACMD41 指令，并分析 RESP1 的内容来判断初始化是否完成。第 65 行代码取出并检查 OCR 的第 31 位，如果在预设的尝试次数以内某次对比该位变为 0，则说明找到了匹配的电压，此时退出循环。

（4）在初始化过程结束后，代码可以根据尝试的次数来确定初始化是否成功，第 69～71 行代码完成这样的判断。同时分析响应寄存器 RESP1 的第 30 位是否为 1 来最终确定 SD 卡的类型，如第 75 行代码所做的那样。表 15-5 为 OCR 寄存器的位定义，了解它有利于理解上述初始化过程。

表 15-5 SDIO 规范中的"电压窗口"位定义

位段	31	30	23	22	21	20	19	18	17	16	15
标志	CPS	CCS	3.5-3.6	3.4-3.5	3.3-3.4	3.2-3.3	3.1-3.2	3.0-3.1	2.9-3.0	2.8-2.9	2.7-2.8
说明	位 31：电源状态位，SD 卡初始化过程中，如果该位为 1 表明初始化进行中；否则为结束。 位 30：SD 卡高容量支持位，如果该位被置 1，则 SD 卡为 SDHG 卡；否则就是 SDSC 卡。 位 23～15：电压窗口列表，如果某位或几位被置 1，表明 SD 卡支持这些电压。 位 29～24 和 14～0 是保留字段										

15.5.2 SD 卡规格信息获取函数 SD_InitializeCards()

完成获取寄存器 CID、RCA、CSD 的内容。

1. 获取 SD 卡 CID 信息

代码 15-5-1 函数 SD_InitializeCards()

```
01 SD_Error SD_InitializeCards (void)
02 {
03    SD_Error errorstatus = SD_OK;
04    uint16_t rca =0x01;
05
```

```
06    if (SDIO_GetPowerState() == SDIO_PowerState_OFF) {        //检查 SD 卡的上电状态
07        errorstatus = SD_REQUEST_NOT_APPLICABLE;
08        return errorstatus;
09    }
10
11    if (SDIO_SECURE_DIGITAL_IO_CARD != CardType ) {            //如果不是安全数字卡
12        SDIO_CmdInitStructure.SDIO_Argument =0x0;              //参数为 0
13        SDIO_CmdInitStructure.SDIO_CmdIndex = SD_CMD_ALL_SEND_CID;   //CMD2 指令宏名
14        SDIO_CmdInitStructure.SDIO_Response = SDIO_Response_Long;   //指令的响应为长响应
15        ......
19        errorstatus = CmdResp2Error();                         //CMD2 指令的回应格式：R2
20        if (SD_OK != errorstatus)    return errorstatus;
21        //SD 卡对 CMD2 的响应信息分别保存于数组 CID_Tab[]，数组 4 个元素
22        CID_Tab[0] = SDIO_GetResponse(SDIO_RESP1);
23        CID_Tab[1] = SDIO_GetResponse(SDIO_RESP2);
24        CID_Tab[2] = SDIO_GetResponse(SDIO_RESP3);
25        CID_Tab[3] = SDIO_GetResponse(SDIO_RESP4);
26    }
```

SDIO 通信基于"命令/响应"结构，命令执行后，SD 卡会将前一条指令索引放入命令响应寄存器（SDIO_RESPCMD），用户代码可以根据此回应信息初步判断指令的执行情况（如代码 15-5-1 第 19 行）；除此之外，更详细的信息如卡的状态，其信息或短（32 位）或长（127 位），相应地需要使用 1 或 4 个寄存器（SDIO_RESPx，即 SDIO 信息响应寄存器 1～4）来保存这些响应，如图 15-18 所示。因此为了方便对此 4 个寄存器的操作，STM32 库采用"响应寄存器基址+偏移"的方式来组织和访问每一个响应寄存器，这种思想体现在下面的宏定义中。

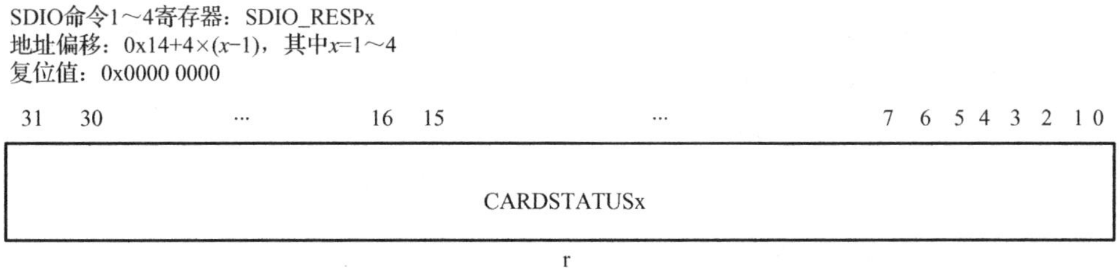

SDIO命令1～4寄存器：SDIO_RESPx
地址偏移：0x14+4×(x-1)，其中x=1～4
复位值：0x0000 0000

31	30	…	16	15	…	7	6	5	4	3	2	1	0
				CARDSTATUSx									
				r									

图 15-18 SDIO 命令信息响应寄存器

```
114 #define SDIO_RESP_ADDR      ((uint32_t)(SDIO_BASE +0x14))  //信息响应寄存器的基址
277 #define SDIO_RESP1          ((uint32_t)0x00000000);        //信息响应寄存器 1 的偏移地址
278 #define SDIO_RESP2          ((uint32_t)0x00000004);        //信息响应寄存器 2 的偏移地址
279 #define SDIO_RESP3          ((uint32_t)0x00000008);        //信息响应寄存器 1 的偏移地址
280 #define SDIO_RESP4          ((uint32_t)0x0000000C);        //信息响应寄存器 1 的偏移地址
```

表 15-6 是长响应或短响应时，4 个响应寄存器的使用情况。响应信息从 RESP1 开始，最高位在前的方式保存，因此请注意每一个寄存器所保存的卡状态位的顺序。

表 15-6 4 个命令信息响应寄存器内容及偏移

寄存器	短响应	长响应
SDIO RESP1	卡状态[31:0]	卡状态[127:96]
SDIO RESP2	未用	卡状态[95:64]
SDIO RESP3	未用	卡状态[63:32]
SDIO RESP4	未用	卡状态[31:1]

STM32 库函数 SDIO_GetResponse()用来获取每一个信息响应寄存器中的内容,而其参数为上面 277～280 代码行所定义的宏。

代码 15-5-1 的第 11～25 行完成对 SD 卡 CID 信息的获取。指令 CMD2 的参数为 0 表示向所有的 SD 卡发出请求,让它们回应自己的 CID 寄存器内容。由于 CID 寄存器具有 128 位,所以响应信息保存于数组 CID_Tab[]中,如果用户程序中需要此信息,可以通过访问数组 CID_Tab 来获取。

2. 获取 SD 卡 RCA 信息

代码 15-5-2 函数 SD_InitializeCards()

```
28      if ( (SDIO_STD_CAPACITY_SD_CARD_V1_1 == CardType )      //如果为标准容量 1.1 版本卡
29         || (SDIO_STD_CAPACITY_SD_CARD_V2_0 == CardType ))//如果为标准容量 2.0 版本卡
30         || (SDIO_HIGH_CAPACITY_SD_CARD == CardType )) {     //如果为高容量卡
31         SDIO_CmdInitStructure.SDIO_Argument =0x0;           //参数为 0
32         SDIO_CmdInitStructure.SDIO_CmdIndex = SD_CMD_SET_REL_ADDR; //CMD3 指令宏名
33         SDIO_CmdInitStructure.SDIO_Response = SDIO_Response_Short;  //指令的响应为长响应
34         ......
38         errorstatus = CmdResp6Error(SD_CMD_REL_ADDR, &rca);  //CMD3 指令的回应格式:R6
39         if (SD_OK != errorstatus)    return errorstatus;
```

代码 15-5-2 完成对 SD 卡 RCA 地址(16 位)的获取。指令 CMD3 参数为 0 表示向所有的 SD 卡发出请求,让它们回复自己的 RCA 内容,并将其存储在变量 rca 所在地址。

3. 获取 SD 卡 CSD 信息

代码 15-5-3 函数 SD_InitializeCards()

```
40      if (SDIO_SECURE_DIGITAL_IO_CARD != CardType ) {
40         SDIO_CmdInitStructure.SDIO_Argument = (uint32_t)(rca <<16 );   //以 rca 作为参数
41         SDIO_CmdInitStructure.SDIO_CmdIndex = SD_CMD_SEND_CSD;  //CMD9 指令宏名
42         SDIO_CmdInitStructure.SDIO_Response = SDIO_Response_Long;   //指令的响应为长响应
43         ......
47         errorstatus = CmdResp2Error();                       //CMD9 指令的回应格式:R2
48         if (SD_OK != errorstatus)    return errorstatus;
49         //SD 卡对 CMD9 的响应信息分别保存于数组 CSD_Tab[]4 个元素
50         CSD_Tab[0] = SDIO_GetResponse(SDIO_RESP1);
51         CSD_Tab[1] = SDIO_GetResponse(SDIO_RESP2);
```

```
52        CSD_Tab[2] = SDIO_GetResponse(SDIO_RESP3);
53        CSD_Tab[3] = SDIO_GetResponse(SDIO_RESP4);
54     }
```

代码 15-5-3 完成对 SD 卡 CSD（长规格参数）内容的获取。128 位的 CSD 寄存器存储了卡容量、最大传输速率、读/写/擦除块的最大长度等参数。由于前一个步骤已获得了 SD 卡的 RCA 地址，CMD9 指令就以该地址作为参数来寻址某个 SD 卡，请求所选择的 SD 卡回应其 CSD 内容。同时因为 RCA 地址为 16 位，代码 40 行将其转换为 32 位后封装到 CMD9 指令参数中，以用于对特定 SD 卡的访问。对 CMD9 指令的响应信息保存于数组 CSD_Tab[] 中（如代码 50～53 行）。

至此，SD 卡识别模式中最主要的两大任务已经完成，下一阶段就该进入数据传输模式，以进行数据的读、写、擦除等操作。但在此之前，SD 初始化还有一点扫尾的工作需要作一交代，如代码 15-6 的第 09～13 行所示。

代码 15-6　SD 卡初始化扫尾工作

```
01 int SD_Init(void)
02 {
03     ... //SD 卡所涉及的 GPIO 和 NVIC 中断等配置
04     result = (int)SD_PowerON();                      //完成 SD 工作电压确定
05     ... //对 result 的处理
06     result = (int)SD_InitializeCards();              //获取 SD 卡的 CID、RCA、CSD 信息
07     ... //对 result 的处理
08
09     result = (int)SD_GetCardInfo(&SDCardInfo);       //将 CSD_Tab[]中的 CSD 信息赋给 SDCardInfo
10     if (result ==0)
11         result = (int)SD_SelectDeselect((uint32_t)(SDCardInfo.RCA <<16));  //选择 SD 卡
12     if (result ==0)
13         result = (int)SD_EnableWideBusOperation(SDIO_BusWide_4b);   //设置总线宽度为 4 线
14
15     return result;
16 }
```

函数 SD_Init()中第 09 行代码是这扫尾的第一件工作，将获得的 SD 卡信息进行整理，选择出我们所关心的部分保存于结构体变量 SDCardInfo 中，以供其他函数使用；二是选择所要通信的 SD 卡，并将 SDIO 数据总线从 1 位扩展到 4 位以提高数据传输效率，这部分工作由第 11～13 行代码完成。由于这部分代码理解起来并不难，由于篇幅所限，在这里就不展开分析说明。

15.6　SDIO 卡测试代码分析

在完成了 SDIO 控制器的初始化过程以后，SDIO 控制器和 SD 卡之间已处于数据传输模式。对于 SD 卡而言，读、写和擦除都是以块为单位的，因此一次操作可以是多块，也可以是单块。本节的测试代码以多块操作为示范，来窥究在 DMA 传输模式下 SD 卡的"擦

除-写-读"的代码实现(对于 SD 卡单块的操作流程与多块操作类似,故不再单独分析)。

15.6.1 块擦除

1. 检查 SD 卡功能及是否被锁住

代码 15-7-1   函数 SD_Erase()

```
01 SD_Error SD_Erase(uint32_t startaddr, uint32_t endaddr)
02 {
03     SD_Error errorstatus = SD_OK;
04     int32_t delay =0;
05     __IO uint32_t maxdelay =0;
06     uint8_t cardstate =0;
07
08     if ((((CSD_Tab[1] >> 20) & SD_CCCC_ERASE) ==0) {     //检查 SD 卡是否支持擦除功能
09         errorstatus = SD_REQUEST_NOT_APPLICABLE;
10         return errorstatus;
11     }
12
13     maxdelay =120000 / ((SDIO->CLKCR &0xFF) + 2);
14     if (SDIO_GetResponse(SDIO_RESP1) & SD_CARD_LOCKED) {   //检查卡是否被锁住
15         errorstatus = SD_LOCK_UNLOCK_FAILED;
16         return errorstatus;
17     }
18
```

代码 15-7-1 中第 08 行检查 SD 卡是否支持擦除功能。SD 卡 CSD 寄存器中有一个被称为 CCC 的位域[95:84],它列举了 SD 卡所支持的所有 11 个命令子类,每一子类代表一种功能如表 15-7 所示。

表 15-7   SD 卡所支持的操作(SD 卡 CCC 位域内容)

Card Command Class (CCC,卡命令类别) 命令类别 功能 支持的命令	0	1	2	3	4	5	6	7	8	9	10	11
	basic	RES	block read	RES	block write	erase	write prot-ection	lock card	appli-cation specific	I/O mode	switch	RES
CMD0	*											
...												
CMD32						*						
...												

对于表 15-7 中字体加粗部分的命令类别,0、2、4、5、7、8 这六类是所有的 SD 存储卡都必须支持(比如 class5 的"擦除"功能由 CMD32 来完成)的,可以用二进制表示为"0001101101011b"。因此可以将代码 15-7-1 的第 08 行代码移除,不用判断 SD 卡是否支持

擦除功能。只是我们自己要清楚在 SD 规范中：首先 SD 卡命令有这样的分类；其次可以通过判断 CSD 寄存器的 CCC 位域来了解该 SD 卡是否支持某项功能类别。

代码 15-7-1 第 14 行检查 SD 卡是否被锁住。卡是否被锁住是卡状态的一种，SD 卡对大部分命令都会以 R1 作为回应，R1 回应信息的位域[39:8]就是卡当前的状态。更准确地讲，此 32 位卡状态信息会被保存于 SDIO_RESP1 寄存器中，因此使用宏 SD_CARD_LOCKED（0x02000000）提取出卡状态的第 25 位（即 CARD_IS_LOCKED，见表 15-8）即可判断 SD 卡是否被锁住。

2. 擦除起始地址之间的块

代码 15-7-2　函数 SD_Erase()

```
19      if (CardType == SDIO_HIGH_CAPACITY_SD_CARD)
20          startaddr /= 512, endaddr /= 512;                      //将传入的地址转换为相应的块号
21
22      if ((SDIO_STD_CAPACITY_SD_CARD_V1_1==CardType)
            || (SDIO_HIGH_CAPACITY_SD_CARD == CardType)
23          || (SDIO_STD_CAPACITY_SD_CARD_V2_0 == CardType)) {
24          SDIO_CmdInitStructure.SDIO_Argument = startaddr;       //CDM32 参数：擦除的起始地址
25          SDIO_CmdInitStructure.SDIO_CmdIndex = SD_CMD_SD_ERASE_GRP_START;//CMD32
26          SDIO_CmdInitStructure.SDIO_Response = SDIO_Response_Short;
27          ......
31          errrostatus = CmdResp1Error(SD_CMD_SD_ERASE_GRP_START); //CMD32 回应检测
32          if (errorstatus != SD_OK)    return errorstatus;
33
34          SDIO_CmdInitStructure.SDIO_Argument = endaddr;         //CMD33 参数：擦除的结束地址
35          SDIO_CmdInitStructure.SDIO_CmdIndex = SD_CMD_SD_ERASE_GRP_END; //CMD33
36          ......
37          errrostatus = CmdResp1Error(SD_CMD_SD_ERASE_GRP_END);  //CMD33 指令回应检测
38          if (errorstatus != SD_OK)    return errorstatus;
39
40          SDIO_CmdInitStructure.SDIO_Argument =0;                //CMD38 参数：0
41          SDIO_CmdInitStructure.SDIO_CmdIndex = SD_CMD_ERASE;    //CMD38 指令宏名
42          SDIO_CmdInitStructure.SDIO_Response = SDIO_Response_Short;
43          ......
47          errrostatus = CmdResp1Error(SD_CMD_ERASE);             //CMD38 回应检测
48          if (errorstatus != SD_OK)    return errorstatus;
49
50          for (delay =0; delay < maxdelay; delay++) {}
51          do {
52              errorstatus = IsCardProgramming(&cardstate);       //检查卡状态
53          } while ((errorstatus == SD_OK) && ((SD_CARD_PROGRAMMING == cardstate) ||
54              ( SD_CARD_RECEIVING == cardstate )));
55
56      return errorstatus;
57  }
```

代码 15-7-2 的第 19～20 行将起止块地址转换为块号，因为 SD 卡的读、写、擦除操作都是以块号为操作对象的。第 24～57 行只做了 3 件事：通过起止块号选定擦除的范围（CMD32 和 CMD33 实现），然后执行擦除操作（CMD38 完成），最后判断擦除是否完成。SD 卡擦除操作需要时间，程序中需要确认擦除真正完成以后才能进行后续的操作。函数 IsCardProgramming()就完成这样的功能，它通过传输 CMD13 指令（作用是获取通信对象卡的 32 位状态信息），指令返回信息中位段[12:9]定义了 9 种状态（见表 15-8），在 sdio_sd.h 文件中被定义枚举常量。

```
typedef enum {
    SD_CARD_READY              = ((uint32_t)0x0000001),
    SD_CARD_IDENTIFICATION     = ((uint32_t)0x0000002),
    SD_CARD_STANDBY            = ((uint32_t)0x0000003),
    SD_CARD_TRANSFER           = ((uint32_t)0x0000004),
    SD_CARD_SENDING            = ((uint32_t)0x0000005),
    SD_CARD_RECEIVING          = ((uint32_t)0x0000006),
    SD_CARD_PROGRAMMING        = ((uint32_t)0x0000007),
    ....
} SDCardState;
```

表 15-8 SD 卡状态信息表

位/位段	位段名（状态名）	位 段 值	状 态 说 明
...			
25	GARD_IS_LOCKED	0=card unlocked 1=card locked	卡加锁状态
...			
12:9	CURRENT_STATE	0=idle 5=data 1=ready 6=rcv 2=ident 7=prg 3=stby 9-15=RSV 4=tran	卡动态的状态： 0=空闲，1=准备，2=识别 3=就绪，4=传送，5=数据 6=接收，7=擦除，其他保留
...			

15.6.2 多块写

1. 写之前块大小设定

代码 15-8-1 函数 SD_WriteMultiBlocks()

```
01 SD_Error SD_WriteMultiBlocks( uint8_t *writeBuf,uint32_t writeAddr,
02                               uint16_t blockSize,uint32_t numberOfBlocks)
03 {
04     SD_Error errorstatus = SD_OK;
05     __IO uint32_t count =0;
06     transferEnd =0;       //全局变量，传输是否结束标志。在 SDIO 中断处理函数中被置为 1
06
```

```
07      SDIO->DCTRL =0x0;                           //复位 SDIO 数据控制寄存器
08      if ( CardType == SDIO_HIGH_CAPACITY_SD_CARD) {
09          blockSize = 512;                        //设置块尺寸为 512 B
10          writeAddr /= 512;                       //将写入地址转换为块号
11      }
12
13      SDIO_CmdInitStructure.SDIO_Argument = (uint32_t) blockSize;    //CMD16 参数：块尺寸
14      SDIO_CmdInitStructure.SDIO_CmdIndex = SD_CMD_SET_BLOCKSIZE; //CMD16 宏名
15      SDIO_CmdInitStructure.SDIO_Response = SDIO_Response_Short;
16      ......
17      errorstatus = CmdResp1Error(SD_CMD_SET_BLOCKSIZE);
18      if (SD_OK != errorstatus)     return errorstatus;
19
```

在真正执行读/写操作之前，必须使用 CMD16 指令先行设置块的尺寸。对于 SDSC 卡来说，块尺寸默认为 512 B，但可以用 CMD16 来更改；而对于 SDHC 卡，为保持兼容 SDSC 卡，其块大小固定为 512 B，任何高于这个数字的设置都将导致 BLOCK_LEN_ERROR 被置位。

2．写之前块预擦除

代码 15-8-2 函数 SD_WriteMultiBlocks()

```
20      SDIO_CmdInitStructure.SDIO_Argument = (uint32_t) RCA <<16; //CMD55 参数：卡地址
21      SDIO_CmdInitStructure.SDIO_CmdIndex = SD_CMD_APP_CMD;      //CMD55 宏名
22      SDIO_CmdInitStructure.SDIO_Response = SDIO_Response_Short;
23      ......
24      errorstatus = CmdResp1Error(SD_CMD_APP_CMD);
25      if (SD_OK != errorstatus)     return errorstatus;
26
27      SDIO_CmdInitStructure.SDIO_Argument=(uint32_t) numbersOfBlocks;//ACMD23 参数：块数量
28      SDIO_CmdInitStructure.SDIO_CmdIndex=SD_CMD_SET_BLOCK_COUNT;//ACMD23 指令宏
29      SDIO_CmdInitStructure.SDIO_Response = SDIO_Response_Short;
30      ......
31      errorstatus = CmdResp1Error(SD_CMD_SET_BLOCK_COUNT);
32      if (SD_OK != errorstatus)     return errorstatus;
33
```

在应用相关指令之前，需要执行 CMD55。为了加快写操作的速率，在真实的写操作之前执行预擦除指令是很必要的，ACMD23 即用来设置预擦除块的数量。

3．执行多块写

代码 15-8-3 函数 SD_WriteMultiBlocks()

```
34      SDIO_CmdInitStructure.SDIO_Argument = (uint32_t) writeAddr;//CMD25 参数：多块写的首地址
35      SDIO_CmdInitStructure.SDIO_CmdIndex=SD_CMD_WRITE_MULT_BLOCK;//CMD25 宏
36      SDIO_CmdInitStructure.SDIO_Response = SDIO_Response_Short;
37      ......
```

```
38      errorstatus = CmdResp1Error(SD_CMD_WRITE_MULT_BLOCK);
39      if (SD_OK != errorstatus)        return errorstatus;
40
41      SDIO_DataInitStructure.SDIO_DataTimeOut = SD_DATATIMEOUT;        //数据传输超时时间
42      SDIO_DataInitStructure.SDIO_DataLength = numberOfBlocks * blockSize;        //数据长度
43      SDIO_DataInitStructure.SDIO_DataBlockSize = SDIO_DataBlockSize_512b;        //块的大小
44      SDIO_DataInitStructure.SDIO_TransferDir = SDIO_TransfierDir_ToCard;        //传输方向
45      SDIO_DataInitStructure.SDIO_TransferMode = SDIO_TransferMode_Block;  //使用块传输模式
46      SDIO_DataInitStructure.SDIO_DPSM = SDIO_DPSM_Enable;
47      SDIO_DataConfig(&SDIO_DataInitStructure);
48
49      SDIO_ITConfig(SDIO_IT_DATAEND, ENABLE);            //开启数据传输结束中断
50      SDIO_DMACmd(ENABEL);                               //开启 SDIO DMA 模式
51      SD_DMA_TxConfig((uint32_t *)writeBuff, (numberOfBlocks * blockSize));  //配置 DMA 传输
52
53      return errorstatus;
54 }
```

指令 CMD25 执行多块数据写,参数即为多块中的第一块块号。一旦写数据开始,SDIO 控制器就会根据 SDIO_DataInitStructure 结构体中设置的有关数据传输相关的参数(41~47 行代码),通过设置的 DMA 通道(49~51 行代码)向 SD 卡传输数据。

与传输命令时需要附加该命令相关的参数一样,数据传输之前也需要事先规范好诸如数据长度、超时计算值、传输模式和方向等参数。这些参数设置分布于 3 个寄存器:SDIO_DTIMER(SDIO 数据定时器寄存器)、SDIO_DLEN(SDIO 数据长度寄存器)、SDIO_DCTRL(SDIO 数据控制寄存器)。其中最主要的 SDIO_DCTRL,其位定义如图 15-19 所示。

SDIO数据控制寄存器: SDIO_DCTRL
地址偏移: 0x2C
复位值: 0x0000 0000

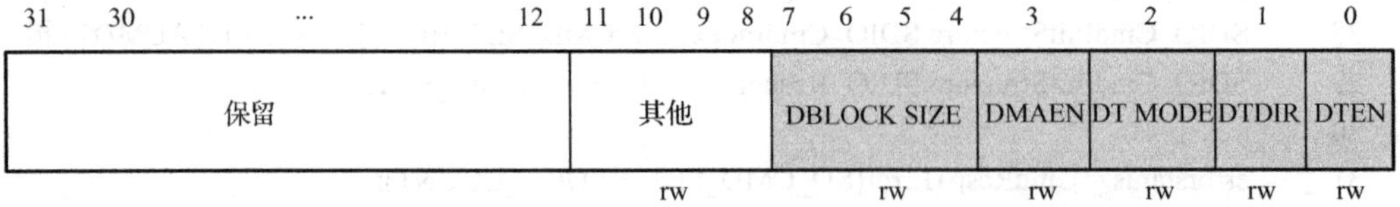

31	30	...	12	11	10	9	8	7	6	5	4	3	2	1	0
保留				其他				DBLOCK SIZE				DMAEN	DT MODE	DTDIR	DTEN
								rw	rw	rw	rw	rw	rw	rw	rw

标志	位标	说明
DTEN	0	数据传输使能。如果该位被置1,则开始数据传输
DTDIR	1	数据传输方向: DTDIR=0控制器到卡; DTDIR=1卡至控制器
DTMODE	2	数据传输模式: DTMODE=0块数据传输; DTMODE=1流数据传输
DMAEN	3	DMA使能: DMAEN=0关闭DMA; DMAEN=1使能DMA进行传输
DBLOCKSIZE	7:4	数据块长度。如果选择了块传输模式,则需要设置此位段

图 15-19 SDIO 数据控制寄存器

第15章 SDIO 总线协议与 SD 卡操作

对于数据块长度,我们取 512 字节/块,即 DBLOCKSIZE=1001。

```
309 #define SDIO_DataBlockSize_512b    ((uint32_t)0x00000090)    //块大小 512 B
338 #define SDIO_TransferDir_ToCard    ((uint32_t)0x00000000)    //数据到 SDIO 卡
339 #define SDIO_TransferDir_ToSDIO    ((uint32_t)0x00000002)    //数据到控制器
350 #define SDIO_TransferMode_Block    ((uint32_t)0x00000000)    //块数据模式
351 #define SDIO_TransferMode_Stream   ((uint32_t)0x00000004)    //流数据
362 #define SDIO_DPSM_Disable          ((uint32_t)0x00000000)    //关闭 DPSM,停止传输
363 #define SDIO_DPSM_Enable           ((uint32_t)0x00000001)    //开启 DPSM,开始数据传输
106 #define DCTRL_CLEAR_MASK           ((uint32_t)0xFFFFFFFC)    //数据控制寄存器清零掩码
```

将这些参数封装成一个 C 结构体类型 SDIO_DataInitTypeDef,如下所示。

```
typedef struct {
{
    uint32_t SDIO_DataTimeOut;      //对应于数据定时寄存器,为数据传输时超时提醒值
    uint32_t SDIO_DataLength;       //对应于数据长度寄存器,表示所发送数据的字节数
    uint32_t SDIO_DataBlockSize;    //块的大小,以字节为单位
    uint32_t SDIO_TransferDir;      //数据传输方向
    uint32_t SDIO_TransferMode;     //数据传输模式:块和流模式,SD 卡采用块模式
    uint32_t SDIO_DPSM;             //开启数据状态机开始传输
} SDIO_DataInitTypeDef;
```

15.6.3 多块读

代码 15-9 函数 SD_ReadMultiBlocks():写之前块预擦除

```
01 SD_Error SD_ReadMultiBlocks(uint32_t *readBuf, uint32_t readAddr,
02                             uint16_t blockSize, uint32_t numberOfBlocks)
03 {
04     SD_Error errorstatus = SD_OK;
05     TransferEnd =0;        //全局变量,传输是否结束标志。在 SDIO 中断处理函数中被置为 1
06     SDIO->DCTRL =0x0;                                    //复位数据控制寄存器
07     if ( CardType == SDIO_HIGH_CAPACITY_SD_CARD) {
08         blockSize = 512;                                 //设置块尺寸为 512 B
09         writeAddr /= 512;                                //将写入地址转换为块号
10     }
11
12     SDIO_CmdInitStructure.SDIO_Argument = (uint32_t) blockSize;   //CMD16 参数:块尺寸
13     SDIO_CmdInitStructure.SDIO_CmdIndex = SD_CMD_SET_BLOCKSIZE;   //CMD16 宏名
14     SDIO_CmdInitStructure.SDIO_Response = SDIO_Response_Short;
15     ......
16     errorstatus = CmdResp1Error(SD_CMD_SET_BLOCKSIZE);
17     if (SD_OK != errorstatus)      return errorstatus;
18
19     SDIO_DataInitStructure.SDIO_DataTimeOut = SD_DATATIMEOUT;     //数据传输超时时间
20     SDIO_DataInitStructure.SDIO_DataLength = numberOfBlocks * blockSize;   //数据长度
21     SDIO_DataInitStructure.SDIO_DataBlockSize = SDIO_DataBlockSize_512b;   //块的大小
```

```
22      SDIO_DataInitStructure.SDIO_TransferDir = SDIO_TransfierDir_ToSDIIO;      //传输方向
23      SDIO_DataInitStructure.SDIO_TransferMode = SDIO_TransferMode_Block;      //使用块传输模式
24      SDIO_DataInitStructure.SDIO_DPSM = SDIO_DPSM_Enable;
25      SDIO_DataConfig(&SDIO_DataInitStructure);
26
27      SDIO_CmdInitStructure.SDIO_Argument = (uint32_t)readAddr; //CMD18 参数：多块读的首地址
28      SDIO_CmdInitStructure.SDIO_CmdIndex = SD_CMD_READ_MULT_BLOCK;//CMD18 宏
29      SDIO_CmdInitStructure.SDIO_Response = SDIO_Response_Short;
30      ......
31      errorstatus = CmdResp1Error(SD_CMD_READ_MULT_BLOCK);
32      if (SD_OK != errorstatus)        return errorstatus;
33
34      SDIO_ITConfig(SDIO_IT_DATAEND, ENABLE);          //开启数据传输结束中断
35      SDIO_DMACmd(ENABEL);                             //开启 SDIO DMA 模式
36      SD_DMA_RxConfig((uint32_t *)readBuff, (numberOfBlocks * blockSize));  //配置 DMA 接收
37
38      return errorstatus;
}
```

理解了多块写的代码，多块读的操作也就容易了。像 SD 卡这样的块存储设备，操作必然采用 DMA 传输方式以提高传输效率，因而需要对 SDIO 中断（数据传输完成中断，SDIO_IT_DATAEND）进行处理。

按 STM32 库开发规范，所有外设的中断处理函数都应该位于 stm32f10x_it.c 文件中。在该文件中添加 SDIO 中断的处理函数 SDIO_IRQHandler()如下。其内部调用了一个在 sdio_sd.c 文件中定义的普通函数 SD_ProcessIRQSrc()，这样做的好处是既可以避免在文件 stm32f10x_it.c 中引入过多的外部文件之变量，又显得简洁。

代码 15-10 SDIO 的中断处理函数 SDIO_IRQHander()

```
01 void SDIO_IRQHandler(void)
02 {
03      SDIO_CmdInitStructure.SDIO_Argument =0;                     //任意值均可
04      SDIO_CmdInitStructure.SDIO_CmdIndex = SD_CMD_STOP_TRANSMISSION; //注释 1
05      SDIO_CmdInitStructure.SDIO_Response = SDIO_Response_Short;    //停止传输数据
06      SDIO_CmdInitStructure.SDIO_Wait = SDIO_Wait_No;
07      SDIO_CmdInitStructure.SDIO_CPSM = SDIO_CPSM_Enable;
08      SDIO_SendCommand(&SDIO_CmdInitStructure);
09
10      TransferError = CmdResp1Error(SD_CMD_STOP_TRANSMISSION);
11
12      SDIO_ClearITPending(SDIO_IT_DATAEND);                       //清除已处理的中断位
13      SDIO_ITConfig(SDIO_IT_DATAEND, DISABLE);        //屏蔽 SDIO_IT_DATAEND 中断
14      TransferEnd =1;
15
16      return TransferError;
17 }
```

第15章
SDIO 总线协议与 SD 卡操作

由于发生了"数据传送完成（无论读与写）"中断，故在 SDIO 的中断处理(调用其功能函数 SD_IRQFunction 进行处理)中先执行 CMD12 指令（注释 1:CMD12 指令的宏名为 SD_CMD_STOP_TRANSMISSIION），停止数据传输；然后将该中断位清 0，同时关闭 SDIO_IT_DATAEND 中断，以免不明原因引起不确定的中断。

最后，我们将多块擦除、写、读操作用一个函数封装起来，形成我们的测试逻辑，如下所示。

代码 15-11　SD 卡测试函数 sdioCard_test()

```
01 void sdioCard_Test(uint8_t blockStartNo, uint8_t blockEndNo)
02 {
03     uint32_t blockCount =0, startAddr, i, ret;
04
05     blockCount = blockEndNo - blockStartNo +1;
06     startAddr = blockStartNo * 512;
07
08     printf("\r\n 擦除块编号 %d-%d.\r\n", blockStartNo, blockEndNo);
09     SD_Erase(startAddr, BLOCK_SIZE * blockCount);
10
11     printf(" 使用'0xa5 填充写缓冲(wrBuffer)！\r\n");
12     fill2wrBuffer(wrBuffer, BLOCK_SIZE * blockCount,0x5a);
13
14     printf(" 将写缓冲 wrBuffer 中的内容写入块 %d-%d.\r\n", blockStartNo, blockEndNo);
15     ret = (int)SD_WriteMultiBlocks(wrBuffer, startAddr, BLOCK_SIZE, blockCount);
16     ret = SD_WaitWriteOperation();
17     while( SD_GetStatus() != SD_TRANSFER_OK );
18
19     if (ret ==0) {          //如果上一步的 SD_WriteMultiBlocks()成功执行，返回 0
20       printf(" 读出块号从 %d 开始连续的 %d 块内容到 rdBuffer.\r\n",
21                                             blockCount, blockStartNo);
22       ret = SD_ReadMultiBlocks(rdBuffer, startAddr, BLOCK_SIZE, blockCount);
23       ret = SD_WaitWriteOperation();
24       while( SD_GetStatus() != SD_TRANSFER_OK );
25
26       if (ret ==0) {        //如果上一步的 SD_ReadBlock()成功执行，返回 0
27         printf(" 对比写入缓存 wrBuffer 和读出缓存 rdBuffer\r\n");
28         ret = bufferCMP(rdBuffer, wrBuffer, MBUFSIZE);
29
30         if (ret ==0)
31           printf(" wrBuffer 和 rdBuffer 内容一致，SD 卡测试 PASS! \r\n");
32         else
33           printf(" wrBuffer 和 rdBuffer 内容有误，SD 卡测试 FAIL! \r\n");
34     }
35 }
```

在 SDIO 控制器发起对 SD 卡的读或写操作后，数据传输会占用一定的时间，此时用户程序必须等待且确认数据传输完成以后才可进行下一步的操作。代码 15-11 第 16~17、23~24 行中的函数 SD_WaitWriteOperation()和 SD_GetStatus()分别用来确保 DMA 控制器和 SD 卡各自完成自己一侧的数据传输，其中 SD_WaitWriteOperation()函数在 SDIO 驱动文件中源码如下。

```
01 SD_Error SD_WaitWriteOperation()
02 {
03    SD_Error errorstatus = SD_OK;
04    while((SD_DMAEndOfTransferStatus()) == RESET) && (TransferEnd =0))   {}
05    if (TransferError != SD_OK)    return TransferError;
06
07    SDIO_ClearFlag(SDIO_STATIC_FLAGS);//传输完成后将状态寄存器中与 FIFO 相关位全部清 0
08
09    return errorstatus;
10 }
```

15.7 建立工程，编译和运行

创建和配置工程的详细步骤请参考第 1 章。

15.7.1 建立以下工程文件夹

- project：存放建立工程过程中由 Keil MDK 自动生成的配置文件和工程文件。
- usr：存放由用户实现的源码文件（即应用层文件），如 main.c、includes。
- stm32：存放 STM32 库文件，并将整理后的库文件复制到此文件夹下，此文件夹下再建立三个子文件夹，即 fwlib、cmsis、_usr，分别用来存入原始库文件整理后的各相关文件。
- output：存放编译、链接时产生的输出文件，可执行格式（.HEX）文件也存放于此。

15.7.2 创建文件组和导入源文件

使用 uVision 向导建立工程，完成后在工程管理区创建文件组，并导入/编辑源文件（创建和导入方法详细说明请见第 1 章）。文件组和文件的对应关系如表 15-9 所示。

表 15-9 工程文件组及源文件

文件组	文件组下的文件	文件作用	文件位置
usr	main.c	应用主程序（入口）	sdcard/usr
	gpio.h/c	GPIO 操作驱动，如 LED、Beep	sdcard/usr
	usart.h/c	用户实现的 USART 模块驱动	sdcard/usr
	shell.h/c	用户实现的 Shell 外壳文件	sdcard/usr
	eeprom.h/c	用户实现的 EEPROM 驱动	sdcard/usr
	rtc.h/c	实时时钟驱动源码文件	sdcard/usr

第15章 SDIO 总线协议与 SD 卡操作

续表

文件组	文件组下的文件	文件作用	文件位置
usr	sysTick.h/c	系统时钟，延时函数	sdcard/usr
	spiflash.h/c	SPI Flash 操作函数	sdcard/usr
	sdio_sd.h/c	SDIO 模块驱动函数	sdcard/usr
	sdcard.h/c	SD 卡操作函数	sdcard/usr
	stm32f10x_conf.h	工程头文件配置	sdcard/stm32/_Usr
	stm32f10x_it.h/c	异常/中断实现	sdcard/stm32/_Usr
cmmis	core_cm3.h/c	Cortex-M3 内核函数接口	sdcard/stm32/CMSIS
	stm32f10x.h	STM32 寄存器等宏定义	sdcard/stm32/CMSIS
	system_stm32f10x.h/c	STM32 时钟初始化等	sdcard/stm32/CMSIS
	startup_stm32f10x_hd.s	系统启动文件	sdcard/stm32/CMSIS
fwlib	stm32f10x_rcc.h/c	RCC（复位及时钟）操作接口	sdcard/stm32/FWlib
	stm32f10x_gpio.h/c	GPIO 操作接口	sdcard/stm32/FWlib
	stm32f10x_usart.h/c	USART 外设操作接口	sdcard/stm32/FWlib
	misc.c	CM3 中断控制器操作接口	sdcard/stm32/FWlib
	stm32f10x_bkp.h/c	备份域各组件操作接口	sdcard/stm32/FWlib
	stm32f10x_pwr.h/c	电源控制操作接口	sdcard/stm32/FWlib
	stm32f10x_rtc.h/c	RTC 管理操作接口	sdcard/stm32/FWlib
	Stm32f10x_i2c.h/c	I2C 外设操作接口	sdcard/stm32/FWlib
	Stm32f10x_spi.h/c	SPI 外设操作接口	sdcard/stm32/FWlib
	Stm32f10x_sdio.h/c	SDIO 操作函数	sdcard/stm32/FWlib

15.7.3 编译执行

执行开发环境菜单"build"或"rebuild"命令（对应于工具栏中的 和 ）即可完成工程的编译、链接，最终生成可执行的 sdcard.hex 文件。将其烧录到学习板后，在 Shell 下输入"sdtest1 3"和"sdtest 5 9"，运行画面如图 15-20 所示。

图 15-20 SD 读、写、擦除实验运行画面

第16章

移植文件系统 FatFs

第 15 章的 SD 卡读/写实验是基于块号的，存储时需要先确定信息（文本）所要存储的块号，然后写入；读出时需要先知道所要读出信息所在的块号，然后读出。这种以块号为索引来读写文本内容的方式不利于数据的维护，既不直观，也不易记忆，还容易造成信息破坏。为了克服这种不足，产生了文件系统。所谓文件系统，通俗来讲就是在存储设备（硬盘、Flash、SD 卡等）上建立一套以文件名为标识的信息组织管理系统。相对于块号，文件名适合人类的思维记忆习惯，基于文件系统上对文件的操作（创建、删除、修改）也就更加方便。

文件系统有多种，相对于应用于 PC 上的大型文件系统，如 FAT32、NTFS、Ext2/3/4 等，Yaffs、exFAT、FatFs 等由于功能完备，所需内存较小（几十 KB）等优点，比较适合嵌入式设备。尤其是 FatFs，由于其兼容 Windows 平台下的 FAT/exFAT，配置灵活，应用极为广泛。本章主要讲解如何基于 SD 卡驱动来移植 FatFs，并基于 FatFs 实现对文件的打开、读和写的 Shell 命令。通过这个过程，教会读者如何使用 FatFs 来对文件进行管理。

16.1 实验现象预览：基于 Shell 的文件系统命令

本章的目的是让读者掌握 FatFs 的基本工作原理，在此基础上通过实现文件打开、添加和显示文件内容等命令，熟悉文件系统 FatFs 的移植过程，并掌握基于 FatFs 的应用程序编写。

命令实现后的运行界面如图 16-1 所示。

图 16-1 SD 卡 Shell 命令运行界面

16.2 FatFs 文件系统

16.2.1 FatFs 特点

FatFs 是一款专门为嵌入式设备量身打造的文件系统,其代码实现全部以 C 语言完成并且开源,开发人员可以根据自己的需要进行修改、配置,以适应不同的应用场合。由于其具有如下的特性,得到了广泛应用。

- 与 Windows FAT 兼容(exFAT 取代 FAT 之前,FAT 仍是主流,因 exFAT 需要 64 位 int 类型)。
- 与底层硬件(MCU、存储器件)独立,具有良好的可移植性。
- 占用较小的存储空间和运行空间。
- 支持长文件名和中文编码(对中文的支持需要额外 177 KB 的字库空间)。
- 灵活的配置,可以裁剪不需要的功能,减少代码尺寸。

16.2.2 FatFs 在设备系统中的层次与接口

通常情况下,文件系统作为操作系统的一部分,将上层应用的诸多文件映射到底层存储设备的不同块(扇区),因此其对"上"对"下"各自需要一些接口来完成这种桥梁作用(在没有操作系统的环境中,其地位与作用也一样)。图 12-2 为文件系统在计算机应用体系结构中的层次。

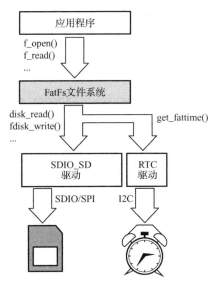

图 16-2 FatFs 在设备系统中的层次

FatFs 向上为应用程序提供的接口为诸如"f_open()/f_read()/f_write()"之类的文件操作函数,用户程序只需按调用格式使用即可;为了保持其与硬件无关的特性,FatFs 在向下进行沟通时，仅提供了一些空函数，由用户根据底层硬件驱动来完成这些空函数的具体功能。

下面我们基于 FatFs 应用程序的开发流程来了解一下常用的 FatFs 接口函数及其作用。

（1）应用程序接口函数，常用的有：

- f_mount()：挂载文件系统 FatFs 到一个逻辑驱动器。

说明：就 SD 卡来说，在使用之前需要将其格式化为 FAT32 格式才可使用。如果只有一个分区，格式化时默认为其分配的逻辑驱动器编号为 0；假如 SD 卡被分为 4 个分区，相应的驱动器编号为 0~3。这与在 Windows 下对硬件进行分区是类似的。

- f_open()：在所挂载的存储设备（SD 卡）上打开/创建一个文件。
- f_read()：从打开的文件中读取文件内容。
- f_write()：向打开的文件写入新的内容。
- f_close()：关闭一个打开的文件。
- f_mkdir()：创建一个目录。
- f_opendir()：打开一个目录。
- f_closedir()：关闭一个打开的目录。
- f_rename()：重命名或删除一个文件或目录。

（2）底层访问接口函数，主要有：

- disk_initialize()：初始化设备，本章即为初始化 SD 卡。
- disk_read()：从扇区（块）中读出数据，块大小为 512 B。
- disk_write()：向扇区（块）写入数据。

16.3 移植 FatFs 文件系统

16.3.1 FatFs 源代码结构

从 FatFs 官方网站（http://elm-chan.org/fsw/ff/00index_e.html）下载最新的版本 FatFs R0.12b，解压后呈现如图 16-3 所示的文件结构。

FatFs 下有两个主要的文件夹。

（1）帮助文档目录 doc，包括两方面：

- FatFs 使用学习的网页文件，通过它可以快速地对 FatFs 的移植和使用有一个基本的认识。
- 存放于"doc/res/"下针对 FatFs 性能进行测试的代码，如果有兴趣，可以阅读一下以拓展编写代码的思维。

（2）源码文件目录 src：对于移植而言，我们只关注目录 src 下的文件。本章主要讲解 FatFs 的移植及其应用，不对它的实现代码进行分析，但对于每个文件的作用仍然需要进行必要的了解。

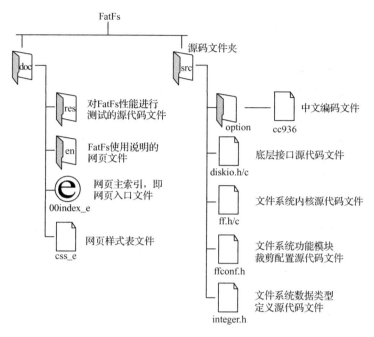

图 16-3 FatFs 源代码结构

- integer.h：针对不同的嵌入式平台（16/32 位）重新定义了数据类型，如 INT、BYTE、WCHAR 等。
- ffconf.h：FatFs 功能配置文件，通过配置该文件中的宏开关，使 FatFs 适应不同的应用需要。例如，在编译时可以通过配置"#define _FS_READONLY 1"来移除 FatFs 中所有与写操作有关的函数，实现只读的应用；有些应用需要长文件名支持，可以通过"#define _USE_LFN 1"来开启长文件操作函数予以实现，等等。
- diskio.h/c：提供了 FatFs 与底层硬件交互的接口，这些接口是一些没有功能代码的空函数；移植开发人员根据实际的底层硬件驱动（如 SD 卡）来填充这些空函数。因此这"一空一实"之间就既保持了 FatFs 的平台无关性，同时也实现了与底层真正的物理通信。
- ff.h/c：为 FatFs 的内核文件，提供了应用程序接口供开发人员使用。

16.3.2 基于 FatFs 应用的常用数据类型说明

FatFs 是一个精干而强大的文件系统，要理解其内部的源码实现，必须得弄清楚传统硬盘的物理和逻辑结构，以及磁盘的引导原理（包括 MBR 扇区和扩展分区）等知识。这些不是本书所讨论的内容，虽然如此，其面向用户程序的几个关键结构体类型，却是我们进行基于 FatFs 文件系统开发所必须了解的。本节就来对这些类型做一介绍，以有利于对后续移植过程和应用程序示例的分析理解。

1. 文件系统对象

我们知道文件系统指的是"在存储设备（硬盘、Flash、SD 卡等）上建立起以文件名为标识（索引）的一套信息组织管理系统"，它的作用当然是在方便用户在对自己文件的访问（读、写、改、删除等）的同时，保证高效地利用存储设备的空间。因此在使用之前，必须将它与底层的存储设备关联起来。

文件系统对象是使用 FATFS 类型定义的一个变量，即

FATFS FatFs;

通过函数 f_mount() 调用来完成将文件系统对象与存储设备的绑定：

f_mount(&FatFs,"0:",0);

此函数代码完成"注册文件系统对象 FatFs 到磁盘的逻辑驱动器 0"。对于 SD 卡而言，在使用之前需要先将其分区（默认一个分区，因此其逻辑驱动器号为 0）并格式化为 FAT32 格式（使用 Windows 的格式化工具或 FatFs 提供的函数调用自己实现 mkfs 命令来格式化）。因此这样一来，文件系统对象 FatFs 和格式化后 SD 卡便具有相同的文件组织结构（即关联文件系统对象与 SD 卡上格式化后建立的存储空间的逻辑组织结构）。最后一个参数 0 是模式选项，值总是为 0。

FATFS 类型定义如下。

```
typedef struct _FATFS_ {
    BYTE fs_type;              //FAT 子类型
    BYTE drive;                //逻辑驱动器号
    BYTE csize;                //每个簇大小，即所包含的扇区数目
    BYTE n_fats;               //文件分配表的数量
    ...
    DWORD fatbase;             //文件分配表开始扇区
    DWORD dirbase;             //根目录开始扇区
    DWORD database;            //数据区开始扇区
    ...
}
```

2. 文件对象和操作结果枚举类型

文件是文件系统操作的对象，通俗地讲，即文件指针，它指向一个打开的文件。对该文件进行读的时候，数据流即通过该文件指针从 SD 卡流向 FATFS 对象的内部缓存，最终到达用户的缓存空间（写操作类似，但方向相反）。文件指针可以通过 f_open() 函数来获取。

```
FIL fp;                        //文件指针，指向成功打开的文件
FRESULT res;                   //文件操作结果
```

例如：

fr = f_open(&fp, "newfile", FA_WRITE | FA_CREATE_ALWAYS);

f_open() 函数以"可写和新建"方式打开文件 newfile，并以文件指针 fp 指向此打开的文件，开启成功返回 0。

FRESULT 表示文件操作（开、读、写等）的结果，被定义为一枚举类型。

```
typedef enum {
    FR_OK =0,                  //操作成功
```

```
        FR_DISK_ERR,                    //硬件错误
        FR_NOT_READY,                   //物理驱动器未准备好
        FR_NO_FILE,                     //没有那样的文件
        ...
        FR_INVALID_PARAMETER            //无效参数
} FRESULT;
```

FIL 文件对象，既然指向一个打开的文件，那么其类型定义就与文件的位置相关，定义为：

```
typedef struct {
    _FDID obj;                          //对象标识
    BYTE flag;                          //文件对象标志
    DWORD clust;                        //文件当前所在的簇号
    DWORD sect;                         //文件内容已调入 buf 的扇区号
    BYTE buf[_MAX_SS];                  //文件对象的数据缓存区，512 B
} FIL;
```

3．文件的开启模式宏定义

在代码"fr = f_open(&fp,"newfile", FA_WRITE | FA_CREATE_ALWAYS);"中，FA_WRITE 和 FA_CREATE_ALWAYS 表示文件打开模式：可写和新建。当打开一个并不存在的文件时，需要"新建"模式。除了这两种模式之外，还有：

```
#define FA_READ                0x01     //只读方式
#define FA_WRITE               0x02     //只写方式
#define FA_CREATE_NEW          0x04     //新建文件
#define FA_CREATE_ALWAYS       0x08     //总是新建
#define FA_OPEN_APPEND         0x30     //以追加内容的方式打开文件
```

读者可以在后面的示例代码中逐个模式尝试这些开启模式，并观察程序是否可以正常工作。

16.3.3 FatFs 的移植

FatFs 的移植十分简单，只需要对 diskio.h/c 文件提供的以下空函数进行完善即可。本章实验只实现了其中以粗体字显示的三个函数，引导读者掌握 FatFs 移植的方法。有兴趣的读者可以自行尝试实现其他的函数。

- disk_status()：获取设备的状态。
- **disk_initialize()**：初始化设备，包括 SD 卡、RTC 时钟、NAND Flash 等。
- **disk_read()**：读取存储器件扇区（块）的数据。
- **disk_write()**：向存储器件扇区（块）写入数据。
- disk_ioctl()：获取/执行设备的一些控制信息。
- get_fattime：获取系统当前的时间。

1. disk_initialize()的代码实现

代码 16-1　SD 卡初始化函数 disk_initialize()

```
01 DSTATUS disk_initialize(BYTE drv)
02 {
03     if (drv)   return STA_NOINIT;      //如果物理驱动器号错误，出错返回
04     if (SD_Init() ==0)                 //前一章学习过的SD卡初始化函数，SD卡初始化成功是返回0
05         return RES_OK
06     else
07         return RES_NOINIT;
08 }
```

代码 16-1 的第 03 行中 drv 为物理驱动器号。在使用 FatFs 之前，需要将其挂载于 SD 卡之上（或者说将二者关联起来），挂载函数 f_mount()将其参数 2（物理驱动器编号，一般 SD 卡只格式化为一个分区，故为 0）经函数 find_volume()内部的简单转换，即形成 drv。初始化函数 disk_initialize()即根据此 drv 对 SD 卡进行初始化。本实验的 SD 卡由于只有一个分区，所以格式化时它的逻辑驱动器编号为 0。在第 03 行中如果驱动器编号非 0，表明出错，直接返回。

2. disk_read()的代码实现

代码 16-2　SD 卡读函数 disk_read()

```
//函数参数说明：
//BYTE drv：设备物理驱动器号；
//BYTE *buff：指向读出数据的缓存空间
//DWORD: sector - SD 卡的块（扇区）号
//UINT count：需要读出的扇区数

01 DRESULT disk_read( BYTE drv, BYTE *buff, DWORD sector, UINT count)
02 {
03     SD_ReadBlock((uint_8 *)buff, sector*BLOCK_SIZE, BLOCK_SIZE);
04     SD_WaitReadOperation();
05     while(SD_GetStatus() != SD_TRANSFER_OK);
06
07     return RES_OK;
08 }
```

在代码 16-2 中，只考虑了单块读这一种情况。但根据空函数中参数 count 的含义，其取值应在 1~255 之间。因此，函数的代码应该考虑单块读和多块读的情况，如下所示。

```
if (count >1) {
    SD_ReadMultiBlocks(buff, sector*BLOCK_SIZE, BLOCK_SIZE, count);      //多块读
    ...
} else {
    SD_ReadBlock(buff, sector*BLOCK_SIZE, BLOCK_SIZE);                   //单块读
    ...
}
```

不过在实验中，笔者尝试写入一大小为 2 KB 的字符（以 BLOCK_SIZE=512 计，应该 count=4），但使用打印语句在此函数中显示 count 值时，却始终为 1。追踪到 ff.c 文件中，发现在 f_read()内部，已经以 count=4 构造了一个循环并调用 disk_read()函数。因此，在 disk_read() 的函数实现时，就舍弃了多块时的情况。这恰恰是 FatFs 内部需要优化的地方，毕竟对连续的多块数据以循环单块读的方式，效率会大打折扣（disk_wirte()函数也存在这样的问题）。

3．disk_write()的代码实现（与 disk_read()类似）

代码 16-3　SD 卡写函数 disk_read()

```
01 DRESULT disk_write( BYTE drv, BYTE *buff, DWORD sector, UINT count)
02 {
03     SD_WriteBlock((uint_8 *)buff, sector*BLOCK_SIZE, BLOCK_SIZE);
04     SD_WaitWriteOperation();
05     while(SD_GetStatus() != SD_TRANSFER_OK);
06
07     return RES_OK;
08 }
```

16.4　FatFs 文件系统应用示例分析

16.4.1　工程源代码逻辑

本章的实验运行情况在 16.1 节已有介绍，其实验源代码逻辑遵循下面的流程。

本实验基于 Shell 而成，图 16-4 所反映的代码逻辑主要就是 Shell 的逻辑，这在前面章节的外设实验中不断地反复出现，在此不再重复。图 16-4 针对 SD 卡的部分首先是 SD 卡的初始化，然后是对 SD 卡的各种操作命令，如挂载、读和写等，下面一一进行分析。

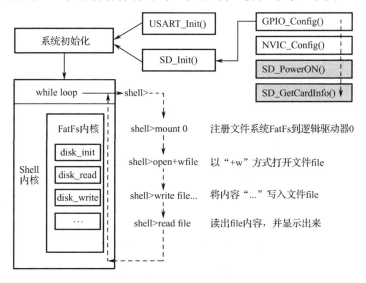

图 16-4　SD 卡读写实验代码逻辑

16.4.2 工程源代码分析

1. 工程入口函数 main()

代码 16-4　工程入口函数 main()

```
01 #includes "includes.h"
02 int const BUFSIZE = 128;              //文件系统对象
03 char line[BUFSIZE];                   //有关 Shell 的全局变量此处省略
04
05 void systemInit(void)
06 {
07     gpio_Init();                      //GPIO 外设初始化（4，5 章）
08     usart_Init();                     //USART 初始化（6 章）
09     i2cEE_Init();                     //I2C 初始化（8 章）
10     rtc_Init();                       //RTC 初始化（10 章）
11     sysTick_Init();                   //sysTick 初始化（11 章）
12     spiFlash_Init();                  //SPI 初始化（12 章）
13     sdioCard_Init();                  //SDIO 初始化（本章）
14 }
15
16 int main(void)
17 {
18     systemInit();
19
20     xputs ("\r\n\r\n\r\n\r\n\r\n\r\n");
21     xputs("******************************\r\n");
22     xputs("\r\nWelcome to Easyway Shell !\r\n");
23     xputs("Board Shell, version 2.1 ...\r\n");
24     xputs("_____\r\n");
25     xputs("\r\n\r\n");
26
27     while(1) {
28         xputs("USART > ");
29         xgets(line, BUFSIZE);
30         parse_console_line(line);
31         xprintf("\r\n");
32     }
33 }
```

整个 main 函数完成系统初始化并进入 Shell 环境，显示 "USART > " 提示用户输入执行命令。在这个过程中，没有见到任何与 FatFs 相关的初始化代码，那么如何执行文件的读写操作呢？

需要指出，FatFs 的初始配置其实质就是 FatFs 的裁减，由开发人员根据应用需要，剔除了不相关的功能模块，并且有关文件系统 FatFs 的功能函数已实现在 fatsapp.c 文件中，也在 Shell 命令系统中集成了相关的操作命令。例如，函数 fsmount()完成将 SD 卡与文件系统关联（即挂载 SD 卡于 FatFs 文件系统之上）；函数 fsopen()用于开启一个文件；fswrite()完成将用户在 Shell 下输入的字符串写入文件。

因此，用户只要在提示下按以下流程操作即可实现对文件的读/写等操作：

（1）输入"mount 0"命令，调用 fsmount()函数挂载 SD 卡到系统中。

（2）输入"open +rw ly"命令，调用 fsopen()函数开启/新建一个文件。

（3）输入"write ly ..."命令，调用 fswrite()函数写入文件内容。

（4）输入"read ly"命令，调用 fsread()函数读出文件内容。

接下来我们就以这个操作流程分别对这几个函数的实现进行讲解。

2．fatfsapp.c 文件

代码 16-5　fatfsapp.c 文件中定义和导入的全局变量

```
01 #include "sdio_sd.h"
02 #include "ff.h"                    //文件系统 fatfs 头文件
03 #include "fatfsapp.h"               //文件系统应用相关的头文件
04 #include "usart.h"
05 #include "shell.h"
06 #include <string.h>
07
08 extern char recvBuf[];              //键盘接收缓存
09 FRESULT fr;                         //文件操作结果变量
10 FIL fp;                             //文件指针
11 UINT bw, br;                        //实际使用时以"&bw"方式使用，表示实际写入的字符数
12 BYTE wrBuf[] = "\                   //超过 512 B 的缓存，以验证在 FatFs 下 SD 卡多块写入
13 ================================================================\r\n\
14 \r\n ffconf.h   Configuration file    for FatFs module.\r\n\
15 ff.h          Common include file for FatFs and application module. \r\n\
16 ff.c          FatFs module. \r\n\
17 diskio.h      Common include file for FatFs and disk I/O module. \r\n\
18 integer.h     Alternative type definitions for integer variables.\r\n\
19 ...
20 FatFs module is an open source software to implement FAT system to embedded systems.\r\n\
21 ----------------------------------------------------------------\r\n\
22 ...   （接以下 fsmount()，fsopen()，fswrite()，fsread()函数代码）
```

代码 16-5 的 01～15 行定义了本实验所需的全局变量，主要是与文件系统相关的，如文件指针 fp、键盘接收缓存 recvBuf，尤其是将 wrBuf 初始化为超过 512 B 的字符数组。在代码 16-8 中，当使用 f_write()写入时，用它来验证文件系统函数 f_write()写入多块数据时的正确性。

（1）加载文件系统。

代码16-6 文件系统挂载函数 fsmount()

```
23 fsmount(char para[])
24 {
25     int vol;
26     char *arg;
27
28     arg = lindexStr(para, 1);              //参数：挂载的驱动器号（字符串型）
29     vol = atoi(arg);                       //转换字符串型的驱动器号为整型值
30     if (vol != 0) {
31         xprintf("ERROR: arguments of mount command should be 0!\r\n");
32         return 1;
33     }
34     xprintf("mount: vol = %d\r\n", vol);
35     f_mount(&FatFs, "0:", 0);              //挂载文件系统对象
36
37     return 0;
38 }
```

（2）打开/关闭文件。

代码16-7 打开文件命令的执行函数 fsopen()

```
01 int fsopen(char para[])                   // 假设从命令行用户输入的是"open +aw txt"
02 {
03     char perm[5], fn[8];
04
05     memset(perm, '\0', 5);
06     memset(fn, '\0', 8);
07
08     strcpy(perm, lindexStr(para, 1));
09     strcpy(fn, lindexStr(para, 2));
10
11     if (strcmp(perm, "+r") == 0 ) {
12         xprintf("Open file: perm = +r\r\n");
13         fr = f_open(&fil, fn, FA_READ);
14     } else if (strcmp(perm "+w") == 0) {
15         xprintf("Open file: perm = +w\r\n");
16         fr = f_open(&fil, fn, FA_WRITE | FA_CREATE_ALWAYS);
17     } else if (strcmp(perm, "+rw") == 0) {
18         xprintf("Open file: perm = +rw\r\n");
19         fr = f_open(&fil, fn, FA_WRITE | FA_READ | FA_CREATE_ALWAYS);
20     } else if(strcmp(perm "+aw") == 0) {
21         xprintf("Open file: perm = +aw\r\n");
22         fr = f_open(&fil, fn, FA_WRITE | FA_OPEN_APPEND);
23     } else {
24         xprintf("ERROR: Invalid operate mission!\r\n");
```

```
25     }
26
27     if (fr)
28         return (int)fr;
29 }
```

打开一个文件时，常用 4 种方式"只读/r"、"只写/w"、"读写/rw"、"追加写/aw"。代表此四种方式的字母 r、w、rw、aw 在命令行输入时是必需的，由用户自定义以方便命令行输入。标准的 C 文件操作函数中对应的模式分别为 r、w+、a+。在构造实现代码时，对于 aw（追加写）打开方式，需要进行变通：在以"可写"方式打开文件后，将文件指针移动到文件结尾，然后新的内容以此为起点存入。

关闭文件很简单，只需要将 FatFs 的系统函数 f_close(fp)封装到 open()函数中即可。

```
01 int close( FIL *fp )
02 {
03     fr = f_close(fp);
03 }
```

（3）读文件内容。

代码 16-8 读文件命令的执行函数 read()

```
01 int read( char para[])                              //传入的命令行字符串，如 read txt
02 {
03     char rdBuf[40], fn[8];                          //读缓冲：暂存文件（读取的）一行字符串
04
05     memset(rdBuf, '\0',40);
06     memset(fn, '\0',8);
07
08     strcpy(fn, lindexStr(para,1);
09     fr = f_open(&fp, fn, FA_READ);                  //打开 fn 所代表的文件，用 fp 指向它
10     if (fr)   return (int)fr;
11
12     while(f_gets(rdBuf, sizeof(rdBuf), &fp)         //循环读取文件中每一行，暂存于 rdBuf
13         printf("\r\n%s",rdBuf);                     //打印所读取的一行字符串
14
15     f_close(&fp);
16 }
```

函数 f_gets()的作用是以行为单位从文件中读取字符串，为了读取整个文件，需要将其放在一个循环中。也可以使用 f_read()函数改写代码 16-7 的第 12 行，一次性读取一块数据（很多行，数据多少取决于接收缓存），如果这样，rdBuf 应设置得更大，如以下代码片断。

```
char rdBuf[4096];
    for(;;) {
    fr = f_read(&fp, rdBuf, sizeof(rdBuf),&br);
    if (fr || br ==0) break;                         //如果 br =0，表示已到文件尾
    printf("%s\r\n", rdBuf);
    }
```

f_read()的最后一个参数"&br"是一个指向实际读出字符数的指针，如果它的值等于 0，表示文件中已无数据可读，到了文件尾。因此，使用 f_read()读取整个文件，如果文件很大，也需要将其放置在循环中，通过判断其第 4 个参数值来判断文件是否结束。

（4）向文件写入内容。

代码 16-9　写文件命令的执行函数 write()

```
01  int write( char para[])                          //传入的命令行字符串，如 write txt "good morning"
02  {
03      char fnContentf[40], fn[8];                  //文件内容缓存：存储需要保存的字符串
04      int len, i;
05
06      memset(fnContent, '\0',40);
07      memset(fn, '\0',8);
08      memset(tmp, '\0',10);
09
10      len = lsize(para);                           //得到整个命令行字符串（包括命令）中单词个数
11      for (i = 2; i < len; i++) {                  //要写入的文件内容是从第 2 个单词开始
12          strcpy(fnContent, lindexStr(para, i));   //逐一将每一个单词到文件内容缓冲区
14          strcat(fnContent, " ");                  //每个单词之间用空格分开
15      }
16
17      strcpy(fn, lindexStr(para,1));               //命令行的第 1 个单词为要写入的文件名
18      if (strncmp(fnContent, "wrBuf",5) ==0) {     //如果 fnContent 为 wrBuf
19          fr = f_write(&fp, wrBuf, sizeof(wrBuf), &bw);   //将 wrBuf 的内容写入文件
20      } else {
21          fr = f_write(&fp, fnContent, sizeof(fnContent), &bw);  //写入 fp 所指的文件
22      }
23
24      if (fr || bw < sizeof(fnContent))    {       //实际写入的字符数小于需要写入的字符数
25          printf("f_write ERROR or disk full\r\n");  //打印：磁盘（SD 卡）已满
26          break;
27      }
28
29      f_close(&fp);                                //关闭文件
30  }
```

f_write()与 f_read()两函数的参数所代表的意义相同，分别表示读/写的文件指针（&fp）、写/读的缓存空间（fnContent）、缓存空间大小（sizeof(fnContent)），以及实际写入/读出的字符个数（&bw），并且都通过最后一个参数来判断是否应该结束本次的读/写操作（异常为磁盘已满或已到文件尾）。

代码 16-8 的第 10～15 行对在命令行下用户所输入的字符串进行解析，得到该串包含的单词个数，除去第 0 个单词（命令）、第 1 个单词（文件名）外，之后的所有单词都是要写入的文件内容。逐一将这些单词重新组装在缓存空间 fnContent 之后，在第 18 行将此文件缓存内容写入文件。

为了验证文件系统对于文件内容大小都能正确处理，文件内容的写入分两种情况。第一种情况是写入在命令行输入的少量单词，比如命令行输入"write txt 'good morning, hello FatFs world'"，此时程序走的是分支第 20～21 行，会将"good morning, hello FatFs world"写入文件 txt，这主要是验证写入少量数据时 FatFs 的正确性。第二种情况是写入大块数据（>512 B）时，验证 FatFs 的多块写入能力，此时走的是分支第 18～19 行。当输入"write txt wrBuf"时，就会发生这种情况。文件参数 wrBuf 在函数实现中作为命令的一个内置参数，表明此时写入文件的应是缓存 wrBuf 的内容。全局数组 wrBuf 在 usrapp.c 文件开始被定义并初始化了一长段文本内容。

16.5 建立工程，编译和运行

16.5.1 创建和配置工程

建立工程文件夹 FatFs，在其下建立 project、usr、stm32、output 和 fatfs 五个子目录，如图 16-5 所示。

- project：存放建立工程过程中由 Keil MDK 自动生成的配置文件和工程文件。
- usr：存放由用户实现的源码文件（即应用层文件），如 main.c、includes。
- stm32：存放 STM32 库文件，并将整理后的库文件复制到此文件夹下，此文件夹下再建立三个子文件夹，即 fwlib、cmsis、_usr，分别用来存入原始库文件整理后的各相关文件。
- output：存放编译、链接时产生的输出文件，可执行格式（.HEX）文件也存放于此。
- fatfs：将下载的 FatFs R0.12b 源文件放入其中。

使用 uVision 向导建立工程，完成后按表格 16-1 在"工程管理区"创建文件组，并导入/编辑源文件。工程管理区的最终结果如图 16-6。

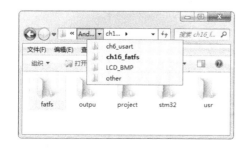

图 16-5 工程文件夹 fatfs

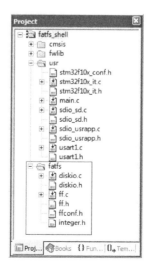

图 16-6 工程管理区中文件组和源文件

表 16-1 工程文件组及源文件

文件组	文件组下的文件	文件作用	文件位置
usr	main.c	用户应用主控制逻辑	fatfs/usr
	sdio_sd.h/c	sdio_sd 驱动文件	fatfs/usr
	sdio_usrapp.h/c	SDIO 用户配置文件	fatfs/usr
	usart1.h/c	串口驱动文件	fatfs/usr
	stm32f10x_conf.h	工程头文件配置	fatfs/lib/_Usr
	stm32f10x_it.h/c	异常/中断实现	fatfs/lib/_Usr
cmmis	core_cm3.h/c	Cortex-M3 内核函数接口	fatfs/lib/CMSIS
	stm32f10x.h	STM32 寄存器等宏定义	fatfs/lib/CMSIS
	system_stm32f10x.h/c	STM32 时钟初始化等	fatfs/lib/CMSIS
	startup_stm32f10x_hd.s	系统启动文件	fatfs/lib/CMSIS/Startup
fwlib	stm32f10x_rcc.h/c	RCC（复位及时钟）接口	fatfs/lib/FWlib
	stm32f10x_gpio.h/c	GPIO 操作接口	fatfs/lib/FWlib
fatfs	diskio.h/c	Fatfs 底层磁盘/卡驱动	fatfs/fatfs
	ff.h/c	FatFs 内核文件	fatfs/fatfs
	ffconf.h	FatFs 配置文件	fatfs/fatfs
	integer.h	FatFs 类型重定义文件	fatfs/fatfs

16.5.2 编译执行

执行开发环境菜单"build"或"rebuild"命令（对应于工具栏中的 和 ）即可完成工程的编译、链接，最终生成可执行的 fatfs.hex 文件。将其烧录到学习板后，执行相关命令，即可看见图 16-1 所示的运行结果（将从命令行输入的短字符串保存到文件），以及 16-6 所示的运行结果（将内存 wrBuf 中的长字符串写入文件）。

图 16-7 向文件中写入长字符串

第17章
无线接入：Wi-Fi 模块 ESP8266 应用

当今社会越来越朝智能化的方向发展，这有赖于其中的"智能细胞"，即各式各样的嵌入式设备。为了将这些"细胞"连接起来形成一个个有效的"组织"，除了第 13 章介绍的以太局域网技术以外，各种无线接入技术更是功不可没。得益于"物物相通"这一伟大目标的"召唤"，在物联网应用的驱动下，以 Wi-Fi 为代表的一系列物联网技术得到了迅猛发展。

物联网（Internet of Things，IoT）就是"物物相连的互联网"，它是通过各种嵌入到物品（建筑、桥梁、电灯、热水器、水表等）中的传感器和智能设备，按约定的规则，相互间进行信息交换和通信，以实现识别、定位、跟踪、监控和管理的一种网络。实现"物物相连"的基础是各种无线通信技术，如 ZigBee、蓝牙、RFID、Wi-Fi，这些技术将有线网络不能延伸的"最后一公里"无缝地覆盖。与 ZigBee、蓝牙技术相比，由于 Wi-Fi 技术传输距离更远，越"障"能力更强，因此得到了更广泛的应用。

本章通过介绍乐鑫公司的 Wi-Fi 模块 ESP8266 的应用设计，来梳理 Wi-Fi 技术概念、原理及应用场景和实现。

17.1 无线技术标准：IEEE 802.11

17.1.1 IEEE 802.11 简介

无线网络是对有线局域网络的补充和扩展，它们都处于 ISO 七层网络模型的链路层和物理层，因此相关的技术标准都是由 IEEE 协会制定和维护的。链路层标准中比较著名的当属 IEEE 802.3（CSMA/CD 访问控制方法和物理规范，即以太网标准）和 IEEE 802.11（无线局域网访问控制方法与物理层规范），几乎所有的公共场合（办公室空间更是如此），如机场、医院、大型商场等所提供的无线接入服务，都是这二者紧密结合的结果。

对于 IEEE 802.11，根据调制方式的不同，又可分为 802.11a、802.11b、802.11g、802.11n 四个子标准，如表 17-1 所示。

表 17-1 802.11 标准系列参数标准

标准号	802.11b	802.11a	802.11g	802.11n
标准发布时间	1999 年 9 月	1999 年 9 月	2003 年 6 月	2009 年 9 月
工作频率范围/GHz	2.4~2.4835	5.15~5.85	2.4~2.4835	2.4~2.4835,5.15~5.85
频宽/MHz	20	40	20	20、40
非重叠信道数	3	24	3	15
调制方式	CCK、DSSS	OFDM	CCK、DSSS、OFDM	MIMO-OFDM、CCK、DSSS
实际/理论速率/Mbps	6/11	24/54	24/54	约 100/600
兼容性	802.11b	802.11a	802.11b/g	802.11a/b/g/n

802.11b/g 标准工作于 2.4 GHz 频段，频率范围为 2.4~2.483 GHz，之间共划分 14 个信道。每个信道宽度为 22 MHz，相邻子信道中心频点间隔 5 MHz（如图 17-1 所示），相邻多个子信道之间存在频率重叠（比如信道 1 与 2、3、4、5），整个频段内只有 3 个（1、6、11）信道互不干扰。因此 Wi-Fi 设备通信时，信道选择十分重要，尽可能选择第 1、6、11 信道。

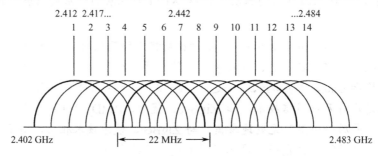

图 17-1 IEEE 802.11b/g 的工作频率及信道划分

17.1.2 无线局域网的组网拓扑

无线局域网组网拓扑如图 17-2 所示，拓扑呈星状，以 AP 为中心点向外辐射。在 AP 信号所覆盖的范围内，都可以进行有效的通信。而 AP 本身可以通过有线局域网络与 Internet 相连。

拓扑图中涉及以下术语。

（1）AP（Access Point，访问点）：各路信息的集散地，是无线网络的中心节点，负责管理（认证、识别）整个网络，转发数据。

（2）Station（工作站）：即网内的计算机、手机、打印机等设备，是整个网络的信息来源和目的地。

（3）BSS（基本服务集）：是 IEEE 802.11 网络组成的逻辑模块，能互相进行无线通信的工作站可以组成一个 BSS（Basic Service Set），如果一个站移出 BSS 的覆盖范围，它将不能再与 BSS 的其他成员通信。

（4）SSID（服务集的标识）：用来标识一个无线网络，在同一 BSS 内的所有工作站和

AP 必须具有相同的 SSID，否则无法进行通信。AP 正是基于 SSID 来管理一个网络的。

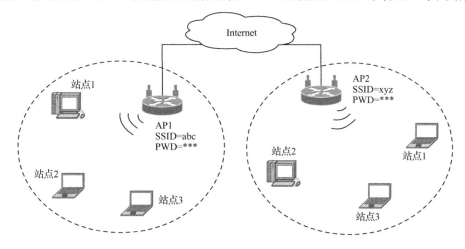

图 17-2　无线局域网组网拓扑

17.1.3　无线接入过程的三个阶段

一台处于漫游的设备被允许接入某个无线网络，与网内其他设备通信前，需要经历三个阶段：扫描寻找（AP）、认证识别、连接。

1．扫描寻找（Scanning）

站点采用以下两种方式（主动/被动扫描）之一搜索并连接一个 AP。

- Passive Scanning：通过侦听 AP 定期发送的 Beacon（信标）帧来发现网络，该帧包含了 AP 及其所在 BSS 相关信息。
- Active Scanning：站点依次在 13 个信道上发出 Probe Request（探测请求）帧，寻找与自己 SSID 匹配的 AP。

2．认证识别（Authentication）

当站点找到与自己 SSID 匹配的 AP 后，进入认证识别阶段。只有通过身份认证的站点才能进行无线接入访问。AP 提供以下认证方法：

- 开放系统身份认证（Open-System Authentication）。
- 共享密钥认证（Shared-Key Authentication）。
- WPA PSK 认证（Pre-Shared Key）。
- 802.1X EAP 认证。

3．连接阶段（Association，也称关联）

当 AP 向 STA 返回认证成功回应信息时，身份认证通过，双方即进入连接阶段。

- STA 向 AP 发送连接请求。
- AP 向 STA 返回连接响应。

至此，接入过程完成，站点初始化完成后，可以开始向 AP 传送/请求数据帧。

17.2　ESP-WROOM-02 模组

　　模块 ESP-WROOM-02 基于其较强的无线接入处理能力，可以作为从设备依附于主机系统，为主设备提供一个对外交互接口；同时由于其内置的 32 位超低功耗 MCU，时钟频率达到 80 MHz，运行于其上的 Wi-Fi 协议栈只用了其 20%的处理能力，因此，我们也可以对其进行二次开发，作为一个独立系统加以运用。图 17-3 为 ESP-WROOM-02 模组实物外观。

图 17-3　ESP-WROOM-02 模块实物

17.2.1　ESP-WROOM-02 性能参数

　　本章将 ESP-WROOM-02 作为从设备，作为学习板的一个普通外设加以使用和讲解。它具有以下参数特性（如表 17-2 所示），可以满足我们在物联网方面的应用。

表 17-2　ESP-WROOM-02 性能参数

类　　别	参　　数	说　　明
无线参数	Wi-Fi 协议	802.11 b/g/n
	频率范围	2.4～2.5 GHz（2400～2483.5 MHz）
硬件参数	工作电压	2.5～3.6 V
	工作电流	平均值为 80 mA
	工作温度	−40～85℃
软件参数	网络模式	Station/SoftAP/SoftAP+Station
	认证机制	WPA/WPA2
	加密类型	SWEP/TKIP/AES
	网络协议	IPv4、TCP/UDP/HTTP/FTP
	用户配置	AT 指令集、云端服务器、Android/iOS APP

　　对表 17-2 涉及的术语解释如下。

第17章 无线接入：Wi-Fi 模块 ESP8266 应用

1．网络模式

Station：向外发送探测（Probe）帧，寻找 AP 以期连入其网络的设备，如手机、无线网卡等。

SoftAP：标准 AP 应主动向外发送信标帧 Beacon，以便外部终端可以搜索到此 AP 并请求连接。所谓 SoftAP，其硬件是一块标准的无线网卡，但是通过软件的方式使其提供与 AP 一样的信号转接、路由等功能，与真正硬件实现的 AP 相比，其接入和网络覆盖能力要弱许多，但可以满足一般的应用。

SoftAP＋Station：设备作为 AP 提供无线接入服务的同时，也向其他 AP 发出请求以接入其他网络。需要注意的是，模块作为 AP 和作 STA 时使用的 MAC 地址是不同的。

2．无线安全

无线安全是 IEEE 802.11 标准的一个重要组成部分，由于 WLAN（无线局域网）采用电磁波作为信息载体，如果通信双方对自己的信息未进行任何加密处理，信息很容易被捕获。因此，如何保证 WLAN 环境中数据安全尤为重要。为了保证无线网络安全，至少需要以下两种措施。

认证机制：即对用户的身份进行验证，以限定只有特定用户（认证通过的用户）才能使用网络资源。ESP-WROOM-02 支持 WPA、WPA2 两种认证机制。

加密机制：用来对对无线链路的数据进行加密，以保证无线网络数据只被所期望的用户接收和理解。ESP-WROOM-02 支持 SWEP、TKIP、AES 三种加密方式。

3．AT 指令

AT，即 Attention 的缩写，协议命令本身因以 AT 打头，且以文本方式呈现，因此得名。

AT 最早主要是为了控制 Modem 而发明的协议，随着网络升级为宽带，速度很低的拨号 Modem 基本已经退出了市场。从本世纪初开始的手机普及浪潮中，为了控制手机 GSM 模块（包括对 SMS 的控制），移动电话生产厂商诺基亚、爱立信、摩托罗拉和 HP 共同为 GSM 研制了一整套 AT 指令。AT 指令在此基础上演化并被加入 GSM 07.05 标准，以及现在的 GSM07.07 标准。在随后的 GPRS 控制，3G 模块，以及工业上常用的 PDU，均采用 AT 命令集来控制，这样 AT 命令实际上在这些产品已成为事实的标准。AT 指令简单易懂，并且采用标准串口来收发 AT 命令，这大大简化了对设备的控制。

17.2.2　ESP-WROOM-02 与主机系统的电路连接

由于 ESP-WROOM-02 基于串口输入 AT 指令对其进行配置和控制，因此，我们选择其 UART 接口与 STM32 学习板进行连接。根据 ESP-WROOM-02 技术规格中对 UART 的引脚功能定义，STM32 MCU 主机与 ESP-WROOM-02 的电路连接如图 17-4 所示。

考虑到 STM32 MCU 的 USART1 已经作为 Console 接口与外界进行交互（Shell 程序），因此我们采用 MCU 的 USART2 与 ESP-WROOM-02 相连，请注意接法：USART2_TX 与

RXD，USART2_RX 与 TXD 相连。当在 Shell 提示符下输入 ESP-WROOM-02 的 AT 配置指令时，通过中断将输入内容写入到 USART2 的 TX 引脚，经由 ESP-WROOM-02 的 RXD 接收此信号，并通过 Wi-Fi 天线发射出去；从 Wi-Fi 天线接收的数据经过 TXD 引脚传送到 USART2_RX 引脚，通过中断转接到 USART1_RX。

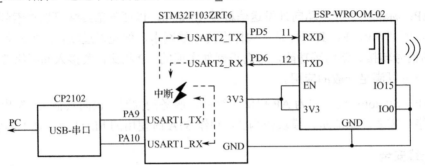

图 17-4　ESP-WROOM-02 与 MCU 连接

由于模组 ESP-WROOM-02 在出厂时已经烧录固化了其 FW（主要包括外设驱动、Wi-Fi AT 指令集和 LwIP 协议栈），因此我们只需要按照上述电路将其与 STM32 MCU 系统相连，通过 USART1 向其发号施令就可以了。

17.3　ESP-WROOM-02 指令集

在产品设计阶段，为了调试的需要，开发人员可以将对 ESP-WROOM-02 模组的初始化通过命令行指令的方式来执行；经过调试无误后，再将相关命令代码封装为一个初始化函数。

17.3.1　ESP8266 AT 常用指令

ESP8266 AT 指令集涵盖了包括 ESP-WROOM-02 在内，乐鑫公司所有 Wi-Fi 模组的功能设置，包括基础 AT 指令、Wi-Fi 功能 AT 指令、TCP/IP 工具箱 AT 指令等。本节只挑选那些可以满足我们工作需要的指令来进行介绍。需要了解 ESP8266 AT 指令全貌的读者，请自行参阅乐鑫技术文档《4a-esp8266_at_instruction_set_cn_v1.5.4_0-ESP8266_Non_OS_AT_指令集》。

1. 指令说明

AT 指令必须大写，以"AT"打头，以回车换行符"\r\n"结尾。

使用双引号表示字符串数据，例如：

AT+CWSAP="ESP756290","21030816",1,4

第17章
无线接入：Wi-Fi 模块 ESP8266 应用

2. 串口设置

图 17-5 是使用 SecureCRT 终端软件与 ESP-WROOM-02 通信时的设置界面，请注意框起来的部分。

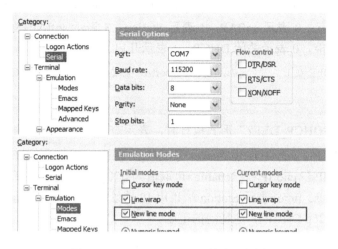

图 17-5　ESP-WROOM-02 的串口设置

3. 基础 AT 指令

（1）测试 ESP-WROOM-02 是否已经启动，响应 OK 则表明模块已经启动。

AT
Response: OK

（2）重启模块，返回信息中出现"ready"字符串则表明模块重启成功。

AT+RST
Response: …ready

4. Wi-Fi 功能 AT 指令

（1）设置 Wi-Fi 模式：AT+CWMODE_DEF=<mode>，mode 可取的值有：Station、softAP、softAP + station 三种。

AT+CWMODE_DEF=3　　　　//设置模块为 softAP+Station 工作模式
Response: OK

当以"AT+CWMODE_DEF?"形式执行时，查询并返回模块当前的工作模式。

（2）设置 ESP8266 softAP 访问参数：AT+CWSAP_DEF=<访问点名称>,<访问密码>,<chl>,<ecn>，其中<chl>为传输通道，取值为 1~14 之间，最好取 6、9、14；<ecn>为加密方式：0 为 OPEN；2 为 WPA_PSK；3 为 WPA2_PSK。

AT+CWSAP_DEF = "easyway","20020926", 6, 0
Response: OK

当以"AT+CWSAP_DEF?"形式执行时，查询并返回模块当前的 softAP 设置。

（3）查看已接入设备的 IP：AT+CWLIF，以设备的 IP 和 MAC 地址作为响应。

```
AT+CWLIF              //获取连接到 ESP8266 softAP 的 station 信息
Response:
    192.168.4.10,   f4:9f:f3:ab:bc:04
    OK
```

（4）配置模块的 DHCP 功能：AT+CWDHCP_DEF=<mode>,<en>，其中<mode>表示无线模式，可取的值有：0 表示 softAP；1 表示 Station；3 表示 softAP+Station。<en>表示开启或关闭 DHCP 功能，0 表示关闭 DHCP；1 表示开启 DHCP。

```
AT+CWDHCP_DEF=0, 1           //设置模块为 softAP 无线模式，并开启 DHCP 功能
Response:
    OK
```

当以"AT+CWDHCP_DEF?"形式执行时，表示查询并返回当前的 DHCP 设置。

（5）设置 ESP8266 softAP DHCP sever 分配的 IP 范围：AT+CWDHCPS_DEF=<enable>,<lease time>,<start IP>,<end IP>。<enable>可取值为 0（清除设置的 IP 范围）和 1（开启设置的 IP 范围）；<lease time>表示 Station 端租用 IP 地址的时间，单位是分钟；<start IP>和<end IP>表示 ESP8266 DHCP IP 地址池的范围。

```
AT+CWDHCP_DEF=1, 2, "192.168.4.10", "192.168.4.15"
Response:
    OK
```

如果以"AT+CWDHCPS_DEF?"的形式执行时，表示查询并返回当前的 DHCP IP 地址池的设置。

请注意：ESP8266 的 DHCP 功能一定要打开，否则设备（手机）不能自动分配到 ESP8266 IP 地址池中的地址，而无法建立通信。

5. TCP/IP 相关的 AT 指令

（1）设置传输模式：AT+CIPMODE=<mode>，mode 可取的值有：0 表示普通传输模式；1 表示透传模式。

```
AT+CIPMODE_DEF=0         //设置模块为普通传输模式
Response: OK
```

当以"AT+CIPMODE?"形式执行时，查询并返回模块当前的传输模式。

透传模式：即数据在网络中传输，从源端到目的端的整个过程，数据没有因为网络的差异而发生数据包再分组、编码和加密，从而保持原样的一个传输过程。ESP-WROOM-02 在多连接时支持透传模式。但考虑到网络内部其它设备可能不支持这种传输模式，所以在初始化时，应将其设置为 0 值，即普通传输模式。

（2）查询本地（softAP）的 IP 地址：AT+CIFSR。

```
AT+CIFSR              //查询本地 softAP 地址
Response:
    +CIFSR: APIP, "192.168.4.9"
    +CIFSR: APMAC, "5e:cf:7f:f2:26:d2"
```

（3）设置多连接：AT+CIPMUX=<mode>, mode 可取的值有：0 表示单连接模式；1 表

第17章 无线接入：Wi-Fi 模块 ESP8266 应用

示多连接模式。

AT+CIPMUX=1	//设置模块为多连接模式
Response: OK	

当以"AT+CIPMUX?"形式执行时，返回模块当前的连接模式。

说明：默认为单连接；只有非透传模式（"AT+CIPMODE=0"），才能设置为多连接。

（4）建立 TCP Server：AT+CIPSERVER=<mode>, [<port>]，mode 可取的值有：0 表示关闭 Server；1 表示建立 Server。<port>默认为 333，可另外设置。这个参数很重要。当用户使用手机 APP 连接此服务器时，需要提供此端口。

AT+CIPSERVER=1, 8888	//建立 TCP Server，端口号为 8888
Response: OK	

注意：只有在多连接的情况下，才能开启 TCP 服务器，随后 softAP 自动建立 TCP Server 监听；当有 TCP Client 接入时，会自动按顺序占用一个连接 ID。

6. 传送数据的 AT 指令

AT+CIPSEND=<link ID>, <length>，link ID 表示在多连接时，区别不同链路的编号，取值为 0~4；length 表明发送数据的长度，最大为 2048。

AT+CIPSEND=0, 10	//在网络连接 ID 为 0 的链路上，发送 10 个字符
OK	
Response: > abcdefghi0	//用户在 ">" 提示符输入想要传输的字符

从手机 APP 或其他通信对象接收到的数据以下列格式显示在串口中。

1, CONNECT	//成功建立连接
+PID, 1, 11: good lucky!	//从 link_ID=1 的链路上收到 11 个字符：good lucky!

17.3.2 使用 ESP-WROOM-02 进行真实通信

为了方便，我们使用手机与搭载了 ESP-WROOM-02 的 STM32 MCU 进行通信。在实际通信之前，先完成两个准备工作。

第一，开启 SecureCRT，在窗口内输入 17.3.1 节所介绍的 AT 指令，以完成 ESP-WROOM-02 的无线配置，为通信打下基础，配置过程如图 17-6 所示。

通过设置，Wi-Fi 模块被配置为 softAP Wi-Fi 模式；SSID 为 easyway，访问密码为 20020926；其 IP 地址为 192.168.4.1；TCP 服务器登录端口为 8888。

通过指令 AT+CWLIF 查询，返回的 "192.168.4.10, f4:9f:f3:ab:bc:04" 地址信息，正是笔者的手机配置。手机能够被自动分配到与 ESP8266 同一网段的 IP 地址，是因为在 ESP-WROOM-02 上开启了 DHCP 功能，它会为每一台接入的设备分配 IP 地址。

手机的地址信息显示在 "AT+CWLIF" 的结果中，说明无线连接已经建立好，ESP-WROOM-02 已处于工作状态，可以向外提供设备的接入服务。在上面的配置中，需要留意 softAP 的 IP 地址和 TCP 服务端口，在下一步使用手机登录 softAP 时，需要用到。

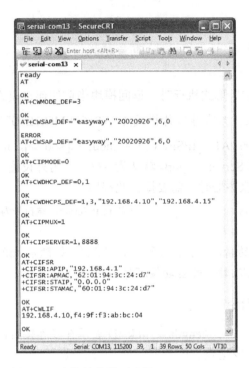

图 17-6　在终端软件下配置 ESP-WROOM-02

第二，需要在读者手机上安装一款名为"网络调试助手"的手机 APP（当然也可以根据应用实际，自己开发一款满足需要的手机 APP 软件，但这不是本书的重点）。下载安装运行后，界面如图 17-7（a）所示。

在图 17-7（a）中，在"协议类型"一栏，选择"TCP Client"，因为在前面的配置中，已将 ESP-WROOM-02 配置为 TCP Server；在"服务器 IP 地址"和"服务器端口"栏分别填上 192.168.4.1（读者在做此实验时，IP 地址可能不同）和 8888，这两个参数正是前面笔者特别提醒的配置参数。

参数设置完成以后，单击"连接"按钮，此时注意图 17-7 右图的 Console 窗口，会显示"0, CONNECT"这样的字符，并且调试助手的"连接"按钮变为"断开"状态，表明手机与 ESP-WROOM-01 之间 TCP 连接已经建立，可以进行数据通信。

在终端窗口中输入"AT+CIPSEND=0，10"后，ESP-WROOM-02 返回"OK"和">"，此时在">"后输入您想发送的字符串，如"hello, how"（本来想输入"hello, how are you?"，但由于字符个数 10 的限制，在到达 10 个字符时，ESP8266 会自动发送，所以在调试助手窗口中只收到"hello,how"这 10 个字符）、"good morning, how ar"、"my name is easyway?k"）。

有两点要提醒大家：一是在终端中不会显示所输入（要发送）的字符；二是输入的字符个数由"AT+CIPSEND=0,xx"命令参数"xx"所确定，字符个数满时自动发送。因此，以这种方式发送数据很不方便（输入要十分小心，因为看不见，也不知是否有误，而且输入之前，要确定字符个数）。在 17.4 节我们再提出自己的解决方案。

在调试助手的"发送"文本编辑框中输入想传送的字符串，如"Hello, this is a ESP8266 WiFi test."和"What's your name?"，并单击"发送"按钮，经 ESP-WROOM-02 接收后显

第 17 章
无线接入：Wi-Fi 模块 ESP8266 应用

示在 secureCRT 窗口中，如图 17-7（b）所示。

（a）

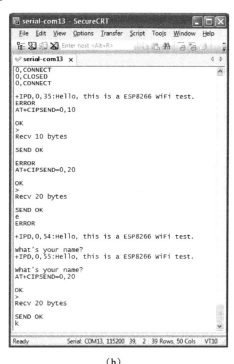
（b）

图 17-7　网络调试助手设置与运行界面

17.4　封装 ESP-WROOM-02 的配置函数

通过 17.3 节 ESP-WROOM-02 softAP 与手机端的连接通信实验，已经验证了配置 ESP-WROOM-02 的 AT 指令有效性。接下来我们将这些证明有效的指令序列封装为 C 语言函数，以便当每次 STM32 MCU 上电开机后，系统会自动对 Wi-Fi 模块进行配置。

17.4.1　ESP-WROOM-02 的初始化函数

在前面介绍的对 ESP-WROOM-02 的配置指令中，只有后缀为"_DEF"的 Wi-Fi 功能 AT 指令在设置时会永久地保存到模块的 Flash 中，即使断电也不会消失；对于 TCP 相关和传送数据的指令，在断电重启后需要重新设置。

代码 17-1　ESP-WROOM-02 初始化函数 esp8266_Init()

```
01 void esp8266_Init(void)
02 {
03     char *p = NULL;
04
05     xprintf("Reset ESP-WROOM-02 module ...\r\n");
```

```
06        sendATString("AT+RST\r\n",0xfff, "OK");                              //复位 Wi-Fi 模块
07 }
08
```

模块初始化过程中调用了 sendATString()函数来向 ESP-WROOM-02 发送复位指令，它有两个参数：参数 1 代表配置指令（已在 17.3.2 节测试过这些指令，无误，在此将它们进行封装），参数 2 代表该配置指令执行后期望 ESP-WROOM-02 返回的字符串。如果返回 NULL 或 ERROR，说明该条指令执行失败。规范的写法应该是在每一条 sendATString()函数后，判断其返回值，这里为了简化设计，省略了这部分的内容，请读者注意。

代码 17-2 ESP-WROOM-02 AT 指令发送函数 sendATString()

```
01 char *sendATString(char *atcomStr, uint8_t dly, char *expectStr)
02 {
03        char ch;
04        uint16_t dly;
05
06        delay(5*dly);                                        //等待 Wi-Fi "吐完" 前一条指令的回应信息
07        memset(USART2_fifo.Buf, '\0' ,256);                  //将 USART2 的接收缓存清空,以便准备执行新指令
08        USART2_fifo.write = 0;
09        USART2_fifo.read = 0;
10
11        while(ch = *atcomStr1++) {
12            USART_SendByte(USART2,  (uint16_t)ch);           //向 USART2 逐字符发送 AT 命令字
13        }
14
15        delay(dly);                                          //稍作延时，等待 Wi-Fi 模块的回应信息
16        if (strcmp(USART2_FIFO.rxBuf, "ERROR") == 0)         //如果回复信息中含有 ERROR
17            return ERROR;                                    //指令执行失败，返回 ERROR
18
19        if (findSubStr(USART2_FIFO.rxBuf, expectStr) == 0)   //如果回复信息中找到了期望字符
20            return USART2_fifo.Buf;                          //指令执行成功，并返回整个回复信息
21        else
22            return NULL;                                     //否则，返回空，失败
23 }
```

函数 sendATString()功能很强大，在规定的时间（dly）之内，如果命令的返回字符串（代码 17-2 第 19 行）中包含所期望的字符串（expectStr），则将命令的返回字符串（代码 17-2 第 20 行）全部再返回给它的调用函数；如果没有所期望的字符串，则返回空；或者命令书写错误，返回 ERROR。其中 USART2_fifo.Buf 用来保存无线模块向 MCU 发送的字符，对于它的具体定义和作用，我们在讲解 USART2 的中断处理函数时一并讲解。

寻找子字符串函数 findSubStr()是一个用户自定义的函数，它将保存于 USART2_fifo.Buf 中的字符串作为查找的源串，在其内寻找 expectStr，如果找到，则返回 0，其实现见代码 17-3。

第17章 无线接入：Wi-Fi 模块 ESP8266 应用

代码 17-3 寻找子字符串函数 findSubStr()

```
01 int findSubStr(char *src, char *substr)
02 {
03     int srclen, len, sublen, i=0, j, findFlag =1, over = 0;
04     char ch;
05
06     len = srclen = strlen(src);
07     sublen = strlen(substr);
08
09     while (len--) {
10         ch = src[i];
11         if(ch == substr[0]) {              //如果源串当前字符（下标 i）与子串的第一个字符相同
12             for (j = 0; j < sublen; j++) { //则继续比较子串后续的字符
13                 if (j+i > srclen) {        //如果源串下标 i 与当前子串下标之和大于源串长度
14                     overFlag = 1; break;   //表明源串后续字符不可能找到子串，退出
15                 }
16
17                 if (src[i+j] != substr[j]) { //每一次比较中，如果源串和子串当前字符
18                     findFlag = 0;   break;   //不同则退出此次比较
19                 }
20             }
21             if (sublen == j) {             //如果从对比字符的循环中退出后下标等于子串长度
22                 findFlag = 1;   break;     //表明是找到所需要的字符串，跳出整个大循环
23             }
24         }
25         i++;    //如果源串当前字符（下标 i）与子串的第一个字符不相同，后移到下一个字符
26     }
27     if(findFlag)    return 0;
28     else return 1;
29 }
```

17.4.2 ESP-WROOM-02 的配置函数

在每次学习板上电或复位之后，esp8266_Init()函数都会被执行，部分配置信息会丢失（主要是 TCP/IP 的 AT 指令）。通常此时需要手动输入 Shell Wi-Fi 命令来完成模块的配置工作。笔者根据自己的实践将这些配置命令分为以下 3 类（读者朋友也可自己重新设置）。

复位命令：wifi_reset，在 MCU 正常工作的情况下，以指令的方式复位 Wi-Fi 模块。

工作模式设置命令为 wifi_softAP，固定将工作模式设置为 softAP+Station 模式。

其他设置命令：wifi_config，配置 17.3.1 节介绍的 AT 指令中除以上两条命令之外的其他 AT 指令，这三个配置函数代码见代码 17-4。

代码 17-4　ESP-WROOM-02 的三个配置函数

```
00 /*------ 软件复位 Wi-Fi 模块 ------ */
01 void wifi_rest(void)
02 {
03     xprintf("Reset ESP8266 ...\r\n");
04     sendATString("AT+RST\r\n", 0xfff, "OK");                    //发送复位 AT 指令
05 }
06
07 /*------ 配置 Wi-Fi 模块为 softAP + Station 工作模式 ------ */
08 void wifi_softAP(void)
09 {
10     xprintf("Set ESP8266 to softAP+Station Mode ...\r\n");
11     sendATString("AT+CWMODE_DEF=3\r\n", 0xfff, "OK"); //工作模式为 softAP + Station
12 }
13
15 /*------ 设置 Wi-Fi softAP 的访问 SSID 及密码 ------ */
16 void wifi_ssid(void)
17 {
18     xprintf("Set SoftAP Access Control SSID ...\r\n");
19     sendATString(("AT+CWSAP_DEF=\"easyway\",\"20020926\",6,0\r\n", 0xfff, "OK"));
20     //网络 SSID 为"easyway"，访问密码是"20020926"，无线通道是 channel6
21
22     xprintf("Open SoftAP DHCP Function ...\r\n");
23     sendATString(("AT+CWDHCP_DEF=0,1\r\n", 0xfff, "OK");    //发送 softAP 的 DHCP AT 指令
24
25     xprintf("Set SoftAP IP Pool ...\r\n");
26     sendATString(("AT+CWDHCPS_DEF=1,3,\"192.168.4.10\",\"192.168.4.15\"\r\n", 0xfff, "OK");
27     //soft_AP IP 地址池 AT 指令：IP 地址范围从 192.168.4.10～192.168.4.15
28
29     xprintf("Set SoftAP Transfer Mode ...\r\n");
30     sendATString(("AT+CIPMODE=0\r\n", 0xfff, "OK");           //设置 softAP 为普通传输模式
31
32     xprintf("Open Multi-Link of SoftAP ...\r\n");
33     sendATString(("AT+CIPMUX=1\r\n", 0xfff, "OK");            //开启 softAP 多连接模式
34
35     xprintf("Create TCP Server ...\r\n");
36     sendATString(("AT+CIPSERVER=1,8888\r\n", 0xfff, "OK");    //设置 softAP 为 TCP 服务器
37 }
```

执行以上 3 个函数，完成 ESP-WROOM-02 的配置后，Wi-Fi 模块处于正常工作状态。此时我们可以获取模块的 IP 地址等信息，以方便接下来向"其发送"和"从其接收"数据（手机端网络调试助手与 softAP 建立 TCP Client 连接时，需要输入 AP 的 IP 地址）。这三个功能分别用如代码 17-5 所示的函数来完成。

第17章
无线接入：Wi-Fi 模块 ESP8266 应用

代码 17-5 ESP-WROOM-02 数据接收，发送函数

```
00 /*------ 获取 softAP 的 IP 地址，MAC 地址信息 ------*/
01 char *getEsp8266Info(void)
02 {
03     return sendATString ("AT+CIFSR\r\n", 0xfff, "OK");
04 }
05
06 /*------ 从 Wi-Fi 模块（softAP）返回信息 ------*/
07 char *dataFromWifi(void)
08 {
09     return USART3_fifo.Buf;
10 }
11
12 /*------ 向 Wi-Fi 模块（softAP）发送信息 ------*/
13 void sendData2Wifi(char *dataStr)
14 {
15     char atStr[64];
16     int length;
17
18     length = strlen(dataStr);                              //获取当前所发送字符串的长度
19
20     sprintf(atStr, "AT+CIPSEND=%d,%d\r\n", 0, length);     //构造数据发送 AT 指令
21     sendATString(atStr, 0x5fff, "OK");                     //发送并执行该指令
22     sprintf(atStr, "%s\r\n", dataStr);                     //此时，提示符为">"，等待用户输入需发送的数据
23     sendATString(atStr, 0x5fff, "OK");                     //发送第 22 行构造的数据
24 }
```

请注意：函数 getEsp8266Info() 返回的是模块本身的信息，而 dataFromWifi() 返回的是 Station 向 AP 发送的信息。这很好理解，从函数名也可以区分，函数 sendData2Wifi() 表示系统通过 Wi-Fi 模块向 Station 发送数据，如当前温度值等。根据 17.4.1 节的介绍，向 Wi-Fi 模块发送数据的过程分为两步：第一步通知模块"我要向连接 ID 为 0 的 Station 发送 length 个字符"（代码 17-5 的 20～21 行）；第二步才是真正要发送的字符串（22～23 行）。

17.4.3 优化 USART 接收缓存的数据结构

在 17.2.2 节 ESP-WROOM-02 与主机系统的电路连接描述中，我们知道为了完成 Shell 命令的正常输入和与 Wi-Fi 模块的交互，需要使用 USART1 和 USART2。新增的 USART2 用来接收从 USART1 而来的与 Wi-Fi 相关的指令和数据，同时向用户返回 Wi-Fi 模块的回应信息。在第 7 章介绍的 Shell 程序中，只针对 USART1 接收中断进行处理的代码（如代码 17-6）。在本章要同时应对 USART2 的接收中断。为此，我们需要对原来的代码稍作修改，以便它们（USART1 和 USART2）能正确处理自己的接收字符。

代码 17-6 USART1 接收缓存数据结构

```
typedef struct {
    uint16_t rxSeqHead, rxSeqTail, rxSeqCharCount;  //USART 接收 FIFO 的头、尾、字符总数变量
    uint8_t rxBuf[SEQSIZE];                          //接收缓存的大小
} usartRxFifo;
usartRxFifo USART_FIFO;                              //原来定义的针对 USART1 结构体变量 USART_FIFO
```

在本章改为：

```
usartRxFifo USART1_FIFO, USART2_FIFO;   //新增定义 usartRxFifo 结构体变量 USART2_FIFO
```

原来的 USART1 的中断处理函数负责不断地向 USART_FIFO.rxBuf 数组存入字符数据，如代码 17-7 所示。

代码 17-7 原来的 USART1 中断函数将接收的新字符存入 USART1_FIFO.rxBuf[]

```
void USART_Rx_IRQSrc(void)
{
    uint8_t ch;
    uint32_t i;

    ch = USART_ReceiveData(USART1);             //取出字符
    i = USART_FIFO.rxSeqCharCount;              //得到当前接收了队列的字符数
    if (i < SEQSIZE) {                           //如果队列中还有空间
        USART_FIFO.rxSeqCharCount = ++i;        //将队列字符数增 1
        i = USART_FIFO.rxSeqTail;               //得到队尾位置
        USART_FIFO.rxBuf[i] = ch;               //将新字符存入新队尾位置
        USART_FIFO.rxSeqTail = i++ % SEQSIZE;   //更新队列队尾
    }
}
```

为了适应多个 USART 的接收处理，将其修改为代码 17-8。

代码 17-8 修改后的 USART 字符接收处理函数（在 USART 的接收中断中被调用）

```
01 void pushChar(USART_TypeDef *USARTx, uint8_t ch)
02 {
03     uint32_t i;
04     usartRxFifo *USART_FIFO;
05
06     if(USARTx == USART1)
07         USART_FIFO = &USART1_FIFO;   //判断字符 ch 应存入 USART1 还是 USART2 的缓存
08     else
09         USART_FIFO = &USART2_FIFO;
10
11     i = USART_FIFO->rxSeqCharCount;              //得到当前接收了队列的字符数
12     if (i < SEQSIZE) {                            //如果队列中还有空间
13         USART1_FIFO->rxSeqCharCount = ++i;        //将队列字符数增 1
14         i = USART_FIFO->rxSeqTail;                //得到队尾位置
```

```
15        USART_FIFO->rxBuf[i] = ch;                    //将新字符存入新队尾位置
16        USART_FIFO->rxSeqTail = i++ % SEQSIZE;        //更新队列队尾
17    }
18 }
```

而在相应的中断处理函数中，直接调用代码 17-8 所定义的函数 pushChar()，如下所示。

代码 17-9 修改后的 USART 接收中断

```
01 void USART2_IRQHandler(void)
02 {
03     uint8_t ch;
04
05     if (USART_GetITStatus(USART2, USART_IT_RXNE) != RESET) {
06         USART_ClearITPendingBit ( USART2, USART_IT_RXNE );
07         ch = USART_ReceiveData( USART2 );
08         pushChar (USART2, ch );
09     }
10
11     USART_ClearFlag (USART2, USART_FLAG_RXNE);
12 }
```

经过上述从代码 17-4 到 17-9 的修改，USART1 和 USART2 的接收、发送处理都可以正常进行，互不影响。至此，相信读者可以明白前面 sendATString()函数的处理中，AT 指令的返回字符串是如何得来的：通过 pushChar()函数将接收中断中的字符按队列规则存入到 USART3_FIFO.rxBuf 中。

17.4.4 ESP-WROOM-02 的 Shell 操作命令

经历了 ESP-WROOM-02 的初始化过程，我们已经实现了向其发送数据(sendATString)，并获得 Wi-Fi 模块返回的字符串的方法。但还是不够方便，这体现在以下几个方面。

（1）用户不能从 Shell 提示符下向 Wi-Fi 模块下达指令（在前面的通信实验中，其实是可以在提示符下传送指令的，但这这种方式很不方便，如果输入有误，即使用退格键进行了删除和修改，最终是正确的指令形式，但 Wi-Fi 模块还是返回 ERROR；同时指令和参数连续写在一起也不直观，如 "AT+CWSAP_DEF=easyway, 20020926,6,0"）。为此，我们需要将常用的 AT 配置命令封装为 Shell 格式的命令，当用户需要进行某些参数的设置时，有方便可用的办法。

（2）系统不能自动上传重要的数据。而现实中，当用户预设的某事件被触发时，往往需要系统自动上传数据。这种功能需要操作系统的支持，这会放在讲解了第 18 章移植 μC/OS-III 以后，第 19 章的综合应用中进行介绍。

由于 AT 指令众多，不同用户需求不同，无法定义哪些是"常用的"，哪些是"不常用的"。在本节以作者认为比较重要的三个 ESP-WROOM-02 操作命令为例来介绍 Wi-Fi Shell 命令的封装过程，其他 AT 指令的封装在此基础上如法炮制，读者可自行完成。

首先，在命令数据结构中添加此三个指令。

```
01 static struct comentry commands[] = {
02      ....;
03      {"setssid",setSSID},                //Wi-Fi 模块访问 SSID 及密码设置命令
04      {"wifiinfo",wifiInfo},              //获取 Wi-Fi 模块 IP 地址等信息命令
05      {"data2wifi",data2Wifi},            //向 Wi-Fi 模块发送数据的命令
06      {NULL, unknown}
07 };
```

其次，在帮助系统中添加 setssid 命令的使用说明。

```
01 void help(void)
02 {
03      ....;
04      xprintf("setssid    - Set the SSID and PWD of station to access this AP.\r\n");
05      xprintf("wifiinfo   - Get the IP&MAC information of AP.\r\n");
06      xprintf("data2wifi  - Send any data to AP.\r\n");
05 }
```

最后，分别实现命令 setssid、wifiinfo、data2wifi 的功能函数 setSSID()、wifiInfo()和 data2Wifi()。

代码 17-10　功能函数 setSSID()

```
01 void setSSID(char *str)
02 {
03      uint8_t len, i;
04      char para[4][10], atStr[64];
05
06      for ( i = 0; i < 4; i++)                //二维数组 para 用来存放命令行的 4 个参数
07          memset(para[i], '\0', 10);          //将数组中每个元素初始化为 0
08
09      len = lsize(str);                       //计算整个命令行有多少个单词
10      if (len != 5) {                         //如果单词数不等于 5，表明输入有误，提示并返回
11          xputs ("Usage: setssid <ssid> <pwd> <chl><encr>.\r\n");
12          return;
13      } else {
14          for (i = 0; i < 4; i++)             //从命令行字符串中提取出 4 个参数到数组
15              strcpy(para[i], lindexStr(str, i+1));
16
17          sprintf(atStr, "AT+CWSAP_DEF=\"%s\",\"%s\",%d,%d",
18                          para[0], para[1], atoi(para[2]), atoi(para[3]));
19          sendATString(atStr, "OK");
20      }
21 }
```

函数 setSSID()实现了对 AT 命令"AT+CWSAP_DEF="easyway","20020926",6,0"的封装，并将该命令发往 ESP-WROOM-02 执行。以后需要重新设置访问 AP 的 SSID 和 PWD 时，就可以在命令行输入 setssid 命令来灵活设置了，如"setssid hawk 20060602 6 0"。

第17章 无线接入：Wi-Fi 模块 ESP8266 应用

setSSID()函数逻辑很简单，将命令行中每一个单词提取出来，第 1 个单词是命令 setssid，从第 2 个到第 5 个都是参数。因此首先判断单词数是否正确，如果 OK 则通过 C 函数 sprintf() 将 4 个参数组合为 ESP-WROOM-02 可以真正识别的 AT 指令字符串；最后通过调用 sendATString()将组合后的 AT 指令字符串发送 USART2。

同样，我们可以封装获取 Wi-Fi 模块信息的 Shell 命令"wifiInfo"，其执行函数见代码 17-11。

代码 17-11　获取 Wi-Fi 模块地址信息的功能函数 wifiInfo()

```
01 void wifiInfo(void);
02 {
03     xprintf("%s",getEsp8266Info());
04 }
```

通过 Wi-Fi 向 Station 发送数据的 Shell 命令"data2wifi"，其功能函数见代码 17-10。

代码 17-12　向 Station 发送数据的功能函数 data2Wifi()

```
01 void data2Wifi(char *str)
02 {
03     char dataStr[256], tmp[10];
04     uint8_t length, counter = 1;
05
06     memset(dataStr, '\0', 256);
07     memset(tmp, '\0',10);
08
09     length = lsize(str);                    //获取命令行上的单词个数
10
11     while (counter < length) {              //除去第 0 个单词外，其他的都是要发送的数据
12         strcpy(tmp, lindexStr(str, counter)); //将这些 N 个数据单词组合为一个整体
13         sprintf(tmp, "%s", tmp);            //单词之间用空格分割
14         strcat(dataStr, tmp);               //"累加"单词，将它们构造成字符串
15         counter++;
16     }
17
18     sendData2Wifi(dataStr);                 //调用底层 Wi-Fi 数据发送函数，将整合后的字符串发送出去
19 }
```

实现了 data2Wifi()函数后，系统中的任何信息都可以通过它发往 Station（如手机终端），十分方便。相应地，获取从 Station 发送而来的数据，可通过以下命令执行函数实现。

```
char *dataFwifi(void)
{
    return USART2_fifo.Buf;
}
```

17.5 建立工程，编译和运行

17.5.1 工程程序文件

```
01 #include "includes.h"                    //总头文件
05 int const BUFSIZE = 128;
06 char line[BUFSIZE];
07
08 void systemInit()
09 {
10      ledBtn_Init();                      //第 4，5 章的 LED、BTN 之 GPIO、EXTI 初始化
11      usart1_Init();                      //第 6 章的 USART1 端口初始化
12      i2cEE_Init();                       //第 8 章的 I2C 模块初始化
13      .....
14      esp8266_Init()                      //本章的 ESP-WROOM-02 初始化
15 }
16
17 int main(void)
18 {
19      systemInit();
20
21      xputs( "**************************************\r\n" );
22      xputs( "\r\nWelcome to USART Shell!\r\n" );
23      xputs( "Board Shell, version 2.1 ...\r\n);
24      xputs( "_____\r\n" );
25
26      while(1) {
27          xputs( "USART > " );
28          xgets(line, BUFSIZE);
29          parse_console_line(line);
30          xprintf( "\r\n" );
31      }
32 }
```

为了方便多源文件的管理，将所有外设头文件集合在一起，形成 includes.h 的总头文件，这样在 main.c 文件中只需要引用一个头文件即可。同时建立一个 wifi.h/c 文件来保存 17.4 节封装的函数。

17.5.2 创建和配置工程

建立以下工程文件夹。

- project：存放建立工程过程中由 Keil MDK 自动生成的配置文件和工程文件。
- usr：存放由用户实现的源码文件（即应用层文件），如 main.c.c、includes。

第 17 章 无线接入：Wi-Fi 模块 ESP8266 应用

- stm32：放 STM32 库文件，并将整理后的库文件拷贝到此文件夹下，此文件夹下再建立三个子文件夹，即 fwlib、cmsis、_usr，分别用来存入原始库文件整理后的各相关文件。
- output：存放编译、链接时产生的输出文件，可执行格式（.HEX）文件也存放于此。

使用 uVision 向导建立工程，完成后在工程管理区创建文件组，并导入/编辑源文件（创建和导入方法详细说明请见第 1 章）。文件组和文件的对应关系如表 17-3 所示。

表 17-3　工程文件组及源文件

文 件 组	文件组下的文件	文件作用说明	文 件 位 置
usr	main.c	应用主程序（入口）	wifi/usr
	includes.h	工程头文件集合	wifi/usr
	stm32f10x_conf.h	工程头文件配置	wifi/stm32/_usr
	stm32f10x_it.h/c	异常/中断实现	wifi/stm32/_usr
	shell.h/c	用户实现的 Shell 外壳文件	wifi/usr
	gpio.h/c	GPIO 操作驱动，如 LED、Beep	wifi/usr
	usart.h/c	用户实现的 USART 模块驱动	wifi/usr
	wifi.h/c	ESP-WROOM-02 初始化等	wifi/usr
fwlib	misc.h/c	中断 NVIC 底层操作文件	wifi/stm32/fwlib
	stm32f10x_rcc.h/c	RCC（复位及时钟）接口	wifi/stm32/fwlib
	stm32f10x_usart.h/c	USART 接口底层操作文件	wifi/stm32/fwlib
	…	…	wifi/stm32/fwlib
cmmis	core_cm3.h/c	Cortex-M3 内核函数接口	wifi/stm32/fwlib
	stm32f10x.h	STM32 寄存器等宏定义	wifi/stm32/fwlib
	system_stm32f10x.h/c	STM32 时钟初始化等	wifi/stm32/fwlib
	startup_stm32f10x_hd.s	系统启动	wifi/stm32/fwlib

17.5.3　编译执行

执行开发环境菜单"build"或"rebuild"命令（对应于工具栏中的 和 ）即可完成工程的编译、链接，最终生成可执行的 wifi.hex 文件。将其烧录到学习板，设置好 PC 端的 SecureCRT 终端软件参数（115200、8N1、无校验、无流控）之后，便可以见到"USART ＞ "提示符。

1. 使用 Shell 命令配置 Wi-Fi 模块

```
USART > wreset        //命令以"w"开头，表示是 Wi-Fi 相关的命令
USART > wsoftap
USART > wconfig
```

以上 3 条命令的执行画面如图 17-8（a）所示，之后就可以在 Wi-Fi 和 Station（手机端）之间收发数据了。

2. 检查连接状态

在真正收发数据之前,最好检查一下连接状态,方法是:单击手机网络助手的"连接/断开"按钮,随后在 Shell 下输入命令"msgfromwifi"(由于前一步执行的配置命令回应信息还保存在 USART2 的接收缓存中,在执行"msgfromwifi"之前,最好使用"wclearbuf"命令将接收缓存清空),在 Shell 窗口中会出现"0,CONNECT"字样,表明连接成功,如图 17-8(b)所示。

(a)　　　　　　　　　　　　(b)

图 17-8　Wi-Fi Shell 配置和连接检查运行画面

3. MCU 和手机之间互传数据(结果见图 17-9)

图 17-9　Wi-Fi Shell 与手机端数据收发运行结果图

第18章 移植μC/OS-III操作系统

在前面的章节中，我们由简入繁、循序渐进地将STM32F103ZET6常用主要外设从工作原理、配置方法到功能驱动做了详细讲解。甚至我们可以将这些外设命令汇集到Shell管理系统，用户可以随时通过在命令行输入命令来控制相关外设工作并了解其状态；或者为了提高系统性能，我们也可以将这些外设命令按一定的优先顺序组织起来，按部就班地"串行"执行。比如，接收网络数据的任务完成后，系统温度监控任务接着能执行……如果网络数量大，数据接收工作不能在短时间内完成，那么系统就不能及时响应温度传感器发出的"温度过高"报警信号。因此，"串行"的工作方式显然不能适应现代信息系统的"多任务并行，实时，抢占"的工作要求。

为了实现多任务能够"并行"工作，就必须引入操作系统来对各个任务进行管理，为它们分配运行时间片，赋予不同的优先级，动态地调度运行，以保证每个任务都有"大致均衡"的机会得到CPU而运行。

本章基于嵌入式实时领域广泛应用的μC/OS-III，讲解其工作原理、主要功能模块及其常规应用示例，最后在此基础上介绍μC/OS-III的移植。

18.1 μC/OS-III 基础

18.1.1 μC/OS-III 简介

μC/OS-III 是 Micrium 公司开发的一款适用于单片机（8/16/32 位）的开源实时嵌入式操作系统。由于其代码尺寸小、功能强大，广泛应用于家用电器（空调、微波炉）、工业控制、通信（路由器和交换机）等领域，它具有以下特征。

优先级管理：将系统中多个任务按其重要程度划分为不同的运行级别，任务优先级数字越小其优先级越高。

抢占式多任务管理：即OS内核可随时抢占正在运行任务的CPU使用权，将其交给刚进入就绪状态、优先级更高的任务。

实时性：由于"抢占性"，意味着更紧急的任务更能及时得到响应处理。优先级和抢占式特点是保证系统实时性的基础。

可裁剪：指的是μC/OS-III 中的功能模块（如信号量、事件标志、消息队列、存储管理等）可根据应用需要调整，通过 OS_cfg.h 头文件提供的约 40 个"#define"宏定义，可在编译时增加或移除某些特定的系统功能。

可移植固化：μC/OS-III 能够被移植到不同架构的 CPU，并且能够和应用程序一起固化在系统的 ROM 存储器中。

18.1.2 μC/OS-III 内核组成架构

图 18-1 概括出了 μC/OS-III 运行所依赖的关键组件，可以将这些组件大致分为四大部分，分别是调度管理、定时及时间管理、任务间通信和任务管理。图 18-1 中的小圆圈表示系统中的通信对象，或者说是系统中信息的源和目的地。

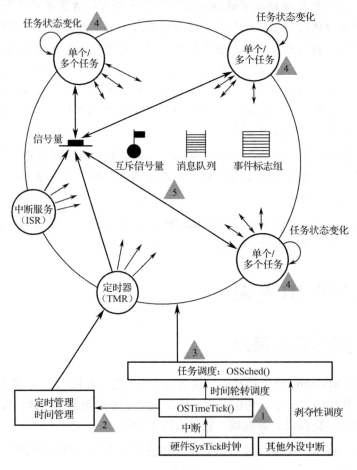

图 18-1 μC/OS-III 内核模块间关系图

图 18-1 中，ISR（中断服务）和定时器指向信号量使用的是单箭头（长线），表明 ISR 和定时器只能产生别人需要的信息（即 Post，即释放信号量）；单个/多个任务圆圈与信号量之间是双向箭头（长线），说明任务既可以产生信息，也可以接收信息（即 Pend，请求

或等待信号量）。

剩下的互斥信号量、消息队列、事件标志组与任务间的关系描述和以上说明相同。为避免图形混杂不清，所以图中只画出了短线来表示它们之间的连接关系。

1．调度管理

调度任务的基础是系统硬件的 SysTick 定时器（即滴答时钟）。根据用户设置，由它产生时间间隔稳定的系统节拍。每一次系统节拍的到来，OSTimeTick()就会更新任务的延时和超时（许多系统调用，如任务调度函数就依赖于任务的延时和超时状态）变量。

在此基础上，在使用 OSTaskCreate()函数创建任务时，会以系统节拍数为单位指定该任务的时间片长度；当时间片用完时，基于优先级，μC/OS-III 调度器会使任务就绪列表中优先级最高的任务获得 CPU 使用权而运行；如果没有更高优先级的任务就绪，则轮转调度同级任务；或者发生外部中断时，CPU 使用权会被切换到 ISR，当其结束后调用 OSIniExit()，根据当前任务就绪表的状态，将 CPU 使用权转交给最高优先级的任务。如果先前被中断的任务优先级仍然是最高，则它继续运行；否则回到就绪表排队，等待下一次调度。

因此，任务调度有两种级别：任务级调度和中断级调度。中断级调度又称为剥夺型调度，意思是在中断处理完成后，被中断任务可能由于优先级已不是最高被迫暂停运行。图 18-1 中的三角标记 1、3 就反映了这样一个过程。

2．时间和定时器管理

请考虑在遇到以下场景时，操作系统应如何处理？

场景 1：任务 A 由于某种原因需要等 5 s，才能继续向下运行；试问在这 5 s，该任务还要继续"霸占"CPU 的使用权吗？

场景 2：用户决定任务 B 在 5 小时后才能运行，怎样将任务 B 在 5 小时后准确唤醒？

对于场景 1，μC/OS-III 提供了延时时间服务。当任务 A 需要等待 5 s 时，会调用 OSTimeDly()或 OSTimeDlyHMSM()将自己"阻塞"起来。所谓"阻塞"就是任务 A 让出 CPU 的使用权给就绪表中最高优先级的任务，而自己在阻塞队列中排队等待 5 s 后被唤醒，重新处于就绪状态。

对于场景 2，μC/OS-III 提供了定时器服务。所谓定时器，本质上是递减计数器，当计数到 0 值时可以触发某种动作的执行，这种动作可以通过回调函数来实现。回调函数可以用来闪灯、启动马达等。任务 B 第一次被调度运行时，它会 Pend（请求，等待）定时器发出的"时间到了"的信号，如果没有等到该信号，任务 B 也会被阻塞起来，直到 5 小时之后定时器发出定时信号。

场景 1 和场景 2 是工程应用中经常会遇到的情形，μC/OS-III 给出的两种服务从本质上都是基于阻塞机制的。让需要等待（或延时，或定时信号）的任务让出 CPU 使用权，这大大提高了 CPU 的利用率和任务实施的灵活性，同时也不要忘了，实现这两种服务的基础都是系统节拍。

图 18-1 中的三角标志 1 和 2 就体现了 μC/OS-III 的时间和定时器服务。

3. 任务管理

任务管理包括任务创建、启动运行多任务、任务状态的转换等。每一个任务创建之后，都处于就绪态，之后根据各自运行情况，μC/OS-III 将它们设置为不同的状态进行管理。

4. 任务间通信

μC/OS-III 任务间可以使用信号量、消息队列、事件标组等来进行同步；使用互斥信号量来管理临界资源，以避免任务间的"死锁"；而任务间真正"大数据量"的通信则需要通过消息队列来进行。用户可以根据系统应用特点，选择不同的方式来达到任务间同步、通信的目的。

18.2 μC/OS-III 任务基础

μC/OS-III 内核启动时，首先调用系统初始化函数 OSInit()对操作系统重要的数据结构，如任务控制块、事件控制块、就绪表等进行初始设置，并根据需要创建两个系统任务（统计任务和空闲任务）；然后创建一个启动任务 TaskStart()，为系统设置 SysTick 中断（即系统节拍）；启动任务之后，调用 OSTaskCreate()创建用户任务；最后调用 OSStart()启用多任务，开始多任务的执行。

18.2.1 任务状态

多任务系统一旦运行起来，其内的任务由于相互制约（使用互斥信号量访问临界资源），或者同步的关系（使用信号量或消息队列来管理"生产-消费"的问题）、任务本身的关系（延时阻塞或定时器阻塞）等，可能处于不同的状态，并且状态本身也由于同样的原因时刻发生变化。从 μC/OS-III 用户的角度来看，任务的状态及其转换关系如图 18-2 所示。

（1）休眠态：任务已经存在于存储器中，但还不受 μC/OS-III 的管理。通过调用函数 OSTaskCreate()创建任务后，任务就可以接受 μC/OS-III 的管理。

（2）就绪态：当一个任务只差获得 CPU 使用权，就可以运行的状态，即"万事俱备，只欠 CPU"。在 μC/OS-III 中可以有多个任务处于就绪态，并且通过任务就绪表（根据任务的优先级对任务进行排序）记录这些就绪任务。

（3）运行态：指处于就绪态的任务，获得 CPU 而运行的状态。对于单核 CPU，在任何时刻只能有一个任务能够占用 CPU 而得以运行。当应用程序调用 OSStart()，或者当 μC/OS-III 调用 OSIntExit()（中断退出时任务切换）时，μC/OS-III 会将 CPU 使用权切换到最重要的就绪任务，使其运行。

（4）阻塞（等待）态：当任务在等待某些还没有被释放的资源或需要等待一定的时间的时候，可以释放 CPU 的使用权给其他更高优先级的任务，直到条件满足的时候再重新回到就绪状态。处于（阻塞）等待的任务会被放入等待表，这些任务并不占用 CPU 时间。

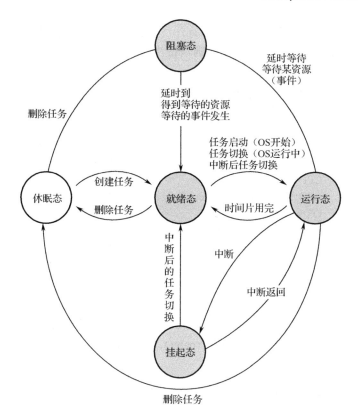

图 18-2　μC/OS-III 任务状态转换图

（5）挂起态：当任务在运行过程中，被其他任务的中断事件所打断，而被剥夺 CPU 的使用权进入的状态。在中断返回的时候，如果该被中断任务仍然是最高优先级，则被调度运行。

18.2.2　任务控制块和就绪任务表

任务控制块（Task Control Block，TCB）是内核使用的一种数据结构，用来维护任务的相关重要信息（如栈顶指针、栈大小、任务优先级、时钟片大小、时间戳、信号量等）。在调用任务相关的函数时，需要将任务控制块的地址传递给所调用的函数。μC/OS-III 中任务控制块类型为 OS_TCB，在创建一个任务之前，需要先定义一个 OS_TCB 类型的任务控制块，如代码 18-1 所示。

在μC/OS-III 中，所有已经就绪等待运行的任务都被放入一个所谓的"就绪表"（Ready List）中，它包括两个部分：一个是就绪任务优先级**位映射表 OSPrioTbl[]**，用来标明哪个优先级下有任务就绪；另一个是就绪任务表 OSRdyList[]，其中包含了指向各个就绪任务的指针。

18.2.3　创建任务

任务只有创建后才能被μC/OS-III 识别，并且刚创建的任务总是处于就绪态，可以在启动多任务管理（调用 OSStart()）之前，或者在一个运行中的任务创建任务。任务创建使用函数 OSTaskCreate()（与之相对应的任务删除使用 OSTaskDel()函数），原型如下。

```
void OSTaskCreate ( OS_TCB *p_tcb,              //请参见下面注解 1
                    CPU_CHAR *p_name,           //任务名
                    OS_TASK_PTR p_task,         //指向任务代码，即任务对应的执行函数名
                    void *p_arg,                //任务（函数）参数
                    OS_PRIO prio,               //任务的优先级，值越低，优先级越高
                    CPU_STK *p_stk_base,        //任务堆栈的基址
                    CPU_STK_SIZE stk_limit,     //堆栈报警值，用于监测确保堆栈不溢出
                    CPU_STK_SIZE stk_size,      //堆栈的大小
                    OS_MSG_QTY q_size,          //任务内部消息队列
                    OS_TICK time_quanta,        //任务时间片长度
                    void *p_next,               //请参见下面注解 2
                    OS_OPT opt,                 //请参见下面注解 3
                    OS_ERR *p_err               //请参见下面注解 4
                  )
```

注解 1：*p_tcb 指向任务要使用的 OS_TCB，任务 TCB 的存储空间需要由用户代码声明，然后将该变量的地址传递给 OSTaskCreate()。例如：

```
OS_TCB  myTaskTCB;
```

注解 2：p_next 指向用户补充的存储区（一个数据结构），以方便用户扩展任务 TCB。当不使用此参数时，应用传入 NULL 指针。

注解 3：opt 包含任务特定的选项，当使用某个选项时，在任务创建过程中 OS 会做相应的检测，以杜绝某些异常情况。主要的选项有：

● OS_OPT_TASK_NONE：没有任何选项。
● OS_OPT_TASK_STK_CHK：检测任务的堆栈。
● OS_OPT_TASK_STK_CLR：清 0 任务的堆栈。

注释 4：*p_err 为函数返回码（值）指针，当返回 OS_ERR_NONE 时，表示函数调用成功。在每次调用 OSTaskCreate()后，最好都养成检查其返回值的习惯。

使用举例：

代码 18-1　任务创建模板

```
OS_TCB myTaskTCB;                           //定义任务控制块变量 myTaskTCB
CPU_STK myTaskStk[200];                     //定义用户任务堆栈

void myTask(void *p_arg)   {...; }          //任务代码
void someCode (void )
{
    OS_ERR err;
    ...
    OSTaskCreate( &myTaskTCB,               //分配给该任务的 TCB 地址
                  "my Task",                //任务名字
```

```
                myTask,                    //任务代码（函数）入口地址
                (void *)0,                 //任务函数没有参数，用 0 代替
                12,                        //任务优先级为 12
                &myTaskStd[0],             //任务堆栈的基地址
                10,                        //任务报警限位
                200,                       //堆栈大小
                5,                         //任务消息队列的长度
                10,                        //时间片（时钟节拍的数目）
                (void *)0,                 //扩展指针，没用
                OS_OPT_TASK_STK_CHK + OS_OPT_TASK_STK_CLR,//检查并清 0 任务堆栈
                &err );                    //函数返回码
                ...
    }
    OSTaskDel(&myTaskTCB, &err);           //删除已经创建的任务 myTaskTCB
```

18.2.4 任务同步与通信

多任务系统中的任务很少是孤立存在的，彼此之间有着复杂的关系：或者任务 A 想要的串口被其任务 B 占用；或者任务 C 等待某个外部端口 P 中断发生；或者任务 E 等待任务 D 产生的某些数据；或者任务 F 既等待端口 P 中断发生，又等待任务 B 发送的数据……这一系列任务都因在"等"各自所需的事件而处于"阻塞"状态。

那么现在的问题是，这些处于阻塞状态的任务如何知道已经发生了它们所期望的事件呢？比如，任务 B 用完了串口，将其释放，如果没有一种"通知"机制，任务 A 永远不会知道自己现在可以使用串口。在µC/OS-III 中，有三种（信号量、消息队列和事件标志组）基本的"通知"方式来让这些等待事件的任务不会"空等到白头"。

18.3 µC/OS-III 的信号量

18.3.1 信号量分类及其应用

信号量本质而言是一种全局计数器，分为两种类型：计数型信号量和互斥型信号量。计数型信号量又可以细分为两种：

取值范围为 0~1 的计数型信号量常用于任务间的同步，这是信号量的主要用法。

取值范围为 0~N 的计数型信号量常用于管理"可以同时被多个任务所使用的共享资源"。比如，用计数型信号表来管理缓冲池，缓冲池共有 10 个缓冲块，任务通过调用缓冲池申请函数 BufReq()向缓冲池管理器申请得到缓冲块的使用权。当不需要使用缓冲块时，通过调用缓冲块释放函数 BufRel()归还缓冲块给缓冲池。

互斥信号量只能取值 0 和 1，主要用来管理临界资源（临界资源是指每次只允许一个任务访问的资源，如串口、打印机等）。

无论哪一种信号量类型，释放信号的任务将信号量值加 1，请求（等待）信号的任务获得信号量后将其值减 1；如果信号量值为 0，表示该信号量代表的事件没有发生，请求该信号的任务将被阻塞。

对于任务间的同步，可以使用以上任何一种信号量；但对于临界资源，最好使用互斥信号量，以避免"死锁"的情况发生。所谓"死锁"，是指在一个多任务（线程）环境中，低优先级的任务占用了共享/临界资源，其运行权被高优先级任务抢占后，高优先级任务也需要使用该临界资源，但由于低优先级任务不能获得运行而无法释放，高优先级任务只得阻塞等待，如此就造成这两类任务都无法获得 CPU 使用权，而永远无法运行。

18.3.2 信号量工作方式

信号量常被用来实现任务间的同步，以及任务和 ISR 间的同步。当被用来进行同步时，信号量初始值一般设置为 0，表示没有发生事件（无信号）。本节就以单向同步应用为例来解释说明信号量是如何使 ISR 与任务间同步的，如图 18-3 所示。

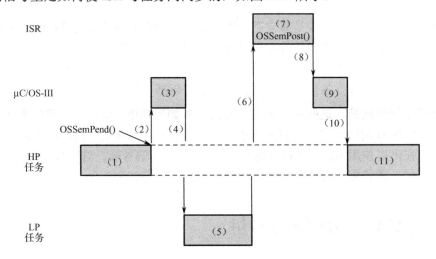

图 18-3　任务与 ISR 间使用信号量进行同步的过程

以下内容摘自《嵌入式实时操作系统μC/OS-III》第 14.1.1 小节 "单向同步"。

单向同步：当任务需要启动 I/O 操作并等待信号量时会使用单向同步，在 I/O 操作完成后，ISR（或其他任务）会发布信号量，然后等待任务被置于就绪状态。

（1）高优先级任务（HP）正在运行，它需要与 ISR 同步（也就是需要等待 ISR 发生），此时调用 OSSemPend() 函数请求信号量。

（2）HP 任务阻塞后，调用系统调度器（调度任务）。

（3）调度任务运行，寻找下一个可以运行的就绪任务。

（4）由于 ISR 还没有发生，高优先级任务处于信号量的等待表中，阻塞等待。

（5）执行低优先级任务（LP）。

（6）高优先级任务等待的事件发生了，低优先级任务的 CPU 使用权立即被剥夺，CPU

运行该事件的 ISR。

（7）运行中断服务程序（ISR），产生 HP 所望的资源。

（8）ISR 处理完毕后调用 OSSemPost()函数来发布信号量，退出时会调用 OSIntExit()函数进行任务切换。

（9）调度任务运行，寻找下一个可以运行的就绪任务。

（10）μC/OS-III 注意到优先级更高的任务正等待着该事件的发生，并将运行环境切换回高优先级任务。

（11）OSSemPend()函数返回，高优先级任务立即恢复运行。

以上是任务与 ISR 之间使用信号量所进行的同步操作，其实这个过程也可以使用接下介绍的消息队列和事件标志组实现。

将上述过程实例化，例如，应用中有一个温度传感器 A，当温度超过警戒值（如 60℃）的时候，会触发其内部的过温保护中断；驱动警铃报警的工作由任务 B 完成，任务 B 通过调用 OSSemPend()函数等待 A 的 ISR 发过来的信号才能执行报警。因此在正常情况下，任务 B 会因为等不到信号而被阻塞；如果某时刻温度超过了警戒值，A 产生过温保护中断，在中断服务程序中调用 OSSemPost()函数向外发送信号，μC/OS-III 知道任务 B 在等待此信号，所以唤醒 B 并调度其运行，即报警。

可见，使用信号量来同步任务其实就是一种发信号的机制，它与（使用互斥信号量）保护共享资源的机制有很大的区别：前者一般将信号量计数值初始化为 0，表示还没有发生信号；后者一般将信号量计数值初始化为非 0 值，表示资源的可用数。

将上述单向同步过程推而广之，可用图 18-4 来表示信号量的工作方式。

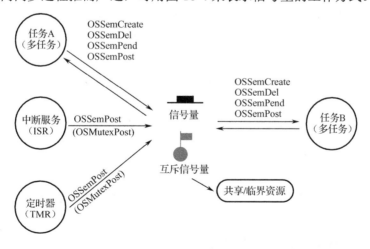

图 18-4　任务间或任务与 ISR 间的信号量同步方式

从图 18-4 可以得出结论：定时器 TMR 和中断服务 ISR 只能释放（Post）其他任务正等待的信号量（单向箭头）；任务可以执行信号量所有相关的函数；任务 A 和任务 B 所在的圆可以表示多个任务，这里为了方便说明，视之为单个任务。任务 A 等待（需要）的信号量可能由 ISR、TMR 和任务 B 之一来发出（释放）；反之任务 B 等待（需要）的信号量可能由 ISR、TMR 和任务 A 之一来释放。负责发送信号的任务（ISR 或 TMR）没有释放信号量（将信号量标识为 1）之前，等待该信号的任务只能阻塞等待。

以上的描述同样适用于互斥信号量。

18.3.3 信号量应用操作步骤

（1）定义信号量变量和相关的辅助变量。µC/OS-III 中信号量、互斥信号量的类型分别是 OS_SEM、OS_Mutex，在使用信号量、互斥信号量操作函数之前，需要先定义一个 OS_SEM、OS_Mutex 类型的变量，并将其传递给这些信号量管理函数，如下所示。

```
OS_SEM    mySem;              //定义一信号量变量
OS_Mutex  myMutex;            //定义一个互斥信号量变量
OS_ERR    *p_err;             //返回值辅助变量 p_err，保存函数返回值
```

（2）创建信号量和互斥信号量。

```
OSSemCreate (&mySem,"mySem",2, &p_err);
```

创建信号量 mySem，取名为"mySem"，初始计数值为 2，函数执行错误码保存于 p_err 中。

```
OSMutexCreate(&myMutex, "myMutex", &p_err);
```

创建互斥信号量 myMutex，取名为"myMutex"，函数执行返回值保存于 p_err 中。

（3）任务请求（等待）信号量。

```
CPU_TS       ts;              //时间戳辅助变量 ts，记录任务请求信号量的时间点
CPU_INT32U   key;             //请求到的信号量值
key = OSSemPend(&mySem, 2000, OS_OPT_PEND_BLOCKING, &ts, &p_err);
```

在 2 s（SysTick 定时节拍为 1 ms）内请求信号量 mySem，如果等到则返回信号量值到 key；否则阻塞等待。

```
OSMutexPend(&myMutex, 2000, OS_OPT_PEND_BLOCKING, &ts, &p_err);
```

在 2 s 内请求互斥信号量 myMutex，如果未等到则阻塞等待。

（4）任务或中断释放（发送）信号量 ISR，定时器和任务都可以发送信号量。

```
OSSemPost(&mySem, OS_OPT_POST_ALL, &p_err);
OSMutexPost(&myMutex, OS_OPT_POST_ALL, &p_err);
```

向所有等待该信号的任务发送信号量 mySem 或互斥信号量 myMutex。

18.4　µC/OS–III 的消息队列

18.3 节讲述的信号量由于其本质就是一个全局计数器，用它在任务间传递的信息有限（只能传递整型数值），只能用于任务间的同步。如果任务间需要传递字符串信息，则只能求助于µC/OS-III 的消息队列，任务间这样的协作关系称为任务间通信。广义上讲，18.3 节讲解的任务同步算是任务间通信的一个特例。

18.4.1 消息队列工作模型

消息队列是μC/OS-III 中最为强大的事件类型，可用于任务间同步和通信。队列中的每一个元素都是一条消息，它包括几个主要部分：指向数据的指针、表明数据长度的变量，以及记录消息发布时刻的时间戳，其中指针指向的可以是一个整型值或字符，一块数据区甚至于一个函数。

将多条消息按 FIFO 方式组织起来，就形成了消息队列。发送方任务将消息添加到消息队列队尾，接收方任务从消息队列的队头索取消息。与在信号量中的角色一样，ISR 同样只能发出消息，如图 18-5 所示。

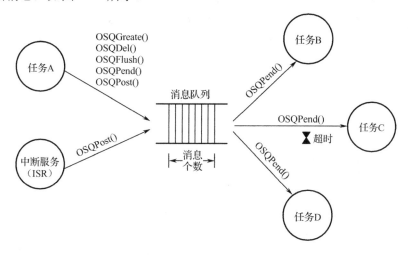

图 18-5　任务间或任务与 ISR 间的通信

以下内容摘自《嵌入式实时操作系统μC/OS-III》第 15.2 节 "消息队列"：

图 18-5 中接收消息的任务 C 旁边的小沙漏表示任务可以指定一个超时的选项，该选项表示任务愿意等待消息被发布到消息队列的时间上限。如果在这个期间内没有消息发布到消息队列，那么μC/OS-III 会唤醒等待的任务，并返回一个错误代码告诉任务，它被唤醒的原因是因为等待超时，而不是收到消息。当然也可以指定一个无限的等待时间，这样任务就将被阻塞直到得到消息为止。

消息队列中还包含了一个列表，记录了所有正在等待获得该消息的任务。当一则消息被发布到消息队列时，最高优先级的等待任务将获得该消息；或者，发布方也可以向消息队列中所有等待的任务广播这则消息，这样，任何获得消息的任务都被唤醒，处于就绪状态，其中优先级高于广播该消息任务的任务将获得运行。

18.4.2 消息队列应用操作步骤

（1）定义消息队列变量和相关的辅助变量。μC/OS-III 中消息队列的类型是 OS_Q，在使用消息队列操作函数之前，需要先定义一个 OS_Q 类型的变量，并将其传递给这些消息管理函数，如下所示。

```
OS_Q        myQ;              //定义消息队列变量
OS_ERR     *p_err;             //返回值辅助变量 p_err，保存函数返回值
```

（2）创建消息队列。

```
OSQCreate (&myQ,"myMsgQ",10, &p_err);
```

创建消息队列 myQ，取名为"myMsgQ"，队列容量为 10，函数执行返回值保存于 p_err 中。

（3）任务请求消息队列。

```
CPU_TS ts;                    //定义时间戳变量，记录任务请求消息的时间点
OS_MSG_SIZE size;             //定义存储消息长度的变量 size
OSQPend(&myQ, 2000, OS_OPT_PEND_BLOCKING, &size, &ts, &p_err);
```

在 2 s 之内从队列 myQ 中等待消息，如果没有等到，则阻塞等待。

（4）任务或中断释放消息队列。ISR、定时器和任务都可以发送信号量。

```
OSQPost(&myQ, str, sizeof(str), OS_OPT_POST_FIFO, &p_err);
```

向所有等待消息队列 myQ 的任务发送（释放）消息，消息内容保存于字符串变量 str 中。

18.5 μC/OS–III 的事件标志组

信号量和消息队列都是基于任务间或任务与 ISR 之间"单一事件"发生时，完成彼此之间的同步或消息传输的。在实际的系统中，常存在类似这样的情形，某事件出现需要另外几个事件都发生或任何之一发生。例如，某环境温度监测系统在车间的三个关键位置（以 A、B、C 来标识）各设置了一个温度传感器，以监测车间内温度情况，假设每个点温度警戒值均为 55℃。当这三点的温度同时都超过 55℃时（或者任何两个点都超过 55℃时，根据实际需要而定，无论两点还是三点，都是为了说明事件标志组的应用特点），才能触发温度报警。

18.5.1 事件标志组工作模型

为了适应上述的应用场合，μC/OS-III 提供了事件标志组来满足这样的应用。一个事件标志组可以记录多个事件状态，每个任务对应一种事件，并设置其中的一位。如果采用事件标志组，可以这样来完成上述的需求。

（1）定义一个事件标志组 flagGrp，并规定任务 A、B、C 分别对应于 flagGrp 的第 3、5、9 位（注意：事件标志组中每一位的含义由开发人员根据应用实际来决定）。

（2）任务 A、B、C 分别采样车间的 A、B、C 点的温度，当某点的温度值超过 55℃时，在 flagGrp 相应位设置 1（相当于释放信号）。

（3）任务 D 以"所有事件都发生"的模式请求 flagGrp。监测点 A、B、C 的温度先后超过 55℃，相应的任务在其 flagGrp 的第 3、5、9 位发出（Post，释放）自己的信号（置1）。

最终 flagGrp 的第 3、5、9 位全 1，任务 D 请求事件标志组成功，被唤醒调度运行，执行系统报警。在 flagGrp 第 3、5、9 任何一位为 0 时，任务 D 将被阻塞等待。

可见，当任务需要与多个事件的发生同步时，可以使用事件标志组。等待多个事件时，任何一个事件发生，任务都被同步，这种同步机制被称为"或同步"；与之对应的是"与同步"，要求所有事件都发生时，任务才被同步。

18.5.2 事件标志组应用操作步骤

（1）定义消息队列变量和相关的辅助变量。μC/OS-III 中事件标志组的类型是 OS_FLAG_GRP，在使用事件标志组操作函数之前，需要先定义一个 OS_FLAG_GRP 类型的变量，并将其传递给事件标志组管理函数，如下所示。

```
OS_FLAG_GRP   myFlagGrp;    //定义事件标志组变量，用以保存请求到的标志
OS_ERR        *p_err         //返回值辅助变量 p_err，保存函数返回值
```

（2）创建事件标志组。

```
OSFlagCreate (&myFlagGrp,"myFlagGrp",0 , &p_err);
```

创建事件标志组 myFlagGrp，取名为"myFlagGrp"，并初始标志组 32 位标志全为 0。

（3）任务请求事件标志组。

```
00 OS_FLAGS flags;                                    //定义标志变量（32 位）
01 flags = OSFlagPend( &myFlagGrp,
02                    (1u <<10) | (1u <<16) | (1u <<29 ),    //位模式
03                    OS_OPT_PEND_BLOCKING +OS_OPT_PEND_FLAG_SET_ALL+
                                            OS_OPT_PEND_FLAG_CONSUME,
04                    &ts, &err );
```

代码 02 行表示任务请求事件标志组中第 10、16 和 29 位标志量。代码 03 行中 OS_OPT_PEND_FLAG_SET_ALL 和 OS_OPT_PEND_FLAG_CONSUME，分别表示当这些位全 1 时，该请求成功，并返回这几位标志中的值；之后将这些位清 0。当请求不成功时，任务被阻塞。

（4）任务释放事件标志组，返回释放的事件标志组。

```
OS_FLAGS flags;                                       //定义标志变量（32 位）
flags = OSFlagPost(&myFlagGrp,
                   (1u <<10) | (1u <<16) | (1u <<29 ), OS_OPT_POST_FLAG_SET, &p_err);
```

向事件标志组 myFlagGrp 的第 10、16、29 位释放 1 标志（即设置这几位为 1），其他等待（或请求）myFlagGrp 的任务根据各自对这几位标志的处理模式（或全为 1，或部分为 1，或只要有一个为 1），来决定是否请求成功。

18.6 信号量、消息队列和事件标志组综合示例

18.3 节到 18.5 节分别讲解了信号量、消息队列和事件标志组的特点及其应用操作步骤，

使大家对μC/OS-III 的任务同步、通信原理有了一个基本的认识，了解了最常用的任务管理函数。为了加深对这三个知识点的理解，掌握它们的应用，本节以一个具体的案例来向读者说明在μC/OS-III 中任务同步与通信在代码级是如何实现的。

18.6.1 综合示例任务关系图

本节案例中任务，ISR 和定时器之间的关系如图 18-6 所示。

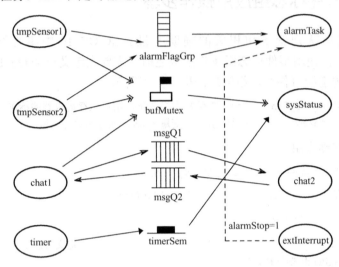

图 18-6 综合示例中任务间，任务与 ISR、TMR 间的关系

图 18-6 中关系较为复杂，为了便于接下来的编码工作，将其中的逻辑整理描述如下。

（1）两个温度传感器任务 tmpSensor1 和 tmpSensor2 负责采集各自所在位置的温度，当温度达到警戒值 55℃时，通过事件标志组 alarmFlagGrp 释放信号给专职报警的任务 alarmTask。任务 alarmTask 以 OS_OPT_PEND_FLAG_SET_ALL 的模式请求 alarmFlagGrp。

（2）任务 chat1 和 chat2 使用两个消息队列来实现彼此间的双向通信。

（3）任务 chat1，tmpSensor1/2 各以一定的间隔访问共享变量 sysStatus，写入自己的当前值。为避免争用，使用互斥信号量 bufMutex 来管理 sysStatus。

（4）定时器每间隔 10 s 通过 timerSem 信号量唤醒 sysStatus，使其读取共享变量 sysStatus，并打印出当前系统各任务状态。

（5）外部中断 extInterrupt（按下 EXTI0 按键模拟外部中断事件）发生时通过全局变量 alarmStop 使警报器停止下来。

18.6.2 任务代码头文件 task.h

task.h 头文件主要定义任务运行所需要的基本数据结构，如 TCB、堆栈、任务函数等。

代码 18-2　任务头文件 task.h

```
01 #ifndef __task_h
02 #define __task_h
03 #include "includes.h"                          //工程所需的头文件全部汇集于此
04
05 #define OSSTART_TASK_PRIO       3              //系统开始任务优先级 3
06 #define SENSOR1_TASK_PRIO       7              //温度采集任务 1 优先级 7
07 #define SENSOR2_TASK_PRIO       7              //温度采集任务 2 优先级 7
08 #define ALARM_TASK_PRIO         2              //报警任务优先级 2
09 #define STATUS_STAT_TASK_RPIO   9              //状态统计任务优先级 9
10 #define CHAT1_TASK_RPIO         14             //聊天任务 1 优先级 14
11 #define CHAT2_TASK_RPIO         14             //聊天任务 2 优先级 14
12
13 #define OSSTART_TASK_STK_SIZE      0x100       //系统开始任务堆栈大小
14 #define SENSOR_TASK_STK_SIZE       0x100       //温度采集任务堆栈大小
15 #define ALARM_TASK_STK_SIZE        0x100       //报警任务堆栈大小
16 #define STATUS_STAT_TASK_STK_SIZE  0x100       //状态统计任务堆栈大小
17 #define CHAT_TASK_STK_SIZE         0x100       //聊天任务堆栈大小
18
19 static CPU_STK   osStartTaskStk[START_TASK_STK_SIZE];        //系统开始任务堆栈
20 static CPU_STK   sensor1TaskAStk[SENSOR_TASK_STK_SIZE];      //温度采集任务 1 堆栈
21 static CPU_STK   sensor2TaskAStk[SENSOR_TASK_STK_SIZE];      //温度彩集任务 2 堆栈
22 static CPU_STK   alarmTaskStk[ALARM_TASK_STK_SIZE];          //报警任务堆栈
23 static CPU_STK   statusStatTaskAStk[STATUS_STAT_TASK_STK_SIZE]; //状态统计任务堆栈
24 static CPU_STK   chat1TaskAStk[CHAT_TASK_STK_SIZE];          //聊天 1 任务堆栈
25 static CPU_STK   chat2TaskAStk[CHAT_TASK_STK_SIZE];          //聊天 2 任务堆栈
26
27 static OS_TCB osStartTaskTCB;             //系统开始任务，任务控制块
28 static OS_TCB sensor1TaskTCB;             //温度采集任务 1 任务控制块
29 static OS_TCB sensor2TaskTCB;             //温度采集任务 2 任务控制块
30 static OS_TCB alarmTaskTCB;               //报警任务 任务控制块
31 static OS_TCB statusStatTaskTCB;          //状态统计任务 任务控制块
32 static OS_TCB chat1TaskTCB;               //聊天任务 1 任务控制块
33 static OS_TCB chat2TaskTCB;               //聊天任务 2 任务控制块
34
35 void osStartTask(void *arg);              //系统开始任务函数
36 void sensor1Task(void *arg);              //温度采集任务 1 函数
37 void sensor2Task(void *arg);              //温度采集任务 2 函数
38 void alarmTask(void *arg);                //报警任务函数
39 void statusStatTask(void *arg);           //状态统计任务函数
40 void chat1Task(void *arg);                //聊天任务 1 函数
41 void chat2Task(void *arg);                //聊天任务 2 函数
42
43 void createEvent(void);                   //定义事件创建函数
44 void creatTimer(void);                    //定时器创建函数
```

```
45 void timerCallback(void *arg);              //定时器回调函数
46
47 void boardSystemInit(void);                 //系统板初始化
48
49 #if (CPU_CFG_TS_TMR_EN == DEF_ENABLED)      //如果在工程中要使用时间戳
50 CPU_TS_TMR    CPU_TS_TmrRd(void);          //定义读取时间戳函数
51 void CPU_TS_TmrInit(void);                  //定义时间戳初始化函数
52 #endif
53 #endif
```

18.6.3 任务代码 C 文件 task.c

```
01 #include "task.h"
02
03 OS_SEM timerSem;                        //定时器信号量，时间到时通知统计任务状态
04 OS_Mutex bufMutex;                      //互斥信号量，管理临界区：结构体变量 criArea
05 OS_Q msgQ1, msgQ2;                      //两个消息队列实现任务间的双向通信
06 OS_FLAG_GRP alarmFlagGrp;               //事件标志组，管理两个温度传感器和报警任务
07 OS_TMR timer;                           //定时器变量
08
09 struct criticalArea {                   //临界区结构，其作用见注释 1
10     short t1, t2;                       //t1 和 t2 分别记录传感器 1 和 2 的温度值
11     char chat[20];                      //记录当前聊天任务情况
12 } criArea;
13
14 CPU_INT08U alarmStop =0, chatStr;       //作用见注释 2
15
16 void bspBoardInit(void)                 //系统初始化
17 {
18     usart1_init();
19     exit_init();
20 }
```

注释 1：结构体变量 criArea，见名知意，它是作为临界区来使用的。温度监测任务 1 和 2，聊天任务 1 分别每间隔一定的时间记录它们的当前值到此结构体变量，供状态统计任务读出并显示当前的系统状态（状态统计任务每隔 10 s 被定时器唤醒）。

注释 2：变量 alarmStop 的作用是：当两个温度监测点温度都超过 55℃时，报警任务开启；此时通过外部中断 EXTI0 按键，中止报警。如果 EXTI0 中断发生，置 alarmStop 为 1。

代码 18-3 系统任务开始函数 osStartTask()

```
11 void osStartTask(void *arg)
12 {
13     OS_ERR err;
14     OS_STATE timerState;
15
```

```
16     (void)arg;
17     bspBoardInit();                                    //系统板初始化
18     xprintf("μC/OS-III Start ... \r\n");
19     SysTick_Config(SystemCoreClock /1000);             //配置系统滴答时钟（确定系统节拍）
20
21     appEventCreate();   //创建任务管理事件：（互斥）信号量、消息队列、事件标志组等
22     appTaskCreate();    //创建 6 个任务
23     appTimeCreate();    //创建定时器
24
25     timerState = OSTmrStateGet((OS_TMR*)&timer, (OS_ERR *)&err);   //获取定时器状态
26     if (timerState != OS_TMR_STATE_RUNNING)
27         OSTmrStart((OS_TMR *)&timer, (OS_ERR *)&err);              //开启定时器
28
29     OSTimeDlyHMSM(0,0, 2,0, OS_OPT_TIME_HMSM_STRICT, &err);   //任务阻塞 2 s
30     xprintf("After 2 seconds, Start Task will kill self. \r\n");
31     OSTaskDel (&osStartTaskTCB, &err);                         //任务自己删除自己
32 }
```

使用μC/OS-III 进行多任务开发，遵循一个模板。

A1．调用 OSInit(&err)初始化 OS（代码 18-3）。

A2．创建系统启动任务 osStartTask。

A3．调用 OSStart(&err)启动多任务系统。

其中第二步是重点：在系统开始任务完成以下几件事情：

B1．系统板硬件初始化，如代码 18-3 的第 17 行。

B2．系统节拍初始化，如第 19 行代码，本例系统节拍被初始化为每 1 ms 中断一次。

B3．创建任务管理事件，如（互斥）信号量、消息队列、事件标志组等，为后面的任务创建后（代码 21 行），运行过程中进行任务同步和通信准备资源，如第 21 行代码。

B4．创建定时器，如第 23 行代码。需要注意的是，定时器创建后，需要像第 25～27 行代码那样，判断其状态，如果没有运行，则需要打开定时器。

μC/OS-III 的任务有两种：一次性任务和永久性任务。对于系统启动任务来说，其主要使命就是完成从 B1 到 B4 的几项任务，是典型的一次性任务。所以在其代码最后，调用 OSTaskDel()自己删除自己，以腾出空间给其他任务使用。

代码 18-4 任务创建函数 appTaskCreate()

```
17 void appTaskCreate(void)
18 {
19     OS_ERR err;
20
21     OSTaskCreate( (OS_TCB*)&sensor1TaskTCB,              //任务控制块
22                   (CPU_CHAR*) "sensor1 task",             //任务名
23                   (OS_TASK_PTR)sensor1Task,               //任务函数
24                   (void *)0,                              //任务参数指针
```

```
25                    (OS_PRIO)SENSOR1_TASK_PRIO,              //任务优先级
26                    (CPU_STK*)sensor1TaskStk,                //任务堆栈
27                    (CPU_STK_SIZE)SENSOR1_TASK_STK_SIZE/10,  //任务堆栈警戒值
28                    (CPU_STK_SIZE)SENSOR1_TASK_STK_SIZE,     //任务堆栈大小
29                    (OS_MSG_QTY)0,                           //任务内消息队列大小
30                    (OS_TICK)0,                              //任务时间片长度
31                    (void *)0,
32                    (OS_OPT)(OS_OPT_TASK_STK_CHK | OS_OPT_TASK_STK_CLR),
33                    (OS_ERR *)&err );
34
35     OSTaskCreate( (OS_TCB*)&sensor2TaskTCB, ....);           //创建温度监测2任务
36     OSTaskCreate( (OS_TCB*)&alarmTaskTCB, ....);             //创建警报任务
37     OSTaskCreate( (OS_TCB*)&statusStatTaskTCB, ....);        //创建系统状态统计任务
38     OSTaskCreate( (OS_TCB*)&chat1TaskTCB, ....);             //创建消息传输任务1
39     OSTaskCreate( (OS_TCB*)&chat2TaskTCB, ....);             //创建消息传输任务2
40 }
```

代码 18-4 调用 OSTaskCreate()函数完成创建所有应用程序任务，代码较为简单，不再详细说明，其中 OSTaskCreate()各参数说明在 18.2.3 节已详细说明。

代码 18-5　温度监测任务 1 执行函数 sensor1Task()

```
42 void sensor1Task(void *arg)
43 {
44     OS_ERR err;
45     CPU_TS ts;
45     CPU_INT08U temp;
46
47     (void)arg;
48     xprintf(SENSOR1 Task Start ...\r\n);
49     while(1) {
50         OSTimeDlyHSMS(0,0, 8,0, OS_OPT_TIME_STRICT, &err);
51         temp += 5;                        //模拟当前的温度值
52         if (temp > 55) {                  //如果温度值大于55℃
53             OSFlagPost( (OS_FLAG_GRP *)&alarmFlagGrp,   //向事件标志组发送信号
54                         (OS_FLAGS) (1 << 5),            //sensor1 对应标志组的第5位
55                         (OS_OPT) OS_OPT_POST_FLAG_SET,  //将标志组的第5位置1
56                         (OS_ERR *)&err );
57         }
58
59         OSMutexPend( (OS_MUTEX *)&bufMutex,             //申请临界区使用权
60                      (OS_TICK)0,                        //无须延时等待
61                      (OS_OPT)OS_OPT_PEND_BLOCKING,      //没有申请到时阻塞等待
62                      (CPU_TS *)&ts,                     //记录申请成功时的时间
63                      (OS_ERR *)&err );
64         criArea.t1 = temperature;                       //进入临界区，并向其写入将当前温度值
65         OSMutexPost( (OS_MUTEX *)&bufMutex,             //释放临界区
66                      (OS_OPT)OS_OPT_POST_NONE,
```

```
67                    (OS_ERR *)&err );
68  }
```

首先,温度监测任务 1 是一个永久任务(任务体在 while 循环中,没有退出语句),其任务逻辑是:获取当前温度值(本例使用了延时函数来模拟获取过程,温度值每隔 8 s 增加 5℃),并判断该值是否超过 55℃:如果是,则向事件标志组发送信号,将标志组的第 5 位设置为 1,如第 52~57 行代码;同时当前温度值写入全局变量 criArea.t1,由于有 3 个任务都需要访问 criArea,因此,为了避免冲突,使用互斥信号量 bufMutex 来控制访问,进入临界区,申请 bufMutex;写完后,释放 bufMutex,如第 59~67 行代码所示。

温度监测任务 2 的函数体与 sensor2Task()绝大部分相同,不同点如下。

将 48 行改为

xprintf(SENSOR2 Task Start ...\r\n);

将 51 行改为

temp += 4;   //表明该点的温度变化较慢一些

将 54 行改为

(OS_FLAGS) (1 << 8),   //sensor2Task 对应于事件标志组的第 8 位

将 64 行改为

criArea.t2 = temperature;   //向临界区结构体变量 t2 写入当前温度值

代码 18-6　报警任务执行函数 alarmTask()

```
70  void alarmTask(void *arg)
71  {
72      OS_ERR err;
73      CPU_TS ts;
74
75      (void)arg;
76      while(1) {
77          OSFlagsPend( (OS_FLAG_GRP *)&alarmFlagGrp,        //请求标志组
78                       (OS_FLAGS)((1 << 5) | (1 << 8)),     //标志组标志的第 5 和 8 位
79                       (OS_TICK)0,
80                       (OS_OPT) OS_OPT_PEND_BLOCKING +
81                           OS_OPT_PEND_FLAG_SET_ALL + OS_OPT_PEND_FLAG_CONSUME,
82                       (CPU_TS *)&ts,
83                       (OS_ERR *)&err );
84
85          while(!alarmStop) {                               //以下代码为模拟报警
86              xprintf( "ALARM: Temperature > 55C !!\r\n" );
87              OSTimeDlyHMSM(0,0, 2,0, OS_OPT_TIME_HMSM_STRICT, &err);
88          }
89      }
90  }
```

任务 AlarmTask 开始运行即请求事件标志组标志的第 5 和 8 位,当温度超过 55℃时,

它们（bit5、bit8）由 sensor1Task 和 sensor2Task 设置为 1。如果请求成功，表明这两点的温度都超过 55℃，所以执行第 85~88 行的报警动作。alarmStop 为一全局变量，初始值为 0。报警开始后，使用外部中断 EXTI0 来模块工作人员消除警报。当按下按键时，在 EXTI0 的中断服务程序中将 alarmStop 置为 1，则代码第 85~88 行被跳过，警报消除。

代码 18-7　系统状态统计任务执行函数 statusStatTask()

```
 92 void statusStatTask(void *arg)
 93 {
 94     OS_ERR err;
 95     CPU_TS ts;
 96
 97     (void)arg;
 98     while(1) {
 99         OSSemPend(&timerSem,0 OS_OPT_PEND_BLOCKING, &ts, &err);
100         OSMutexPend( (OS_MUTEX *)&bufMutex,
101                      (OS_TICK )0,
102                      (OS_OPT) OS_OPT_PEND_BLOCKING,
103                      (CPU_TS *)&ts,
104                      (OS_ERR *)&err );
104
105         xprintf( "\t\t\t\t-------------------------------------------------\r\n" );
106         xprintf( "\t\t\t\tMonitor System Status:\r\n" );
107         xprintf( "\t\t\t\tTemperature of Sensor1: %d\r\n", criArea.t1);
108         xprintf( "\t\t\t\tTemperature of Sensor2: %d\r\n", criArea.t2);
109         xprintf( "\t\t\t\tChatting Room: %s\r\n", criArea.chat);
110         xprintf( "\t\t\t\t=================================================" );
111
112         OSMutexPost( (OS_MUTEX *)&bufMutex,
113                      (OS_OPT) OS_OPT_POST_NONE,
114                      (OS_ERR *)&err );
115     }
116 }
```

系统状态统计任务 statusStatTask()被定时器每隔 10 s 唤醒一次去执行系统状态统计。第 99 行代码请求定时器信号量 timerSem，未成功时阻塞等待；否则，读出临界区结构体变量 criArea 并显示其各成员值，第 105~110 行代码为状态数据显示格式。进入临界区前需要申请互斥信号量 bufMutex，读完数据之后需要将其释放。

代码 18-8　聊天任务 1 执行函数 chat1Task()

```
118 void chat1Task(void)                    //聊天 1 任务
119 {
120     OS_ERR err;
121     CPU_TS ts;
122     void *str;                          //指向从消息队列中传过来的字符串
123     OS_MSG_SIZE size;                   //消息字符串长度
```

```
124     short i =0;
125
126     (void)arg;
127     while(1) {
128         i++;
129         sprintf((char*)chatStr, "CHAT1: Hello, chat2_%d.\r\n",i);    //构造消息字符串
130         OSPost( (OS_Q *)&msgQ1,                        //向消息队列 1 发送消息
131                 (void *)chatStr,                       //消息内容即为 chatStr
132                 (OS_MSG_SIZE)sizeof(chatStr),          //消息长度
133                 (OS_OPT)OS_OPT_POST_FIFO,              //以 FIFO 方式添加消息到队列
134                 (OS_ERR *)&err );
135
136         OSMutexPend( (OS_MUTEX *)&bufMutex,            //申请互斥信号量
137                      (OS_TICK)0,
138                      (OS_OPT)OS_OPT_PEND_BLOCKING,
139                      (CPU_TS *)&ts,
140                      (OS_ERR *)&err );
141
142         strcpy(criArea.chat, "We are chatting!\r\n" );    //向临界区写入字符串
143
144         OSMutexPost((OS_MUTEX *)&bufMutex,             //释放临界区
145                     (OS_OPT) OS_OPT_POST_NONE,
146                     (OS_ERR *)&err );
147         OSTimeDlyHMSM(0,0, 2,0, OS_OPT_TIME_HMSM_STRICT, &err )    //阻塞 2 s
148
149         str = (void *)OSQPend( (OS_Q *)&msgQ2,         //等待消息队列 2 的消息
150                                (OS_TICK)0,
151                                (OS_OPT) OS_OPT_PEND_BLOCKING,
152                                (OS_MSG_SIZE *)&size,
153                                (CPU_TS *)&ts,
154                                (OS_ERR *)&err );
155         xprintf( "%s\r\n" ,(CPU_INT08U *)str);         //打印所等到的从 msgQ2 过来的消息
156     }
157 }
```

任务 chat1Task 和任务 chat2Task 通过两个消息队列（msgQ1、msgQ2）来实现双向通信。对于 chat1Task 来说，通过 msgQ1 来释放自己的说话内容，如第 129 行代码向队列 msgQ1 释放"CHAT1: Hello, chat2_%d"；同时，通过 msgQ2 请求从 chat2Task 回应的说话内容，如第 149 行代码。每当向对方释放一个消息串，将 chat1Task 当前的状态"We are chatting!\r\n"写入临界变量 criArea.chat，作为系统状态统计任务 statusStatTask 数据源，如第 142 行代码。

任务 chat2Task 的任务逻辑与 chat1Task 基本一致，理解了 chat1Task 任务函数体之后，再阅读 chat2Task 函数代码不是难事，碍于篇幅，在这里不再列出说明。

代码 18-9　创建任务管理事件函数 appEventCreate()

```
159    void appEventCreate(void)
160    {
161        OS_ERR err;
162
163        OSMutexCreate(&bufMutex, "bufMutex", &err );            // 创建互斥信号量
164        OSFlagCreate(&alarmFlagGrp, "alarmFlagGrp",0uL, &err ); // 创建报警事件标志组
165        OSQCreate(&msgQ1, "msgQ1",10, &err);                    // 创建消息队列 1，存储 10 条消息
166        OSQCreate(&msgQ2, "msgQ2",10, &err);                    // 创建消息队列 2，存储 10 条消息
167        OSSemCreate(&timerSem, "Timer", (OS_SEM_CTR)0, &err);   // 创建定时器
168    }
```

函数 appEventCreate()完成创建示例中用于任务同步和通信的（互斥）信号量、事件标志组、消息队列和定时器等内核对象。创建这些内核对象的函数除了互斥信号量之外，都有 4 个参数：

参数 1：内核对象变量地址，内核变量 bufMutex、alarmFlagGrp、msgQ1、msgQ2、timerSem 在 task.c 文件开始被定义为全局变量，以方便在各个源文件之间引用。

参数 2：为内核对象取名（以字符串的形式传入）。

参数 3：为所创建的内核对象赋初值。事件标志组各标志位初始值全部清 0；消息队列初始值设定为它能够容纳消息的个数；对于信号量来说，初值为可为 0，也可以为非 0 的正整数值，分别表示没有资源可用和有多个资源可用（互斥信号量由于其"互斥"的特点，其初始值默认为 1，不用在函数中显式地传入）。

参数 4：错误码变量 err 地址。错误码变量 err 反映函数执行情况，成功执行，其值为 0；否则，设置相应错误原因的代码。

代码 18-10　定时器创建函数 appTimerCreate()

```
170    void appTimerCreate(void)
171    {
172        OS_ERR err;
173        OSTmrCreate( (OS_TMR *)&timer,                          //定时器控制块指针
174                     (CPU_CHAR *)"app timer",                   //定时器名字
175                     (OS_TICK)100,                              //初始延时值
176                     (OS_TICK)100,                              //周期定时值，注释 1
177                     (OS_OPT)OS_OPT_TMR_PERIODIC,               //见注释 2
178                     (OS_TMR_CALLBACK_PTR)appTimerCallback,     //定时器回调函数
179                     (void *)0,                                 //回调函数参数
180                     (OS_ERR *)&err );                          //错误码
181    }
```

OSTmrCreate()允许用户创建一个软件定时器，它可以连续运行，也可以只运行一次（注释 2：opt 用来设置定时器的工作方式，连续周期运行时，应设置为 OS_TMR_OPT_PERIODIC，否则应设置为 OS_TMR_OPT_ONE_SHOT）。当定时器计数到

0（注释 1：从参数指定的值开始倒计）时，一个可选的回调函数将被执行。回调函数可以通知任务定时已到，或者执行其他功能。定时器被创建后处于停止状态，因此必须调用 OSTmrStart() 来启动定时器，就像本示例中系统开始任务中，先判断定时器是否运行，然后再行开启。代码 18-11 为定时器到期时的回调函数，其内部仅释放信号量 timerSem。

代码 18-11　定时器回调函数 appTimerCallback()

```
183 void appTimerCallback(void *arg)
184 {
185     OS_ERR err;
186     OSSemPost(&timerSem, OS_OPT_POST_1, &err );        //在回调函数中释放信号量
187 }
188
188 #if (CPU_CFG_TS_TMR_EN == DEF_ENABLED)
189 CPU_TS_TMR CPU_TS_TmrRd(void)
190 {
191     return (SysTick -> VAL);
192 }
193
194 void CPU_TS_TmrInit(void)
195 {
196 }
197 #endif
```

第 183～187 行代码为定时器回调函数，在其内部使用 OSSemPost() 发送信号量 timerSem，以唤醒正在等待该信号量的系统统计任务；第 188～196 行代码为条件编译语句，当任务需要时间戳来记录其节点（如任务何时被创建，何时被阻塞或唤醒等）的时间时，必须实现时间戳的初始化和读取函数。在这里只是一个"敷衍性"的代码，以防止编译器总是出现关于时间戳没有被创建的错误。在真实的应用中，要实现时间戳的初始和读取函数应该使用硬件 RTC 所提供的功能，在此不详细说明其实现。

18.6.4　中断异常处理文件 stm32f10x_it.c

本示例使用 EXTI0 外部中断线来模拟人工消除报警，根据示例的逻辑，EXTI0 中断处理函数应为：

```
01 #include "task.h"
02 extern CPU_INT08U alarmStop;          //alarmStop 在 task.c 文件中定义，故用 extern 导入
03
04 void EXTI0_IRQHandler(void)
05 {
06     if(EXTI_GetITStatus(EXTI_Line0) )
07         alarmStop =1;                 //当 EXTI0 所对应按键被按下时，置 alarmStop 为 1
08
09     EXTI_ClearITPendingBit(EXTI_Line0);                //清除按键 EXTI0 的状态
10 }
```

18.7 μC/OS–III 移植

在 Micrium 官网，已经有了基于 Keil MDK 开发环境移植μC/OS-III 的示例工程，这为使用此类开发环境的工程师移植μC/OS-III 带来了福音。在移植时我们可以直接参考其中的配置文件，只做少量修改即可成功完成μC/OS-III 的移植工作。

18.7.1 μC/OS-III 源码组织架构

登录 Micrium 官网，进入"Downloads"标签页面（需要注册才能下载），根据如下路径："Browse by MCU Manufacturer/STMicroelectronics/STM32F107"进入 STM32F107 工程页面，选择"μC/OS-III v3.03.01"，找到名为"Micrium_μC-Eval-STM32F107_ μC/OSIII"的文件，进行下载。下载完成后解压，打开里边的 Software 文件夹，呈现出如图 18-7 所示的目录及文件结构。

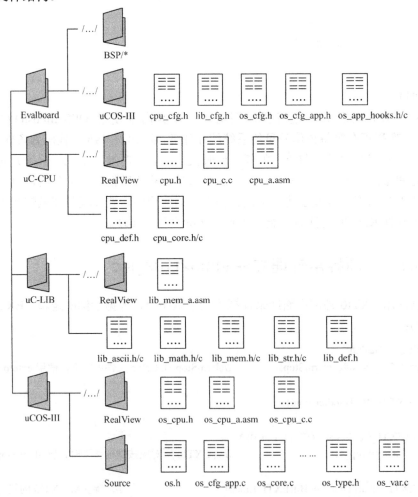

图 18-7 μC/OS-III 源码组织结构

(1) Evalboard 目录下的文件分为 2 部分。

BSP 目录下包含了 STM32 库源码文件（如 stm32f10x_usart.h/c），用户编写的外设驱动文件（如 usart.h/c），以及应用工程入口函数 main()所在的主文件。

uCOS-III 目录下包含与工程相关的μC/OS-III 配置文件，移植时需要根据工程实际适当修改。

(2) uC-CPU 目录下的文件分为 4 部分。

- cpu_cfg.h：主机名、时间戳、前导 0 计算等宏定义。
- cpu_core.h/c：CPU 初始化、CPU 前导 0、时间戳等函数实现。
- cpu_def.h：CPU 字长、端模式、堆栈生长方向等常量宏定义。
- Realview 目录下的文件：
  ◇ cpu.h：CPU 数据类型、端模式、栈类型及其大小等宏定义。
  ◇ cpu_a.asm：中断或任务切换时的 CPU 寄存器保存与恢复函数的实现，CPU_SR_Save()和 CPU_SR_Restore()。

(3)uC-LIB 目录下为 Micrium 公司为μC/OS-III 量身定制的一套库函数，如 lib_ascii.h/c（字符处理）、lib_str.h/c（字符串处理）、lib_math.h/c（数学函数）等，μC/OS-III 内核代码经常调用其中的函数。

(4) uCOS-III 目录下有两部分：Source 下全是μC/OS-III 内核源码文件；RealView 下包含 3 个文件。

- os_cpu.h：任务/中断切换，寻找最高优先级任务运行的函数声明等。
- os_cpu_a.asm：代码实现在 os_cpu.h 文件中声明的函数，如任务/中断切换等函数。
- os_cpu_c.c：移植过程中最难理解的任务堆栈初始化函数 OSTaskStkInit()实现和所有钩子函数模板实现。

18.7.2 简化μC/OS-III 源码组织架构

官方工程化后的μC/OS-III 源代码结构，层级很多，关系较为复杂。我们自己移植时，为了方便工程管理，以及在 keil MDK 中导入头文件，可以做适当简化。笔者基于上述结构的最外层 4 个目录，将源代码文件做出如下调整：将原 uC-CPU 和 uC-LIB 各级目录下的相关文件分别直接放在新 uC-CPU 和 uC-LIB 主目录下；对于原 Evalboard 下整个目录 uCOS-III 及其下的配置文件移动到新 uCOS-III 目录下，重命名为 appConfig。最终调整后的源码结构如图 18-8 所示。

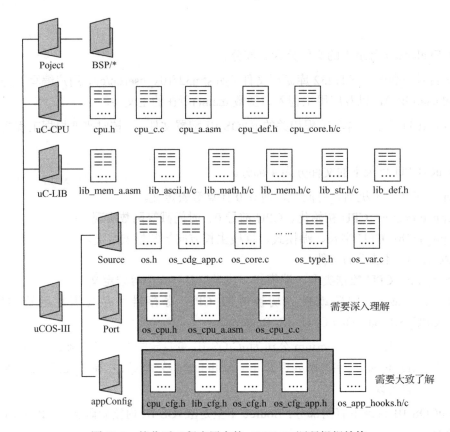

图 18-8　简化后工程应用中的 μC/OS-III 源码组织结构

18.7.3　建立基于 μC/OS-III 的工程

1．确定整个工程源代码结构

在前面裸板实验工程源代码结构（project、output、stm32、usr 四个文件夹分类存放各自的源代码）基础上，增加 ucosiii 文件夹，用于存放 18.7.2 节简化过后的 μC/OS-III 工程化代码，工程文件结构如图 18-9 所示。

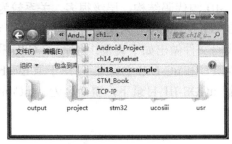

图 18-9　工程文件结构

2．在工程区建立文件组，导入源文件

使用 Keil MDK 建立工程，工程各配置项与前面裸板实验相同，不再赘述。由于引入

μC/OS-III，文件较多，在此就工程区管理的文件组及其下的文件再做一下交代，如图 18-10 所示。

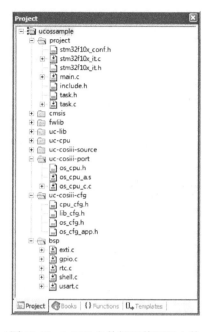

图 18-10　MDK 文件组及其源码文件

- 文件组 cmsis、fwlib 下导入的文件与前面裸板实验相同。
- 文件组 uc-lib、uc-cpu、uc-cosiii-source、uc-cosiii-port 下的导入μC/OS-III 简化版源码结构相同文件夹下的文件；uc-cosiii-cfg 文件组下导入简化源码结构中 uc-cosiii-appConfig 下的文件。
- bsp 文件组下导入用户编写的外设驱动源文件。

3．工程主要文件之间的逻辑关系

工程文件结构和 MDK 文件组及其文件之间有一种对应关系，主要是方便我们管理工程和源码，但工程源码文件之间的逻辑调用关系才是我们需要理解的重点。在 project 文件组下多出了 task.h、task.c 和 include 三个文件，它们与 main.c 文件的关系是怎样的呢？

在 main.c 文件中，只引入了一个头文件 task.h，因为在使用μC/OS-III 开发时，main.c 文件中 main()函数异常简单，就是μC/OS-III 代码模板的 4 个语句。

```
OS_ERR err;              //错误码
OSInit(&err);            //初始化μC/OS-III
OSTaskCreate(...);       //创建系统开始任务
OSStart(&err);           //开始多任务系统
```

在创建系统开始任务函数 OSTaskCreate()中，需要用到在 task.h 文件中定义的任务 TCB、堆栈指针等宏常量作为其参数，所以需要引入 task.h 文件。

而在 task.h 文件中，又只引入一个头文件 include。为了方便开发，我们将工程所涉及的头文件都写入 include 文件，包括：

- C 语言标准库函数头文件，如 stdio.h、string.h、ctype.h、stdlib.h、stdarg.h。
- STM32 库头文件，如 stm32f10x.h、stm32f10x_it.h、stm32f10x_conf.h。
- μC/OS-III 内核头文件 os.h。
- 用户编写外设驱动头文件，如 usart.h、exti.h、i2c.h、sdio.h 等。

这样，我们只需要引入一个头文件，就可以导入整个工程所需的头文件，大大方便了操作，而且整个工程的文件逻辑非常清楚。

task.c 文件就是 18.7 节信号量、消息队列和事件标志组综合示例中实现的任务源文件，其内容就是一些与工程紧密相关，涉及操作系统任务管理的代码。整个工程应用的功能实现，每个任务的具体功能逻辑，任务间的关系等都反映在这个文件中。

18.7.4　μC/OS-III 综合示例运行效果

从运行的截屏画面（见图 18-11）来看，温度采集任务 sensor1 和 sensor2 优先级高于聊天任务 chat1 和 chat2，因为 chat1 和 chat2 总是被 sensor1 和 sensor2 打断；系统状态统计任务被格式化显示屏幕的右边，显示当前的状态为：sensor1 和 sensor2 所在点的当前温度为 10℃和 8℃，没有达到警戒值，所以没有报警；聊天任务正在进行，chat1 和 chat2 通过两个方向相反的消息队列实现双向通信。

图 18-11　μC/OS-III 综合示例运行图

第19章

基于μC/OS-III 的信息系统

在第 18 章学习了 μC/OS-III 基本工作原理，并举例示范了 μC/OS-III 的任务与任务之间，ISR 与任务之间通信和同步的三种常用手段。本章将进一步通过一个综合示例将部分 STM32 外设驱动融入μC/OS-III 的任务管理中，让读者掌握基于μC/OS-III 的应用开发，并与前面的裸机实验相对比，加深操作系统对资源和任务管理原理的理解。

19.1 系统功能描述

19.1.1 系统任务划分

为了验证μC/OS-III 多任务的并发性，设计以下优先级各不相同的任务。

首先，在原有 Shell 基础上实现一个 Shell 任务，取名为 shellTask，负责监测用户的键盘输入：当有输入时能够立即响应，在没有输入时阻塞自己。

设计一个 LED 灯闪烁任务，取名为 lightTwinkleTask，并将其优先级设置为用户任务的最低优先级，其目的是观察它是否会由于优先级低而得不到运行，进而被"饿死"。

设计一个事件监测任务，取名为 detectEventTask，当有 SD 卡插入时，在 Shell 环境中提示。

设计一个名为 wifiEventTask 的无线网络数据处理任务：功能 1 是负责探测本系统附近的手机终端，显示其地址等信息；功能 2 是向 Station 回传其所期望的系统数据等。

设计一个统计各任务 CPU 利用率及其堆栈使用情况的任务，取名为 sysStatTask。当从 Shell 提示符下输入命令"sysusage"时，格式化显示当前系统运行的状态。

19.1.2 系统实际运行效果

此时系统板上的 LED 灯一直闪烁，除此之外，在 Shell 命令行和手机调试助手上也有相应的信息数据显示。

1. Console Shell 端（见图 19-1）

图 19-1 基于 μC/OS-III 的信息系统 Shell 端

2. 手机端（见图 19-2）

图 19-2 基于 μC/OS-III 的信息系统手机端

19.2 系统任务设计分析

说明：对于系统中使用函数 OSTaskCreate(...)创建各任务代码，由于其过程就是填充任务参数，比较简单，在下面的示例中为节省篇幅，省略了此部分代码。需要阅读完整代码的读者请参考本书附带资料 ch19_code 目录下的文件。

19.2.1 Shell 任务

1. 任务分析

从 Shell 任务的描述上看，要求能够立即响应键盘输入，那么其优先级在本系统的诸多任务中优先级应为最高，虽然如此，它并不影响其他低优先级任务的运行，因为：第一，对于用户而言，每两次击键的时间间隔最快也在 100 ms 以上（即每秒击键 10 次），在这 100 ms 的间隔里 Shell 任务被阻塞。但对于系统而言，这 100 ms 可以切换运行多个任务；第二，很多时间里没有键盘输入，此时 Shell 任务同样也被阻塞，系统可以运行其他任务。

根据"没有输入时阻塞，有输入时响应"特点，μC/OS-III 中的信号量、事件标志组和消息队列三种任务同步的方法都可以实现上述 Shell 任务的要求，但使用信号量机制更简单。

在前面裸板实验所实现的 Shell 程序中，是通过 USART 中断来实现对键盘输入响应的。在这里，我们沿用这种思路：在原来 USART 中断服务中获取输入字符的同时，向 Shell 任务发送信号量（我们将该信号量取名为 usartRxSem），而 Shell 任务从一开始运行即请求 usartRxSem 信号量，Shell 由此得到响应。

2. 任务实现代码

代码 19-1　task.h 文件（部分）

```
01 #define SHELL_TASK_RPIO    2                        //Shell 任务优先级
02 #define SHELL_TASK_STK_SIZE    128                  //Shell 任务堆栈大小
03 static CPU_STK shellTaskStk[SHELL_TASK_STK_SIZE];   //Shell 任务堆栈
04 static OS_TCB shellTaskTCB;                         //Shell 任务控制块
05 void shellTask(void *arg);                          //Shell 任务执行函数
```

代码 19-2　task.c 文件（部分）

```
01 OS_SEM usartRxSem;                                  //定义 usartRxSem 信号量控制块
02 OSSemCreate(&usartRxSem, "usart rx sem",0, &err);   //创建 USART 接收信号量
03
15 void shellTask(void *arg)                           //Shell 任务执行函数
16 {
17     CPU_TS ts;
18     OS_ERR err;
19     xputs("*******************************\r\n");
```

```
20      xputs("\r\nWelcome to Board Shell!\r\n");
21      xputs("Board Shell, version 2.1 ...\r\n");
22      xputs("----------------------------------------------------------------\r\n");
23
24      while(1) {
25          xputs("USART > ");                          //显示 Shell 提示符
26          xgets(line, BUFSIZE);                       //将接收的单个字符汇集为一行进行处理
27          parse_console_line(line);                   //解析输入行
28          xputs("\r\n");
29      }
30 }
```

那么请求信号量 usartRxSem 的语句应该放置在任务函数 shellTask()的哪个位置呢？根据没有输入时，光标总停留在"USART >"前闪烁的现象，大致可以认为请求 usartRxSem 信号量的语句为：

OSSemPend(&usartRxSem,0, OS_OPT_PEND_BLOCKING, &ts, &err);

放在第 25 行代码之后，来看一看运行效果如何？

实验结果证明：此时 Shell 可以正常接收用户的输入，但系统中所有其他任务都没有机会获得运行。这可以从 sysusage 命令的执行结果（没有更新）和 LED 灯闪烁情况（没有闪烁）看得出来。sysusage 命令从一个公共数组里读取当前系统各任务 CPU 和堆栈使用情况的信息，而该数组内容是由一个间隔 5 s 运行的统计任务来更新的，很显然是由于没有运行而无法更新。

那么，把请求信号量的语句放在这里，为什么会造成其他任务无法运行呢？为便于分析，我们抽取上面的代码片断，并将请求信号量的语句插入到 25 行之后（如代码 19-3）。

代码 19-3 代码片断：在 Shell 的 while 循环内添加信号量请求函数

```
24 while(1) {
25      xputs("USART > ");                                              //显示 Shell 提示符
26      OSSemPend(&usartRxSem,0,OS_OPT_PEND_BLOCKING,&ts,&err);         //请求信号量
27      xgets(line, BUFSIZE);}
```

显然，这样一种安排，当有任何字符输入时，程序流程最后都会进入 xgets()函数进行处理（代码 19-4）。而在 xgets()函数中，调用了 xgetc()函数，它的作用是每次 USART 中断从 USART RX 缓存取走刚输入的字符。

代码 19-4 字符串获取函数 xgets()

```
01 int xgets(char *buf, int len)
02 {
03      ...
04      for(;;) {
05          ch = xgetc();           //每次 USART 中断，取走 USART FIFO 中的一个字符
06          if (ch == '\r') break;
07          ...
08 }
```

第19章 基于μC/OS-III 的信息系统

而 xgetc()函数内部又套用一个 while 无限循环。

```
01 int xgetc(void)
02 {
03     int ch, i;
04
05     while(!USART_FIFO.rxReqCharCount);    //当接收队列中没有字符时等待
06     ...
07 }
```

显然，xgetc()的处理流程是这样的：当 USART 中断发生时，所输入的字符被存入 USART_FIFO 队列中，xgetc()就从此队列中取出刚接收的字符（队首元素）。这样 USART 每中断一次，USART_FIFO 中就进入一个字符，而 xgetc()就取走一个字符。当没有输入时，程序流程就在 xgetc()的 while 循环之内打转、死等。对于多任务系统来说，这造成一个致命的问题：CPU 被该函数独占而无法释放出来。

虽然μC/OS-III 中大部分任务体内部都是一个无限循环（这在第 18 章的示例中已有介绍），但是通过在循环内添设两类语句，可以使该任务被阻塞而不是死等，因此可以释放 CPU 给其他任务运行。这两类语句是：

延时阻塞语句，如

OSTimeDlyHMSM(0,0,5,0,..);   //调用此函数任务被阻塞 5 s

信号量（消息队列、事件标志组）请求语句，如

OSSemPend(...);

因此，在多任务系统中，每个任务由于某种原因到了暂时"无事可做"的时候（开发人员知道这样的时机），一定要调用上述两类语句之一来阻塞自己，以让操作系统可以调度其他的任务运行。对于延时阻塞语句，一般放在无限循环体的头或尾，这样可以每完成一次循环（一个完整的任务处理）才被阻塞；而信号量请求等语句则"随遇而安"，任何需要它的地方都可以放置。

回归到语句

OSSemPend(&usartRxSem,0, OS_OPT_PEND_BLOCKING, &ts, &err);

应该放置在何处的问题。通过以上的分析，可以得出：应该放在 xgetc()函数内 while 循环之前，或者放在 xgets()的 "ch = xgetc();"之前。这里正是该任务最有可能"无事可做"而应该被阻塞的地方。当有输入时，USART 中断处理函数发送来的信号可以使 OSSemPend(..)解除阻塞，同时由于 USART_FIFO 中有新数据，while 死循环被打破，xgetc()可以处理 USART_FIFO 中刚接收的字符。如此一来，就真正做到了"没有输入时阻塞，有输入时响应"的任务要求，而前一种做法造成了"没有输入时死等，有输入时响应"错误结果。

在 USART RX 的中断服务函数中释放信号量 usartRxSem。

代码 19-5 USART RX 中断服务函数释放信号量

```
04 void USART1_IRQHandler(void)
05 {
06     OS_ERR err;
```

```
07        if (USART_GetITStatus(USART1, USART_IT_RXNE) != RESET) {
08            USART1_Rx_IRQFunc();                                    //原有裸板实验中的字符收集处理
09
10            OSSemPost(&usartRxSem,OS_OPT_POST_1,&err);              //向 Shell 任务发送信号量
11            USART_ClearFlag(USART1, USART_FLAG_RXNE);               //清除 USART1 中断
12        }
13 }
```

19.2.2 LED 灯闪烁任务

LED 灯的闪烁任务是孤立的，不与其他任何任务发生联系，因此设计简单，代码如下。

代码 19-6 task.h 文件（部分）

```
01 #define LED2_TWINKLE_TASK_PRIO           11
02 #define LED2_TWINKLE_TASK_STK_SIZE       128
03 static CPU_STK led2TwinkleTaskStk[LED2_TWINKLE_TASK_STK_SIZE];
04 static OS_TCB led2TwinkleTaskTCB;
05 void led2TwinkleTaskFun(void *arg);
```

代码 19-7 task.c 文件（部分）

```
01 void led2TwinkleTaskFun(void *arg)
02 {
03     OS_ERR err;
04     while (1) {
05         LED_OnOff(LED2, ON);                                          //点亮 LED2
06         OSTimeDlyHMSM(0,0,0,50,OS_OPT_TIME_HMSM_STRICT, &err);        //阻塞 50 ms
07         LED_OnOff(LED2, OFF);                                         //熄灭 LED2
08         OSTimeDlyHMSM(0,0,0,50,OS_OPT_TIME_HMSM_STRICT, &err);        //阻塞 50 ms
09     }
10 }
```

19.2.3 事件监测任务

本示例的事件监测任务只完成监测 SD 插入和拔出的情况。

1. 任务分析

本书实验中涉及的 SD 卡的电路如图 19-3 所示。

在 SD 卡的 8 根信号引脚中，在这里我们只关注 CM/DATA3，它在 SD 协议中被定义为"卡检测/数据 3"，具有两种功能：当 SD 卡已经插入并进行数据传输时，该引脚作为 SDIO 总线的位 DATA3 数据线；在 SD 卡插入或拔出时，该引脚信号可用于"SD 卡的热插拔"探测，但此时需要在硬件电路上做相应的设计。

在图 19-3 中，CM/DAT3 信号连在 MCU 的 PC11 引脚，并通过 470 kΩ电阻下拉。在没

有 SD 卡插入时，该信号为低电平，如果有 SD 卡插入，SD 卡内部 50 kΩ 的上拉电阻将 DATA3 信号拉高 3.3 V，由此产生一个中断，系统据此可知有 SD 卡插入。当 SD 卡正常通信时，通过使用应用类命令 ACMD42（即 SET_CLR_CARD_DETECT）断开此内部上拉电阻的连接。

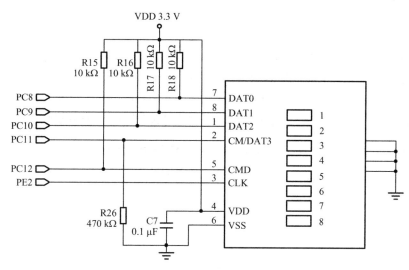

图 19-3 带插入侦测功能的 SD 卡电路

2. 任务代码实现

配置 PC11 的外部中断控制线 EXTI11，中断触发方式为 EXTI_Trigger_Raising（因为 SD 卡插入前后 CM/DAT3 引脚电压变化为由低到高）。这一步操作简单，具体配置代码请见附书 ch19_code。下面重点分析任务的实现代码。

代码 19-8　task.h 文件（部分）

```
01 #define DETECT_EVENT_TASK_PRIO        5           //SD 卡探测任务优先级为 5
02 #define DETECT_EVENT_TASK_STK_SIZE    128
03 static CPU_STK detectEventTaskStk[DETECT_EVENT_TASK_STK_SIZE];
04 static OS_TCB detectEventTaskTCB;
05 void detectEventTask(void *arg);
```

代码 19-9　task.c 文件（部分）

```
01 OS_SEM sdDetectSem;                                //定义 sdDetectSem 信号量控制块
02 OSSemCreate(&sdDetectSem, "usart rx sem",0, &err); //创建 SD 卡插入信号量
03
04 void detectEventTask(void *arg)
05 {
06     OS_ERR err;
07     CPU_TS ts;
08
09     while(1) {
10         OSSemPend(&sdDetectSem,0, OS_OPT_PEND_BLOCKING, &ts, &err);
```

```
11          if (&err == OS_ERR_NONE ) {
12              xprintf("Detected SD Card inserted!\r\n");      //提示有 SD 卡插入
13              xprintf("Initializing SD Card .... \r\n");
14              SD_Init();                                      //执行初始化 SD 卡操作
15          }
16      }
17  }
```

第 10 行代码请求信号量 sdDetectSem，任务 detectEventTask 会被一直阻塞直至 EXTI15_10_IRQHandler 中断处理函数发送过来的信号（sdDetectSem =1）时，如果有 SD 卡插入，请求信号量 sdDetectSem 成功，接着初始化 SD 卡。用户就可以 Shell 提示符下输入 mount、readsd、writesd 等 SD 卡相关的指令进行数据或文件的存取操作了。

代码 19-10　在 EXTI11 中断服务函数中释放信号量 sdDetectSem

```
01 extern OS_SEM sdDetectSem;
02 void EXTI15_10_IRQHandler(void)
03 {
04      OS_ERR err;
05      if(EXTI_GetITStatus(EXTI_Line11) {
06          OSSemPost(&sdDetectSem,OS_OPT_POST_1,&err);         //发送 EXTI_Line11 号中断
07      }
08
09      EXTI_ClearITPendingBit(EXTI_Line11);
10  }
```

19.2.4　系统统计任务

1．任务分析

系统统计任务是向用户反映当前系统运行情况的一个重要途径，如当前 CPU 的利用率、各任务堆栈的使用情况等。在μC/OS-III 中，获取这些值十分简单，通过读取任务 TCB（任务控制块）相关成员值就可以实现，本示例读取以下几个成员值。

.NamePtr：任务名。

.TaskState：当前任务的状态。

.Prio：任务当前优先级。

.CPUUsage：任务的 CPU 利用率，需要在文件 os_cfg.h 中将配置项 OS_CFG_TASK_PROFILE_EN 打开（设置为 1）。

.StkUsed/.StkFree：分别表示在运行时任务实际使用的堆栈空间的大小和剩余堆栈大小。要计算堆栈的使用量，就必须在创建任务时把任务的堆栈清 0，即使用选项 OS_TASK_OPT_STK_CLR 和 OS_TASK_OPT_STK_CHK，这样，OSTaskCreate()函数就会把任务堆栈使用的 RAM 区全部清 0。

.CtrlSWCtr：该成员记录任务执行的频繁程度，但并不代表任务执行了多长时间，可以

第19章 基于μC/OS-III 的信息系统

通过该值来观察一个任务是否被执行过。

对于系统状态统计任务,不必为其单独创建,可以利用操作系统的开始任务 OSStartTask 来完成统计功能。OSStartTask 任务的使命是完成硬件初始化,以及任务、事件和定时器的创建。在这之后,几乎不做任何有实际意义的工作。因此通常将其设计为一次性任务,在其函数体的最后调用 OSTaskDel() 来删除自己,以节省系统空间,在第 18 章中的综合示例中就采用的这种方式。

现在我们可以根据这个特点来使其"发挥余热",将 OSStartTask 设计为永久性任务,并每间隔 5 s 统计一次系统的状态,并将状态数据写入一个数组。而为 Shell 设计一条状态查询指令 sysusage,该指令读取此数组内容并打印出来。

显然,任务 OSStartTask 和命令 sysusage 可能同时访问此数组,因此该数组是一种临界资源,需要使用互斥信号量来控制访问。

2. 任务代码实现

代码 19-11　task.h 文件(部分)

```
OS_MUTEX usageMutex;                                        //定义系统利用率互斥信号量
OSMutexCreate(&usageMutex,"system usage", &err);            //创建利用率互斥信号量
char mutexSource_usage[7][100], str[100];                   //临界资源,存储利用率数据的数组
OS_TCB *taskTCB[3];                                         //存放被纳入统计的任务控制块
```

在 task.c 文件中加入系统统计任务执行函数,如代码 19-12 所示。

代码 19-12　系统统计任务执行函数 OSStartTask()

```
01 void osStartTask(void *arg)
02 {
03     //初始化硬件,创建用户任务、事件和定时器等
04     OSStatTaskCPUUsageInit(&err);
05
06     while(1) {
07         OSTimeDlyHMSM(0,0,5,0,OS_OPT_TIME_HMSM_STRICT,&err);           //每次阻塞 5 s
08
09         taskTcb[0] = &shellTaskTCB;                    //Shell 任务纳入统计
10         taskTcb[1] = &led2TwinkleTaskTCB;              //LED 闪烁任务纳入统计
11         taskTcb[2] = &detectEventTaskTCB;              //事件监测任务纳入统计
12
13         OSMutexPend(&usageMutex,0, OS_OPT_PEND_BLOCKING, &ts, &err);
14
15         sprintf((char*)str,
16             "%-20s %-4s %-9s %-5s %-7s %-7s %-12s\r\n", "TaskName",
17             "Prio","CPUUsage","State","STKUSed","STKFree", "SWTimes");
18         mystrcpy(mutexSource_usage[0], str);
19         sprintf((char*)str,"%-s\r\n","------------------------------------------");
20         mystrcpy(mutexSource_usage[1], str);           //sprintf()函数格式化状态信息标题
21
```

```
22          for (i =0; i < 3; i++) {
23              sprintf((char*)str, "%-20s %-4d %-6.2f%%    %-5d %-7d %-7d %-12d\r\n",
24                  taskTcb[i]->NamePtr, taskTcb[i]->Prio, (float)taskTcb[i]->CPUUsage/100.0,
25                  taskTcb[i]->TaskState, taskTcb[i]->StkUsed, taskTcb[i]->StkFree,
26                  taskTcb[i]->CtxSwCtr );
27              mystrcpy(mutexSource_usage[i+2], str);
28          }
29          sprintf((char*)str, "%-20s %-4d %-6.2f%%    %-5d %-7d %-7d %-12d\r\n",
30              OSStatTaskTCB.NamePtr, OSStatTaskTCB.Prio, (float)OSStatTaskTCB.CPUUsage/100.0,
31              OSStatTaskTCB.TaskState, OSStatTaskTCB.StkUsed, OSStatTaskTCB.StkFree,
32              OSStatTaskTCB.CtxSwCtr );
33          mystrcpy(mutexSource_usage[i+2], str);
34
35          sprintf((char*)str, "%-20s %-4d %-6.2f%%    %-5d %-7d %-7d %-12d\r\n",
36              OSIdleTaskTCB.NamePtr, OSIdleTaskTCB.Prio, (float)OSIdleTaskTCB.CPUUsage/100.0,
37              OSIdleTaskTCB.TaskState, OSIdleTaskTCB.StkUsed, OSIdleTaskTCB.StkFree,
38              OSIdleTaskTCB.CtxSwCtr );
39          mystrcpy(mutexSource_usage[i+2], str);
40
41          OSMutexPost(&usageMutex, OS_OPT_POST_NONE, &err);
42      }
43 }
```

代码 19-12 的第 04 行中的函数 OSStatTaskCPUUsageInit()用来确定一个 32 位计数器在没有其他任务运行时能够达到的最大数值,该函数必须由应用程序创建的第一个也是唯一一个任务(因为此时没有其他任务)调用,因此,任务 OSStartTask 正好满足这样的条件。

第 09~11 行代码是将需要进行状态统计的任务 TCB 存入数组 taskTCB[],以方便在下面的 for 循环中访问。第 13 和 41 行代码一前一后控制访问临界资源 mutexSource_usage[],其间的代码将系统各任务相关的数据格式化后临时保存在 str 中,然后调用自定义字符串复制函数 mystrcpy()将该条信息转存于 mutexSource_usage[]。

字符串格式化函数 sprintf()有 3 个参数:参数 1 保存最终格式化后的字符串(目的);参数 3 为需要格式化的源字符串;中间的参数 2 为对源串所要进行的格式化控制字符。

3. sysusage 命令函数

系统各任务状态数据已经由 OSStartTask()任务保存于 mutexSource_usage 数组,并以大致 5 s 一次的频率予以更新。现在剩下的任务就是实现 Shell 命令 sysusage 以便随时查询系统状态。以下为 sysusage 命令的执行函数实现代码。

代码 19-13   系统统计信息查看命令执行函数 showSystemUsaeg()

```
01 void showSystemUsage(void)
02 {
03      int i;
04      OS_ERR err;
05      CPU_TS ts;
```

```
06
07      OSMutexPend(&usageMutex,0, OS_OPT_PEND_BLOCKING, &ts, &err);    //请求互斥信号量
08      xprintf("\r\n");
09      for(i =0; i < 7; i++)
10          xprintf("%s",mutexSource_usage[i]);
11
12      OSMutexPost(&usageMutex, OS_OPT_POST_NONE, &err);               //释放互斥信号量
13 }
```

代码很简单，只是提醒读者注意：访问临界资源时需要申请互斥信号量，访问完毕需要释放互斥信号量，就如 07 和 12 行代码所做的那样。

19.2.5 无线通信处理任务

无线网络数据处理任务 wifiEventTask 包含两个子任务：子任务 1 负责收集已经登录本系统（soft_AP）的 Station 的信息；子任务 2 回传给 Station 所期望的数据信息，如温度值。

1. 子任务 1

对于子任务 1，我们可以设置一个定时器，让其每 4 s 执行一次 ESP8266 AT 指令"AT+CWLIF"去获取已接入 AP 的设备之 IP 及 MAC 地址，并将其更新保存于一个字符数组中。当用户需要了解这方面的信息时，可以通过 Shell 指令"stationInfo"来查询，其逻辑就像 19.2.4 节中的系统状态统计任务那样。

代码 19-14   无线通信任务之定时器创建函数 wifiTimerCreate()

```
01 OS_TMR wifiTimer;                                      //定义 Wi-Fi 定时器
02 OS_MUTEX wifiInfoMutex;                                //定义 wifiInfoMutex 互斥信号量
03 OSMutexCreate(&wifiInfoMutex, "wifi info" , &err);     //创建 Wi-Fi 信息访问互斥信号量
04 CPU_INT08 wifiStationInfo[120];                        //保存已接入 AP 的 Station 信息
05
06 void wifiTimerCreate(void)                             //创建 Wi-Fi Station 信息收集定时器
07 {
08     OS_ERR err;
09     OSTmrCreate( (OS_TMR *)&wifiTimer,                 //定时器控制块指针
10                  (CPU_CHAR *)"wifi timer",             //定时器名字
11                  (OS_TICK)100,                         //初始延时值
12                  (OS_TICK)100,
13                  (OS_OPT)OS_OPT_TMR_PERIODIC,
14                  (OS_TMR_CALLBACK_PTR)wifiTimerCallback,  //定时器回调函数
15                  (void *)0,                            //回调函数参数
16                  (OS_ERR *)&err );                     //错误码
17 }
```

wifiTimerCreate()函数内部调用 OSTmrCreate()创建了一个连续周期运行的软件定时器，定时值为 100 个系统节拍，当定时器计数到 0 时，回调函数 wifiTimerCallback()被调用，如下所示。在回调函数内部收集 Wi-Fi Station 的信息，如下面代码第 29 行所示。

```
19 void wifiTimerCallback(void *arg)
20 {
21      OS_ERR err;
22      CPU_TS ts;
23      OSMutexPend( (OS_MUTEX *)&wifiInfoMutex,           //申请互斥信号量
24                   (OS_TICK)0,
25                   (OS_OPT)OS_OPT_PEND_BLOCKING,
26                   (CPU_TS *)&ts,
27                   (OS_ERR *)&err );
28
29      wifiStationInfo = (CPU_INT08)sendATString("AT+CWLIF\r\n","OK");
30      OSMutexPost((OS_MUTEX *)&wifiInfoMutex,            //释放互斥信号量
31                  (OS_OPT) OS_OPT_POST_NONE,
32                  (OS_ERR *)&err );
33 }
```

回调函数 wifiTimerCallback() 只做了一件事，向 ESP-WROOM-02 发送 "AT+CWLIF" 指令，并获得该指令的回应信息，将其存储到数组 wifiStationInfo。由于 Shell 命令也可能同时访问该数组，因此访问前后需要申请/释放互斥信号量。

已经连接上 ESP-WROOM-02 soft_AP 的 Station 信息收集工作已经完成，现在我们来添加命令 stationInfo 到 Shell 命令系统。如何添加在前面章节中都有示例，不用细说。在这里主要来看看该指令执行函数的实现。

代码 19-15　Wi-Fi Station 信息获取命令执行函数 os_wifiStationInfo()

```
01 void os_wifiStationInfo(void)
02 {
03      OS_ERR err;
04      CPU_TS ts;
05
06      OSMutexPend( (OS_MUTEX *)&wifiInfoMutex,           //申请互斥信号量
07                   (OS_TICK)0,
08                   (OS_OPT)OS_OPT_PEND_BLOCKING,
09                   (CPU_TS *)&ts,
10                   (OS_ERR *)&err );
11
12      xprintf("%s\r\n",wifiStationInfo);                 //访问临界区
13      OSMutexPost((OS_MUTEX *)&wifiInfoMutex,            //释放互斥信号量
14                  (OS_OPT) OS_OPT_POST_NONE,
15                  (OS_ERR *)&err );
16 }
```

2. 子任务 2

子任务 2 流程是：用户从手机 APP 上发送一条命令 gettemp（该命令为 Shell 命令，只是执行方式变为手机执行），获取系统当前的温度值（温度值由系统板上的 LM75 温度传感

器提供）。读取 LM75 温度值的任务平时处于阻塞状态，当输入 gettemp 时，将其唤醒并完成获取当前温度值的任务。

代码 19-16 task.h 文件（部分）

```
01 #define GET_GETTEMP_TASK_PRIO      7              //获取温度值的任务优先级为 7
02 #define GET_GETTEMP_TASK_STK_SIZE  128            //任务堆栈为 128 B
03 static CPU_STK getTempaskStk[GET_GETTEMP_TASK_STK_SIZE];
04 static OS_TCB getTempTaskTCB;                    //获取温度任务的任务控制块
05 void getTempTask(void *arg);                     //获取温度任务的执行函数
```

通过手机来执行 Shell 命令的方式与在 Console 下由键盘输入执行略有不同。在 Console 下执行时，我们是通过函数 parse_console_line() 来分析命令行所输入的字符串，进而查询 Shell 命令系统来实现命令执行的。手机 APP 传输过来的指令可以直接传输给 parse_console_line() 来完成相同的功能。

由此，命令 gettemp、命令执行函数 read_temperature() 和任务函数 getTempTask() 之间的关系是：Shell 系统收到手机端命令 gettemp 后,解析后调用其执行函数 read_temperature()，由它向任务函数 getTempTask() 释放信号量，getTempTask() 获得信号量以后，取出温度值，调用 data2wifi() 将温度值发往手机 APP。

代码 19-17 函数 read_temperature() 和 getTempTask()

```
01 OS_SEM tempSem;                                         //定义温度值信号量控制块
02 OSSemCreate(&tempSem, "Temperature", (OS_SEM_CTR)0, &err);   //创建温度信号量
03
04 void read_temperature(void)                             //Shell 命令执行函数
05 {
06     OS_ERR err;
07     OSSemPost(&tempSem, OS_OPT_POST_1, &err );          //释放信号量 tempSem
08 }
09
10 void getTempTask(void *arg)                             //获取温度任务的任务函数
11 {
12     OS_ERR err;
13     CPU_TS ts;
14
15     (void)arg;
16     while(1) {
17         OSSemPend(&tempSem,0 OS_OPT_PEND_BLOCKING, &ts, &err);    //请求信号量
18         data2wifi(i2cLM75_readTemp());                  //获得信号量后，读出温度值并送往 Wi-Fi
19     }
20 }
```

19.3 工程源代码（文件）整合

19.3.1 主文件 main.c

信息系统所有任务的实现逻辑和代码在 19.2 节已做过分析讲解，现在来考虑通过 main.c 函数将它们整合在一起，以便向读者完整地展示基于μC/OS-III 应用案例的工程代码结构。

代码 19-18　工程入口函数 main()

```
01 #include "task.h"                                              //任务头文件
02 int main(void)
03 {
04      OS_ERR err;
05
06      OS_Init(&err);                                            //初始化μC/OS-III
07
08      //创建系统第一个任务 OSStartTask，再由它去创建其他任务
09      OSTaskCreate ( ( OS_TCB *) &osStartTaskTCB,               //开始任务的任务控制块
10              (CPU_CHAR *) "osStartTask",                       //开始任务名
11              (OS_TASK_PTR) osStartTask,                        //开始任务的执行函数
12              (void *)0,                                        //开始任务执行函数参数
13              (OS_PRIO ) OSSTART_TASK_PRIO,                     //开始任务优先级
14              (CPU_STK *) &osStartTaskStk[0],                   //开始任务堆栈指针
15              (CPU_STK_SIZE) OSSTART_TASK_STK_SIZE/10,          //任务堆栈警戒值
16              (CPU_STK_SIZE) OSSTART_TASK_STK_SIZE,             //任务堆栈大小
17              (OS_MSG_QTY) 5u,                                  //任务内消息数量
18              (OS_TICK)0u,                                      //同级任务轮转执行时的时间片大小
19              (void *)0,
20              (OS_OPT) (OS_OPT_TASK_STK_CHK | OS_OPT_TASK_STK_CLR),
21              (OS_ERR *) &err );
22
23      OSStart(&err);
24 }
```

基于μC/OS-III 的工程应用中，main.c 文件很简洁，就只有一个系统开始任务 OSStartTask，再由它去创建其他的任务。因而整个工程的逻辑显得很简单，用户的主要精力只需要放在各任务的逻辑和实现即可，其他各任务之间的关系（同步和通信）由 OS 去处理。

19.3.2 任务头文件 task.h

任务头文件内容在前面讲解各任务实现代码的时候已经分别列出，其主要内容就是定

义各个任务的 TCB 块，堆栈及其大小，还有就是各任务函数、优先级等。为了让读者对代码有一个完整性印象，这里列出 Shell 任务的完整代码，其他任务如法炮制，请参见前面的任务讲解。

代码 19-19　任务头文件 task.h(全部)

```
01 #ifndef __TASK_H
02 #define __TASK_H
03 #includes "includes.h"
04
05 #define SHELL_TASK_PRIO              2                        //Shell 任务优先级
   ....                                                         //其他任务优先级
06 #define SHELL_TASK_STK_SIZE          128                      //Shell 任务堆栈大小
   ....                                                         //其他任务堆栈大小
07 Static CPU_STK shellTaskStk [ SHELL_TASK_STK_SIZE]            //Shell 任务堆栈指针
   ....                                                         //其他任务堆栈指针
08 Static OS_TCB shellTaskTCB;                                   //Shell 任务控制块
   ....                                                         //其他任务任务控制块
09 void shellTask(void *arg);                                    //Shell 任务函数
   ....                                                         //其他任务函数
10
11 void appEventCreate(void);                                    //应用事件创建
12 void boardSystemInit(void);                                   //系统板（各外设）初始化
13 #if (CPU_CFG_TS_TMR_EN == DEF_ENABLED)                        //如果系统中要使用时间戳
14 CPU_TS_TMR CPU_TS_TmrRd(void);                                //时间戳获取函数
15 void CPU_TS_TmrInit(void);                                    //时间戳时钟初始化
16 #endif
17 #endif
```

任务头文件中，除了任务的 5 个要素外，读者需要关注以下 4 个方面的内容。

（1）时间戳函数实现：一般来说，操作系统中许多事件，如信号量（消息队列等）的请求和释放时间，都需要记录；如果功能再做强大一些，可以实现一个系统日志的任务，它可记录系统中发生的重大异常、事件的时间等，这就是系统时间戳的功能。如果读者的应用中需要时间戳功能，就应该自己实现时间戳的函数，如代码 19-19 的第 13～16 行。

（2）系统初始化函数：完成系统电路板所用到的各外设接口初始设置，如代码 19-19 的第 12 行。

（3）事件创建函数：应用中所使用的所有任务管理机制，如信号量、事件标志组、消除队列、定时器等都集中在 appEventCreate()函数中创建，如代码 19-19 的第 11 行。

（4）includes.h 头文件　需要知道里边包含了哪些头文件，如代码 19-19 的第 03 行。

19.3.3　includes.h 文件

主要包括以下 4 类头文件，将它们通过代码 19-20 汇总在文件 includes.h 中。

- C 语言标准库头文件<stdio.h>、<string.h>、<ctype.h>、<stdlib.h>、<stdarg.h>等。
- STM32 库的头文件<stm32f10.h>、<stm32f10_it.h>、<stm32f10x_conf.h>等。
- 用户实现的外设驱动文件 usart.h、exti.h、shell.h、gpio.h、i2c.h 等。
- μC/OS-III 的头文件 os.h。

代码 19-20　总的头文件 includes.h

```
#ifndef __INCLUDES_H
#define __INCLUDES_H
... 上面的4类头文件 ...
#endif
```

19.3.4　任务实现文件 task.c

第 19.2 节已讲过，此处略。

19.4　建立工程，编译和运行

19.4.1　建立工程源代码结构

按图 19-4 建立工程文件结构。

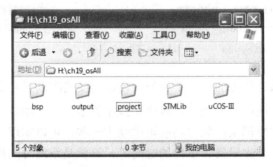

图 19-4　基于 μC/OS-III 的信息系统工程文件结构

19.4.2　建立文件组，导入源文件

文件组 cmsis、fwlib 下导入的文件与前面裸板实验相同；文件组 uc-lib、uc-cpu、uc-cosiii-source、uc-cosiii-port 下的导入μC/OS-III 简化版源码结构相同文件夹下的文件；uc-cosiii-cfg 文件组下导入简化源码结构中 uc-cosiii-appConfig 下的文件；bsp 文件组下导入用户编写的外设驱动源文件，如图 19-5 所示。

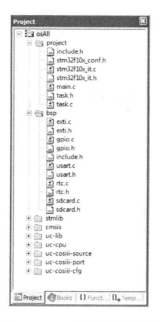

图 19-5 MDK 文件组及其源文件

19.4.3 编译执行

执行开发环境菜单"build"或"rebuild"命令（对应于工具栏中的 和 ）即可完成工程的编译、链接，最终生成可执行的 osAll.hex 文件。将其烧录到学习板后，运行效果如图 19-1 和 19-2 所示。

参考文献

[1] [英]Joseph Yiu. ARM Cortex-M3 权威指南. 宋岩,译. 北京:北京航空航天大学出版社,2009.

[2] 李岩,韩劲松,孟晓英,等. 基于 ARM 嵌入式系统接口技术. 北京:清华大学出版社,2009.

[3] 张勇,夏家莉,陈滨,等. 嵌入式实时操作系统μC/OS-III 应用技术——基于 ARM Cortex-M3 LPC1788. 北京:北京航空航天大学出版社,2013.

[4] [美]Jean J. Labrosse. 嵌入式实时操作系统μC/OS-III. 宫辉,曾鸣,龚光华,等译. 北京:北京航空航天大学出版社,2012.

[5] 卢有亮. 嵌入式实时操作系统——μC/OS 原理与实践(第 2 版). 北京:电子工业出版社,2014.

[6] 王志英. 嵌入式系统原理与设计. 北京:高等教育出版社,2012.